普通高等教育"十二五"规划教材

AutoCAD从基础到应用

主　编　于春艳　程晓新
副主编　纪　花　潘延力
编　写　刘玉杰　邵文明　常　悦
主　审　常伏德

中国电力出版社
CHINA ELECTRIC POWER PRESS

内容提要

本书为普通高等教育“十二五”规划教材。全书共分11章，按照教学单元编写，主要内容包括AutoCAD操作基础，设置绘图环境，绘制二维图形，二维图形编辑，尺寸标注与编辑，文本、表格，图块、属性与外部参照，三维图形的绘制与编辑，绘制专业图，图形的布局与输出，AutoCAD设计中心等。书中部分章后配有习题与操作，部分习题配有解题指导。

本书设计了多个典型实例，用范例讲解AutoCAD相关命令和功能的使用方法，直观、轻松、容易上手，易教、易学。全面、系统、图文并茂地介绍了AutoCAD在建筑和机械设计中“绘图→标图→注释→输出”工程图纸制作的流程、基本规则、实现方法和技巧。

本书可作为普通高等院校机械类、土建类、水利类、电气工程类等专业教材，也可作为高职高专院校相关专业教材，还可作为工程技术人员使用AutoCAD绘制工程图样的初级教程。

图书在版编目（CIP）数据

AutoCAD从基础到应用 / 于春艳，程晓新主编. —北京：中国电力出版社，2011.3（2018.1重印）
普通高等教育“十二五”规划教材
ISBN 978-7-5123-1268-5

Ⅰ.①A… Ⅱ.①于… ②程… Ⅲ.①计算机辅助设计－应用软件，AutoCAD－高等学校－教材 Ⅳ. ①TP391.72

中国版本图书馆CIP数据核字（2011）第010805号

中国电力出版社出版、发行
（北京市东城区北京站西街19号 100005 http://www.cepp.sgcc.com.cn）
三河市百盛印装有限公司
各地新华书店经售
*
2011年3月第一版 2018年1月北京第七次印刷
787毫米×1092毫米 16开本 17.5印张 426千字
定价29.00元

前　言

AutoCAD 是美国 Autodesk 公司开发的通用计算机辅助绘图与设计软件包，它具有功能强大、易于掌握、使用方便、体系结构开放等特点，具备绘制二维图形与三维图形、标注尺寸、渲染图形及打印输出图纸等功能，目前广泛应用于机械设计、建筑设计、园林设计、服装设计、平面设计，以及电子、航天、造船、石油化工和道路交通等图形设计领域，已经成为广大工程设计人员不可或缺的得力助手。

本书全面系统地讲述了利用 AutoCAD 绘图的各种技术和方法，在编写过程中力求体现以下特色：

（1）始终贯彻"实用、好用、够用"原则。用典型范例讲授 AutoCAD 相关命令和功能的使用方法，直观、轻松、容易上手，易教、易学。

（2）内容安排上由浅入深、循序渐进。内容丰富、结构安排合理，以通俗易懂的解说和丰富的图例贯穿全文。

（3）注重实践性。为了便于读者从实际的操作中提高绘图能力，每一章都结合具体的工程实例进行讲解。

（4）本书内容兼顾课堂教学与上机实践，编写中充分考虑相关专业工程制图课程的教学安排，既可以按一门独立课程集中讲授，也可以将书中内容穿插在工程制图课程中分散讲授。

本书可作为普通高等院校教材，也可作为高职高专院校教材，对于设计人员及 CAD 爱好者来说，本书也是一本很好的自学教材。

本书由长春工程学院于春艳、程晓新主编，具体编写分工如下：

第 1、2、7、11 章由于春艳编写，第 5 章由程晓新编写，第 6、8、10 章由纪花编写，第 3、4 章由潘延力编写，第 9 章由刘玉杰编写。参加本书编写工作的还有邵文明、常悦等。本书由长春工程学院常伏德审阅，在此表示感谢！

由于编者水平有限，书中疏漏与欠妥之处在所难免，欢迎广大读者及业内人士批评指正。

编　者

2011 年 2 月

目 录

第1章 AutoCAD 操作基础

本章主要介绍 AutoCAD 的基本概况及 AutoCAD 最基本的操作方法，使读者初步认识这一绘图软件的特点。

本章主要知识点：

* AutoCAD 的工作界面；
* 命令的输入方法（画线、删除、撤销）；
* 坐标系及坐标表示方法；
* 绘制、组织和保存图形；
* 创建个人的图形样板文件。

第1节 AutoCAD 简 介

一、AutoCAD 的特点

AutoCAD 是美国 Autodesk 公司于 1982 年 10 月首次推出的一个交互式绘图软件包，是目前世界上应用最广泛的 CAD（Computer Aided Design）软件之一。该系统自 1982 年问世以来，版本几经更新，功能日趋完善，使 AutoCAD 由一个功能非常有限的绘图软件发展成为现在功能强人、性能稳定、市场占有率位居世界第一的 CAD 系统。目前，AutoCAD 已在机械、电子、造船、汽车、建筑、测绘、航天、兵器、轻工、纺织等领域中得到了广泛的应用。AutoCAD 软件具有如下特点：

（1）用户界面良好，易学易用；

（2）具有完善的图形绘制功能；

（3）具有强大的图形编辑功能；

（4）具有开放的体系结构，易于进行二次开发；

（5）可以进行多种图形格式转换，具有较强的数据交换能力；

（6）支持多种输入、输出设备；

（7）支持多种操作平台。

二、AutoCAD 的基本功能

1. 绘图功能

AutoCAD 提供一组实用的绘图命令用来绘制图形，如直线、圆、文字串等，这是 AutoCAD 最主要的功能。

2. 编辑功能

AutoCAD 提供一组实用的编辑命令，可对已绘制的图形进行擦除、移动、拉伸、裁剪、复制、镜像、阵列等操作，以得到用户需要的图形。

3. 计算功能

AutoCAD 在绘图过程中还可以做一些简单的计算，包括长度计算、面积计算、简单的除法计算等。

4. 输入功能

AutoCAD 不仅允许用户用键盘或数字化仪等设备输入命令和数据生成图形，还可以引用由其他软件生成的图形。

5. 输出功能

AutoCAD 既可以通过打印机、绘图仪等输出图形，也可以按照规定的格式输出图形到文件中或将图形发布到 Web 站点上，这也就为其他软件直接利用 AutoCAD 图形和在互联网上进行交流提供了可能。

三、AutoCAD 的工作界面

AutoCAD 提供了【二维草图与注释】、【三维建模】和【AutoCAD 经典】三种工作空间模式。默认状态下，打开【二维草图与注释】工作空间，其界面主要由标题栏、菜单栏、工具栏、绘图窗口、命令窗口及状态栏六部分组成，如图 1-1 所示。

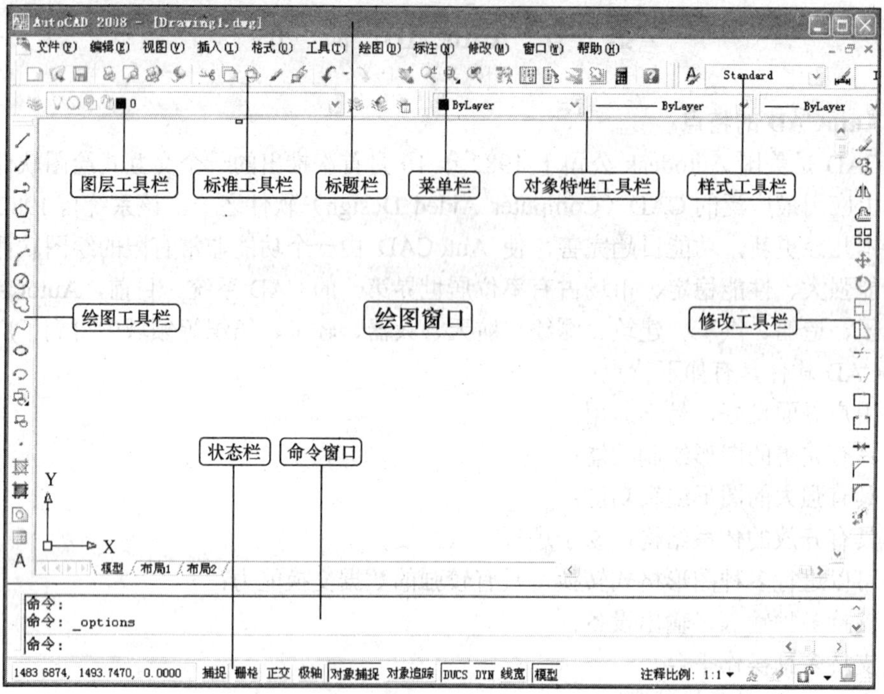

图 1-1　AutoCAD 的工作界面

1. 标题栏

标题栏位于界面的最顶部，其最左边的是 AutoCAD 的程序图标，接着是 AutoCAD 的应用程序名和中括号内的文件名（缺省的文件名是 Drawing1.dwg）。标题栏最右边的是 Windows 窗口标准控制按钮，分别是最小化按钮、最大化按钮和关闭按钮。

2. 菜单栏

标题栏下面是菜单栏，它以级联的层次结构来组织各个菜单项，并以下拉式逐级显示。

若某一菜单项右侧有一个向右的三角形符号▶，表示该菜单项包含级联的子菜单，如图 1-2 所示绘图下拉菜单中的【圆】菜单项；若某一菜单项右侧有省略号…，表示选择该菜单项后将会弹出一个相关的对话框，图 1-3 所示为选择【绘图】/【表格】后弹出的对话框。AutoCAD 提供的标准菜单栏包括：【文件】(File)、【编辑】(Edit)、【视图】(View)、【插入】(Insert)、【格式】(Format)、【工具】(Tools)、【绘图】(Draw)、【标注】(Dimension)、【修改】(Modify)、【窗口】(Window)、【帮助】(Help) 11 个下拉菜单项，其大多数命令都包含在其中。

3. 工具栏

AutoCAD 系统提供了 37 种工具栏，在默认情况下屏幕将显示 7 个工具栏。位于菜单栏下方的有【标准】、【样式】、【工作空间】、【图层】、【特性】5 个工具栏，位于屏幕左侧的是【绘图】工具栏，位于屏幕右侧的是【修改】工具栏。

如果要显示隐藏的工具栏，可将光标放在任何一个工具栏上，单击鼠标右键，则打开工具栏菜单，如图 1-4 所示，选择其中某一菜单项，即可将这一工具栏打开并显示在屏幕上。

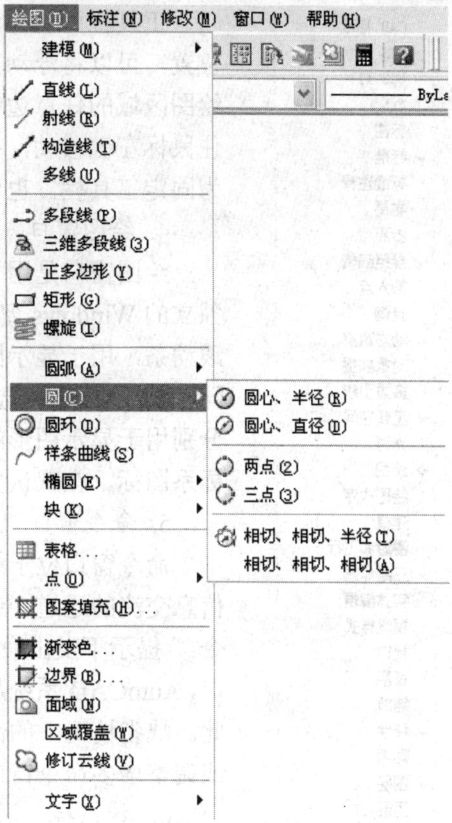

图 1-2　下拉菜单中的级联菜单示例

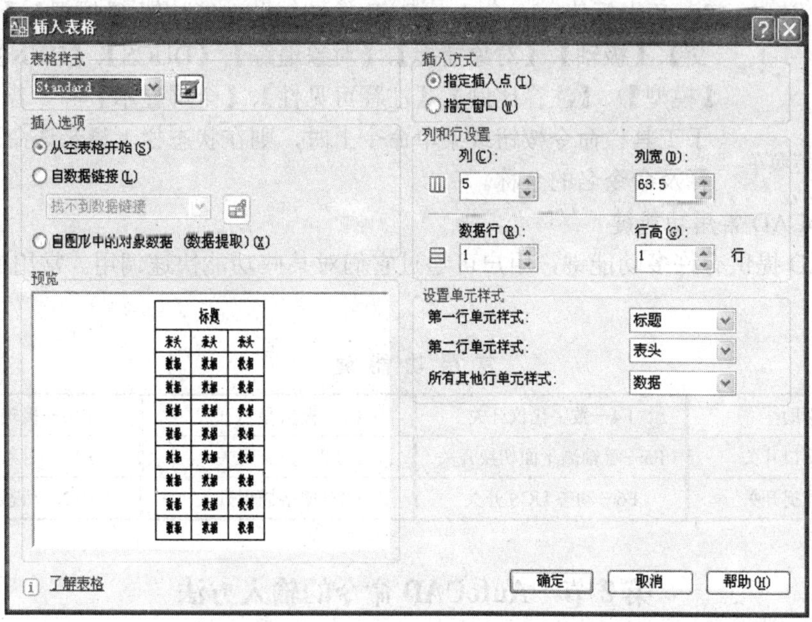

图 1-3　对话框示例

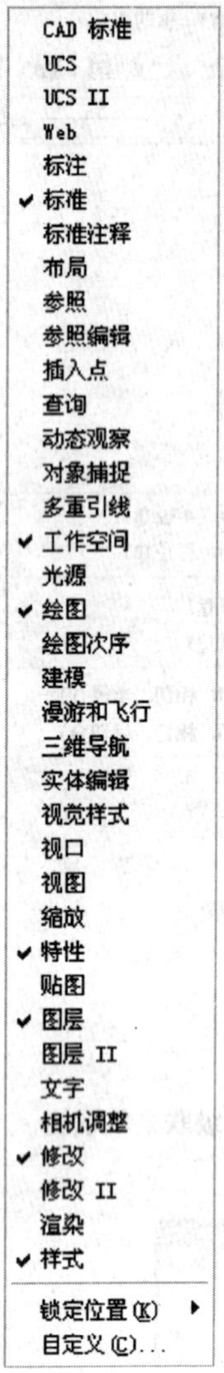

图 1-4 工具栏菜单

工具栏可以为浮动的或固定的。浮动工具栏定位在绘图区域的任意位置，可以将浮动工具栏拖至新位置并调整其大小；固定工具栏附着在绘图区域的任意边缘上。可以将光标放在浮动工具栏的标题长条上并按住鼠标左键移动，拖放至屏幕边缘位置后，释放鼠标将浮动工具栏转换为固定工具栏。也可使用同样的方法将固定工具栏转换为浮动工具栏。

4. 绘图窗口

绘图窗口是用于显示绘图的矩形区域，它位于屏幕的中间，是一个独立的 Windows 窗口。绘图窗口的下方和右侧分别是水平滚动条和垂直滚动条，用于显示图形的不同位置。此外，在绘图窗口的下方还有一个【模型】(Model）选项卡和两个【布局】(Layout1 和 Layout 2）选项卡，分别用于显示图形的模型空间和图纸空间。位于绘图窗口左下角的是坐标系图标。在默认情况下，坐标系为世界坐标系（WCS)。

5. 命令窗口

命令窗口位于绘图窗口的下方，它是用户和计算机进行交互操作及信息交流的通道。该窗口分为两部分：最下面的一行为命令行，在“命令:”提示下发出命令，并按命令提示进行操作；上面两行为命令历史窗口，AutoCAD 系统从开始一个新绘图文件所进行的每一步操作都记录在此。缺省情况下的命令窗口只显示三行，可通过操作窗口右侧的滚动条或调整增多命令窗口的行数来查看更多的命令历史记录。

6. 状态栏

状态栏位于 AutoCAD 工作界面的最底部，用于显示当前绘图文件的工作状态。通常情况下，状态栏自左至右依次显示光标所在点的 X、Y、Z 坐标值，10 个 AutoCAD 绘图辅助功能按钮（【捕捉】、【栅格】、【正交】、【极轴】、【对象捕捉】、【对象追踪】、【DUCS】、【DYN】、【线宽】、【模型】)、【注释比例】、【注释可见性】、【全屏显示】等。若鼠标指针位于工具栏命令按钮或菜单命令上时，则在状态栏上显示该命令的功能解释及命令名的全称。

7. AutoCAD 常用功能键

AutoCAD 提供有许多功能键，用户可通过它们对某些功能快速调用。常用的功能键见表 1-1。

表 1-1 常 用 功 能 键

F1—帮助	F4—数字化仪开关	F7—栅格显示开关	F10—极轴捕捉开关
F2—文本窗口开关	F5—等轴测平面切换开关	F8—正交开关	F11—对象追踪开关
F3—对象捕捉开关	F6—动态 UCS 开关	F9—栅格捕捉开关	F12—动态输入开关

第 2 节 AutoCAD 命令的输入方法

AutoCAD 中常用的命令输入方法是鼠标选取和键盘输入，一般在绘图时是两者结合进行的，用键盘输入命令和参数，用鼠标绘图和执行工具栏中的命令。

AutoCAD 命令的输入方式主要有工具栏中图标按钮、菜单和键盘输入三种方式。

1. 工具栏输入命令

AutoCAD 的工具栏都是由各种图标按钮组成的，将鼠标移动到某一按钮上停留片刻，即提示该按钮的名称。单击工具栏上的相应按钮就能执行所代表的命令。这是一种常用、简便地输入命令方式。

下面以画直线及删除图元为例，说明其操作步骤。

执行【直线】命令，如图 1-5 所示，命令行提示：

```
命令: _line 指定第一点:(在屏幕上指定一点)
指定下一点或 [放弃(U)]:(在屏幕上指定另一点)
指定下一点或 [放弃(U)]: ↙
```

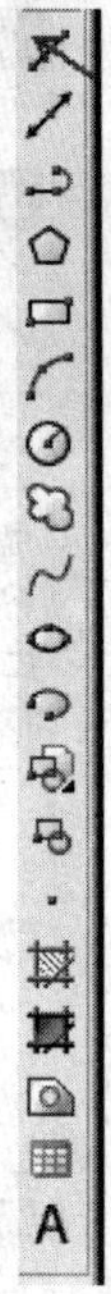

图 1-5 用鼠标在【绘图】工具栏上拾取【直线】命令

执行【删除】命令，如图 1-6 所示，命令行提示：

```
命令: _erase
选择对象:(选择所画直线)
选择对象: ↙
```

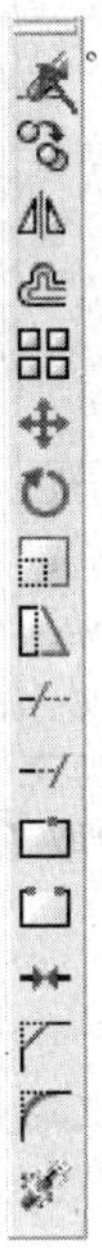

图 1-6 用鼠标在【修改】工具栏上拾取【删除】命令

2. 菜单输入命令

菜单栏包括一系列的命令。将光标移至菜单栏，左右移动光标选择所需要的菜单项，单击该菜单项，在出现的下拉菜单中上下移动光标，选择所需条目，以启动该命令。

下面以直线及删除图元为例，说明用下拉菜单启动命令的操作步骤。

执行【直线】命令，如图 1-7 所示，命令行提示：

```
命令: _line 指定第一点: (在屏幕上指定一点)
指定下一点或 [放弃(U)]: (在屏幕上指定另一点)
指定下一点或 [放弃(U)]: ↙
```

执行【删除】命令，如图 1-8 所示，命令行提示：

```
命令: _erase
选择对象: (选择所画直线)
选择对象: ↙
```

3. 键盘输入方式

当命令行出现“命令:”时，通过键盘输入 AutoCAD 命令，然后按 Enter 键，即可运行该命令。

命令行输入【直线】命令，操作过程如下：

```
命令: LINE↙
指定第一点:(在屏幕上指定一点)
指定下一点或 [放弃(U)]:(在屏幕上指定另一点)
指定下一点或 [放弃(U)]:↙
```

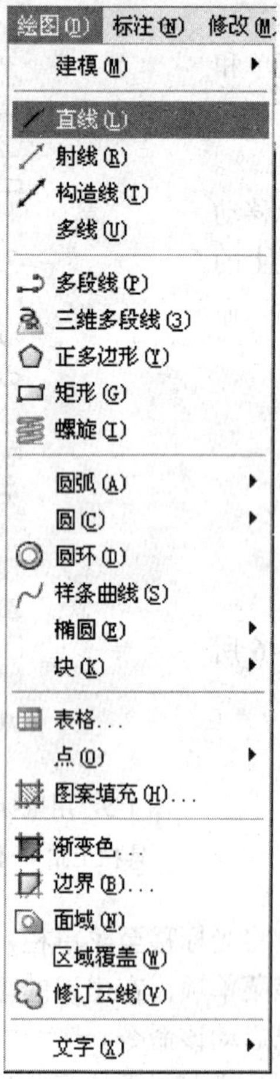

图 1-7 在【绘图】下拉菜单上拾取【直线】命令

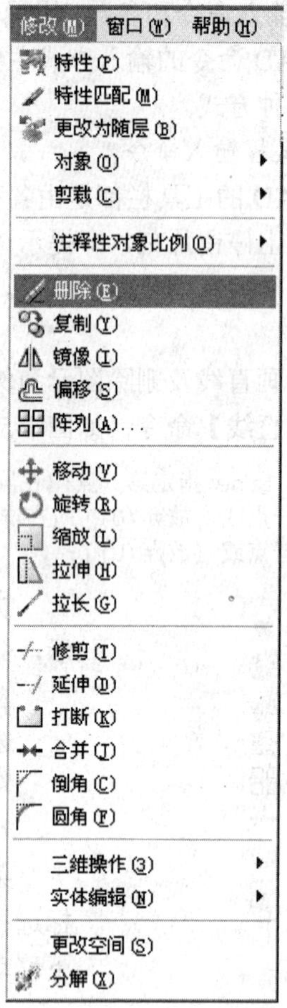

图 1-8 在【修改】下拉菜单上拾取【删除】命令

命令行输入【删除】命令，操作过程如下：

命令：ERASE↙
选择对象：(选择所画直线)
选择对象：↙

为了提高绘图速度，AutoCAD 还提供了命令的快捷输入方式，它是用一个或几个简单的字母来代替常用命令。例如【直线】（Line）的快捷命令是“L”、【删除】（Erase）的快捷命令是“E”等。AutoCAD 所有定义的快捷命令都保存在 AutoCAD 安装目录下 SUPPORT 子目录中，用户可以通过编辑“acad.pgp”文件来修改、删除或添加快捷命令。

AutoCAD 常用的二维绘图命令及快捷命令见书末附录。

4. 命令的重复、中止、撤销

（1）命令的重复：无论以上述哪种方式执行的最后一条命令，都可以在“命令：”提示下，键入回车键或空格键重复该命令。

（2）命令的中止：在执行命令的过程中，按下 ESC 键，可中止该命令的执行。

（3）命令的撤销：在图形编辑过程中，可以利用 UNDO（U）命令或单击标准工具栏中的 图标撤销一个或若干个命令。

5. 透明命令

AutoCAD 中有部分命令可以在执行其他命令的过程中嵌套执行而不必退出该命令，这种命令称为“透明命令”。能透明执行的命令，通常是一些绘图工具、改变图形设置或查询命令，如 GRID、SNAP、OSNAP、ZOOM、PAN、LIST、DIST 等命令。

例如，在绘制直线的过程中需要缩放视图，则可以透明执行缩放命令，缩放视图后返回绘制直线命令。操作如下：

```
    命令: LINE↙
    指定第一点:(在屏幕上指定第一点)
    指定下一点或 [放弃(U)]: 'ZOOM↙
    >>指定窗口的角点,输入比例因子 (nX 或 nXP), 或者
[全部(A)/中心(C)/动态(D)/范围(E)/上一个(P)/比例(S)/窗口(W)/对象(O)] <实时>: W↙
    >>指定第一个角点: >>指定对角点:(拖动鼠标指定缩放窗口)
    正在恢复执行 LINE 命令。
    指定下一点或 [放弃(U)]:(回到画直线命令, 在屏幕上指定下一点)
    指定下一点或 [放弃(U)]: ↙
```

第 3 节　坐标系及坐标表示方法

在绘图过程中，AutoCAD 经常会要求用户输入点来确定所绘对象的位置、大小和方向。在要求输入点时，一种方法是通过单击鼠标拾取光标中心作为一个点的数据输入，另外一种方法是输入坐标值。

一、世界坐标系（WCS）和用户坐标系（UCS）

AutoCAD 有两个坐标系统：一个是固定坐标系，称为世界坐标系（WCS）；另一个是可移动坐标系，称为用户坐标系（UCS）。

用户可以根据绘图窗口显示的坐标系图标区别 WCS 和 UCS，如图 1-9 所示。图 1-9（a）为 WCS 图标，图 1-9（b）为沿（−1,−1,1）方向观察时的 WCS 图标，图 1-9（c）为将 WCS 坐标原点移动一个新位置后的 UCS 图标。

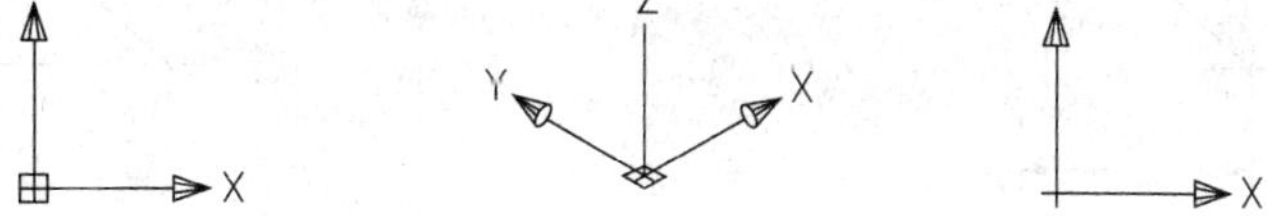

（a）　（b）　（c）

图 1-9　AutoCAD 的坐标系图标

在 AutoCAD 中，用户可以使用 UCS 命令来创建用户坐标系。UCS 对于输入坐标、定义绘图平面和设置视图非常有用。创建三维对象时，可以重新定位 UCS 来简化作图。

二、坐标输入方法

要使用 AutoCAD 坐标来定位点，则在命令提示输入点时，在命令行中输入坐标值，如果启用了状态栏中的【DYN】，则在光标附近的工具栏提示中显示输入的坐标值。

1. 绝对直角坐标（x,y,z）

绝对直角坐标是以坐标系原点（0,0,0）为基点定位所有的点。在二维绘图中，Z 坐标默

认为 0 或采用当前默认高度设置，因此用户仅输入 X、Y 坐标值即可，坐标间用逗号分隔，实际输入时不加小括号。

【例 1-1】 用绝对直角坐标从点（4,3）到点（10,8）绘制一直线，如图 1-10 所示。

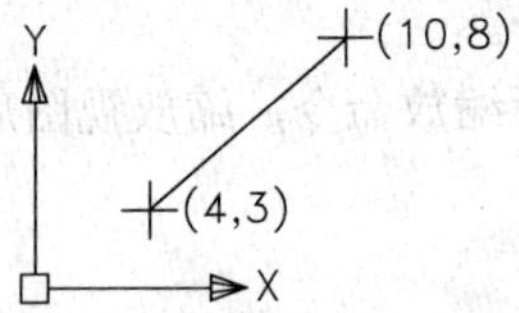

图 1-10　使用绝对直角坐标绘制一直线

```
命令: LINE↙
指定第一点: 4,3↙(命令行输入绝对直角坐标)
指定下一点或[放弃(U)]: 10,8↙
指定下一点或[放弃(U)]: ↙
```

2. 相对直角坐标

相对直角坐标是基于上一输入点的坐标而言，要指定相对直角坐标，需在坐标前面添加一个“@”符号，即（@△x,△y）。相对直角坐标的使用如图 1-11 所示。

```
命令: LINE↙
指定第一点: (在屏幕上指定任意一点A)
指定下一点或[放弃(U)]:@6,5↙(输入相对直角坐标指定点B,画出直线AB)
指定下一点或[放弃(U)]:↙
```

3. 相对极坐标（@距离<角度）

相对极坐标是使用距离和角度来定位点。输入时，需要指示该点与上一输入点的距离及两点连线与 X 轴的夹角。

UNITS 命令控制了单位的格式及角度的方向，系统默认的正角度方向是逆时针方向。相对极坐标的使用如图 1-12 所示。

```
命令: LINE↙
指定第一点:(在屏幕上指定任意一点A)
指定下一点或[放弃(U)]: @8<30↙(输入相对极坐标指定点B,画出直线AB)
指定下一点或[放弃(U)]: ↙
```

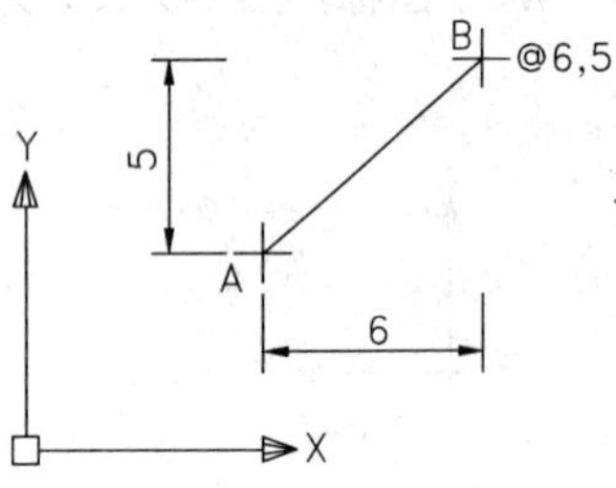

图 1-11　使用相对直角坐标绘制一直线

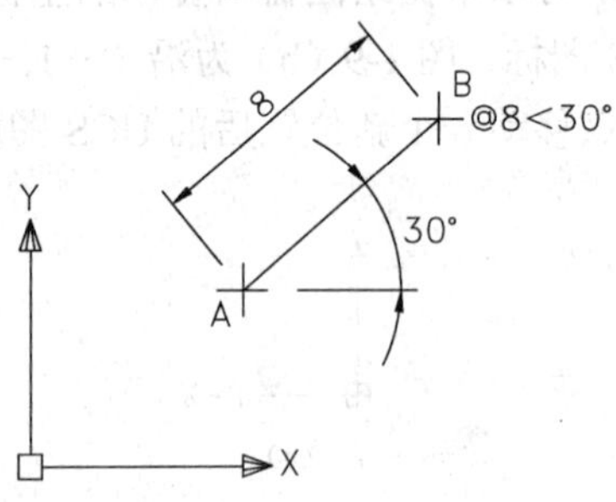

图 1-12　使用相对极坐标绘制一直线

4. 直接距离输入法

输入相对坐标的另一种方法是：通过移动光标指定方向，然后直接输入距离，此方法称为直接距离输入法（或导向距离输入法）。如在绘制图 1-12 所示直线 AB 时，先由点 A 移动光标使直线方向为 30°，然后在命令行输入“8↙”，得到同样结果。

三、动态输入

动态输入在光标附近提供了一个命令界面，以帮助用户专注于绘图区域来输入数据，如图 1-13 所示。单击状态栏上的【DYN】按钮即可打开或关闭动态输入功能。

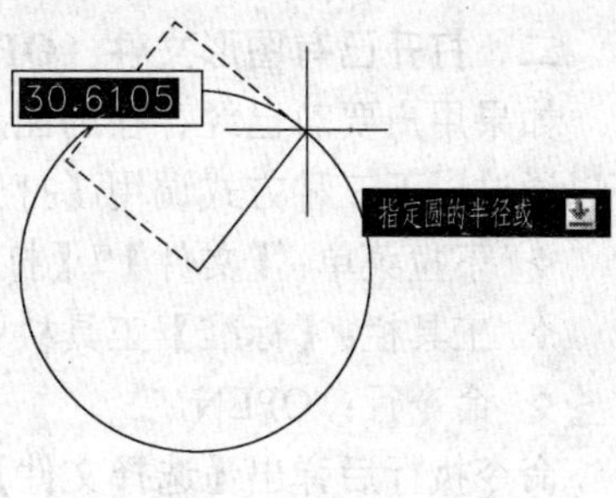

图 1-13　动态输入界面

当启用指针输入且有命令在执行时，工具栏提示中十字光标位置的坐标值将显示在光标旁边。命令提示输入点时，可以在工具栏提示中输入坐标值，而不用在命令行上输入。需要注意的是：在指定点，第一个坐标是绝对坐标，第二个及后续点的默认格式为相对坐标，不需要输入“@”符号，如果需要输入绝对坐标，可加上前缀“#”符号。通过【指针输入设置】对话框可以修改坐标的默认格式，以及控制指针输入工具栏提示何时显示。

第4节　图形文件管理

AutoCAD 图形文件的基本操作主要包括启动环境设置、创建新图形文件、打开已有图形文件、保存图形文件、输出图形文件等内容。实际上，新建、打开和保存操作是学习所有软件的起点，下面分别加以介绍。

一、新建图形文件（NEW）

绘制一幅新图形时，首先要创建新的图形文件并做好绘图前的准备工作。可以通过以下三种方式调用新建文件命令：

✧ 下拉菜单：【文件】/【新建】；

✧ 工具栏：【标准】工具栏中的按钮；

✧ 命令行：NEW↙。

命令执行后弹出【选择样板】对话框，如图 1-14 所示。在其中可以选择基于何种样板来创建新图形，常用的有 acad 样板和 acadiso 样板。选择好样板后，单击打开(O)按钮，系统将打开一个基于样板的新文件。如果用户不希望基于任何样板创建新图形而准备从空白开始，可以单击打开(O)▾按钮右侧的下三角图标打开其下拉菜单，然后选择英制或公制无样板打开。

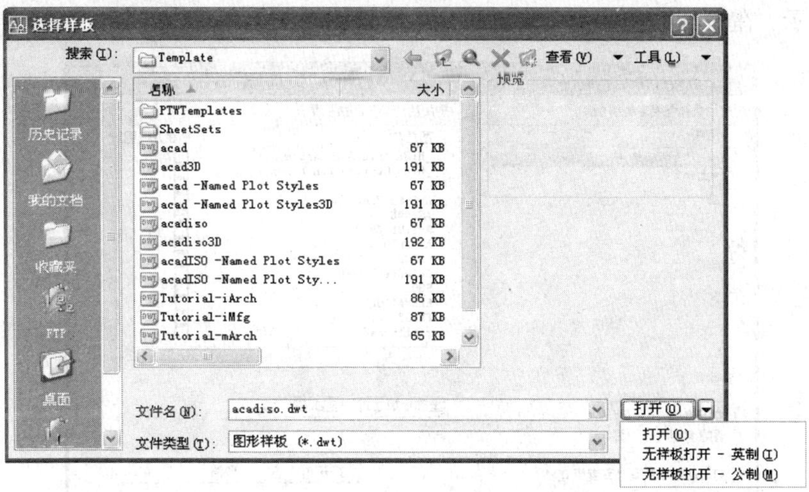

图 1-14　【选择样板】对话框

二、打开已有图形文件（OPEN）

如果用户要对已经存在的图形文件进行操作，必须先打开该图形文件。在 AutoCAD 中，可以通过以下三种方式调用【打开】命令：

✧ 下拉菜单：【文件】/【打开】；

✧ 工具栏：【标准】工具栏中的 按钮；

✧ 命令行：OPEN↙。

命令执行后弹出【选择文件】对话框，如图 1-15 所示。选择一个或多个图形文件，然后单击 打开(O) 按钮即可打开所选文件。

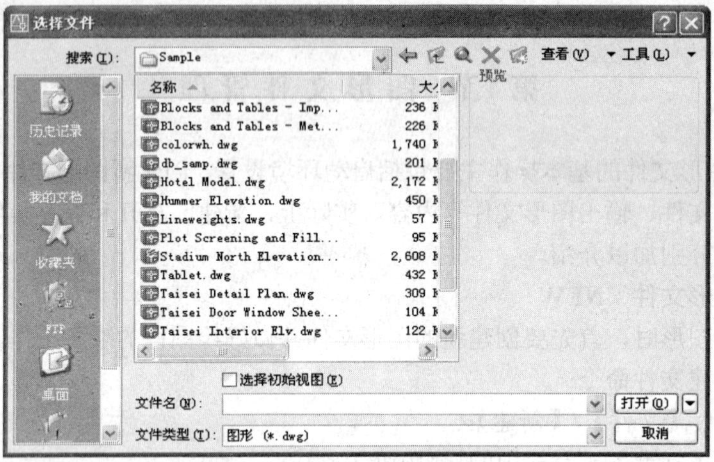

图 1-15 【选择文件】对话框

AutoCAD 可以只打开一个图形文件中的一部分。当用户要处理的图形文件很大时，仅打开图形的局部可以提高 AutoCAD 的运行性能。

要局部打开图形文件，在【选择文件】对话框中选择所需图形文件后，单击 打开(O) ▾ 按钮右侧的下三角图标，在打开的菜单中选择【局部打开】，则将会弹出【局部打开】对话框，如图 1-16 所示。在对话框左侧的【要加载几何图形的视图】列表中选择一个视图，默认的视

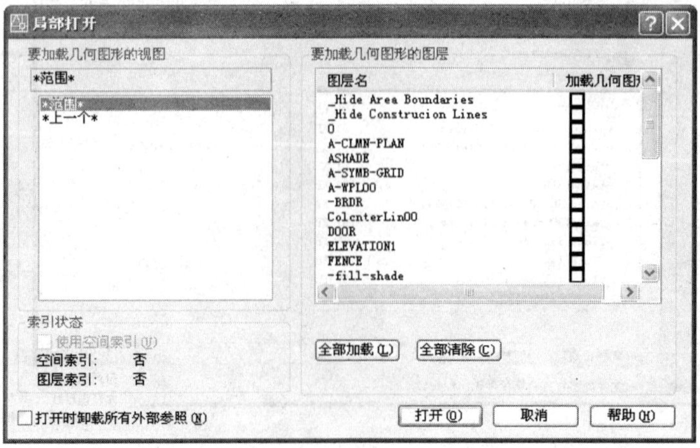

图 1-16 【局部打开】对话框

图【范围】是整个图形；在右侧的【要加载几何图形的图层】列表中选择一个或多个需要加载的图层；如果图形文件包含外部参照，但是用户不想加载它们，可以选中【打开时卸载所有外部参照】复选框；单击 打开(O) 按钮，即可局部打开图形。

局部打开图形后，可以将其他信息加载到当前图形中。单击下拉菜单【文件】/【局部加载】，弹出【局部加载】对话框，如图 1-17 所示。在【局部加载】对话框中选择一个视图，或者单击 按钮定义一个新视图，在右侧选择一个或多个图层，然后单击 确定 按钮即可加载到当前图形。

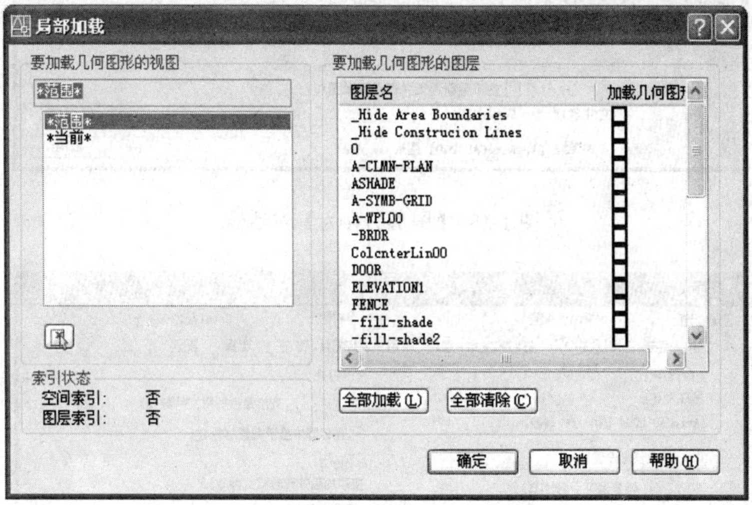

图 1-17 【局部加载】对话框

三、保存图形文件（SAVE）

在绘图过程中要注意经常保存图形文件，以免由于程序异常中断或者断电等突发性事件而使大量工作成果丢失。可以通过以下三种方式调用保存命令：

- ✧ 下拉菜单：【文件】/【保存】；
- ✧ 工具栏：【标准】工具栏中的 按钮；
- ✧ 命令行：SAVE↙。

命令执行后，如果以前保存并命名了该图形文件，则 AutoCAD 自动按照以前定义好的路径和文件名保存所做的修改；如果是第一次保存图形，则弹出【图形另存为】对话框，如图 1-18 所示。在【保存于】下拉列表中为图形文件选择保存路径，在【文件名】文本框中为图形文件命名，单击 保存(S) 按钮，完成图形文件的保存。

如果用户想为当前图形文件保存一个副本，可以单击菜单栏中的【文件】/【另存为】，在打开的【图形另存为】对话框另外命名图形文件后保存。

由于系统在运行过程中可能会遇到死机、停电等意外情况，而有的用户又不习惯经常保存文件，因此系统提供了自动保存功能。单击菜单栏中的【工具】/【选项】，弹出【选项】对话框，选择【打开和保存】选项卡，如图 1-19 所示。在【文件安全措施】区勾选【自动保存】复选框，在【保存间隔分钟数】文本框内输入适当的数值，以后 AutoCAD 将以此数值为间隔时间自动对文件进行保存，单击 确定 按钮完成设置。

图 1-18 【图形另存为】对话框

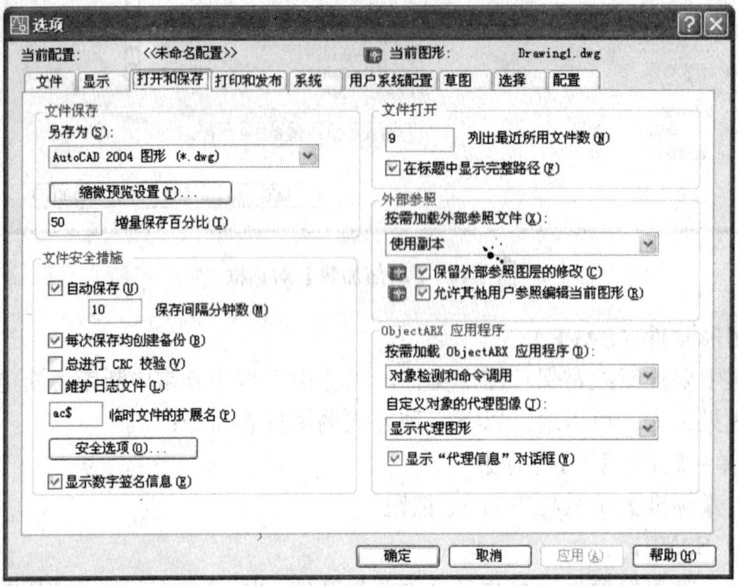

图 1-19 在【选项】对话框中设置图形的自动保存时间

在默认的情况下，AutoCAD 将文件保存在："c:\Documents and Settings\username\Local Settings\TEMP\"目录下，用户也可以在【选项】对话框的【文件】选项卡中更改该路径，如图 1-20 所示。在存储文件夹中找到该文件（图 1-21），将其文件扩展名修改为“.dwg”，即可在 AutoCAD 中将其打开进行编辑。

四、关闭图形文件

（1）在不退出 AutoCAD 系统的情况下，关闭当前图形文件有以下几种方式：

✧ 菜单栏：【文件】/【关闭】或【窗口】/【关闭】；

✧ 工具栏：绘图窗口右上角的按钮；

✧ 命令行：CLOSE↙。

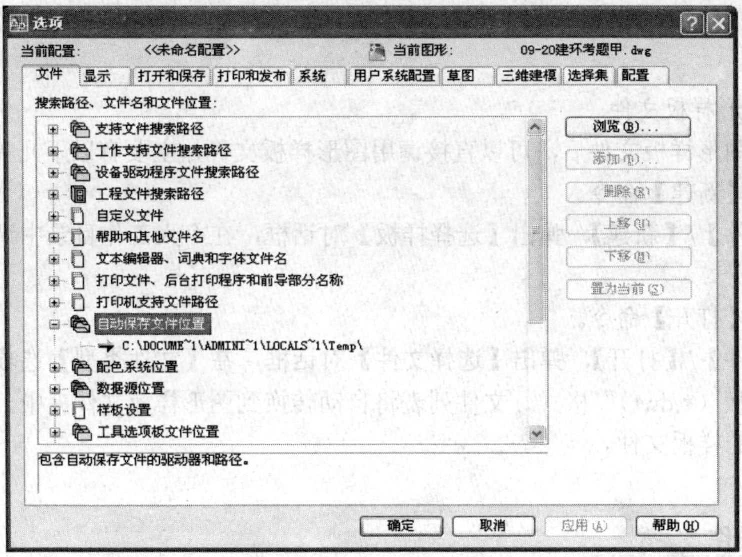

图 1-20 在【选项】对话框中设置图形的自动保存路径

（2）一次关闭多个打开的图形文件。

✧ 菜单栏：【窗口】/【全部关闭】。

（3）退出 AutoCAD 应用程序。

✧ 菜单栏：下拉菜单【文件】/【退出】；

✧ 工具栏：AutoCAD 工作界面右上角的按钮；

✧ 命令行：QUIT↙。

如果图形在修改后还未保存过，则弹出警告对话框，如图 1-22 所示，提示用户是否保存修改结果。

图 1-21 临时文件图标

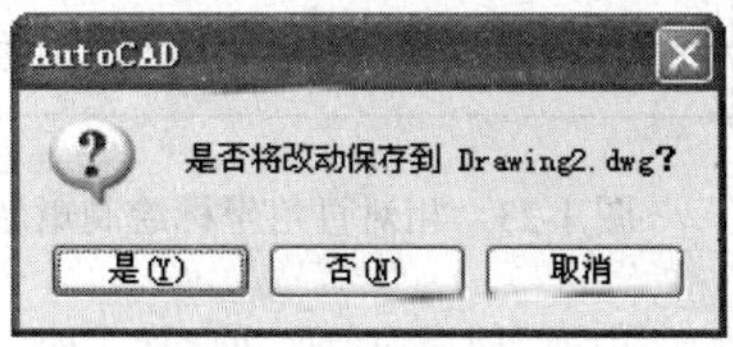

图 1-22 警告对话框

五、创建个人的图形样板文件

在绘制复杂的工程图时，每次都要对图形中的图形界限、线型、颜色、线宽、文字样式、尺寸标注样式、图层、图块等参数进行设定（这些参数的设定方法见后面各相关章节），如果使用图形样板，不仅可以减少对作图环境的重复设置，而且可以保持图形设置的一致性，大大提高工作效率。

1. 建立图形样板文件

将已绘制好的图形文件作为图形样板的操作步骤如下：

（1）选择【文件】/【打开】，打开一个已经设定好的图形文件，该文件中包括图形界限、线型、颜色、线宽、文字样式、尺寸标注样式、图层、图块等各项参数设置。

（2）将文件中的图形实体删除，选择【文件】/【另存为】，将图形文件保存为“.dwt”

格式的图形样板文件，可将该图形样板文件存储在个人工作目录中，以便以后绘图时调用。

2. 调用图形样板文件

在建立了图形样板文件后，可以直接调用图形样板文件，主要有以下几种方法：

（1）使用【新建】命令。

选择【文件】/【新建】，弹出【选择样板】对话框，在个人工作目录中调出需要的样板文件。

（2）使用【打开】命令。

选择【文件】/【打开】，弹出【选择文件】对话框，在【文件类型】选项的下拉列表中选择“图形样板（*.dwt）”格式，文件列表将自动转换到图形样板文件夹中，在个人工作目录中调出需要的样板文件。

习题与操作

1．打开与隐藏工具栏操作练习。

（1）隐藏屏幕右侧修改工具栏；

（2）显示修改工具栏，并将其固定在屏幕右侧。

2．利用相对直角坐标绘制图 1-23 所示矩形。

3．利用相对极坐标绘制图 1-24 所示等边三角形。

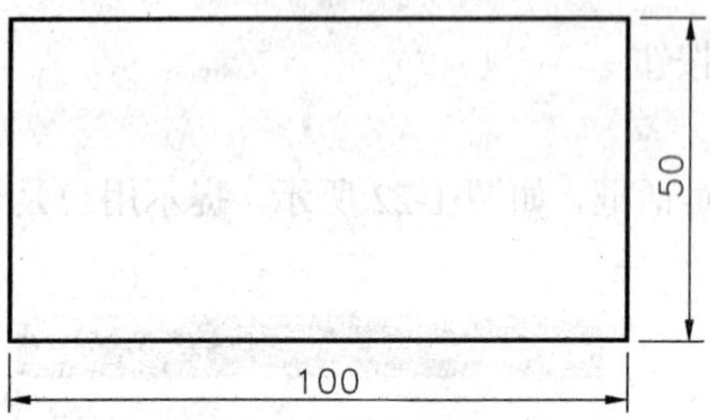

图 1-23　相对直角坐标绘制矩形

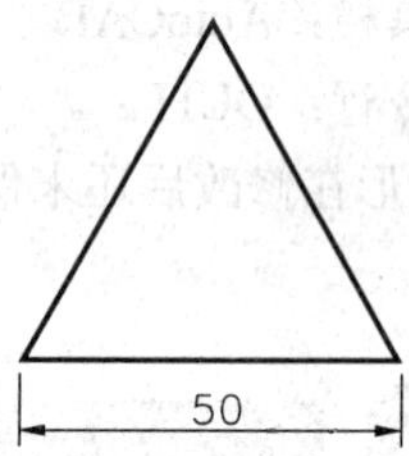

图 1-24　相对极坐标绘制等边三角形

第 2 章　设置绘图环境

使用 AutoCAD 进行绘图，应首先设置绘图环境，例如设置图形单位、图形界限、图元特性、图层管理等。这个过程称为设置绘图环境。

本章主要知识点：

* 设置图形单位和界限；
* 设置图形对象特性；
* 绘图辅助工具；
* 设置和管理图层；
* 图形的显示控制。

第 1 节　设置图形单位和界限

一、设置图形单位

开始绘图前，必须基于要绘制的图形确定一个图形单位代表的实际大小，然后据此测量所有图形对象。该命令的调用方法如下：

✧ 下拉菜单：【格式】/【单位】；

✧ 命令行：UNITS↙。

命令执行后，弹出【图形单位】对话框来设置图形单位，如图 2-1 所示。

在【长度】选项组中，用户可以设置长度的单位和精度。在一般的工程制图中，最好将精度调整为 0 或 0.0。在【角度】选项组中，用户可以设置测量角度的单位、精度及方向。在【插入比例】选项组中，用户可以设置缩放插入内容的单位。

单击【方向】按钮，将打开如图 2-2 所示【方向控制】对话框，在此对话框中可以设置角度测量的起始方向。

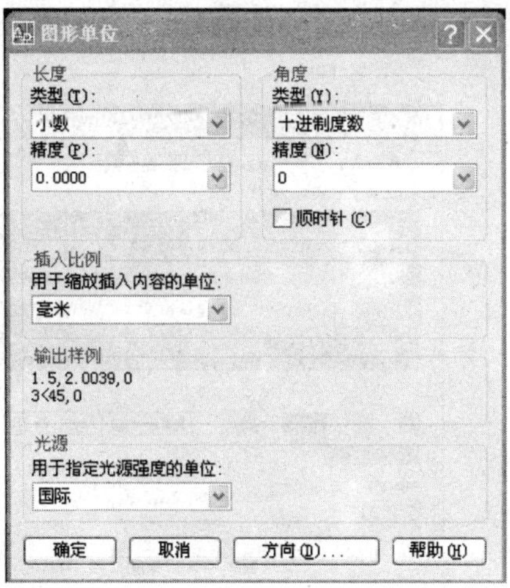

图 2-1 【图形单位】对话框

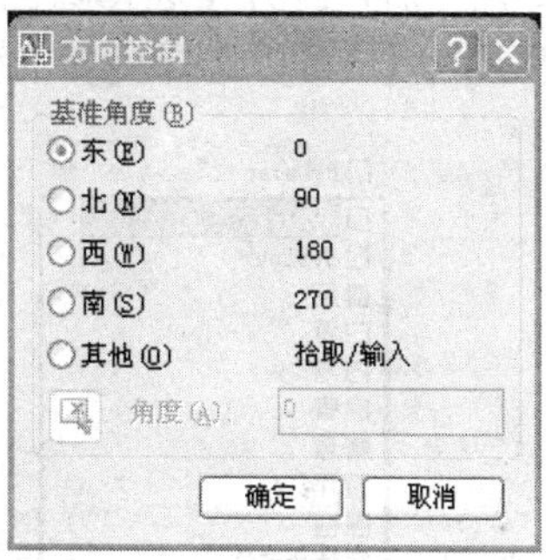

图 2-2 【方向控制】对话框

二、设置图形界限

设置图形界限就是设置图纸的大小，它由绘图区左下角和右上角的坐标值而定。该命令的调用方法如下：

✧ 下拉菜单：【格式】/【图形界限】；

✧ 命令行：LIMITS↙。

该命令的操作步骤如下：

```
命令：_limits
重新设置模型空间界限：
指定左下角点或[开(ON)/关(OFF)]<0, 0>:↙
指定右上角点<420, 297>:(输入设置数值)
```

说明：（1）Limits 命令中的选项 ON / OFF 用于控制在绘图时是否进行边界检查，若输入 ON 将只在设置区域内绘图。

（2）默认的图形界限是 A3（420×297mm）。

（3）单击【视图】/【缩放】/【全部】菜单项，当绘制的图形未超出图形界限时，系统将按图形界限缩放图形并使得图形界限所处区域居中显示。如绘制的图形超出图形界限，则将所设置的图形界限连同超出图形界限的部分居中显示在屏幕上。

第 2 节 设置图形对象特性

利用 AutoCAD 绘图时，可根据不同行业的需要，为图形对象指定颜色、线型及线宽等图元特性。

一、设置对象颜色

在 AutoCAD 中，可以使用颜色直观地标识对象。该命令的调用方法如下：

1. 通过工具栏选择

✧ 工具栏：【对象特性】工具栏【颜色控制】列表框右侧的⌄按钮。

命令执行后，打开【颜色控制】下拉列表，如图 2-3 所示，列出了 AutoCAD 常用的 7 种索引颜色和当前图形中使用过的其他颜色，从中可直接选取需要的颜色。

2. 通过下拉菜单选择

✧ 下拉菜单：【格式】/【颜色】。

命令执行后，打开【选择颜色】对话框，如图 2-4 所示，用户可以选择更多的颜色。

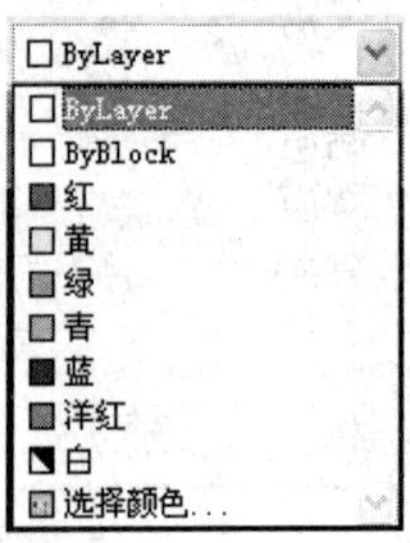

图 2-3 【颜色控制】下拉列表

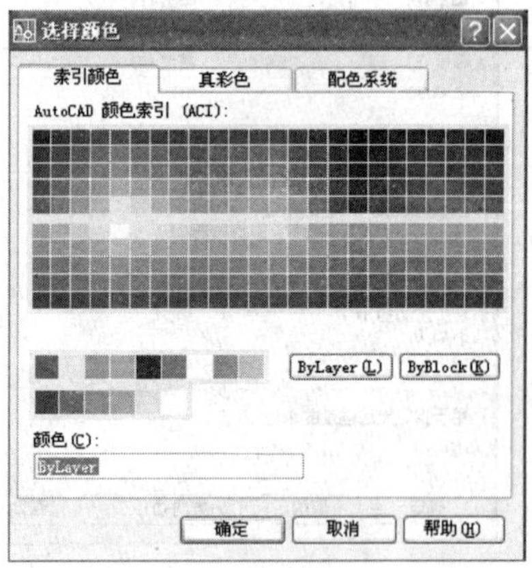

图 2-4 【选择颜色】对话框

二、设置对象线型及线型比例

绘图过程中，用户常常会使用不同的线型来绘制图形。该命令的调用方法如下：

1. 通过工具栏选择

✧ 工具栏：【对象特性】工具栏【线型控制】列表框右侧的﹀按钮。

命令执行后打开【线型控制】下拉列表，如图 2-5 所示，开始绘制新图时，该列表中只提供“Continuous（实线）”一种线型，如需设置其他线型，可点取【其他...】选项进行加载。

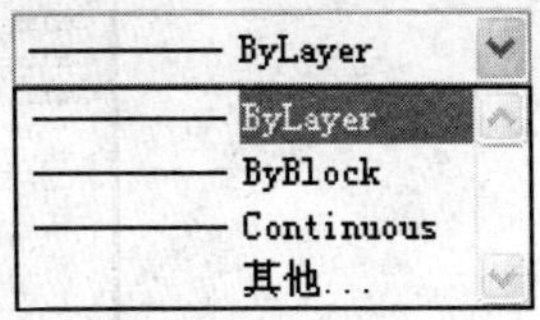

图 2-5 【线型控制】下拉列表

2. 通过下拉菜单选择

✧ 下拉菜单：【格式】/【线型】。

命令执行后，打开【线型管理器】对话框，如图 2-6 所示。单击对话框中的【加载】按钮，系统弹出【加载或重载线型】对话框，如图 2-7 所示。从中选择相应的线型，单击【确定】按钮返回【线型管理器】对话框，所选择的线型显示在当前列表中，如图 2-8 所示。

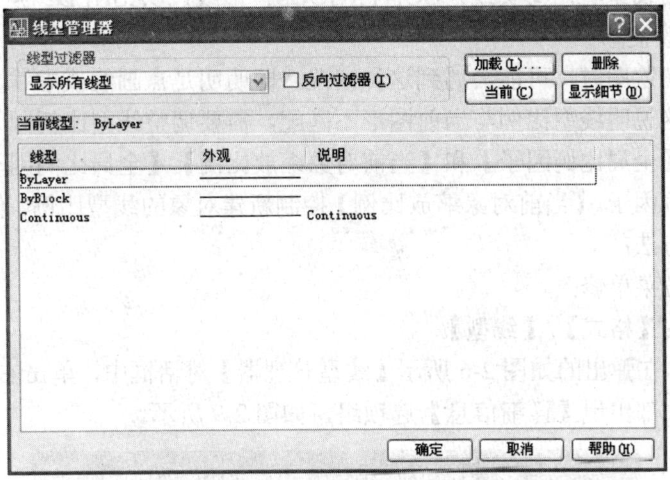

图 2-6 【线型管理器】对话框

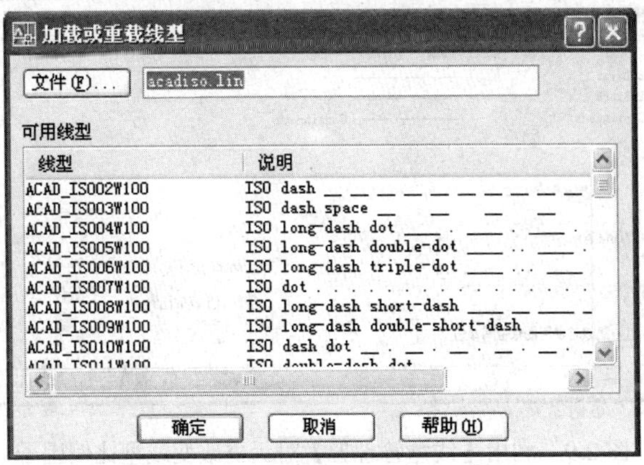

图 2-7 【加载或重载线型】对话框

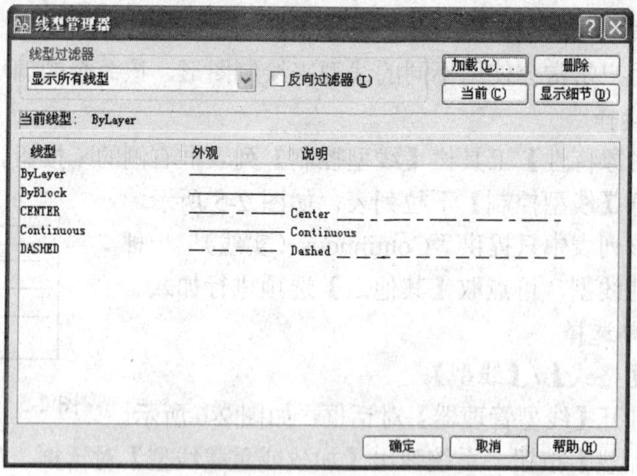

图 2-8 加载后的【线型管理器】对话框

工程图样常用线型有：①实线：CONTINIOUS；虚线：DASHED；点画线：CENTER。

3. 线型比例设定

用 AutoCAD 绘图时，可能会遇到这种情况，即明明是点画线或虚线，在屏幕上却显示的是连续线型，这说明线型比例与当前图形不匹配，需要调整线型比例因子。

线型比例有【全局比例因子】和【当前对象缩放比例】。【全局比例因子】控制所有新的和现有的线型比例因子。【当前对象缩放比例】控制新建对象的线型比例。修改线型比例因子主要有以下两种方法：

（1）通过下拉菜单修改。

✧ 下拉菜单：【格式】/【线型】。

命令执行后，在弹出的如图 2-6 所示【线型管理器】对话框中，单击右上角的 显示细节(D) 按钮，在对话框底部出现【详细信息】选项组，如图 2-9 所示。

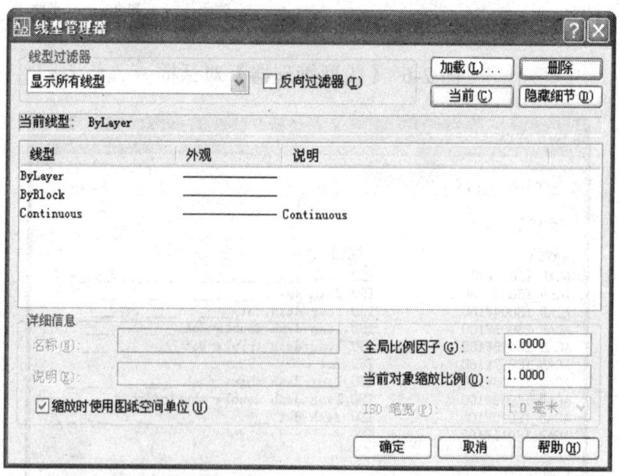

图 2-9 利用【线型管理器】对话框改变线型比例因子

要修改全部线型的比例因子，可在【全局比例因子】数值框内输入新的比例因子；如只需改变新建对象的线型比例，可在【当前对象缩放比例】数值框内输入新的比例因子。

（2）修改系统变量。

LTSCALE变量控制着所有线型的线型比例，修改【全局比例因子】的操作步骤如下：

```
命令：LTSCALE↙
输入新线型比例因子 <1.0000>：2↙（修改新的线型比例为 2）
正在重生成模型。（修改【全局比例因子】将导致 Windows 重新刷新图形）
```

CELTSCALE 变量控制新建对象的线型比例，修改【当前对象缩放比例】的操作步骤如下：

```
命令：CELTSCALE ↙
输入 CELTSCALE 的新值 <1.0000>：0.5↙（修改新的线型比例为 0.5）
```

【例 2-1】 设置线型比例，如图 2-10 所示。

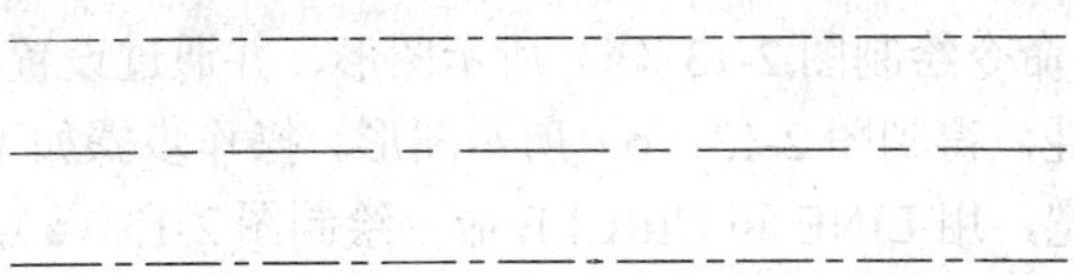

（a）LTSCALE=1,CELTSCALE=1

（b）LTSCALE=2,CELTSCALE=1

（c）LTSCALE=2,CELTSCALE=0.5

图 2-10　设置线型比例示例

所有线型最终的缩放比例是【当前对象比例因子】与【全局比例因子】的乘积，所以在 CELTSCALE＝0.5 的图形中描绘的点画线，如果将 LTSCALE 设为 2，其效果与在 CELTSCALE＝1 的图形中描绘 LTSCALE＝1 的点画线时的效果相同。

三、设置对象线宽

设置对象线宽的调用方法有以下两种：

1. 通过工具栏选择

✧ 工具栏：【对象特性】工具栏【线宽控制】列表框右侧的 按钮。

命令执行后，打开【线宽控制】下拉列表，如图 2-11 所示，从该列表中选择相应的线宽。

2. 通过下拉菜单选择

✧ 下拉菜单：【格式】/【线宽】。

命令执行后，在弹出的如图 2-12 所示【线宽设置】对话框中，可在左侧的【线宽】列表中选择线宽。

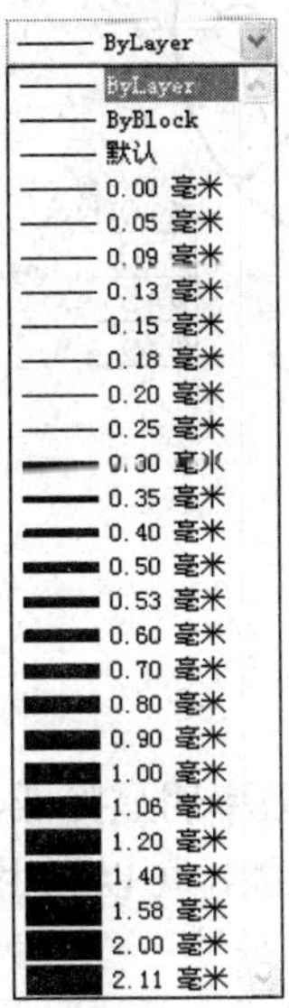

图 2-11　【线宽控制】下拉列表

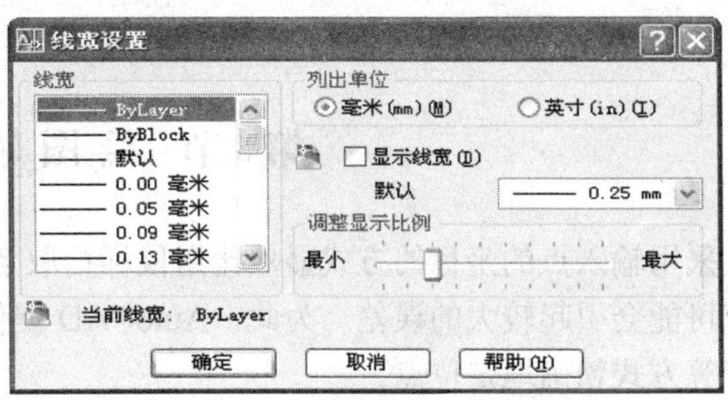

图 2-12　【线宽设置】对话框

由于线宽属性属于打印设置，因此，默认情况下系统并不显示线宽的实际设置效果。如果需要在绘图区显示线宽，有以下两种方法：

（1）单击状态栏中的【线宽】按钮，可以切换屏幕中线宽的显示。当按钮处于突起状态时，则不显示线宽；当按钮处于凹下状态时，则显示线宽。

（2）可在图 2-12 所示【线宽设置】对话框中选择【显示线宽】复选框。同时，在此对话框中可以修改线宽的默认值及调整显示比例。另外，在状态栏中的【线宽】按钮上单击鼠标右键选择【设置】选项，同样可以打开【线宽设置】对话框。

重点提示

▲【调整显示比例】滑块可以改变图线的显示宽度，这也是有时图线线宽设置相同，但显示宽度不同的原因。

【例 2-2】 使用 LINE 和 CIRCLE 命令绘制图 2-13（a）所示图形，并通过设置图形对象的颜色、线型、线宽来修改图元的特性，得到图 2-13（b）所示图形。操作步骤如下：

（1）使用默认的线型、颜色、线宽，用 LINE 和 CIRCLE 命令绘制图 2-13（a）；

（2）在绘图窗口中选择中心线，在【线型控制】下拉列表中点取 CENTER 选项，完成中心线的修改；

（3）在绘图窗口中选择ϕ45 和ϕ70 的圆，同理完成虚线（DASHED）的修改；

（4）在绘图窗口中选择ϕ100、ϕ25 和 4×ϕ10 的圆，打开【线宽控制】下拉列表，从该列表中点取 0.5mm 线宽；

（5）结果如图 2-13（b）所示。

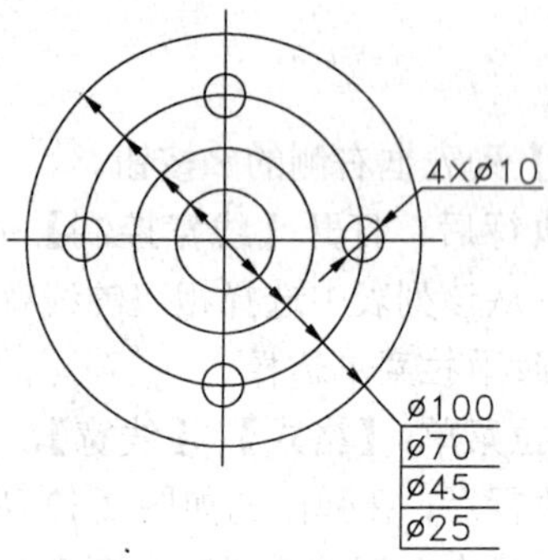

（a）

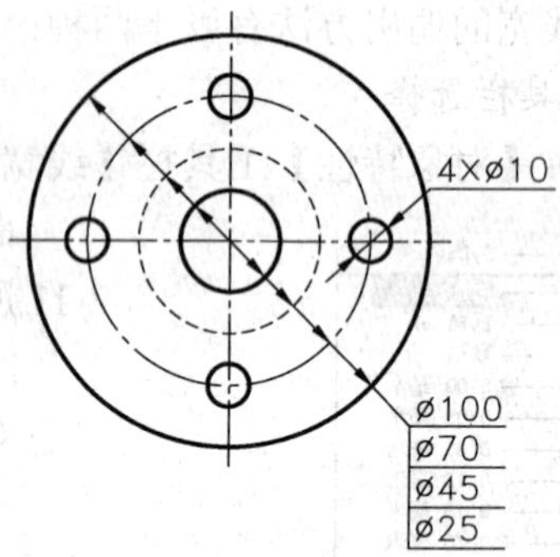

（b）

图 2-13 修改图元特性练习

第 3 节 绘图辅助工具

采用输入点的坐标的方式显然比用鼠标拾取点要精确，但是效率明显降低，而用鼠标拾取点可能会引起较大的误差。为此，AutoCAD 提供了辅助绘图功能，可以利用栅格、捕捉、正交等方式精确地定位点。

一、栅格

栅格是按照设定的间距显示在图形界限范围内的参照网格点，栅格既不是图形的一部分，也不会打印输出。

显示 / 隐藏【栅格】有以下三种方式（图 2-14）：

✧ 功能键：F7；
✧ 状态栏中的【栅格】按钮；
✧ 命令行：GRID↙。

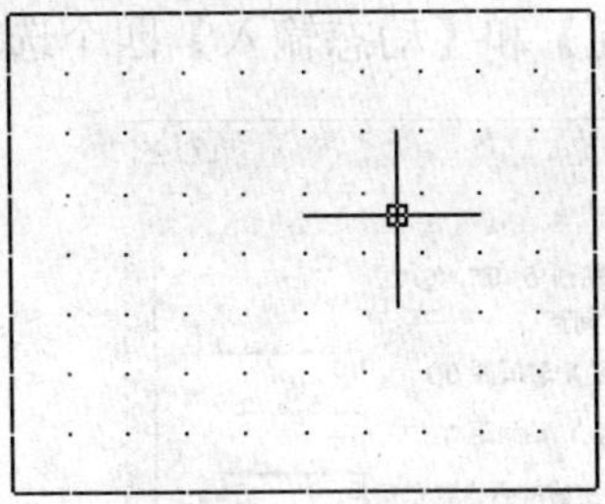
（a）Grid打开

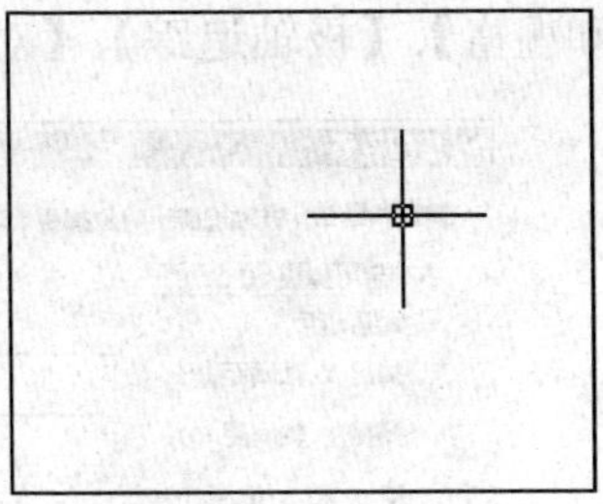
（b）Grid关闭

图2-14　栅格

GRID 命令，既可以选择显示或者隐藏栅格，也可以设置栅格显示间距。另外，还可以通过打开【草图设置】对话框的【捕捉和栅格】选项卡进行设置，如图2-15所示。

执行 GRID 命令，命令行提示为：

指定栅格间距 (X) 或 [开(ON)/关(OFF)/捕捉(S)/主 (M)/自适应(D)/界限(L)/跟随(F)/纵横向间距(A)] <10.0000>:(指定值或输入选项)

常用选项说明如下：

（1）开（ON）和关（OFF）：分别用于打开和关闭栅格。

（2）捕捉（S）：用于将栅格间距设置为由 SNAP 命令指定的捕捉间距。

（3）自适应（A）：用于更改 X 和 Y 方向上纵横不等的间距。其他选项可通过 AutoCAD 的帮助功能进行了解和使用。

二、捕捉

捕捉模式用于限制十字光标，使其按照用户定义的间距移动。可在图2-15所示【草图设置】对话框中设置捕捉间距，一般设置捕捉间距与栅格间距相同。当【捕捉】模式打开时，光标总是附着或捕捉栅格点。因此，捕捉模式有助于用户在屏幕上精确定位。

打开 / 关闭【捕捉】的三种方式：

✧ 功能键：F9；
✧ 状态栏中的【捕捉】按钮；
✧ 命令行：SNAP↙。

执行 SNAP 命令，命令行提示为：

指定捕捉间距或[开(ON)/关(OFF)/纵横向间距(A)/样式(S)/类型(T)] <当前>:(指定距离、输入选项或↙)

各选项说明如下：

（1）开（ON）和关（OFF）：分别用于打开/关闭捕捉功能。

（2）纵横向间距（A）：用于设置捕捉时光标在 X 和 Y 方向的不同间距。

（3）样式（S）：提供了两个子选项（s）和（i），分别用于选择是按标准方式（s）还是等轴测方式（i）进行捕捉，前者为常规方式，后者用于绘制正等轴测图。

（4）类型（T）：用于设置捕捉类型，即极轴（p）或栅格（g）捕捉。

三、草图设置对话框

单击【工具】/【草图设置】菜单项，打开如图 2-15 所示的【草图设置】对话框。该对话框包括【捕捉和栅格】、【极轴追踪】、【对象捕捉】和【动态输入】四个选项卡。

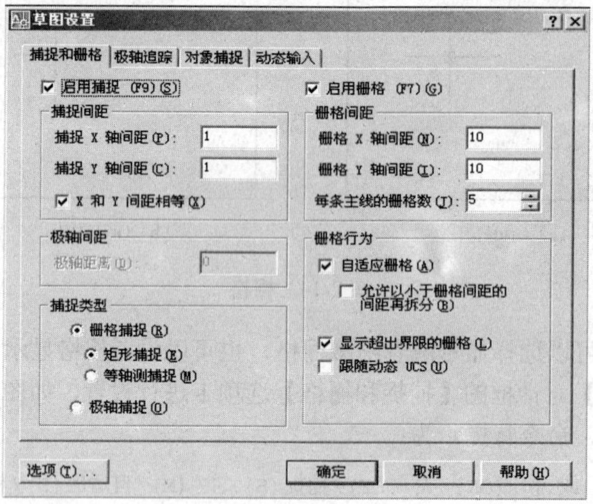

图 2-15 【草图设置】对话框

选择【捕捉和栅格】选项卡，在其中选择【启用捕捉】和【启用栅格】，分别等同于 F9 和 F7 功能键，并可在其中设置捕捉和栅格间距。

如果选择【栅格捕捉】则有【矩形捕捉】和【等轴测捕捉】之分，后者用于绘制正等轴测图。如果选择【极轴捕捉】，则【极轴间距】编辑框有效，可以在其中设置极轴捕捉的间距。

四、正交

当需要将绘图限制在水平和垂直两个方向时，可以启用【正交】功能。

该命令的调用方法有以下三种：

✧ 功能键：F8；

✧ 状态栏中的【正交】按钮；

✧ 命令行：ORTHO↙。

【**例 2-3**】 利用栅格捕捉功能，绘制图 2-16 所示图形。操作步骤如下：

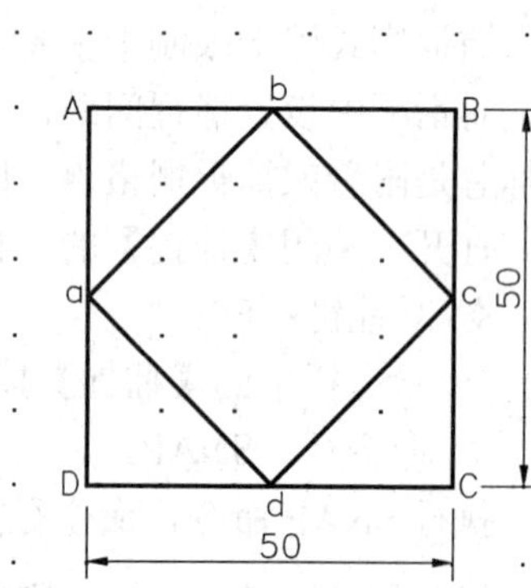

图 2-16 栅格捕捉

打开栅格、捕捉开关，使用默认的栅格间距<10>，设置捕捉间距 5mm，打开正交开关。命令行提示：

```
命令:_line
指定第一点:(在栅格点处定位 A 点)
指定下一点或 [放弃(U)]:50↙ (正交导向输入线段长度 50 到 B 点)
指定下一点或 [放弃(U)]: 50↙(正交导向输入线段长度 50 到 C 点)
指定下一点或 [闭合(C)/放弃(U)]:50↙ (正交导向输入 50 到 D 点)
指定下一点或 [闭合(C)/放弃(U)]:c↙ (选择闭合选项)
命令:_line
```

指定第一点:(利用栅格捕捉定位 a 点，线段的中间点)
指定下一点或 [放弃(U)]:(关闭正交，利用栅格捕捉定位 b 点)
指定下一点或 [放弃(U)]:(利用栅格捕捉定位 c 点)
指定下一点或 [闭合(C)/放弃(U)]:(利用栅格捕捉定位 d 点)
指定下一点或 [闭合(C)/放弃(U)]:C↙(选择闭合选项)

五、对象捕捉

对象捕捉是将指定的点限制在现有对象的特定位置上，如端点、交点、中点、圆心等，而无需了解这些点的精确坐标，通过对象捕捉可以确保绘图的精确性。

在绘图过程中可以用两种方式设置对象捕捉：临时捕捉和自动捕捉。临时捕捉方式只能对当前进行的绘图步骤起作用；而自动捕捉方式可以一直保持选定的目标捕捉状态，直至取消这种捕捉方式。

1. 临时捕捉

临时捕捉是在指定点的过程中选择一个特定的捕捉点。选择对象时光标将变为对象捕捉靶框，并给出符合条件的捕捉点的符号和提示。

该命令的调用方法如下：

（1）在【对象捕捉】工具栏上选择对应的捕捉类型，如图 2-17 所示。

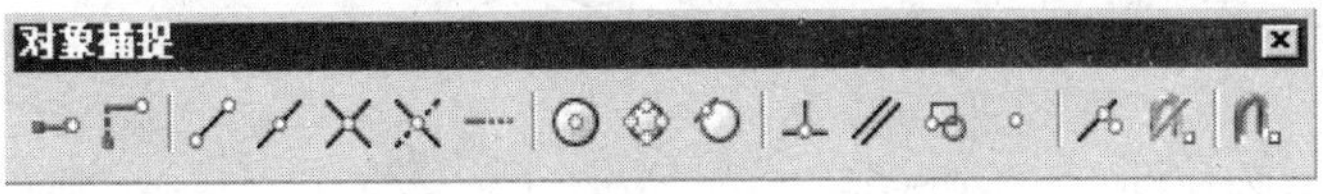

图 2-17 【对象捕捉】工具栏

（2）使用快捷菜单，可按住 Shift 键或 Ctrl 键单击鼠标右键，可以随时调出对象捕捉快捷菜单，如图 2-18 所示。

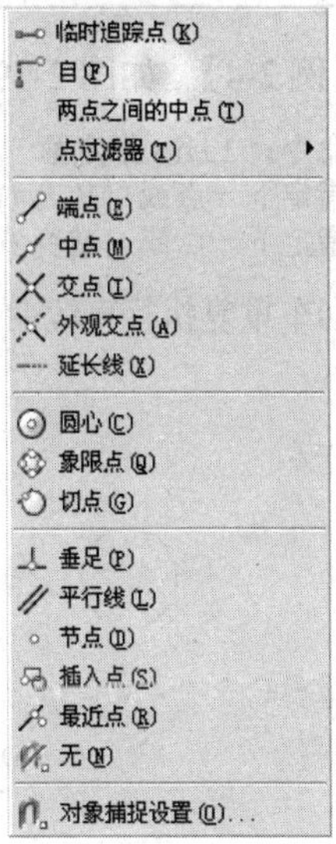

图 2-18 【对象捕捉】快捷菜单

各种对象捕捉模式的名称和功能见表 2-1。

表 2-1　　对象捕捉模式及其功能

图标	名　称	功　　能
	临时追踪点	创建对象捕捉所使用的临时点
	自	从临时参照点偏移
	端点	捕捉到线段或圆弧等对象的最近端点
	中点	捕捉到线段或圆弧等对象的中点
	交点	捕捉到线段、圆弧、圆等对象之间的交点
	外观交点	不在同一平面内，但是看起来在当前视图中可能相交的两个对象的外观交点
	延长线	捕捉到当光标经过的对象端点时，显示临时延长线上的点，以便用户使用延长线上的点绘制对象
	圆心	捕捉到圆弧、圆、椭圆或椭圆弧的圆心点
	象限点	捕捉到圆弧、圆、椭圆或椭圆弧最近的象限点
	切点	捕捉到圆弧、圆、椭圆、椭圆弧或样条曲线的切点

续表

图标	名　称	功　　能
	垂足	捕捉到垂直于线、圆或圆弧等对象上的点
	平行线	捕捉到与指定线平行的线上的点
	节点	捕捉到点对象、标注定义点或标注文字起点
	插入点	捕捉到属性、块、形或文字的插入点
	最近点	捕捉到离拾取点最近的线段、圆弧、圆或点等对象上的点
	无	关闭对象捕捉模式
	对象捕捉设置	设置自动捕捉模式

【例 2-4】 如图 2-19（a）所示，利用切点捕捉完成皮带轮的绘制。操作步骤如下：

```
命令:_line 指定第一点:(临时捕捉切点 A)
指定下一点或 [放弃(U)]:(临时捕捉切点 B)
指定下一点或 [放弃(U)]:↙
```

回车重复执行直线命令，绘制出切线 CD 两点间的切线，完成皮带轮的绘制，如图 2-19（b）所示。

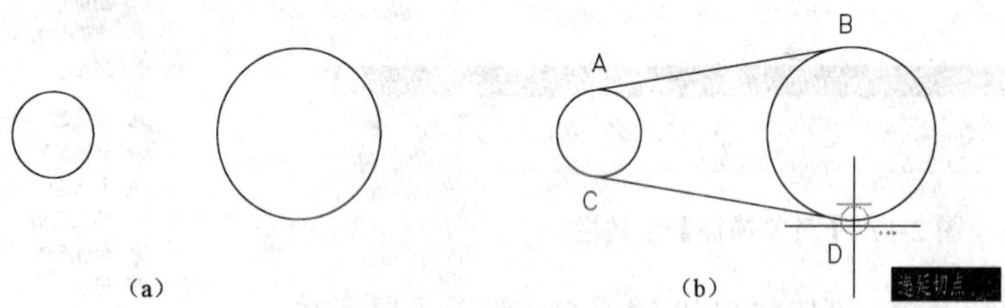

图 2-19　利用对象捕捉工具绘制图形

在两个圆（或椭圆）之间作切线，因为切点不固定，故而称为递延切点。

2. 自动捕捉

临时捕捉方式可以比较灵活地选择捕捉方式，但是操作比较繁琐，每次遇到选择点的提示后都要选择捕捉方式。因此，系统提供了一种持续有效的方式，这就是预设置对象的自动捕捉方式。用户可以一次选择多种捕捉方式，在命令操作中只要对象捕捉打开，捕捉方式即可生效。该命令的调用方法如下：

- ✧ 工具栏【对象捕捉】工具栏的按钮；
- ✧ 状态栏【对象捕捉】快捷菜单的【设置】选项；
- ✧ 命令行：OSNAP↙。

命令执行后，系统将弹出【草图设置】对话框中的【对象捕捉】选项卡，如图 2-20 所示。

重点提示

▲ 自动捕捉对象类型，除了常用的如端点、交点、圆心等，不宜选择太多，以避免使用时相互干扰。不常用的捕捉类型，可以使用临时捕捉作为有益的补充。

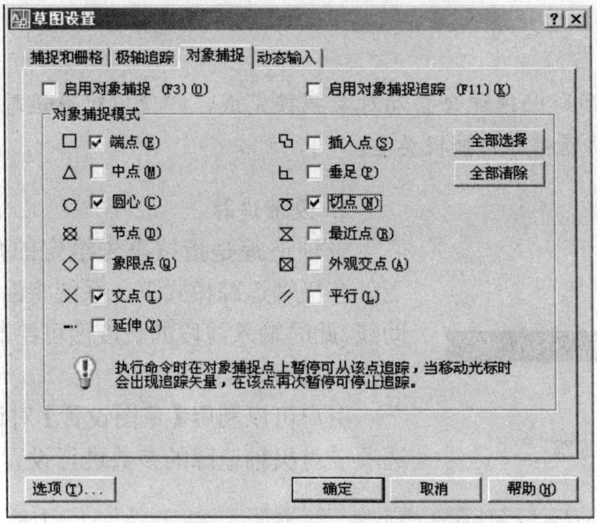

图 2-20 【草图设置】对话框的【对象捕捉】选项卡

六、对象自动追踪

1. 对象追踪

对于无法使用对象捕捉直接捕捉到的点，利用对象追踪可以快捷地定义这些点的位置。对象追踪可以根据现有对象的特征点定义新的坐标点。

切换对象追踪功能有以下两种方式：

✧ 功能键：F11；

✧ 状态栏中的【对象追踪】按钮。

【例 2-5】 如图 2-21（a）所示，在一个 100×70 的矩形几何中心绘制一个半径为 20 的圆。操作步骤如下：

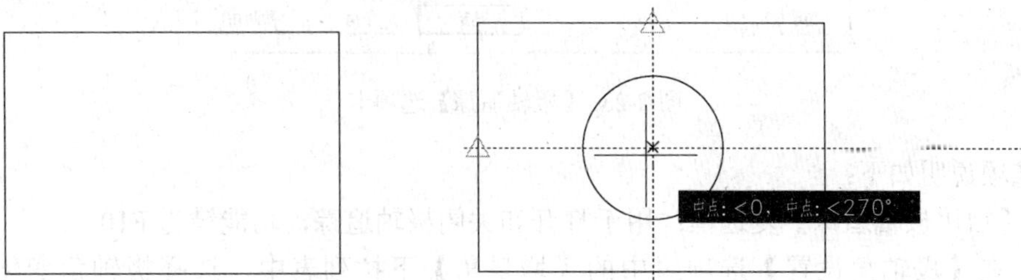

（a） （b）

图 2-21 利用对象追踪工具绘制图像

（1）设置“中点”为自动对象捕捉，并打开【对象捕捉】；

（2）打开状态栏上的【对象追踪】；

（3）输入 CIRCLE 命令；

（4）光标在矩形上端水平线中点处停留，出现三角标记并向下拖出对象追踪线；

（5）光标在矩形左侧竖直线中点处停留，出现三角标记并向右拖出对象追踪线；

（6）屏幕上出现两条相交的对象追踪线，交点即为创建圆的圆心，指定圆的半径即可。

重点提示

▲ 对象追踪必须配合自动对象捕捉完成，即使用对象追踪必须同时打开对象捕捉，并且设置相应的捕捉类型。

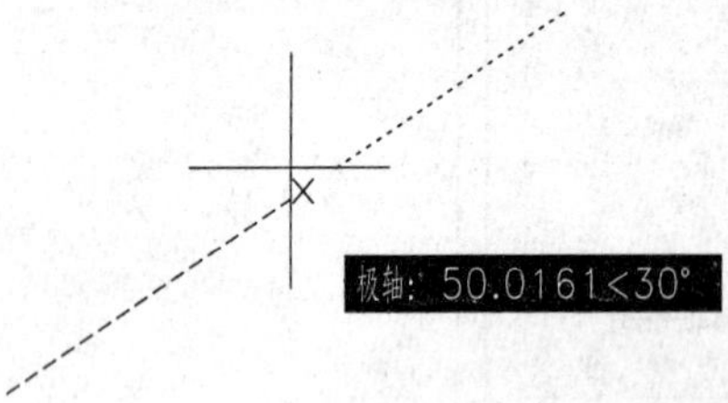

图 2-22 极轴追踪

2. 极轴追踪

极轴追踪是指按事先给定的角度增量来追踪特征点。在极轴追踪模式下，系统将沿极轴方向显示一条辅助线，此时输入线段的长度便可绘制出沿此方向的线段，如图 2-22 所示。

用户可以利用【草图设置】对话框中的【极轴追踪】选项卡对极轴追踪的参数进行设置，如图 2-23 所示。

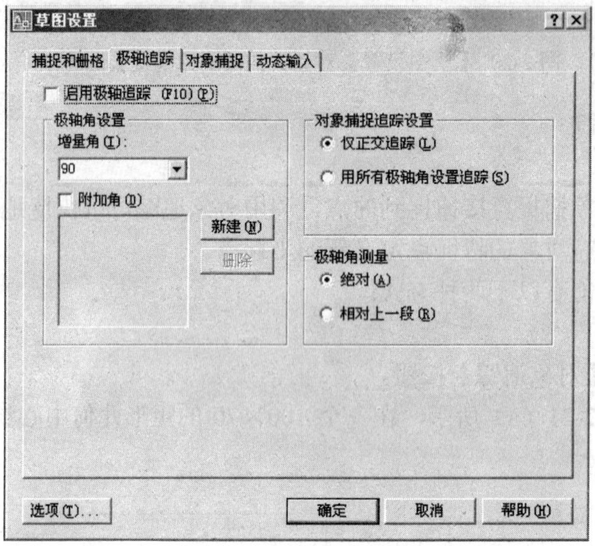

图 2-23 【极轴追踪】选项卡

各选项说明如下：

（1）【启用极轴追踪】复选框：用于打开和关闭极轴追踪，功能键为 F10。

（2）在【极轴角设置】选项组中的【增量角】下拉列表中，选择极轴角变化的增量值，也可以输入其他增量角度；单击【新建】按钮，在【附加角】下方的列表框中输入附加角度。

（3）在【对象捕捉追踪设置】选项组中，【仅正交追踪】用于在追踪参考点处显示水平或垂直的追踪路径；【用所有极轴角设置追踪】用于在追踪参考点处沿极轴角所设置的方向显示追踪路径。

（4）在【极轴角测量】选项组中，【绝对】用于设置以坐标系的 X 轴为计算极轴角的基准线；【相对上一段】用于设置以最后创建的对象为基准计算极轴的角度。

七、动态输入

动态输入在光标附近提供了一个命令界面，以帮助用户专注于绘图区域来输入数据，如

图 2-24 所示。在状态行【DYN】的快捷菜单中选择【设置】，可通过【草图设置】对话框中的【动态输入】选项卡对动态输入的参数进行设置，如图 2-25 所示。动态输入包括指针输入、标注输入和动态提示三项功能。

1. 指针输入

当【启用指针输入】且有命令在执行时，工具栏提示将在光标附近显示信息，该信息会随着光标移动而动态更新，按 Tab 键可在几个工具栏提示中切换。

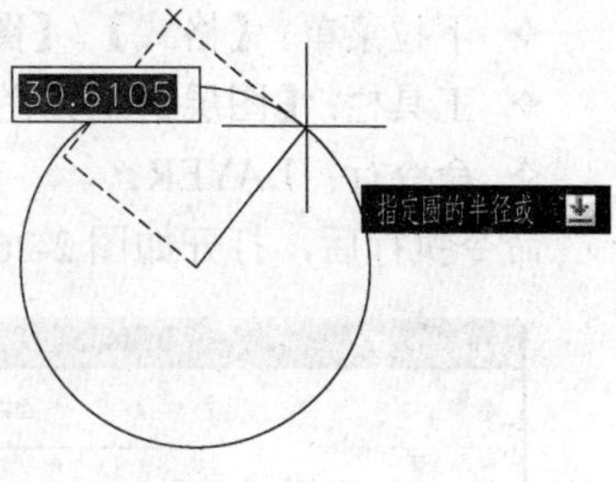

图 2-24 动态输入

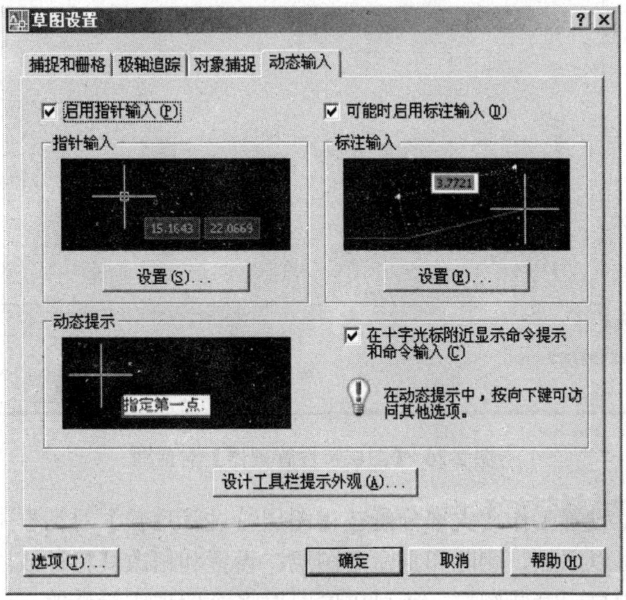

图 2-25 【动态输入】选项卡

2. 标注输入

【可能时启用标注输入】复选框选中后，当命令提示输入第二个点或距离时，工具栏提示将显示距离和角度值。按 Tab 键可以移动到要更改的值。

3. 动态提示

启用【动态提示】后，在十字光标附近会显示命令提示和命令输入。在动态提示中按“↓”可访问其他选项，按“↑”可显示最近的输入。

第4节 图 层 管 理

在用 AutoCAD 绘图时，可以将特性相似的对象绘制在同一图层上，这样便于用户管理、修改图形。通常要设置若干层，而每一层上只允许用一种特定的颜色、线型、线宽绘制实体，这样可以在不同的层上绘制同一幅图的不同部分，如轮廓线、中心线、尺寸线等，并使这些层具有相同的坐标对应关系，最后将这些层叠加在一起就显示出了一幅完整的图形。激活图层命令有以下三种方式：

✧ 下拉菜单：【格式】/【图层】；
✧ 工具栏：【图层】工具栏中的按钮；
✧ 命令行：LAYER↙。

命令执行后，打开如图 2-26 所示【图层特性管理器】对话框。

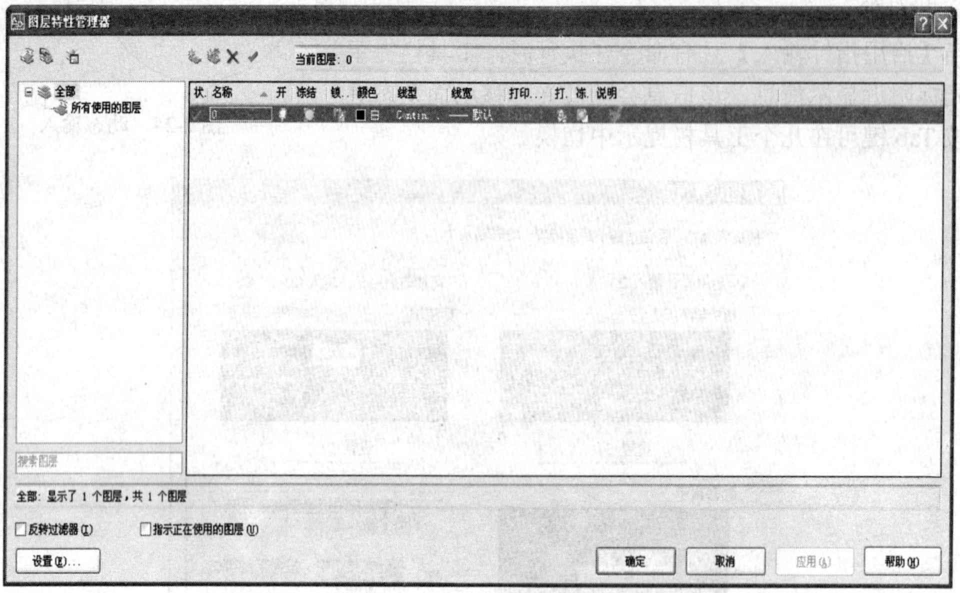

图 2-26 【图层特性管理器】对话框

对图层的管理、设置工作，大部分是在【图层特性管理器】对话框中完成的。该对话框显示图层的列表，可以添加、删除和重命名图层；设置和修改其特性或添加说明。图层过滤器用于控制在列表中显示哪些图层；还可以同时对多个图层进行修改。

一、创建新图层

在同一工程图中，需建立多个图层，创建新图层操作步骤如下：

（1）单击【图层】工具栏中按钮，打开【图层特性管理器】对话框。

（2）在【图层特性管理器】对话框中单击按钮，系统自动在图层列表框中建立一个新图层。用户可以定义图层名，如果不定义图层名，则系统自动对图层名命名为“图层 1”、“图层 2”……。用户可以根据作图需要建立多个图层。为便于管理图层，建议用户以图层的功能为依据对图层进行命名，如“粗实线”、“点画线”、“虚线”，如图 2-27 所示，也可以根据专业图的需要进行命名，如建筑专业以“墙线”、“轴线”等命名。

（3）单击【确定】按钮，完成操作。

二、删除图层

在 AutoCAD 中，为了减少图形所占空间，可以删除不使用的图层，操作步骤如下：

（1）单击【图层】工具栏中按钮，打开【图层特性管理器】对话框。

（2）在图层列表中选择要删除的图层，如“点画线”，单击按钮，则“点画线”的状态图标变为，但不消失，如图 2-28 所示。

（3）单击【确定】按钮，即可删除。

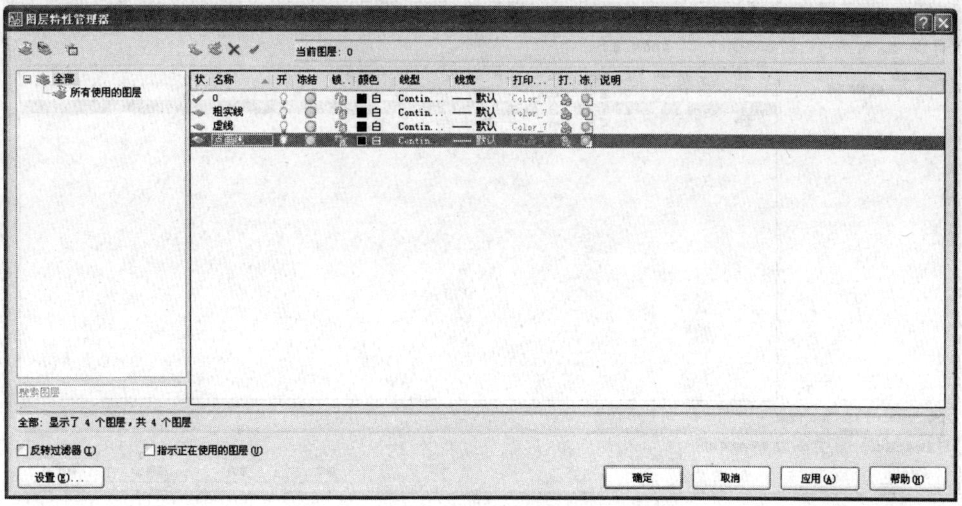

图 2-27 创建新图层

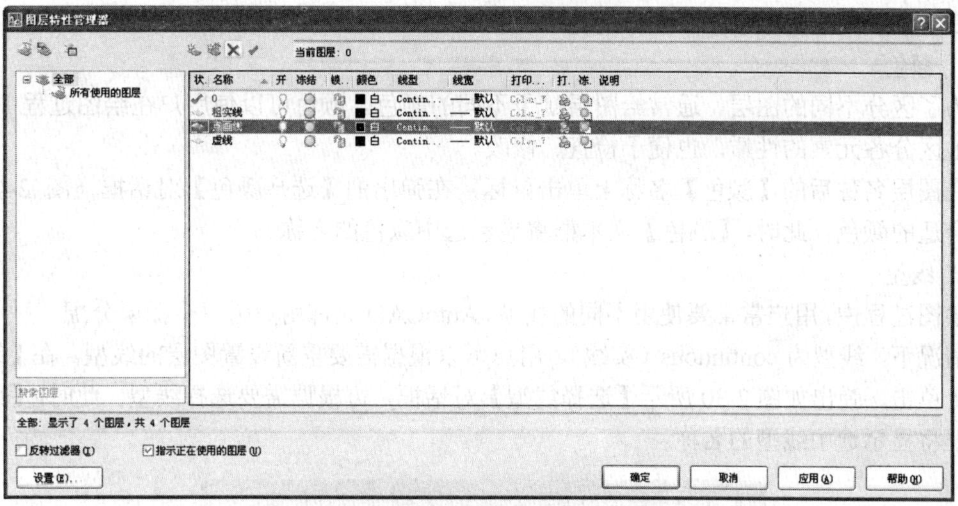

图 2-28 删除图层

重点提示

▲ 0 图层、当前图层、有图元的图层和依赖外部参照的图层都不能删除。

三、置为当前图层

当需要在某个图层上绘制图形时，必须先使该图层成为当前层，系统默认“0”层为当前层。置为当前图层操作步骤如下：

（1）单击【图层】工具栏中按钮，打开【图层特性管理器】对话框。

（2）在图层列表中单击要置为当前的图层，如粗实线图层，单击按钮，则粗实线图层的状态图标变为，如图 2-29 所示。

（3）单击【确定】按钮，完成操作。

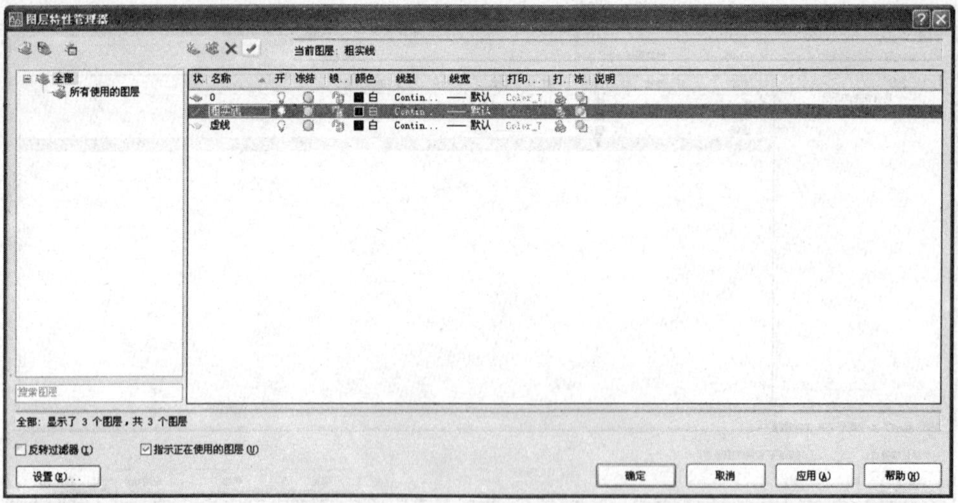

图 2-29 将“粗实线”层置为当前图层

四、设置图层的颜色、线型、线宽

1. 颜色

为了区分不同的图层，通常给图层赋予不同的颜色。颜色可以使用户在绘图过程中比较直观地区分各元素的性质，也便于检查、修改。

在图层名称后的【颜色】名称上单击鼠标，在弹出的【选择颜色】对话框（图 2-4）中选择合适的颜色。此时，【颜色】文本框将显示选中颜色的名称。

2. 线型

绘图过程中，用户常常要使用不同的线型，AutoCAD 允许用户为每个图层分配一种线型。默认情况下，线型为 continuous（实线），用户可以根据需要重新设置图层的线型。在【线型】名称上单击，弹出如图 2-30 所示【选择线型】对话框，可根据需要选择线型。此时，【线型】文本框将显示选中线型的名称。

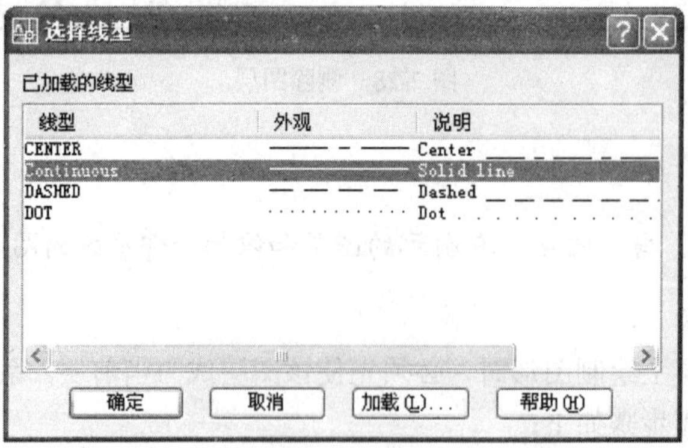

图 2-30 【选择线型】对话框

3. 线宽

默认情况下，新建图层的线宽为默认值。改变图层的线宽，可单击【图层特性管理器】对话框中该图层的线宽值，如“默认”，则弹出【线宽】对话框，如图 2-31 所示，从中选择所需的线宽。

五、控制图层显示状态

在绘图过程中，可以通过设置图层的状态参数将需要操作的图层显示出来，关闭无关的图层，从而降低图形视觉上的复杂程度并提高显示性能，也可以锁定图层，防止意外修改该图层上的对象。图层主要有以下几种状态。

图 2-31 【线宽】对话框

1. 打开/关闭图层

处于打开状态的图层是可见的，而处于关闭状态的图层是不可见的，也不能被编辑或打印。当图形重新生成时，被关闭的图层将一起被生成。在【图层特性管理器】对话框中，图层列表上端的【开】项，控制图层的开/关。💡图标表示开，💡图标表示关。

在编辑时关闭一些与当前工作无关的图层，会给工作带来很大的方便，比如由零件图拼画装配图时，需关闭零件图的“标注”层。

如果关闭的图层是当前图层，系统将弹出【AutoCAD】提示框，如图 2-32 所示，可根据需要选择是否关闭当前图层。

2. 冻结/解冻图层

处于冻结状态图层上的图形对象将不被显示、打印或重生成，冻结图层可以减少复杂图形重新生成时的显示时间，并且可以加快一些绘图、缩放、编辑等命令的执行速度。在【图层特性管理器】对话框中，图层列表上端的【冻结】项，控制图层的冻结/解冻。○图标表示解冻，❄图标表示冻结。

如果冻结的图层是当前图层，系统将弹出【AutoCAD】提示框，如图 2-33 所示，提示当前图层不可冻结。

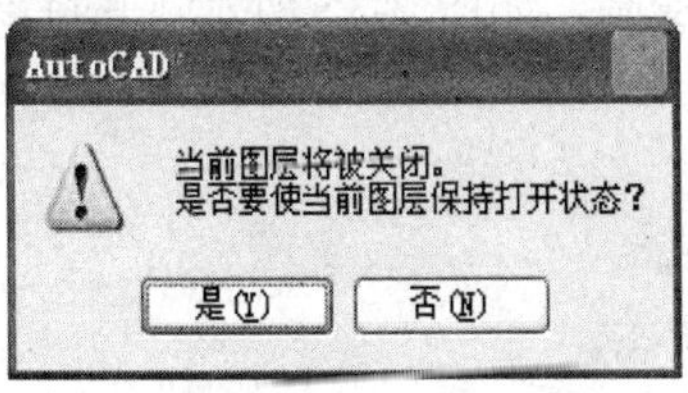

图 2-32 开关图层提示框

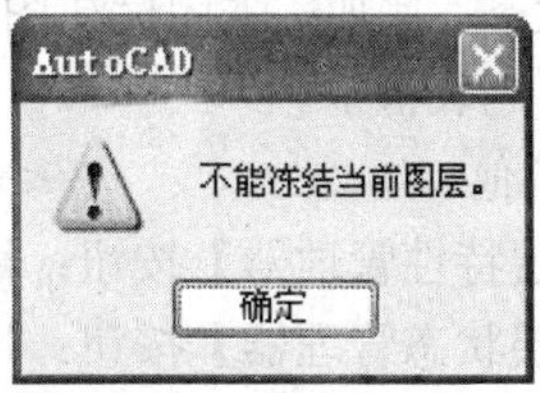

图 2-33 冻结图层提示框

3. 锁定/解锁图层

通过锁定图层，使图层中的对象不能被编辑和修改。但被锁定的图层上的图形对象是可见的，并且可以查看、捕捉此图层上的对象，还可在此图层上绘制新的图形对象。解锁图层是将图层恢复为可编辑和选择的状态。在【图层特性管理器】对话框中，图层列表上端的【锁定】项，设定图层的锁定和解锁。🔒图标表示锁定，🔓图标表示解锁。

上述三项在设置绘图环境时一般采用默认项，即图层为打开、解冻、解锁状态，而只在进行图形绘制和编辑等操作时根据需要进行改变。

4. 打印/不打印

当指定某层不打印后，该图层上的对象仍是可见的。图层的不打印设置只对图形中可见的图层（即图层是打开的并且是解冻的）有效。若图层设为可打印但该层是冻结的或关闭的，此时 AutoCAD 将不打印该图层。在【图层特性管理器】中，图层列表上端的【打印】项，设定图层的打印和不打印。图标表示打印，图标表示不打印。

六、用【图层】工具栏管理图层

如图 2-34 所示，利用【图层】工具栏管理图层，操作更简便、快捷。

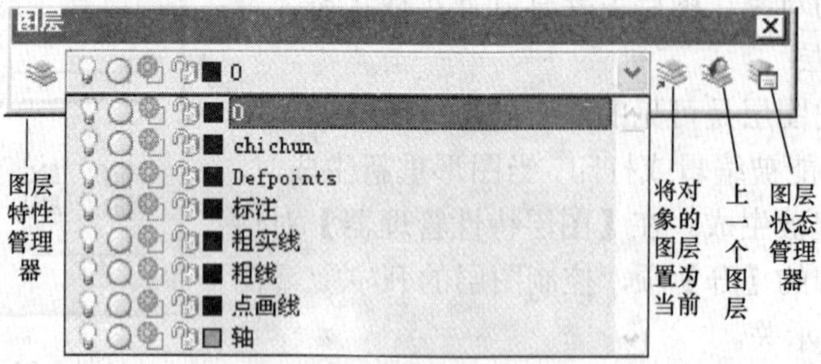

图 2-34 【图层】工具栏

1. 设置当前图层

图层列表下拉列表框：从图层列表下拉列表框中选择图层名，如“0”层，则该图层将被设为当前图层。

【将对象的图层置为当前】按钮：单击该按钮，然后选择实体，将所选实体的图层置为当前，并将该图层名显示在图层列表框中。

【上一个图层】按钮：将上一次使用的图层设为当前图层，并将该图层名显示在图层列表框中。

2. 控制图层开关

在【图层】工具栏图层列表下拉表框中，单击表示图层开关状态的图标，可改变该图层的开关状态。比如：关闭标注图层，则标注图层灯泡变暗，如图 2-35 所示，并将该图层名显示在图层列表框中。

3. 其他

【图层特性管理器】按钮：用于激活 LAYER 命令。

【图层状态管理器】按钮：用于保存当前图层的状态。

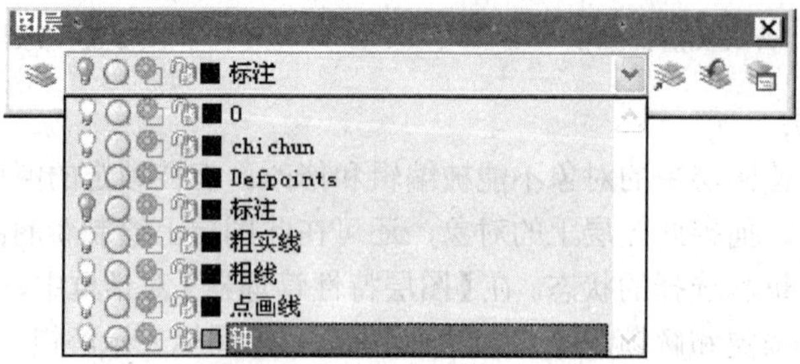

图 2-35 改变图层开关状态

【例 2-6】 参照图 2-36，设置图层（通过本例，掌握图层的建立、命名及如何设置图层的颜色、线型、线宽）。

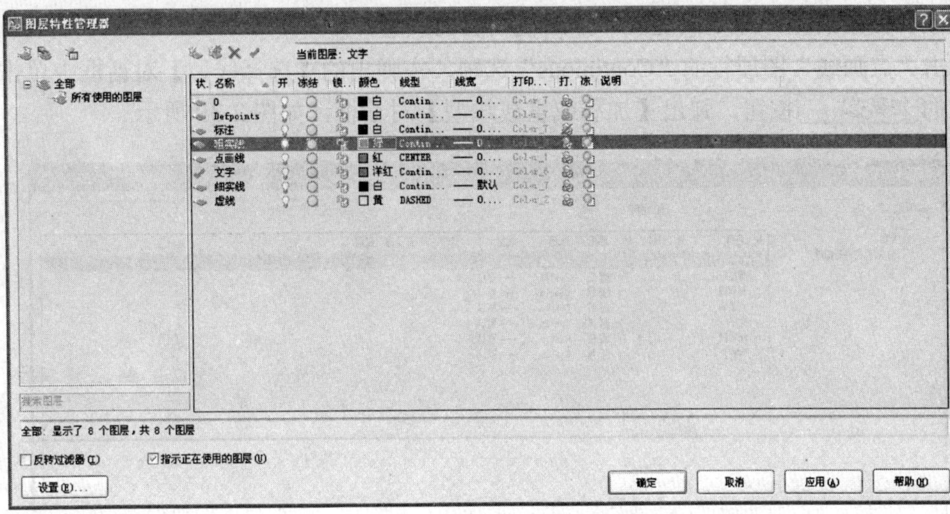

图 2-36　图层设置示例

操作步骤如下：

（1）单击【图层】工具栏中的 按钮，打开【图层特性管理器】对话框；

（2）新建各图层。

在【图层特性管理器】对话框中单击 按钮，系统自动在图层列表框中建立一个“图层1”，更名为“粗实线”。连续两次回车，又建立一个新层“图层 1”，更名为“细实线”，依次建立“文字”、“虚线”、“标注”、“点画线”图层，如图 2-37 所示。

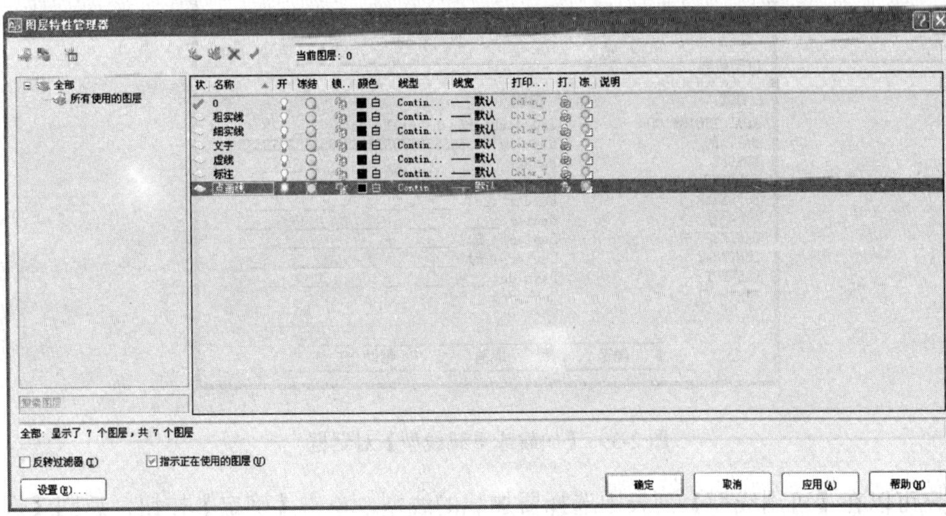

图 2-37　新建各图层

（3）更改各图层颜色。

单击“粗实线”图层行的“白色”选项，弹出【选择颜色】对话框，在下方基本色中选择绿色，单击【确定】按钮。同理设置其他图层颜色，结果如图 2-38 所示。

（4）更改各图层线型。

更改各图层线型，即更改虚线、点画线图层的线型。

单击“点画线”图层行的“Continious”选项，在弹出的【选择线型】对话框中单击该框中下方的 加载(L)... 按钮，弹出【加载或重载线型】对话框，如图 2-39 所示。

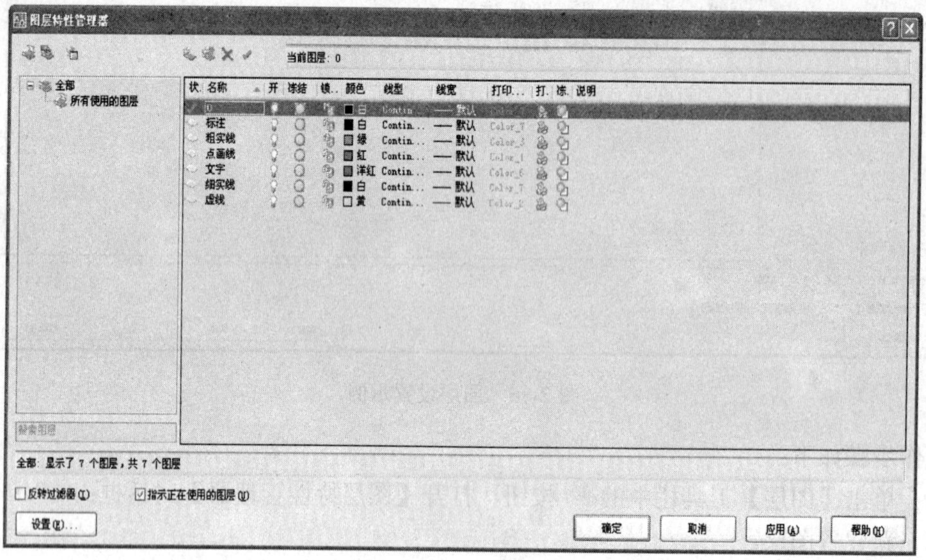

图 2-38　更改各图层颜色

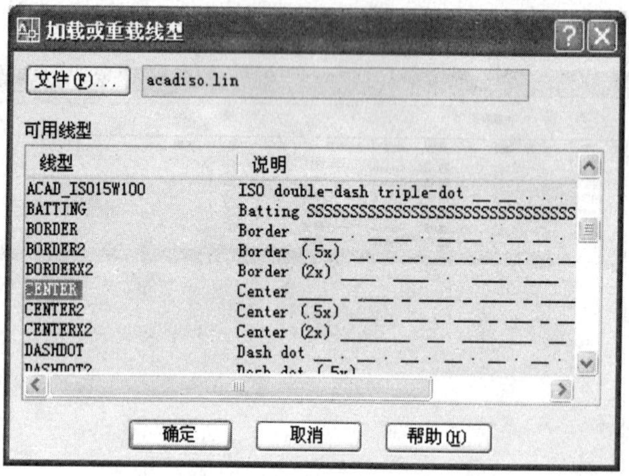

图 2-39 【加载或重载线型】对话框

用户可以在【可用线型】列表中选择要加载的线型，单击【确定】按钮，返回【选择线型】对话框，所选择的线型显示在线型列表中，如图 2-40 所示。在【选择线型】对话框中单击【确定】按钮，返回【图层特性管理器】。同理加载虚线图层线型 DESHED。

（5）更改各图层线宽。

更改“粗实线”图层线宽，其他图层线宽值默认。

单击“粗实线”图层行的“默认”选项，弹出【线宽】对话框，在下拉列表中选择线宽值“0.5”，如图 2-41 所示，单击【确定】按钮即可。

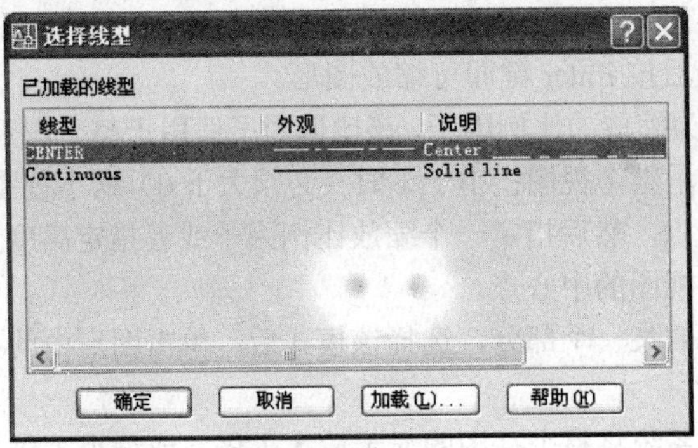

图 2-40 选择线型

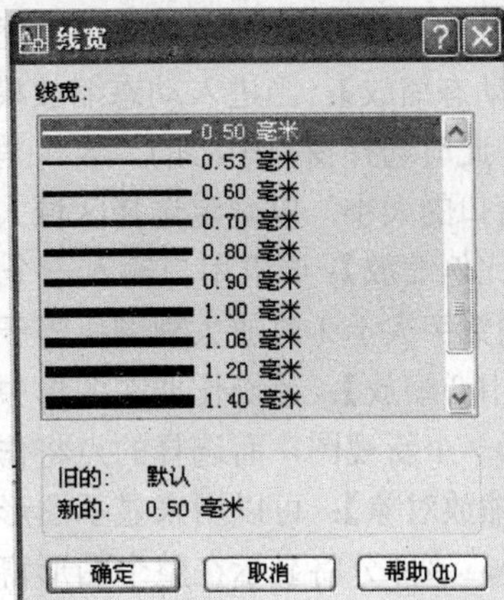

图 2-41 更改“粗实线”图层线宽

第5节 图形的显示控制

计算机显示屏幕的大小是有限的，为了灵活地观察到图形的整体效果或局部细节，AutoCAD 提供缩放视图和平移视图的功能。

一、显示控制命令

缩放视图可以增大或减小图形对象的屏幕显示尺寸，对象的真实尺寸保持不变。通过改变显示区域的大小，用户可以更准确地观察与绘图。标准工具栏中提供了最为常用的显示控制命令:【实时平移】、【实时缩放】、【窗口缩放】和【缩放上一个】，如图 2-42 所示。在缩放工具栏中也提供了显示缩放工具，如图 2-43 所示。也可以通过【视图】/【缩放】下拉菜单进行。

图 2-42 常用的显示控制命令

图 2-43 缩放工具栏

通常，在绘制图形的局部细节时，需要使用缩放工具放大该绘图区域。等绘制完成后，再使用缩放工具缩小图形，以观察图形的整体效果。缩放工具中各选项的意义如下：

（1）【实时平移】：在该模式下，光标变为 。使用平移视图命令，可以重新定位图形，以便看清图形的其他部分。

（2）【实时缩放】：在该模式下，光标变为带有加减号的放大镜符号 。此时按住鼠标左键向上拖动光标可放大整个图形；向下拖动光标可缩小整个图形。要退出实时缩放时，可按 Enter 键或 Esc 键。

【窗口缩放】：常用的显示控制工具 。通过在屏幕上拾取两个对角点拖出一个矩形窗口，之后系统将矩形范围内的图形放大至整个屏幕。

【缩放上一个】：显示前一个视图，最多可恢复此前的 10 个视图。此功能与窗口缩放功能结合使用，可以提高显示的速度，尤其在绘制复杂图形时更能显示其优越性。

【动态缩放】：当进入动态缩放模式时，在屏幕中将显示一个带“×”的矩形方框，单击鼠标，此时选择窗口中心的“×”消失，显示一个位于右边框的方向箭头，拖动鼠标可改变选择窗口的大小，以确定选择区域大小，最后按 Enter 键即可缩放图形。

【比例缩放】：要求用户输入一个数字作为缩放的比例因子，该比例因子适用于整个图形。输入的数字大于 1 时放大视图；等于 1 时显示整个视图；小于 1 时（必须大于 0）缩小视图。

【中心缩放】：该操作要在图形中指定一点，然后指定一个缩放比例因子或者指定高度值来显示一个新视图，而选择的点将作为该新视图的中心点。

【缩放对象】：可以用来显示图形文件中的某一个部分，选择该模式后，单击图形中的某个部分，该部分将显示在整个图形窗口中。

【放大】或【缩小】：选择该模式一次，系统将整个视图的显示放大 1 倍（或缩小 1 倍），即默认比例因子为 2（或 0.5）。

【全部缩放】：是一种使用比较频繁的显示方式，在确定新的图形界限后，必须使用此缩放方式才能显示和观察整个图形界限中的图形，否则屏幕上仍显示当前的视图。

【范围缩放】：可以在屏幕上尽可能大地显示所有图形对象。与全部缩放模式不同的是，范围缩放使用的显示边界是图形范围而不是图形界限。

二、重画与重生成

在绘图和编辑的过程中，屏幕上常常留下对象的拾取标记，这些标记不是图形中的对象，有时会使当前图形显得混乱，这时就可以使用系统提供的重画与重生成图形功能清除这些标记。

1. 重画图形

使用【重画】命令，系统将在显示内存中更新屏幕、消除标记、更新用户使用的当前视区。

例如使用【删除】命令删除图形时，屏幕上会出现一些杂乱的标记，这是在进行删除操作时拾取对象留下的标记，这些标记符号实际上是不存在的，只是残留重叠的图像标记，这时就可以使用【重画】命令。

调用【重画】命令有以下两种方式：

✧ 下拉菜单：【视图】/【重画】；

✧ 命令行：REDRAWALL↙。

2. 重生成图形

重生成和重画在本质上是不同的，利用【重生成】命令不仅刷新显示，而且系统要从磁盘中调用当前图形的数据并重新计算，因此比【重画】命令执行速度慢，更新屏幕花费时间长。

【重生成】命令有以下两种方式：

✧ 下拉菜单：【视图】/【重生成】或【全部重生成】；

✧ 命令行：REGEN↙。

说明：（1）在 AutoCAD 中，某些操作只有在使用【重生成】命令之后才有效，如改变点的大小、打开或关闭【填充】模式等。

（2）如果一直使用某个命令修改、编辑图形，但该图形似乎看不出发生什么变化，此时可使用【重生成】命令更新屏幕显示。

（3）在绘图过程中，对于某些图形对象，如圆、圆弧等，在屏幕上以折线形式显示，如图 2-44（a）所示，且通过【重画】操作不能消除这种显示误差。利用【重生成】操作则可以使其按实际形状显示，如图 2-44（b）所示。

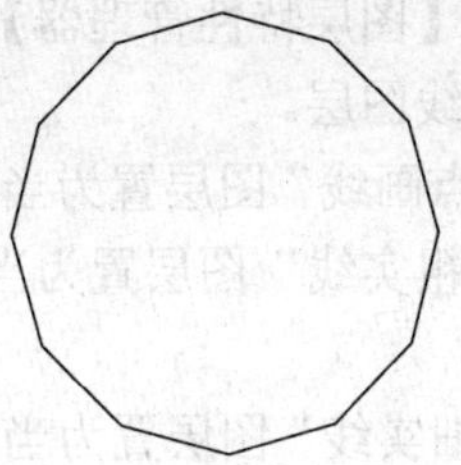

（a）重生成前

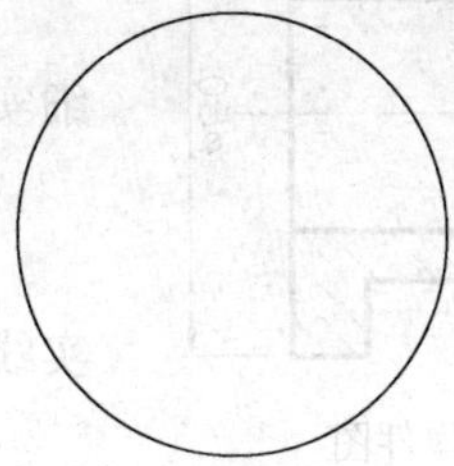

（b）重生成后

图 2-44 重生成图形前后对比

习题与操作

1. 设置 A4 幅面（210，297）绘图环境。

要求：（1）栅格间距 10，仅在图形界限内显示；

（2）捕捉间距 1，且打开；

（3）图形单位 mm，精度为小数点后 3 位；

（4）加载以下线型（Center2、Hidden）；

（5）将完成的模板图形保存在 D: \班级-学号\A4 文件名下。

2. 使用捕捉功能，绘制如图 2-45 所示图形（A3 幅面）。

提示：（1）绘制中心线；

（2）使用对象捕捉绘制各圆；

（3）使用对象捕捉绘制圆的切线；

（4）启用极轴追踪（增量角 60°）用【直线】命令绘制正六边形；

（5）将中心线修改为点画线。

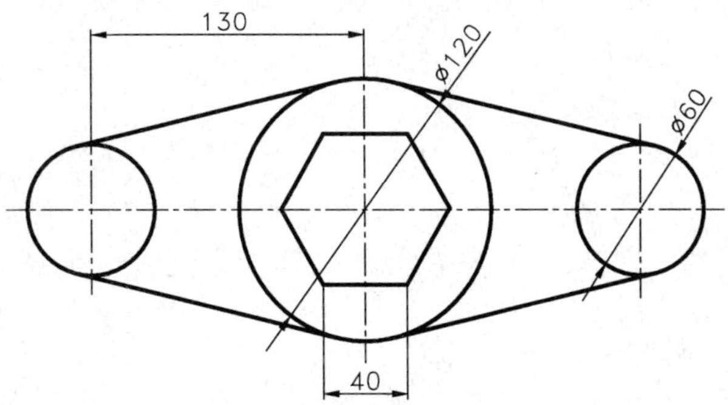

图 2-45 绘制平面图形

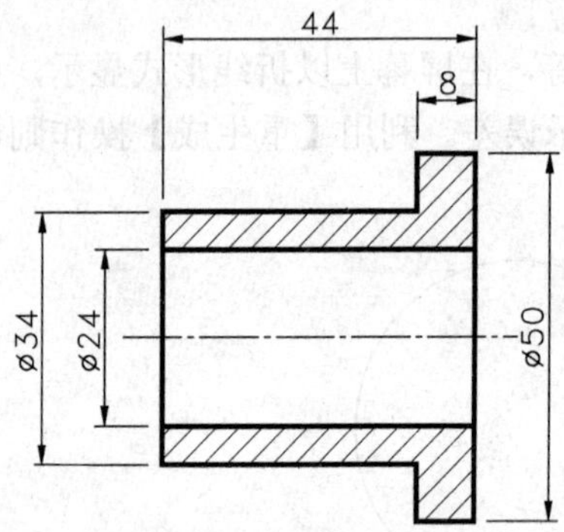

图 2-46　轴套零件图

3．绘制如图 2-46 所示轴套零件图。

提示：（1）创建图形文件。选择【文件】/【新建】菜单命令，弹出【选择样板】对话框，单击【打开】按钮，即可创建新的图形文件。

（2）单击【图层特性管理器】按钮，设置粗实线、细实线、点画线图层。

（3）将“点画线”图层置为当前图层，绘制点画线。

（4）将“粗实线”图层置为当前图层，绘制所有粗实线。

（5）将“细实线”图层置为当前图层，绘制剖面线。

第3章　绘制二维图形

AutoCAD 的图形由对象组成。通常情况下，对象是通过使用定点设备指定点的位置或在命令提示下输入坐标值来绘制的。

本章主要知识点：

* 绘制点（画点、等分线段）;
* 绘制线性对象（直线、多线、多段线等）;
* 绘制曲线对象（圆、椭圆、圆弧、样条曲线等）;
* 绘制多边形（矩形、多边形）;
* 面域和图案填充。

第1节　基本绘图命令

一、绘制直线和构造线

直线是构成图形的最基本要素，这里所讲的直线具有两个端点。既没有起点也没有终点的直线称为构造线，很显然，构造线并不能作为图形的一部分，它们只能起到辅助绘图的作用。

1. 绘制直线

直线用于连续绘制一系列直线段，每条直线段作为一个图形对象处理。该命令有以下三种调用方法：

✧ 下拉菜单：【绘图】/【直线】;

✧ 工具栏：【绘图】工具栏中的 ⁄ 按钮；

✧ 命令行：LINE↙。

启动该命令后，命令行提示如下：

```
命令:_line 指定第一点:(指定一点作为直线的起点)
指定下一点或 [放弃(U)]:(指定直线的另一端点)
指定下一点或 [放弃(U)]:(指定直线的另一端点)
指定下一点或 [闭合(C)/放弃(U)]:(指定直线的另一端点或封闭图形)
```

【例 3-1】 用直线命令绘制如图 3-1 所示图形。

操作步骤如下：

命令: _line 指定第一点:(在屏幕上任意指定一点作为图形的 1 点)

指定下一点或[放弃(U)]:<正交 开> 30 ↙(打开【正交】开关，向上移动光标输入 30，确定 2 点)

指定下一点或[放弃(U)]:30↙(向右移动光标输入 30，确定 3 点)

指定下一点或[闭合(C) / 放弃(U)]:@40<30↙(输入 4 点的相对极坐标)

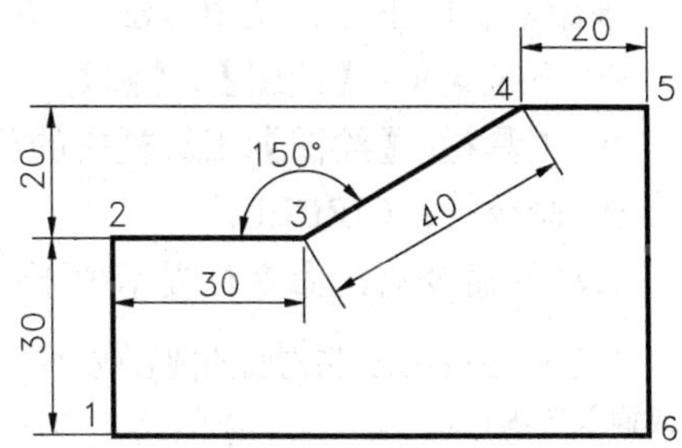

图 3-1　用直线命令绘制图形

指定下一点或[闭合(C)/放弃(U)]:20↙(向右移动光标，输入 20，确定 5 点)
指定下一点或[闭合(C)/放弃(U)]:50↙(向下移动光标输入 50，确定 6 点)
指定下一点或[闭合(C)/放弃(U)]:c↙(封闭图形，结束绘图)

说明：(1) 可以直接用鼠标拾取点，也可以在命令行输入坐标值来确定点的位置。

(2) 闭合（C）选项，用于将连续绘制的一系列直线段（两条以上）首尾闭合。

(3) 放弃（U）选项，用于删除直线序列中最新绘制的线段，多次输入“U”，按绘制次序的逆序逐个删除线段。

(4) 如果要以最近绘制的直线的端点为起点绘制新的直线，可以再次启用 LINE 命令，然后在出现“指定第一点：”提示后按 Enter 键。

2. 绘制构造线

该命令有以下三种调用方法：

✧ 下拉菜单：【绘图】/【构造线】;
✧ 工具栏：【绘图】工具栏中的按钮;
✧ 命令行：XLINE↙。

命令执行后，命令行提示如下：

指定点或[水平(H)/垂直(V)/角度(A)/二等分(B)/偏移(O)]:(指定一点或输入选项)

各选项说明如下：

(1) 指定点：通过指定两点绘制出一条构造线。

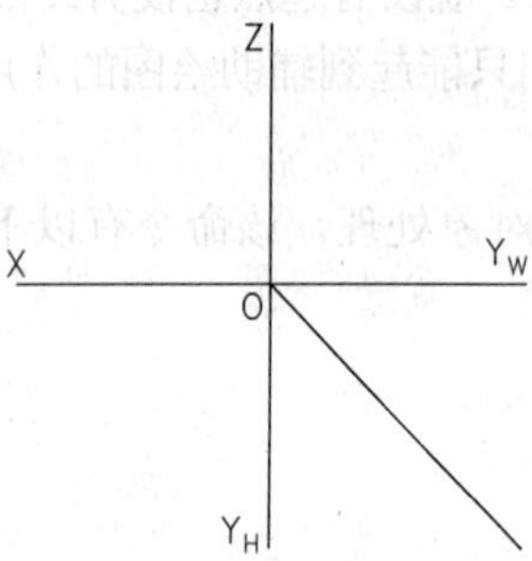

图 3-2 三面投影体系的展开图

(2) 水平（H）：创建通过指定点的水平构造线。

(3) 垂直（V）：创建通过指定点的垂直构造线。

(4) 角度（A）：按指定角度绘制构造线。

(5) 二等分（B）：创建指定顶点、起点和端点所构成角的角平分线。

(6) 偏移（O）：创建平行于指定直线，并且通过指定点的构造线。

图 3-2 所示为使用构造线的水平、垂直、二等分选项绘制的三面投影体系的展开图。

二、绘制圆和圆弧

圆与圆弧在工程图中是常见的曲线图形，AutoCAD 提供了多种绘制圆和圆弧的方法。

1. 绘制圆

该命令有以下三种调用方法：

✧ 下拉菜单：【绘图】/【圆】;
✧ 工具栏：【绘图】工具栏中的按钮;
✧ 命令行：CIRCLE↙。

启动该命令后，命令行提示如下：

命令：_circle 指定圆的圆心或 [三点(3P)/两点(2P)/相切、相切、半径(T)]:(指定一点作为圆心或输入选项)

AutoCAD 提供了六种画圆的方式，通过下拉菜单选择画圆命令，下拉列表显示如图 3-3

所示。可根据已知条件选用，六种不同的画圆方式如图 3-4 所示。

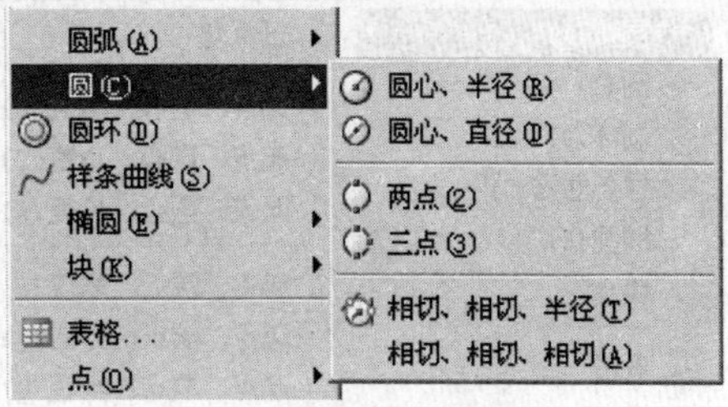

图 3-3　六种画圆方式

说明：(1) 使用【相切、相切、半径】方式绘制圆，在工程图中常用来作圆弧连接，相切的对象可以是直线、圆弧、圆。在拾取相切对象时，所拾取的位置不同，所绘制圆的位置可能是不同的，如图 3-5 所示，其中 A、B 表示切点的拾取位置。因此，在选择拾取点时尽可能靠近切点。

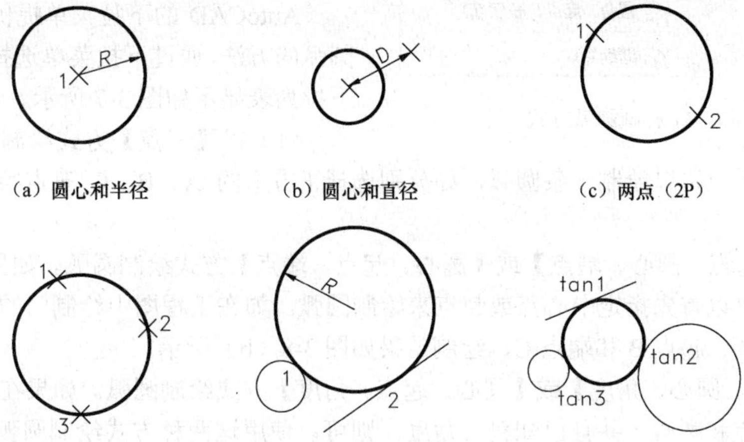

(a) 圆心和半径　(b) 圆心和直径　(c) 两点 (2P)

(d) 三点 (3P)　(e) 相切、相切、半径　(f) 相切、相切、相切

图 3-4　圆的六种绘制方法示例

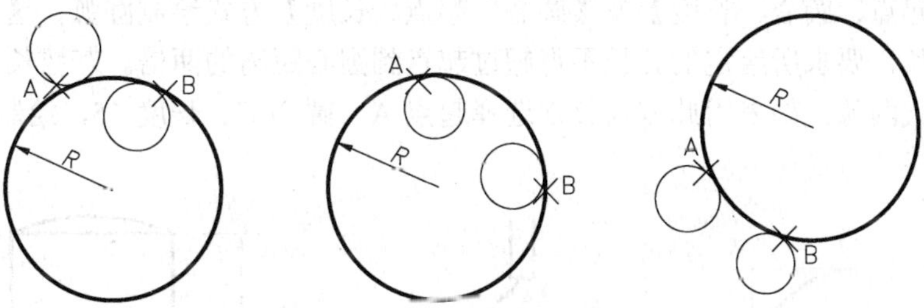

(a) 内外切　(b) 内切　(c) 外切

图 3-5　用【相切、相切、半径】方式绘图的不同效果

(2) 使用【相切、相切、相切】方式时，AutoCAD 自动计算圆的圆心和半径来绘制圆。

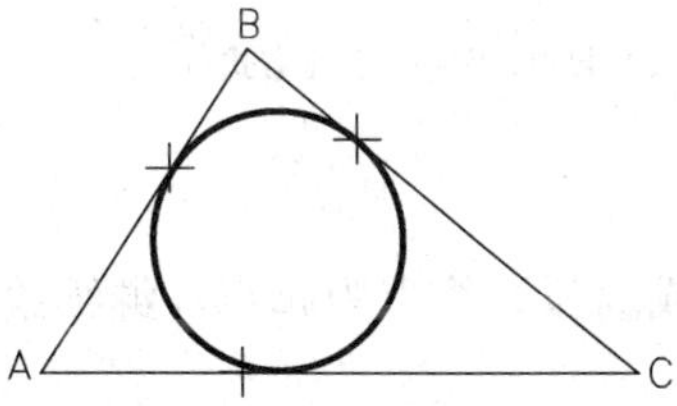

图 3-6　绘制△ABC 的内切圆

【例 3-2】 已知三角形 ABC，绘制其内切圆，如图 3-6 所示。

操作步骤如下：

命令：_circle 指定圆的圆心或 [三点(3P)/两点(2P)/相切、相切、半径(T)]：3P↙
指定圆上的第一个点：(在 AB 边上拾取切点)
指定圆上的第二个点：(在 BC 边上拾取切点)
指定圆上的第三个点：(在 AC 边上拾取切点)

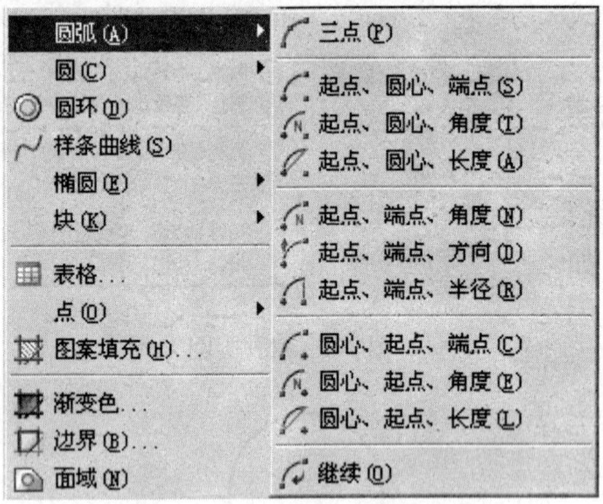

图 3-7　11 种画圆弧方式

2. 绘制圆弧

该命令有以下三种调用方法：

✧ 下拉菜单：【绘图】/【圆弧】；

✧ 工具栏：【绘图】工具栏中的按钮；

✧ 命令行：ARC↙。

启动该命令后，命令行提示如下：

命令： _arc 指定圆弧的起点或 [圆心(C)]：(指定一点作为圆弧的起点或输入 C↙)

AutoCAD 的下拉菜单提供了 11 种绘制圆弧的方法，通过下拉菜单选择画圆弧命令，下拉列表显示如图 3-7 所示。

（1）以【三点】方式绘制圆弧。通过指定圆弧上的三个点可以绘制一条圆弧，如分别选择正方形的 A、B、C 三点绘制的圆弧如图 3-8（a）所示。

（2）以【起点、圆心、端点】或【圆心、起点、端点】方式绘制圆弧。如果已知中心点、起点和端点，可以首先指定中心点或起点来绘制圆弧。如在工程图中绘制门的开启线时，可分别选择圆心 A、起点 B 和端点 C，绘制结果如图 3-8（b）所示。

（3）【起点、圆心、角度】或【圆心、起点、角度】方式绘制圆弧。如果在已有的图形中可以捕捉到起点和圆心，并且已知包含角度，则可以使用这两种方式绘制圆弧。对于图 3-8（b），若采用该方式绘制，可以分别选择起点 B、圆心 A 和角度 45°或起点 C、圆心 A 和角度 −45°来完成。

（4）以【起点、圆心、长度】或【圆心、起点、长度】方式绘制圆弧。这里的“长度”是指圆弧的弦长，要求所给定的弦长不得超过起点到圆心距离的两倍。若弦长为负值，可以强制性的绘制大圆弧。如采用此方式分别选择起点 A、圆心 C、长度 15，绘制结果如图 3-8（c）所示。

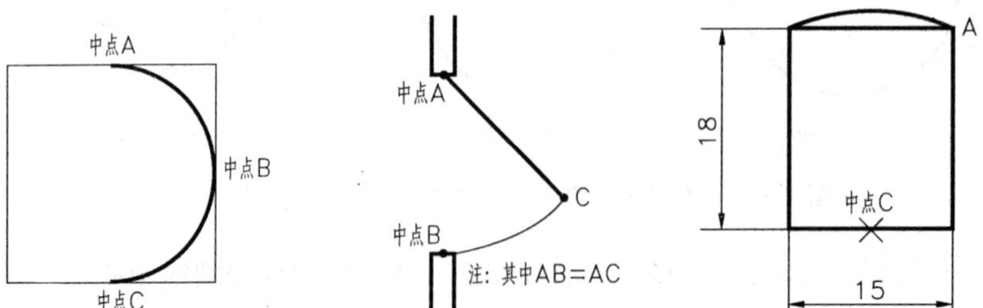

（a）三点方式　　（b）圆心、起点、端点方式　　（c）起点、圆心、长度方式

图 3-8　绘制圆弧

（5）继续方式绘制圆弧。以最后一次绘制的线段（直线或圆弧）终点为起点，继续绘制**圆弧**，且新圆弧在起点处与原线段终点相切。

其他几种画圆弧方式，可参照上面所述参数的选择，自己练习操作。

重点提示

▲ 三点方式中的第二点决定了画弧方向。

▲ AutoCAD 默认从起点到端点逆时针生成圆弧。角度值的正负决定绘制圆弧的方向，角度为正，逆时针画弧；反之，角度为负，顺时针画弧。

▲ 当圆弧给定条件不足时，最好利用辅助圆修剪来创建圆弧。

三、绘制矩形和正多边形

1. 绘制矩形

矩形是最常用的几何图形，利用矩形命令绘制的矩形可以包括倒角、圆角、宽度、标高和厚度，整个矩形是一个独立对象。该命令有以下三种调用方法：

✧ 下拉菜单：【绘图】/【矩形】；

✧ 工具栏：【绘图】工具栏中的▭按钮；

✧ 命令行：RECTANG↙。

命令执行后，命令行提示如下：

命令：_rectang
指定第一个角点或 [倒角(C)/标高(E)/圆角(F)/厚度(T)/宽度(W)]：(指定一点作为矩形的第一个角点或输入选项)

各选项说明如下：

（1）指定两个对角点来绘制矩形。默认情况下，通过指定两个对角点来绘制矩形。当指定了矩形的第一个角点后，命令行提示："指定另一个角点或[面积(A)/尺寸(D)/旋转(R)]："，此时可直接指定另一个角点来绘制矩形。选择面积（A）选项，可通过指定矩形的面积和长度（或宽度）绘制矩形；选择尺寸（D）选项，可通过指定矩形的长度、宽度和另一角点的方向绘制矩形；选择旋转（R）选项，可通过指定旋转的角度和拾取两个参考点绘制矩形。

（2）绘制带倒角或圆角的矩形。选择倒角（C）选项，可以绘制一个带倒角的矩形。此时需要指定矩形的两个倒角距离，当设定了倒角距离后，仍返回"指定第一个角点或[倒角(C)/标高(E)/圆角(F)/厚度(T)/宽度(W)]："，提示用户完成矩形绘制。

选择圆角（F）选项，可以绘制一个带圆角的矩形，此时需要指定矩形的圆角半径。

（3）标高（E）和厚度（T）选项一般用于三维绘图。

【例 3-3】 分别绘制长 30、宽 20，线宽为 0.5 的普通矩形；半径为 5 的圆角矩形以及两倒角距离均为 5 的倒角矩形。

操作过程简述如下：

选择【矩形】命令后，输入"W"↙，设定矩形的线宽为 0.5，在屏幕上任意点击一点作为矩形的第一角点，然后输入另一角点坐标"@30,20"↙，即完成普通矩形的绘制，如图 3-9（a）所示。接下来在"命令："提示符下直接回车，重复【矩形】命令，输入"F"↙，设定矩形的圆角半径为 5，同样任意点击一点，再输入"@30,20"↙，完成圆角矩形的绘制，如图 3-9（b）所示。再重复【矩形】命令，输入"C"↙，设定矩形的两个倒角距离均为 5，同样可以绘制出倒角矩形，如图 3-9（c）所示。

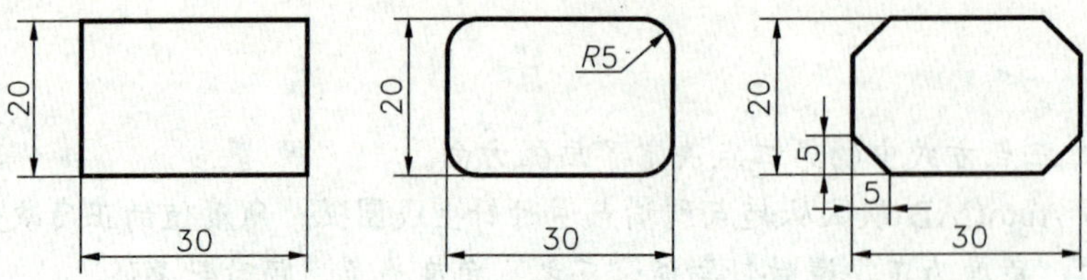

（a）普通矩形　（b）圆角矩形　（c）倒角矩形

图 3-9 矩形的各种形式

2. 绘制正多边形

AutoCAD 可以创建边数为 3～1024 的正多边形，且正多边形是一个独立的对象。该命令有以下三种调用方法：

✧ 下拉菜单：【绘图】/【正多边形】；

✧ 工具栏：【绘图】工具栏中的按钮；

✧ 命令行：POLYGON↙。

命令执行后，命令行提示如下：

```
命令：_polygon 输入边的数目 <4>：(指定正多边形的边数)
指定正多边形的中心点或[边(E)]：(指定一点或输入选项)
```

各选项说明如下：

（1）用内接或外切于圆的方式绘制正多边形。当指定多边形的中心点后，命令行显示“输入选项[内接于圆(I)/外切于圆(C)]<I>：”提示信息。选择内接于圆（I）选项，是指绘制的多边形内接于假想圆。此时，中心点到多边形的顶点为假想圆的半径；选择外切于圆（C）选项，是指绘制的多边形外切于假想圆，此时，中心点到边的垂直距离为假想圆的半径。

（2）用指定具有方向的边长绘制正多边形。

选择边（E）选项，以指定的两个点作为多边形的一条边来绘制正多边形。但须注意，指定边的起点和终点的顺序决定多边形的位置和方向。

【例 3-4】 分别绘制边长为 15、内接于半径为 15 的假想圆，以及外切于半径为 15 的假想圆的正五边形。

操作过程简述如下：

选择【正多边形】命令后，输入多边形的边数“5”↙，接着输入“E”↙，指定用边长方式绘制正五边形，在屏幕上任意点击一点作为五边形边的第一个端点，再水平向右移动光标，输入 15↙，即完成边长为 15 的五边形绘制。同样，用回车响应“命令：”提示符，重复【正多边形】命令，输入边数“5”↙，在屏幕上任取一点作为正五边形的中心，接下来分别输入“I”↙和“C”↙，也就是分别采用“内接于圆（I）/外切于圆（C）”绘制正五边形，输入半径 15↙，即完成两五边形的绘制，如图 3-10 所示。

四、绘制椭圆和椭圆弧

绘制椭圆与椭圆弧使用的是同一个命令，都是 ELLIPSE，但命令行的提示有所不同。该命令有以下三种调用方法：

✧ 下拉菜单：【绘图】/【椭圆】；

✧ 工具栏：【绘图】工具栏中的和按钮；

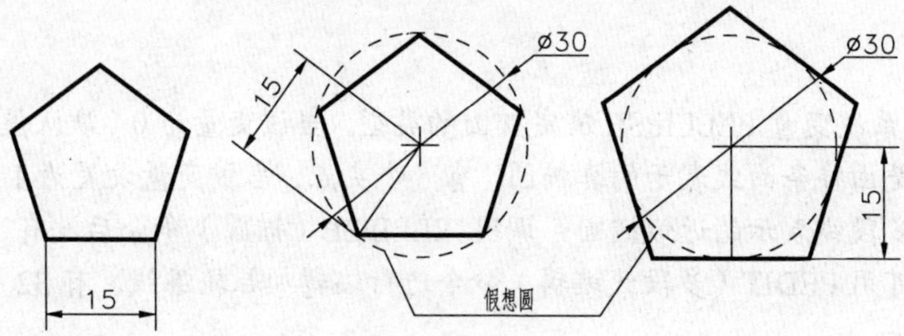

(a) 边长15　(b) 内接于圆　(c) 外切于圆

图 3-10　绘制正多边形的三种方式

✧ 命令行：ELLIPSE↙。

命令执行后，命令行的提示如下：

```
命令: _ellipse
指定椭圆的轴端点或 [圆弧(A)/中心点(C)/等轴测圆(I)]:(指定一点或输入选项)
```

各选项说明如下：

(1) 指定椭圆的轴端点：此项要求指定椭圆一个轴的两个端点和另一个轴的半轴长度绘制椭圆，如图 3-11 (a) 所示。在屏幕上拾取一点后，命令行继续提示：

```
指定轴的另一个端点:(指定椭圆一个轴的另一个端点)
指定另一条半轴长度或 [旋转(R)]: (指定椭圆另一个轴的端点位置或输入"R")
```

若输入 R，此时可以输入绕第一条轴旋转圆的角度来创建椭圆。输入值越大，椭圆的离心率就越大；输入 0 将定义圆。

(2) 圆弧 (A)：该项用于绘制椭圆弧，也可以通过选择【绘图】工具栏中的按钮直接调用。与圆弧一样，椭圆弧也可以通过绘制椭圆，利用【修剪】命令来创建。

(3) 中心点 (C)：此项要求指定椭圆的中心和两个半轴长度来绘制椭圆，如图 3-11 (b) 所示。输入"C"，命令行继续提示：

```
指定椭圆的中心点:(指定椭圆的中心点位置)
指定轴的端点:(指定椭圆某一个轴的一个端点)
指定另一条半轴长度或 [旋转(R)]:(指定椭圆另一个轴的端点位置或输入"R")
```

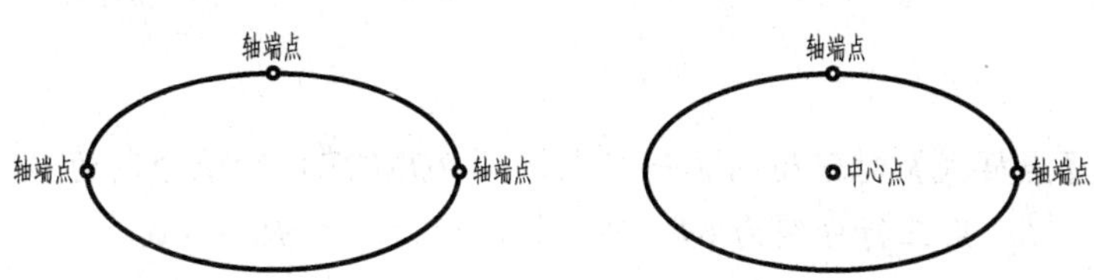

(a) 指定轴的两端点和一个半轴长　(b) 指定中心和两个半轴长

图 3-11　创建椭圆

(4) 等轴测圆 (I)：此项仅在【草图设置】对话框中，【捕捉和栅格】下拉项中【捕捉类型】设置为【等轴测捕捉】时才可用。输入"I"，命令行继续提示：

```
指定等轴测圆的圆心:(指定一点)
指定等轴测圆的半径或 [直径(D)]:(输入半径值或"d")
```

重点提示

▲ 系统变量 PELLIPSE 决定椭圆的类型。当该变量为 0（默认值）时，所绘制的椭圆是由样条曲线表示的真椭圆，有 5 个夹点；当该变量设置为 1 时，所绘制椭圆是由多段线表示的近似椭圆，调用 ELLIPSE（椭圆）命令后没有“圆弧（A）”选项，可用 PEDIT（多段线编辑）命令进行编辑加粗轮廓线，有 32 个夹点，如图 3-12 所示。

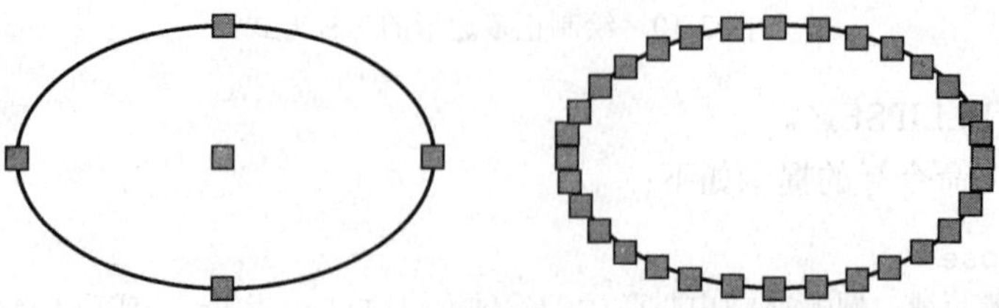

（a）PELLIPSE=0　　（b）PELLIPSE=1

图 3-12　不同系统变量的椭圆

五、绘制点及等分对象

1. 绘制点

（1）设置点样式。

在 AutoCAD 中，可以创建单独的点对象作为绘图的参考点。为了便于观察，用户需要设置点的样式和大小。该命令有以下两种调用方法：

✧ 下拉菜单：【格式】/【点样式】；

✧ 命令行：DDPTYPE↙。

命令执行后，系统弹出【点样式】对话框，如图 3-13 所示。

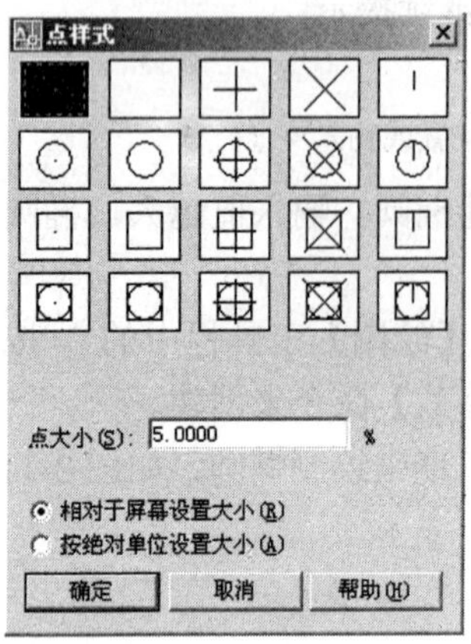

图 3-13 【点样式】对话框

该对话框列出了点的多种显示样式，其中默认样式为“ • ”。在绘图过程中，可以根据需要选择点的样式。

重点提示

▲ 【点样式】对话框的第一行点样式 PDMODE 的值分别为 0～4；第二行分别为 32～36；第三行分别为 64～68；第四行分别为 96～100。

（2）绘制单点和多点。

该命令有以下三种调用方法：

✧ 下拉菜单：【绘图】/【点】；

✧ 工具栏：【绘图】工具栏中的 · 按钮；

✧ 命令行：POINT↙。

命令操作提示如下：

```
命令: _point
当前点模式:  PDMODE=0  PDSIZE=0.0000 (控制点样式和点大小的系统变量)
指定点:(输入点坐标或屏幕拾取点)
```

2. 等分对象

(1) 定数等分。定数等分是按指定的等分数等分一个选定的实体，如直线、圆（弧）、椭圆（弧）、多段线、样条曲线等，并在等分点处设置点标记或图块（图块的概念详见本书第7章），利用定数等分绘制的等分点可以作为绘图的辅助点。命令的调用方法有以下两种：

✧ 下拉菜单:【绘图】/【点】/【定数等分】;

✧ 命令行：DIVIDE↙。

启动该命令后，命令行提示如下：

```
命令:_divide
选择要定数等分的对象:(选择要放置点的对象)
输入线段数目或[块(B)]:(输入定数等分的数目或输入"b")
```

【例3-5】 绘制如图3-14所示的梯形屋架。

操作过程简述如下：

首先用【直线】命令绘制屋架外框ABCDE，接下来设定【点样式】，如PDMODE＝35，用【定数等分】命令分别将直线AB四等分，CD和DE三等分，用【直线】命令将各个节点连接起来，删除所有节点或将【点样式】设定为PDMODE＝1，即完成本图的绘制。

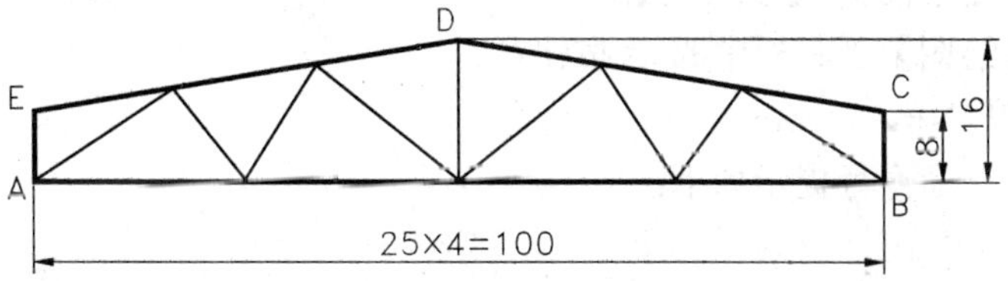

图3-14 定数等分对象

(2) 定距等分。定距等分是指按指定的长度等分一个选定的实体，如直线、圆（弧）、椭圆（弧）、多段线、样条曲线等，等分点处设置点标记或图块。该命令有以下两种调用方法：

✧ 下拉菜单:【绘图】/【点】/【定距等分】;

✧ 命令行：MEASURE↙。

启动该命令后，命令行提示如下：

```
命令: _measure
选择要定距等分的对象: (选择要放置点的对象)
指定线段长度或 [块(B)]:(输入等分距离，或用鼠标指定两点来确定长度)
```

【例3-6】 将图3-15所示长90的直线按指定距离20进行等分。

操作步骤如下：

```
命令: _MEASURE
选择要定距等分的对象:(靠近直线左端选取直线)
指定线段长度或 [块(B)]:20↙ (输入指定距离)
```

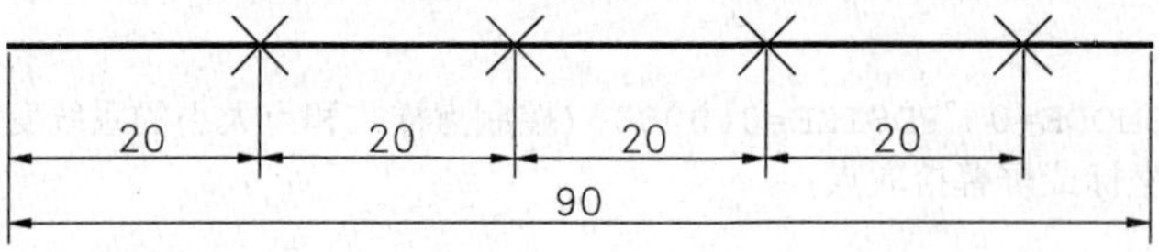

图 3-15 定距等分对象

重点提示

▲ 使用等分命令时，一次只能选择一个对象。

▲ 等分直线时，是从距离选择对象时所拾取的点较近端开始等分；等分矩形时，等分点为绘制矩形时的起点，方向为顺时针。

▲ DIVIDE 命令最多只能将一个对象 32767 等分。

第 2 节 多段线的绘制与编辑

多段线是由直线段和圆弧构成的连续线条，是一个单独图形对象。在绘制过程中，可以设置不同的线宽，也可以统一进行编辑。

一、绘制多段线

该命令有以下三种调用方法：

✧ 下拉菜单：【绘图】/【多段线】；

✧ 工具栏：【绘图】工具栏中的按钮；

✧ 命令行：PLINE↙。

启动该命令后，命令行提示如下：

```
命令：_pline
指定起点：(指定多线段的起点)
当前线宽为 0
```

1．直线方式

执行 pline 命令后，总是需要先指定一个起点，这时命令行显示直线方式（默认方式）的选项提示：

```
指定下一点或 [圆弧(A)/闭合(C)/半宽(H)/长度(L)/放弃(U)/宽度(W)]：
```

各选项说明如下：

（1）圆弧（A）：从绘制直线方式切换到圆弧方式。

（2）闭合（C）：封闭多段线并结束命令，该选项从指定第三点时才开始出现。

（3）半宽（H）：用于设置多段线宽度的一半。

（4）长度（L）：用于指定新多段线的长度。如果前一段是直线，延长方向与该线相同；如果前一段是圆弧，延长方向为圆弧端点处的切线方向。

（5）放弃（U）：删除最近一次添加到多段线上的线段，可按绘制次序的逆序逐个删除线段。

（6）宽度（W）：指定下一条直线段的宽度。若起点与终点宽度值相等，则绘制等宽的多段线；若起点与终点宽度值不相等，则绘制出锥形线。

2. 圆弧方式

当输入“A”切换到圆弧方式后，命令行提示:

指定圆弧的端点或
[角度(A)/圆心(CE)/闭合(CL)/方向(D)/半宽(H)/直线(L)/半径(R)/第二个点(S)/放弃(U)/宽度(W)]:

各选项说明如下:

(1) 指定圆弧的端点：根据两点绘制与直线段相切的圆弧段。

(2) 闭合(CL)：用于设置用弧线段将多段线闭合，并结束命令。

(3) 直线(L)：切换回直线绘制方式。

(4) 角度(A)、圆心(CE)、方向(D)、半径(R)、第二个点(S)与绘制圆弧(ARC)的方法类似，在此不再赘述。

【例3-7】 绘制图3-16所示箭头。

操作过程简述如下:

启动【多段线】命令后，任意拾取一点A作为起点，水平向右移动鼠标(【正交】模式开)输入“15”确定B点，输入“W”，设定起点宽度为“1”，终点宽度为“0”，再水平向右移动光标输入“4”确定C点，即完成图形的绘制。

【例3-8】 用【多段线】命令绘制如图3-17所示跑道，线宽为1。

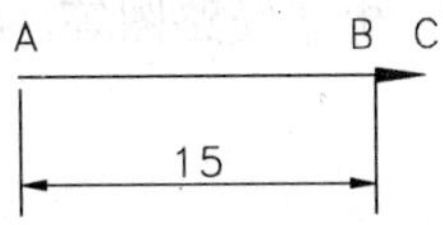

图3-16 多段线绘制箭头

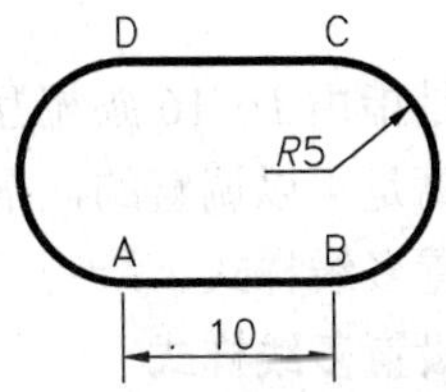

图3-17 直线和圆弧组合的多段线

操作过程简述如下:

启动【多段线】命令后，任意拾取一点A作为起点，输入“W”，设定起点宽度和终点宽度均为“1”，水平向右移动光标(【正交】模式开)输入“10↙”确定B点，输入“a”切换到画弧方式，使用默认方式【指定圆弧的端点】，竖直向上移动光标，输入“10↙”确定C点，再输入“l”切换到直线方式，水平向左移动光标输入“10↙”确定D点，再输入“a”切换到画弧方式，输入“CL”，用圆弧闭合多段线并结束命令。

二、编辑多段线

该命令有以下三种调用方法:

✧ 下拉菜单:【修改】/【对象】/【多段线】;

✧ 工具栏:【修改Ⅱ】工具栏中的按钮;

✧ 命令行：PEDIT↙。

启动该命令后，命令行提示如下:

命令:_pedit 选择多段线或 [多条(M)]:(选取非封闭的多段线)

如果所选线段并不是多段线，则命令行提示:

选定的对象不是多段线
是否将其转换为多段线? <Y>

如果所选线段是多段线或响应“Y”后，系统继续提示：

输入选项[闭合(C)/合并(J)/宽度(W)/编辑顶点(E)/拟合(F)/样条曲线(S)/非曲线化(D)/线型生成(L)/放弃(U)]:

各选项说明如下：

(1) 合并（J）：将首尾相连的直线、圆弧或多段线合并为一条多段线。

(2) 宽度（W）：统一调整多段线的宽度。

(3) 编辑顶点（E）：选择该项后，将出现下一级编辑选项，使用户能编辑顶点及与顶点相邻的线段。此时，系统在顶点显示“×”标记。

(4) 拟合（F）：用圆弧拟合多段线，该曲线通过多段线的所有顶点，并使用指定的切线方向。

(5) 样条曲线（S）：生成由多段线的顶点控制的样条曲线，这些点只作为样条曲线的曲率控制点或控制框架。

(6) 非曲线化（D）：取消或拟合样条曲线，回到初始状态。

(7) 线型生成（L）：用于控制非连续线型多段线顶点处的线型。

第3节 多线的绘制与编辑

多线是指由1～16条相互平行的直线组成的组合对象。多线的数量、颜色、线型及平行线间的距离是可以调整的，常用于绘制建筑图中的墙体、电子线路图等。绘制多线包括三个方面：设置多线样式、绘制多线及编辑多线。

一、设置多线样式

该命令有以下两种调用方法：

✧ 下拉菜单：【格式】/【多线样式】;

✧ 命令行：MLSTYLE↙。

启动该命令后，弹出【多线样式】对话框， 此时可以创建、修改、保存和加载多线样式。单击【新建】按钮，在弹出的【创建新的多线样式】对话框中输入“新样式名”，再单击【继续】按钮，弹出【新建多线样式】对话框，如图3-18所示。通过该对话框可设置多线样式的封口、填充、图元等内容。

各选项说明如下：

(1)【说明】文本框：可以添加说明文字，对创建的多线样式进行描述。

(2)【封口】选项区：可以设置多线起点和端点处的封口形式，如图 3-19（a）～（d）所示。

(3)【填充】列表框：用于设置多线的填充背景色， 如图3-19（e）所示。

(4)【显示连接】复选框：用于选择是否在多线的拐角处显示连接线，如图3-19（f）所示。

(5)【图元】选项区：在列表框中显示每条多线相对于多线中心线的偏移量、颜色和线型。

如果要增加多线中线条的数目，则单击【添加】按钮，此时在【图元】列表中将加入一个偏移量为0的新线条元素，然后在【偏移】、【颜色】、【线型】中分别设置线条元素的偏移量、颜色、线型。如要绘制370厚的墙，轴线距墙内缘为120，设轴线的位置相当于多线的零线，则两条多线的偏移量可分别设置为250和－120。

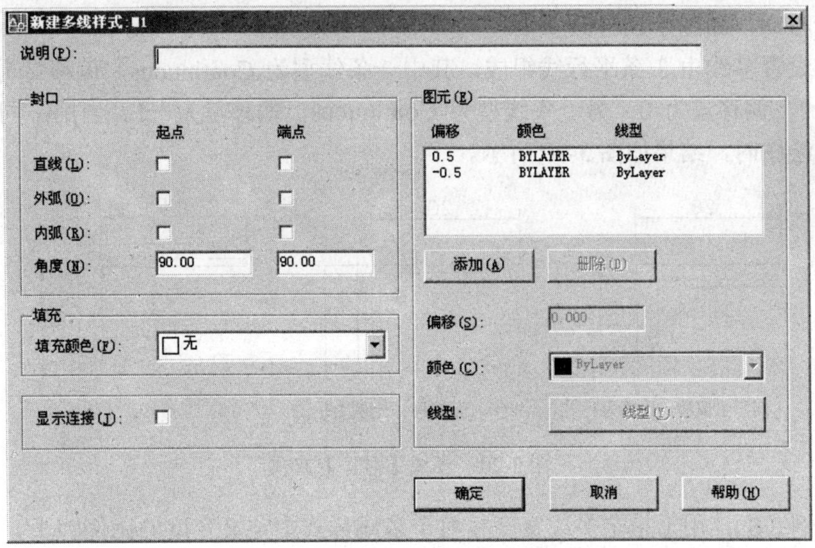

图 3-18 【新建多线样式】对话框

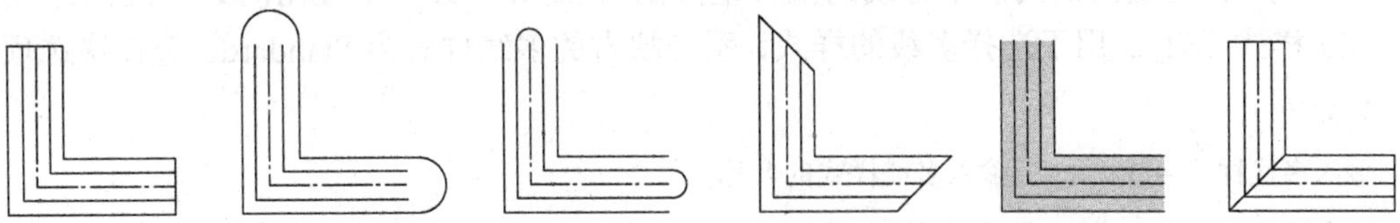

(a) 直线封口 (b) 外弧封口 (c) 内弧封口 (d) 起点与端点角度为45° (e) 填充颜色 (f) 显示连接

图 3-19 多线的封口形式

二、绘制多线

该命令有以下两种调用方法：

✧ 下拉菜单：【绘图】/【多线】；

✧ 命令行：MLINE↙。

启动该命令后，命令行提示：

```
命令: _mline
当前设置: 对正 = 上, 比例 = 20.00, 样式 = STANDARD
指定起点或 [对正(J)/比例(S)/样式(ST)]: (指定多线的起点或输入选项)
```

各选项含义如下：

(1) 当前设置：显示当前多线的设置属性。

(2) 对正（J）：用于设置多线的偏移方式。当输入“J”后，命令行接着提示：

```
输入对正类型 [上(T)/无(Z)/下(B)] <无>:
```

1）上（T）：从左至右（顺时针）绘制多线时，多线最顶端的线（偏移量为正值中最大者）随光标移动，如图 3-20（a）所示。

2）无（Z）：从左至右（顺时针）绘制多线时，多线的零线（偏移量为 0 者）随光标移动，如图 3-20（b）所示。

3）下（B）：从左至右（顺时针）绘制多线时，多线最底端的线（偏移量为负值中最小者）随光标移动，如图 3-20（c）所示。

例如：设置多线由 3 条平行线组成，其中一条线型为 Continuous，偏移量为 2；一条线型为 Center2，偏移量为 0；另一条线型为 Continuous，偏移量为－1。当用不同【对正】方式从左至右绘图时，结果如图 3-20 所示。

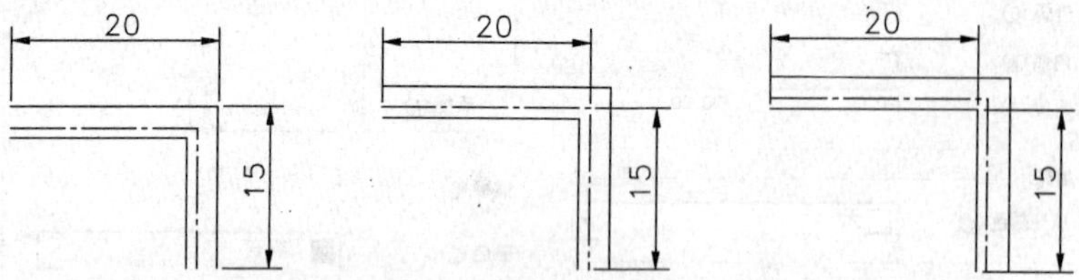

（a）上偏移，比例为1　（b）无偏移，比例为1　（c）下偏移，比例为1

图 3-20　多线【对正】方式

（3）比例（S）：用于指定多线宽度相对于多线样式中定义宽度的比例因子。例如，绘制 370 的墙，【多线样式】中定义的两条平行线的偏移量分别为 250 和－120，则绘制多线时，【比例】设置为 1；若定义的两条平行线的偏移量分别为 25 和－12，则【比例】应设置为 10。

（4）样式（ST）：用于选择多线的样式，系统缺省的多线样式为 Standard。选择该选项后，命令行提示：

```
输入多线样式名或 [?]:(输入多线样式的名称)
```

在提示下，输入相应的多线样式名即可。若输入“?”，则在文本窗口中显示当前已加载的多线样式。

【例 3-9】 使用【多线】命令绘制如图 3-21 所示墙体，其中外墙厚 3.7，内墙厚 2.4。

操作过程简述如下：

（1）设置【多线样式】。

1）样式一：由 3 条线组成，其中一条线型为 Continuous，偏移量为 2.5；一条线型为 Center，偏移量为 0；另一条线型为 Continuous，偏移量为－1.2。

2）样式二：由 3 条线组成，其中一条线型为 Continuous，偏移量为 1.2；一条线型为 Center，偏移量为 0；另一条线型为 Continuous，偏移量为－1.2。

（2）绘制墙体。

```
命令:_mline
当前设置:对正=上, 比例=20.00, 样式=STANDARD
指定起点或[对正(J)/比例(S)/样式(ST)]:j↙
输入对正类型[上(T)/无(Z)/下(B)]<上>:z↙
指定起点或[对正(J)/比例(S)/样式(ST)]:st↙
输入多线样式名或[? ]:样式一↙
指定起点或[对正(J)/比例(S)/样式(ST)]:s↙
输入多比例<20.00>:1↙
指定起点或[对正(J)/比例(S)/样式(ST)]:(在屏幕上指 A 点)
指定下一点:96↙(向上移动光标)
指定下一点或[放弃(U)]:120↙(打开正交,向右移动光标)
指定下一点或[闭合(C)/放弃(U)]:78↙(向下移动光标)
指定下一点或[闭合(C)/放弃(U)]:60↙(向左移动光标)
```

指定下一点或[闭合(C)/放弃(U)]:18↙(向下移动光标)
指定下一点或[闭合(C)/放弃(U)]:c↙

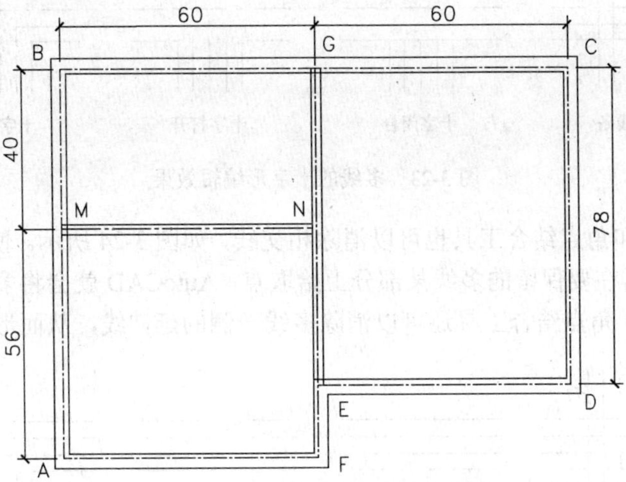

图 3-21 【多线】命令绘制墙体

三、编辑多线

该命令有以下两种调用方法：

✧ 下拉菜单：【修改】/【对象】/【多线】；

✧ 命令行：MLEDIT↙。

启动该命令后，弹出【多线编辑工具】对话框，如图 3-22 所示，从中选择相应的样例按钮即可编辑多线。

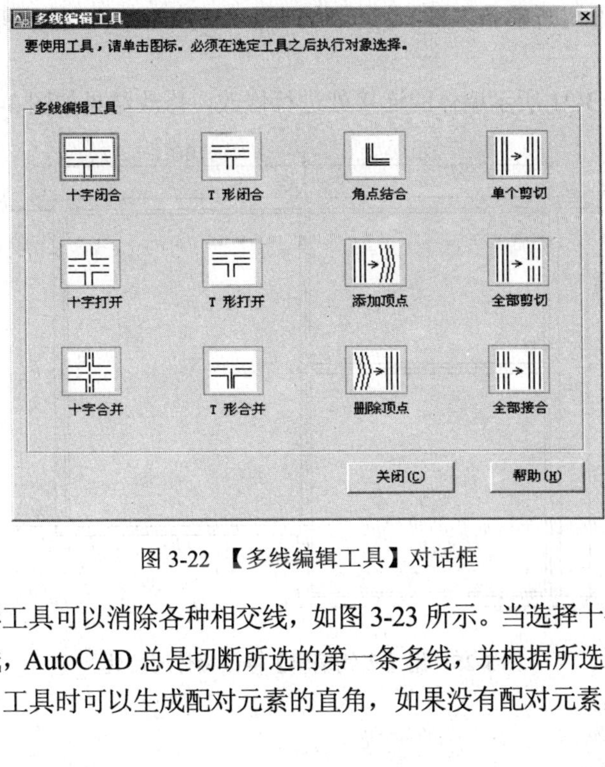

图 3-22 【多线编辑工具】对话框

使用三种十字形工具可以消除各种相交线，如图 3-23 所示。当选择十字形中的某种工具后，还需要选取两条多线，AutoCAD 总是切断所选的第一条多线，并根据所选工具切断第二条多线。在使用【十字合并】工具时可以生成配对元素的直角，如果没有配对元素，则多线将不被切断。

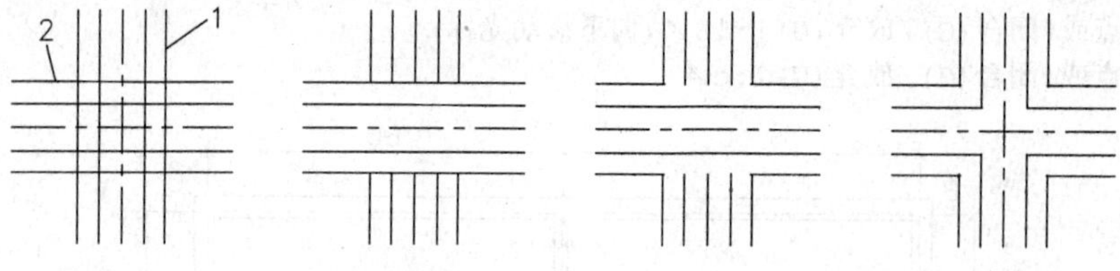

图 3-23 多线的十字形编辑效果

使用 T 形工具和角点结合工具也可以消除相交线，如图 3-24 所示。使用该工具时，需要选取两条多线，只需在要保留的多线某部分上拾取点，AutoCAD 就会将多线剪裁或延伸到它们的相交点。此外，角点结合工具还可以消除多线一侧的延伸线，从而形成直角。

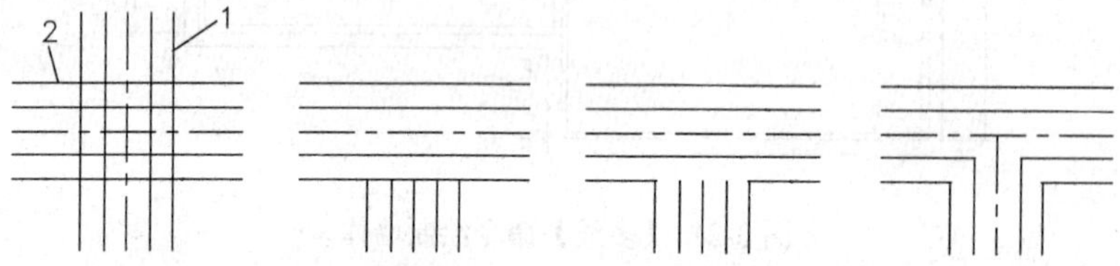

图 3-24 多线的 T 型编辑效果

使用添加顶点工具可以为多线增加若干顶点，使用删除顶点工具可以从包含三个或更多顶点的多线上删除顶点。

使用剪切工具可以切断多线。其中【单个剪切】工具用于切断多线中的一条，只需简单地拾取要切断的多线某一元素的两点，则这两点中的连线即被删除（实际上是不显示）；【全部剪切】工具用于切断整条多线。【全部接合】工具可以重新显示所选两点间的任何切断部分。

【例 3-10】 对图 3-21 所示墙体的连接处进行修改，修改结果如图 3-25 所示。

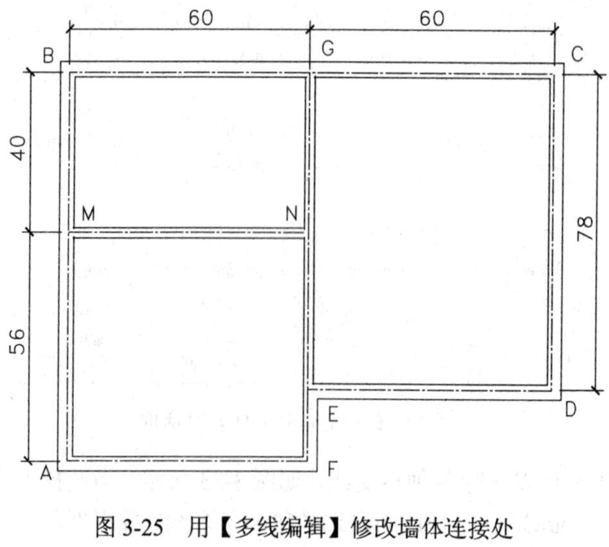

图 3-25 用【多线编辑】修改墙体连接处

操作步骤如下：

（1）调用【多线编辑】命令。

（2）在【多线编辑工具】对话框中选择【T 形合并】选项，这时 AutoCAD 将切换到图形界面，分别选择 M、N、E、G 点，即完成图形的修改。

第 4 节 绘制样条曲线

样条曲线是通过拟合一系列离散的点而生成的光滑曲线，它用于创建形状不规则的曲线，如波浪线、地形等高线等，如图 3-26 所示。

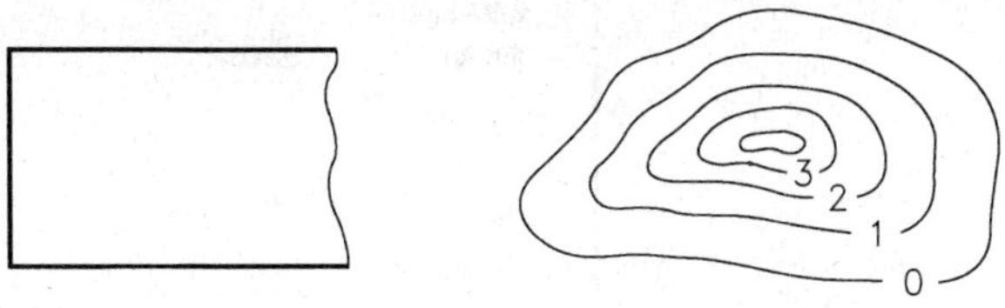

（a）波浪线 （b）地形等高线

图 3-26 样条曲线的应用

该命令有以下三种调用方法：

✧ 下拉菜单：【绘图】/【样条曲线】；

✧ 工具栏：【绘图】工具栏中的按钮；

✧ 命令行：SPLINE↙。

启动该命令后，命令行提示如下：

```
命令：_spline
指定第一个点或[对象(O)]：(指定样条曲线的起点)
指定下一点：(指定样条曲线的第二点)
指定下一点或[闭合(C)/拟合公差(F)]<起点切向>：(指定样条曲线的第三点或输入选项)
指定下一点或[闭合(C)/拟合公差(F)]<起点切向>：↙
指定起点切向：(确定起点切向值)
指定端点切向：(确定终点切向值)
```

各选项说明如下：

（1）对象（O）：将通过【多段线编辑】（PEDIT）命令编辑得到的拟合样条曲线转换成等价的样条曲线。

（2）闭合（C）：用于绘制封闭的样条曲线。

（3）拟合公差（F）：是指样条曲线与输入点之间允许偏移的最大距离。拟合公差越小，样条曲线越接近输入点。如果公差设置为 0，样条曲线通过拟合点。

（4）起点切向与端点切向：通过移动光标单击或输入角度值来指定起点和终点的切线方向。如果按 Enter 键，AutoCAD 将默认切向。

第 5 节 图 案 填 充

图案填充是将某种图案充满图形中的指定封闭区域，以表示构成这类物体的材料或区分它的各个组成部分。在工程图中，图案填充用于表达一个剖切的区域，即绘制剖面线。

一、设置图案填充

该命令有以下三种调用方法：

✧ 下拉菜单：【绘图】/【图案填充】；

✧ 工具栏：【绘图】工具栏中的按钮；

✧ 命令行：BHATCH↙。

启动该命令后，弹出【图案填充和渐变色】对话框，选择【图案填充】选项卡，如图 3-27 所示，用户可以设置图案填充时的类型和图案及角度和比例等特性。

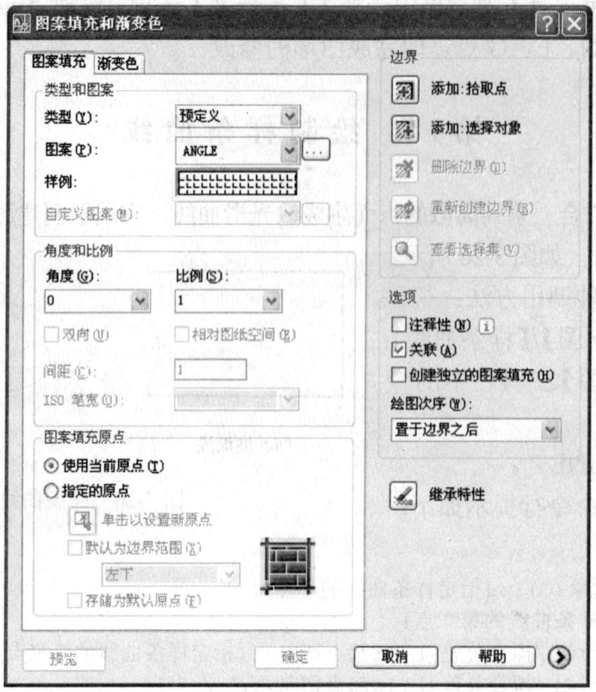

图 3-27 【图案填充和渐变色】/【图案填充】选项卡

各选项说明如下：

(1)【类型和图案】选项区：用于选择图案填充的样式。

1)【类型】下拉列表框：用于设置图案的填充类型，其中“预定义”是使用 AutoCAD 已定义在 ACAD.PAT 文件中的图案；“用户定义”可使用基于当前线型定义的图案，此图案是由不同角度和比例控制的一组平行线或相互垂直的两组平行线组成；“自定义”是使用用户事先已定义好，存放在其他 PAT（非 ACAD.PAT）文件中的图案。

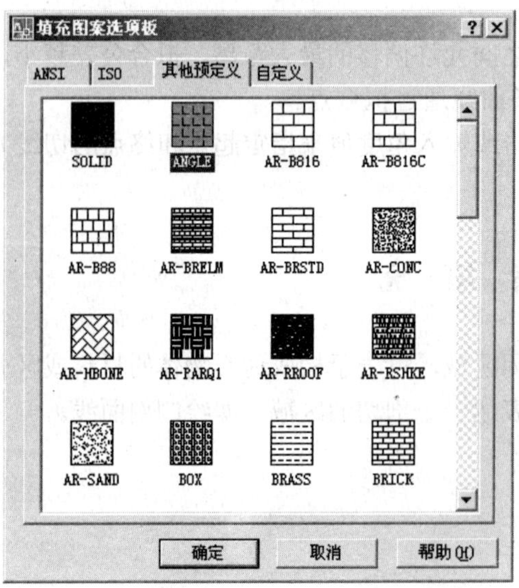

图 3-28 【填充图案选项板】对话框

2)【图案】下拉列表框：只有将【类型】设置为“预定义”时，该【图案】选项才可用。单击下拉箭头，根据图案名称选择图案，也可单击其后的[...]按钮，在打开的【填充图案选项板】中进行选择，如图 3-28 所示。

3)【样例】预览窗口：显示选定图案的预览图像，也可单击所选的样例图案，打开【填充图案选项板】选择图案。

4)【自定义图案】下拉列表框：只有在【类

型】设置为“自定义”时，该选项才可用。

（2）【角度和比例】选项区：用于定义图案填充的角度和比例。

1）【角度】下拉列表框：用于设置填充图案的旋转角度，每种图案默认的旋转角度都为0。

2）【比例】下拉列表框：用于设置预定义或自定义图案填充时的比例值。每种图案在定义时的初始比例为1，用户可以根据需要放大或缩小。

3）【双向】复选框：只有在选择“用户定义”图案填充类型时才可用。选中该复选框，可以使用相互垂直的两组平行线填充图形，否则为一组。

4）【间距】文本框：指定“用户定义”图案中平行线的间距。

5）【相对图纸空间】复选框：该选项仅适用于布局，以适合于布局的比例显示填充图案。

（3）【图案填充原点】选项区：用于控制图案填充原点的初始位置。

一些类似于砖形的图案，需要与填充边界上的一点对齐，此时可能需要调整原点的位置。默认情况下，所有图案的原点与当前UCS坐标系一致。

（4）【边界】选项区：用于选择图案填充边界的方式。

1）【添加：拾取点】按钮：单击该按钮切换到绘图窗口，在需要填充的区域内任意指定一点，系统会自动计算出包围该点的封闭填充边界，同时亮显该边界。若边界未封闭，则会显示错误提示信息。

2）【添加：选择对象】按钮：可以通过选择对象的方式来定义填充区域的边界。

3）【删除边界】按钮：在使用“拾取点”选择填充区域后，单击该按钮，可以删除该填充区域内的封闭边界（又称孤岛），包括文字对象。

4）【重新创建边界】按钮：围绕选定的图案填充或填充对象创建多段线或面域，并使其与图案填充对象相关联。

5）【查看选择集】按钮：暂时关闭对话框，查看当前填充区域的边界。

（5）【选项】选项区。

1）【注释性】复选框：将图案定义为可注释性对象。

2）【关联】复选框：用于创建关联图案填充。选择关联，图案与边界成为一体，当用户修改其边界时，填充图案将自动更新。

3）【创建独立的图案填充】复选框：选择此选项，一次创建的多个填充对象为相互独立对象，否则将把所有封闭边界的填充图案当成一个整体。

4）【绘图顺序】下拉列表框：用于指定填充绘图顺序，图案填充可以放在图案填充边界及所有其他对象之后或之前。

5）【继承特性】按钮：用于将现有的填充图案的特性应用到指定的边界，相当于复制填充样式。

【例3-11】 按图3-29所示进行图案填充练习。

操作过程简述如下：

填充前图形如图3-29（a）所示。启动【图案填充】命令，打开【图案填充和渐变色】对话框。选择“预定义”图案类型中的“AR-B816”进行填充。【图案填充原点】设置为【使用当前原点】，单击【边界】选项区中【添加：拾取点】按钮，在矩形内部单击一点A，填充结果如图3-29（b）所示；【图案填充原点】设置为【指定的原点】，即矩形边界的左下角点B，同样在矩形内部单击一点 A，填充结果如图 3-29（c）所示；重复图 3-29（b）的绘图步骤，返回【图案填充和渐变色】对话框后，单击【删除边界】按钮，选择图中“孤岛”二字后填充结果如图 3-29（d）所示；【图案填充原点】设置为【指定的原点】，即矩形边界的左下角点 B，单击【边界】选项区中【添加：选择对象】按钮，分别单击“矩形 C”和“圆 D”边界，填充结果如图 3-29（e）所示；图案填充设置为【关联】，对图 3-29（c）变形后结果如图 3-29（f）所示。

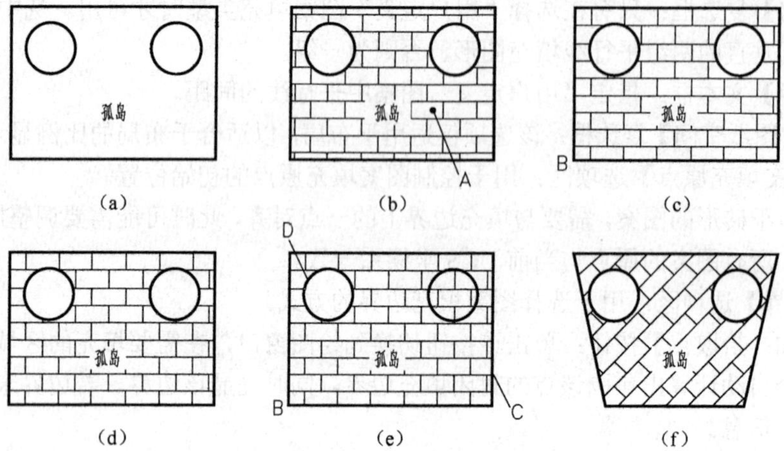

图 3-29 图案填充

二、设置渐变色填充

在【图案填充和渐变色】对话框中，选择【渐变色】选项卡，如图 3-30 所示，用户可以填充单色或双色渐变色。

各选项说明如下：

（1）【颜色】选项组：用于设置渐变色的颜色。

1）【单色】单选按钮：用于指定使用从较深着色到较浅色调平滑过渡的单色填充。单击 ... 按钮，将显示【选择颜色】对话框，从中可以选择系统提供的索引颜色、真彩色或配色系统颜色。

2）【着色渐浅】滑块：用于指定一种颜色的色调（选定颜色与白色的混合），或着色（选定颜色与黑色的混合）。

3）【双色】单选按钮：用于指定在两种颜色之间平滑过渡的双色渐变填充如图 3-31 所示。AutoCAD 在【颜色 1】和【颜色 2】后分别显示带有浏览按钮的颜色样本。

（2）【方向】选项组：用于指定渐变色的角度及其是否对称。

1）【居中】复选框：用于指定对称的渐变配置。如果没有选定此选项，渐变填充将朝左上方变化，创建光源在对象左边的图案。

2）【角度】选项：用于指定渐变填充的角度。相对当前 UCS 指定角度，此选项与指定给图案填充的角度互不影响。

3）渐变图案预览窗口：显示用于简便填充的九种固定图案，这些图案包括:线状、球状**和抛物面状。**

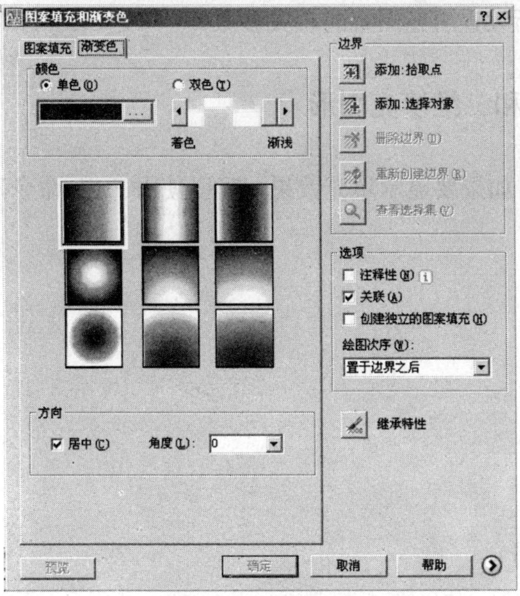

图 3-30 【图案填充和渐变色】对话框（一）

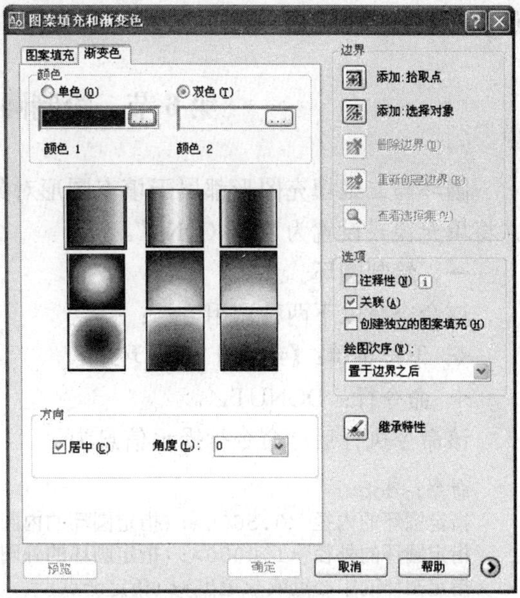

图 3-31 【图案填充和渐变色】对话框（二）

三、填充图案的编辑

该命令有以下三种调用方法：

✧ 下拉菜单：【修改】/【对象】/【图案填充】；

✧ 命令行：HATCHEDIT↙；

✧ 也可双击填充图案，这时将打开【图案填充编辑】对话框，如图 3-32 所示。

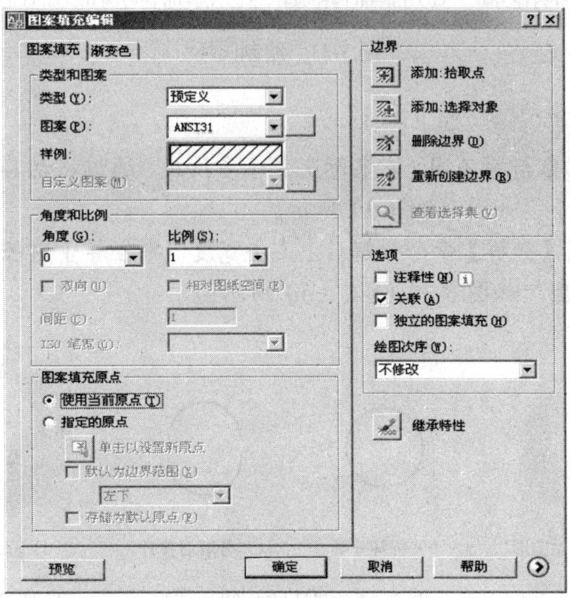

图 3-32 【图案填充编辑】对话框

从【图案填充编辑】对话框可以看出，其与【图案填充和渐变色】对话框的内容相同，仅是有些选项不可用。通过该对话框，可以重新设置填充图案的相关参数。

第6节　绘制圆环和二维填充图形

圆环与二维填充图形都属于填充图形对象。如果要显示填充效果，可以使用FILL命令，并将填充模式设置为“开（ON）”。

一、绘制圆环

该命令有以下两种调用方法：

✧ 下拉菜单：【绘图】/【圆环】；

✧ 命令行：DONUT↙。

该命令执行后，命令行提示信息为：

```
命令:_donut
指定圆环的内径 <0.5000>:(指定圆环的内圆直径)
指定圆环的外径 <1.0000>:(指定圆环的外圆直径)
指定圆环的中心点或 <退出>:(指定一点)
```

通过指定不同的圆环中心，可以连续创建直径相同的多个圆环对象，直到按Enter键结束命令退出。如果要创建实体填充圆，此时应将内径值指定为0。

【例3-12】 绘制外径为10，内径分别为0、4、10的圆环，结果如图3-33所示。

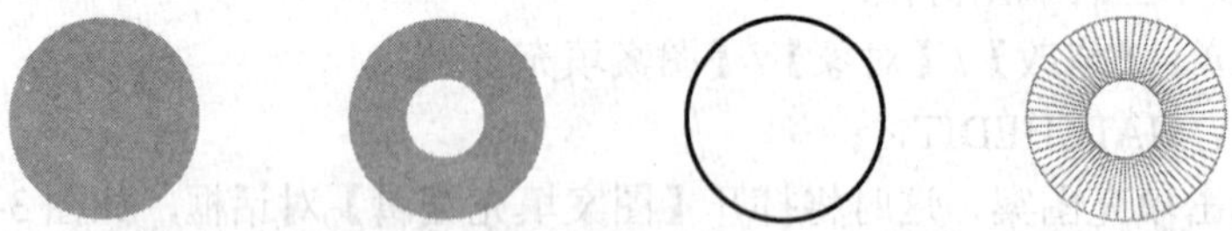

（a）fill=on 内径为0　（b）fill=on 内径为4　（c）fill=on 内径为10　（d）fill=off

图3-33　绘制圆环

重点提示

▲ 圆环对象与圆不同，它实际上属于多段线，通过拖动其夹点只能改变形状，而不能改变大小，如图3-34（d）所示。

▲ 圆环用【分解】命令分解后，失去宽度，半径等于内径与外径之和的一半，且成为两个半圆，如图3-34（b）、（c）所示。

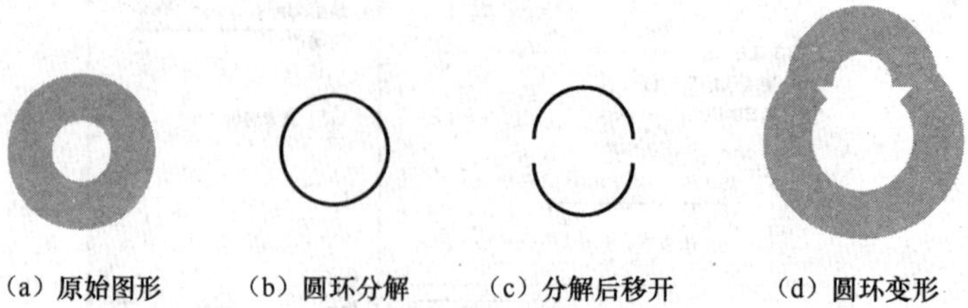

（a）原始图形　（b）圆环分解　（c）分解后移开　（d）圆环变形

图3-34　圆环的分解与变形

二、二维填充

使用【二维填充】命令，可以创建填充的三角形或四边形。该命令有以下两种调用方法：

✧ 下拉菜单：【绘图】/【建模】/【网格】/【二维填充】;

✧ 命令行：SOLID↙。

执行该命令后，命令行提示如下：

```
命令：_solid 指定第一点：(指定二维填充图形的第一点)
指定第二点： (指定二维填充图形的第二点)
指定第三点： (指定二维填充图形的第三点)
指定第四点或 <退出>：(指定二维填充图形的第四点或直接↙结束命令)
```

例如，如图3-35所示，在命令操作提示下：当指定三个点时按Enter键，绘制的是填充三角形，如图3-35（a）。指定四个点时绘制的是填充的四边形，但是当第3点和第4点的位置顺序不同时，得到的形状也不同，如图3-35（b）、（c）所示。

（a） （b） （c）

图3-35 二维填充图形

第7节 创建和编辑面域

面域指的是具有边界的平面区域，它是一个面对象，内部可以包含孔。从外观来看，面域和一般的封闭线框没有区别，但其实际上就像是一张没有厚度的纸，除了包括边界外，还包括边界内的平面，是封闭实心区域。封闭边界可以是矩形、圆、椭圆，以及由直线、多段线、弧线、样条曲线等构成的封闭区域。面域具有面积、周长、形心等几何特征，还可以进行并、差、交等布尔运算。在三维造型中，常利用面域创建三维实体。

一、创建面域

在AutoCAD中用户不能直接绘制面域，而是需要利用现有的封闭对象，或者由多个对象组成的封闭区域来创建面域。

该命令有以下三种调用方法：

✧ 下拉菜单：【绘图】/【面域】;

✧ 工具栏：【绘图】工具栏中的按钮；

✧ 命令行：REGION↙。

该命令执行后，命令行提示信息为：

```
命令： _region
选择对象：(窗口选择图形边界)
选择对象：↙
已提取 1 个环。(系统报告所选封闭区域的数量)
已创建 1 个面域。(系统报告形成面域的数量)
```

图3-36所示为面域的前后效果。

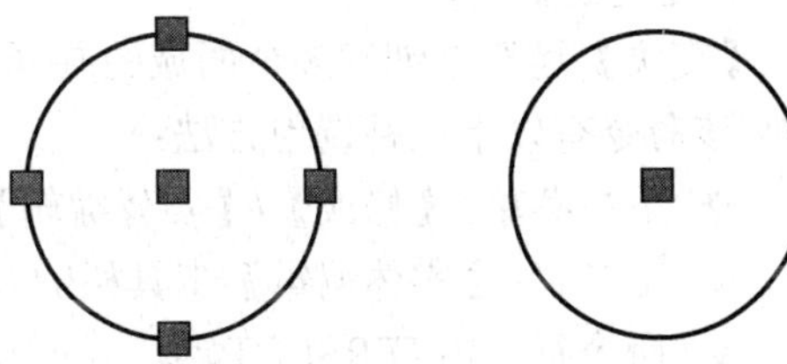

（a）单线圆 （b）面域圆

图3-36 创建面域前后的对比

重点提示

▲ 创建面域时，若系统变量 DELOBJ=1，AutoCAD 创建面域后删除原始对象；DELOBJ=0，创建面域后不删除原始对象。

二、面域的布尔运算

布尔运算是一种数学上的逻辑运算，包括“并”运算、“差”运算和“交”运算。布尔运算的对象只能是实体和面域，通过布尔运算，可以创建更为复杂的图形。

1.【并集】运算

【并集】运算是将多个面域合并为一个面域。

该命令有以下三种调用方法：

✧ 下拉菜单：【修改】/【实体编辑】/【并集】；

✧ 工具栏：【实体编辑】工具栏的 按钮；

✧ 命令行：UNION↙。

启动该命令后，命令行提示如下：

```
命令：_union
选择对象：（选择要合并的对象）
选择对象：↙
```

2.【差集】运算

【差集】运算是从一部分面域中减去另外一部分或多个面域，从而创建一个新面域。

该命令有以下三种调用方法：

✧ 下拉菜单：【修改】/【实体编辑】/【差集】；

✧ 工具栏：【实体编辑】工具栏的 按钮；

✧ 命令行：SUBTRACT↙。

启动该命令后，命令行提示：

```
命令：_subtract 选择要从中减去的实体或面域...
选择对象：(选择被减的对象)
选择对象：↙
选择要减去的实体或面域...
选择对象：(选择要减去的对象)
选择对象：↙
```

3.【交集】运算

【交集】运算是创建多个面域的共同相交部分。

该命令有以下三种调用方法：

✧ 下拉菜单：【修改】/【实体编辑】/【交集】；

✧ 工具栏：【实体编辑】工具栏的 按钮；

✧ 命令行：INTERSECT↙。

启动该命令后，命令行提示：

```
命令：_intersect
```

选择对象：(选择要作交集的对象)

选择对象：↙

【例 3-13】 对图 3-37（a）所示面域图形进行布尔运算，结果如图 3-37（b）、(c)、(d)所示。

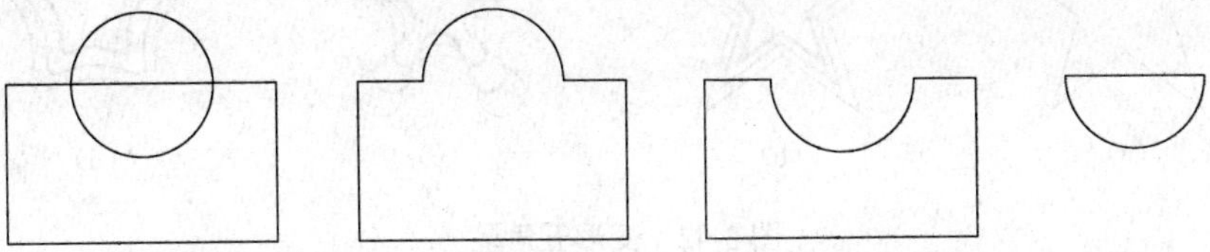

（a）原始图形面域　（b）【并集】运算　（c）【差集】运算　（d）【交集】运算

图 3-37　布尔运算

重点提示

▲ 在作【差集】运算时，被减的对象选择矩形，要减去的对象选择圆。

习题与操作

1．按图 3-38 所示坐标绘制三角形及外接圆、内切圆。

2．使用圆、圆弧、正多边形等命令，绘制图 3-39 所示六角螺母。

3．使用矩形、椭圆、椭圆弧等命令，绘制图 3-40 所示卫生洁具（椭圆长轴 35、短轴 24，椭圆弧长轴 76、短轴 35）。

4．用 PLINE、DONUT 等填充命令，绘制如图 3-41 所示图形。

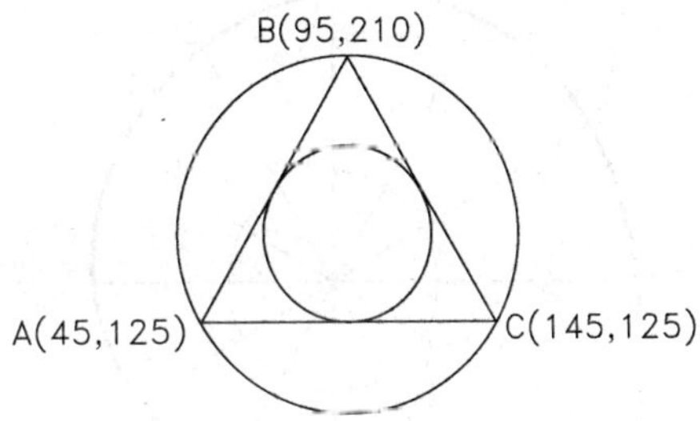

图 3-38　绘制平面图形（一）

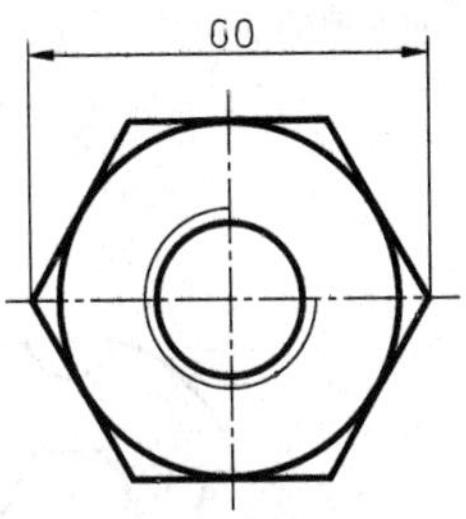

图 3-39　绘制平面图形（二）

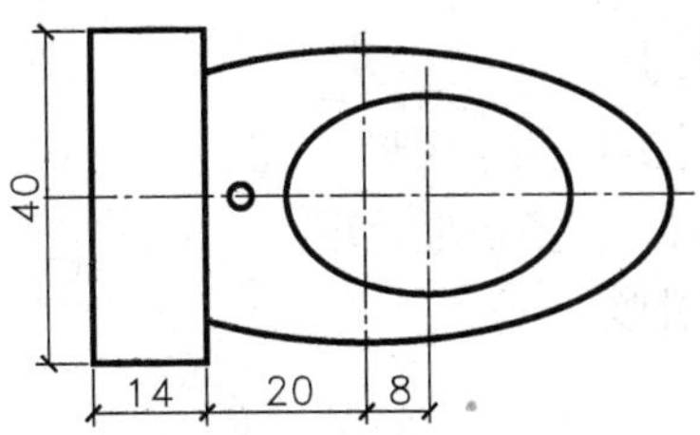

图 3-40　绘制平面图形（三）

图 3-41　填充命令练习

5．绘制如图 3-42（a）所示五角星，再利用多段线编辑命令完成图 3-42（b）～（d）所示图形的绘制。

提示：（1）所绘五角星要合并成首尾相连的多段线；

（2）图 3-42（c）为圆弧拟合多段线，图 3-42（d）为样条曲线拟合多段线。

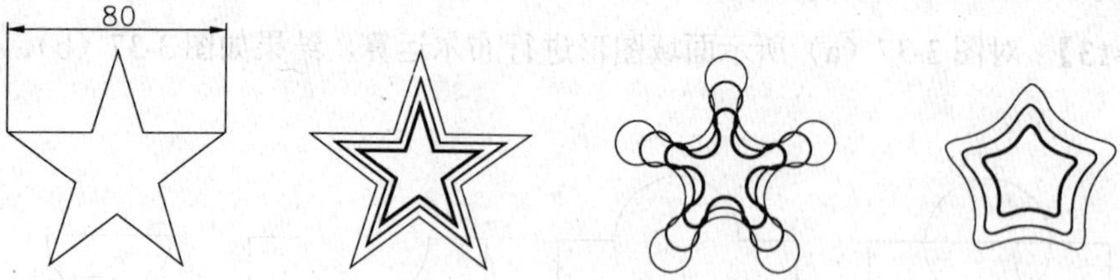

（a）　（b）　（c）　（d）

图 3-42　变形五角星

6．图 3-43 所示为水轮机金属蜗壳轮廓图，试用样条曲线命令绘制涡线并完成全图。几何尺寸见表 3-1。

表 3-1　水轮机涡线几何参数　cm

	1	2	3	4	5	6	7	8	9	10	11	12
θ	0	30	60	90	120	150	180	210	240	270	300	330
ρ	230	225	215	205	195	185	175	165	155	140	115	85

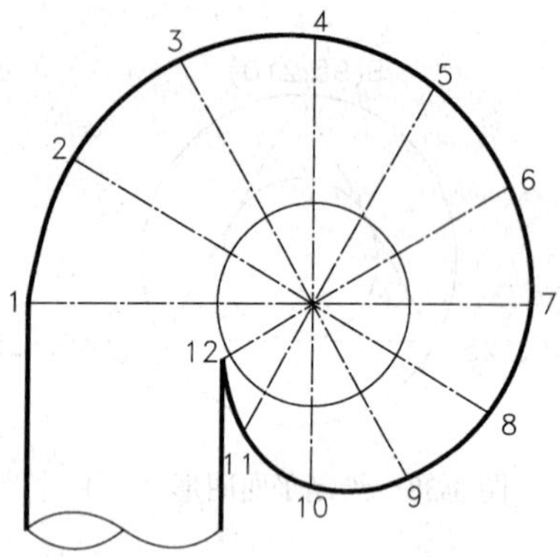

图 3-43　水轮机蜗壳轮廓

提示：用极轴追踪涡线轮廓点，增量角为 30°、极径见表 3-1，涡轮轴直径 155。

7．使用图案填充等命令，完成图 3-44 所示内螺纹的绘制。

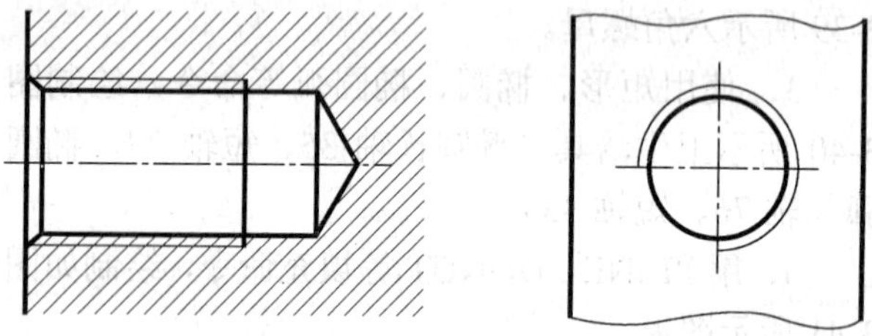

图 3-44　内螺纹画法

提示：尺寸按规定画法确定。

8．使用面域造型，绘制图 3-45 所示图形。

9．使用直线、构造线、圆、正多边形及矩形等工具，绘制图 3-46 所示图形。

绘图操作步骤如下：

（1）使用【直线】命令并打开正交功能绘制定位线，也可使用【构造线】命令的水平（H）和垂直（V）选项绘制，如图 3-47（a）所示。

（2）使用【圆】命令绘制半径为 60 和直径

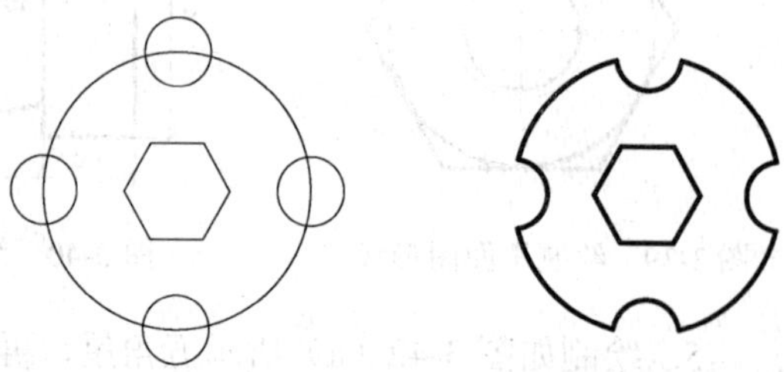

（a）底图　（b）成图

图 3-45　面域造型

为50的圆，使用【矩形】命令及捕捉自参照点定位绘制矩形，使用【正多边形】命令及内接于圆（I）方式绘制正六边形，并画出圆的切线，如图3-47（b）所示。

（3）使用【构造线】命令的偏移（O）选项，绘制4条垂直构造线，定位半径为20和17的圆心位置，如图3-47（c）所示。

（4）绘制半径为20和17的4个小圆及半径为20的圆的切线，如图3-47（d）所示。

（5）使用【修剪】命令的 按钮，以绘制的直线和构造线作为修剪边，修剪图中多余的线条，如图3-47（e）所示。

（6）选择所有构造线，按Delete键将其删除，如图3-47（f）所示。

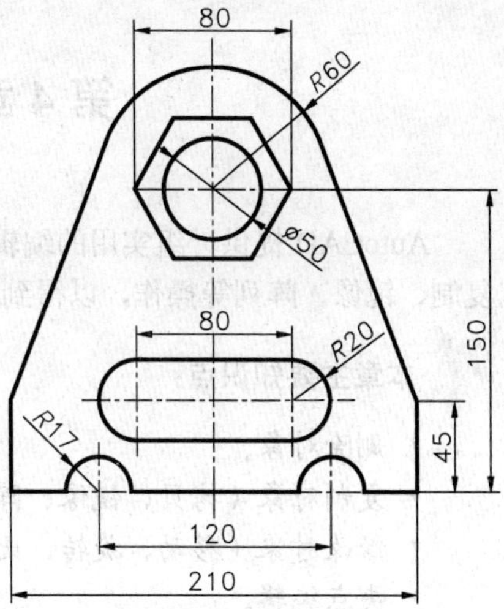

图3-46 图形样例

（7）将图形所在图层线宽加粗，另设图层绘制中心线，完成作图。

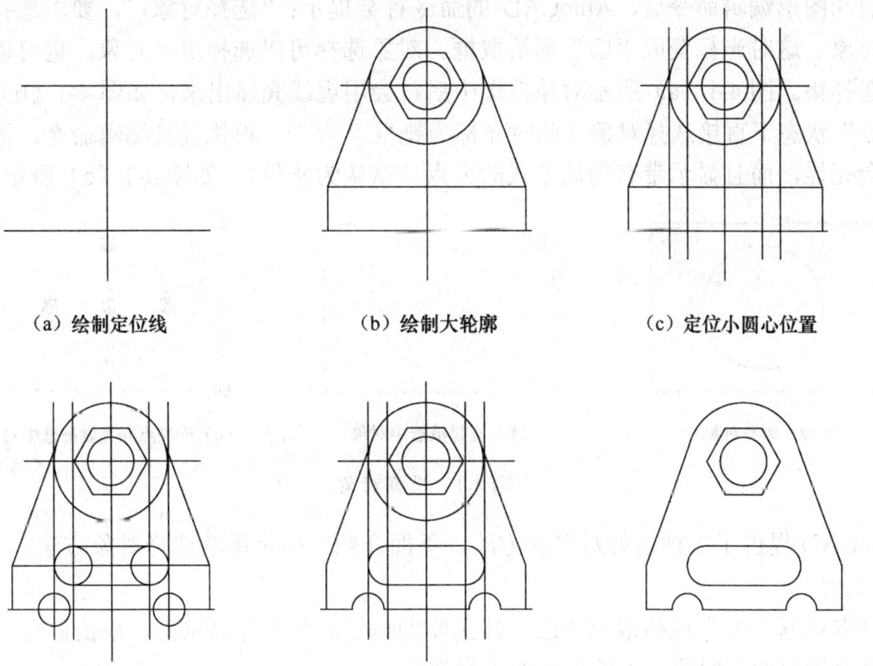

（a）绘制定位线　（b）绘制大轮廓　（c）定位小圆心位置

（d）绘制小圆及切线　（e）修剪多余线条　（f）删除所有构造线

图3-47 绘图步骤

第4章 二维图形编辑

AutoCAD 提供一组实用的编辑命令，可对已绘制的图形进行擦除、移动、拉伸、裁剪、复制、镜像、阵列等操作，以得到用户需要的图形。

本章主要知识点：

* 删除对象；
* 复制对象（拷贝、镜像、阵列、偏移）；
* 修改对象（移动、旋转、比例缩放、修剪与延伸、打断与合并、圆角和倒角）；
* 夹点编辑。

第1节 建立选择集

当启动图形编辑命令后，AutoCAD 的命令行会提示："选择对象:"，要求选择需要进行编辑的对象，这时光标变成"□"形拾取框。对象选择可以选择单个对象，也可以选择多个对象即选择集。图 4-1（a）所示对象被选中后，会用虚线亮显出来，如图 4-1（b）所示；若在"命令"状态下直接选择对象（此时光标为靶框"⊕"），再执行某编辑命令，被选中的对象不仅会亮显，而且显示带有句柄方式的夹点（默认为蓝色），如图 4-1（c）所示。

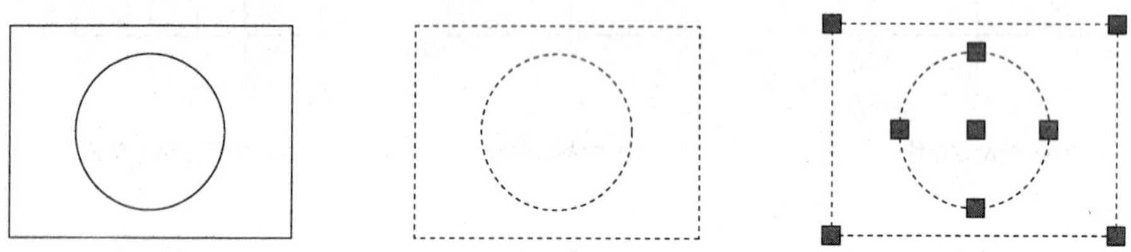

（a）原有对象　（b）亮显被选中对象　（c）带夹点并亮显被选中对象

图 4-1 选择对象

AutoCAD 提供了多种选择对象的方法，下面介绍一些常用的选择对象方法。

1. 点选

直接将靶框"⊕"或拾取框"□"移到要编辑的单个实体对象上，单击鼠标左键。该方法只能逐个拾取所需对象，不便于选取大量对象。

2. 窗口（W）选择

在提示"选择对象"时，输入字母"W"后回车，按系统提示指定矩形窗口的两个对角点，也可以直接在图形空白区域单击一点，向右拖动窗口，则出现一个边线为实线的矩形选择窗口。此时，只有完全包含在窗口内的对象才能被选中，如图 4-2 所示。

3. 窗交（C）选择

窗交（C）选择方式是使用交叉窗口选择对象，该方法与用窗口（W）选择对象的方法类似。在提示"选择对象"时，输入字母"C"后回车，指定矩形窗口的两个对角点，或直接在图形空白区域单击一点，向左拖动窗口，则出现一个边线为虚线的矩形选择窗口。此时，不仅完全包含在窗口内的对象被选中，与窗口相交的对象也被选中，如图 4-3 所示。

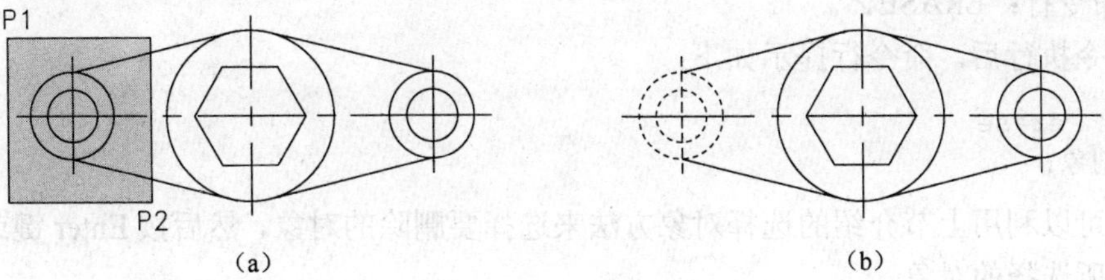

图 4-2　窗口（W）选择

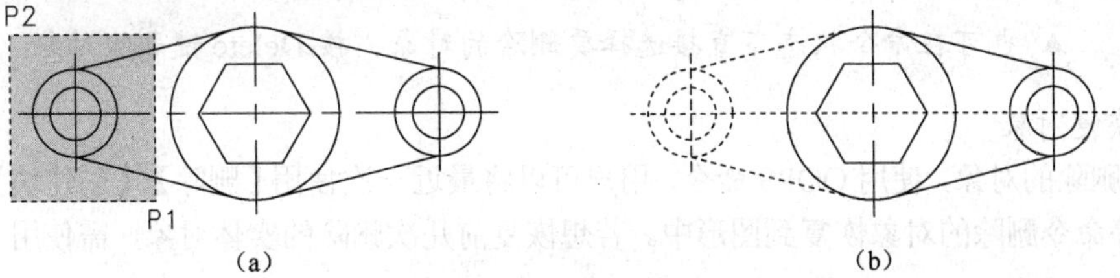

图 4-3　窗交（C）选择

4. 栏选（F）选择

在提示“选择对象”时，输入字母“F”后回车，可以通过绘制一条开放的多点栅栏（多段直线）来选择对象，所有与栅栏线相交的对象均会被选中，并且栅栏可以自身相交，如图 4-4 所示。

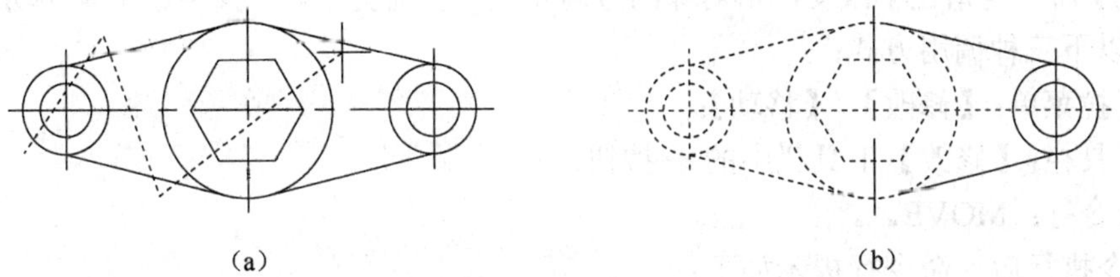

图 4-4　栏选（F）选择

5. 全部（A）选择

在提示“选择对象”时，输入字母“ALL”，则可以选择除锁定层和冻结层以外的所有对象。

6. 删除（R）

要从已经选择的对象中删除对象，可以在提示“选择对象”时，输入“R”后回车，或者按住 Shift 键，单击要从选择集中移出的对象即可。

第 2 节　删除与恢复对象

1. 删除对象

【删除】命令用于删除图中不需要的对象。该命令有以下三种调用方式：

✧ 下拉菜单：【修改】/【删除】；

✧ 工具栏：【修改】工具栏中的按钮；

✧ 命令行：ERASE↙。

该命令执行后，命令行提示如下：

```
命令：_erase
选择对象：
```

用户可以利用上节介绍的选择对象方法来选择要删除的对象，然后按 Enter 键或空格键，即可删除所选择的对象。

重点提示

▲ 也可在命令状态下直接选择要删除的对象，按 Delete 键删除对象。

2. 恢复对象

恢复删除的对象，使用 OOPS 命令，用户可以将最近一次使用【删除】、【创建块】、Wblock（写块）等命令删除的对象恢复到图形中。若想恢复前几次删除的实体对象，需使用 Undo（放弃）命令。

恢复删除的对象也可直接单击【标准】工具栏中的按钮和按钮。

第 3 节 对象方位处理

一、移动对象

【移动】命令是指在不改变图形对象的方向和大小的前提下，将其由原位置移动到新位置。该命令有以下三种调用方式：

✧ 下拉菜单：【修改】/【移动】；

✧ 工具栏：【修改】工具栏中的按钮；

✧ 命令行：MOVE↙。

该命令执行后，命令行提示如下：

```
命令：_move
选择对象：(选择要移动的对象)
选择对象：↙
指定基点或［位移(D)］<位移>：(在屏幕上指定基点)
指定第二个点或 <使用第一个点作为位移>：
```

说明：指定的两个点定义了一个位移矢量，它指明了被选定对象的移动距离和移动方向。如果在确定第二点时按 Enter 键，那么第一点的坐标值就被认为是相对的 X、Y、Z 位移。例如，在“指定基点”时输入（4,−3），并在“指定第二个点”时按 Enter 键，则被选定的对象相对于当前位置向 X 正方向（右方）移动 4 个单位，向 Y 负方向（下方）移动 3 个单位。

【例 4-1】 将图 4-5（a）所示圆移动到矩形中心。

操作步骤如下：

```
命令：_move
选择对象：(选择圆对象)
```

选择对象：↙

指定基点或 [位移(D)] <位移>：(捕捉圆心作为位移的基点)

指定第二个点或 <使用第一个点作为位移>：(设定对象捕捉【中点】，同时打开对象追踪，分别捕捉矩形长短边的中点 A 和 B)

结果如图 4-5（b）所示。

（a）原图　　（b）移动结果

图 4-5　移动对象

二、旋转对象

【旋转】命令是指将图形对象绕某一指定基准点旋转，改变图形对象的方向。该命令有以下三种调用方式：

✧ 下拉菜单：【修改】/【旋转】；

✧ 工具栏：【修改】工具栏中的按钮；

✧ 命令行：ROTATE↙。

该命令执行后，命令行提示如下：

命令：_rotate

UCS 当前的正角方向：ANGDIR=逆时针　ANGBASE=0

选择对象：(选择要旋转的对象)

选择对象：↙

指定基点：(在屏幕上指定基点)

指定旋转角度，或 [复制(C)/参照(R)] <0>：

说明：（1）旋转角度：角度值为正，按逆时针旋转；角度值为负，按顺时针旋转。

（2）复制（C）：将对象旋转的同时进行复制。

（3）参照（R）：以参照方式旋转对象，需要依次指定参考方向的角度值和相对于参考方向的角度值，适用于旋转角度未知的情况。

【例 4-2】 将图 4-6（a）所示对象，旋转复制到图 4-5（b）所示位置。

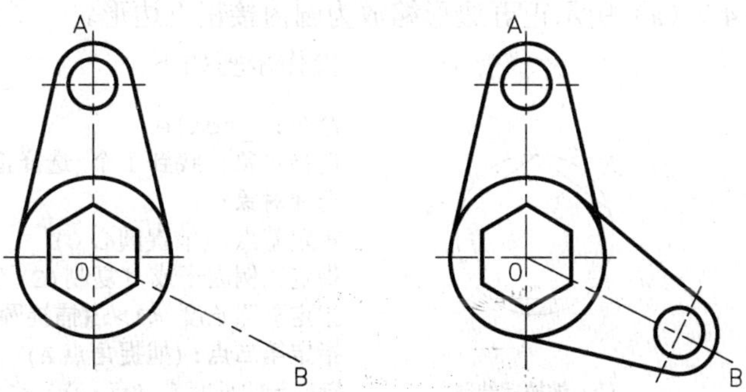

（a）原图　　（b）复制旋转结果

图 4-6　旋转并复制对象

操作步骤如下：

```
命令: _rotate
UCS 当前的正角方向:  ANGDIR=逆时针  ANGBASE=0
选择对象: 指定对角点: 找到 6 个(使用交叉窗口选择上部对象)
选择对象: 找到 1 个, 删除 1 个, 总计 5 个(按住 Shift 键移出中心线 OA)
选择对象: ↙(按 Enter 键结束选择)
指定基点:(选择圆心 O)
指定旋转角度, 或 [复制(C)/参照(R)] <90>: C↙
旋转一组选定对象。
指定旋转角度, 或 [复制(C)/参照(R)] <90>: R↙
指定参照角 <0>: 90↙
指定新角度或 [点(P)] <0>:(直接捕捉端点 B)
```

结果如图 4-6（b）所示。

如果不能确定旋转的角度时，可以采用参照旋转方式。

三、缩放对象

【缩放】命令是指在不改变图形宽高比的前提下，将图形按需要的比例放大或缩小。该命令有以下三种调用方式：

- ✧ 下拉菜单：【修改】/【缩放】;
- ✧ 工具栏：【修改】工具栏中的按钮;
- ✧ 命令行：SCALE↙。

该命令执行后，命令行提示如下：

```
命令: _scale
选择对象:(选择要缩放的对象)
选择对象:↙
指定基点:(在屏幕上指定基点)
指定比例因子或 [复制(C)/参照(R)] <1>:
```

说明：（1）基点是指在比例缩放中的基准点，即缩放图形中位置保持不变的中心点。

（2）比例因子大于 1 时放大对象，比例因子小于 1 且大于 0 时缩小对象。

（3）参照（R）：将所选对象按参照方式进行缩放，需要依次输入参照长度的值和新长度的值，AutoCAD 根据两者的值自动计算出比例因子（比例因子＝新长度值/参照长度值），然后进行缩放。

【例 4-3】 将图 4-7（a）所示正五边形缩放为圆内接正五边形。

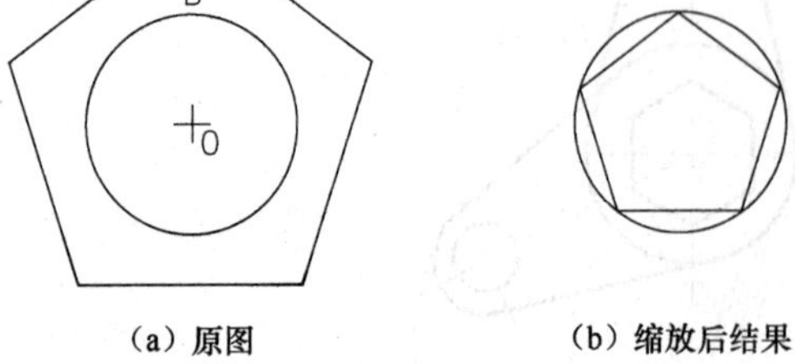

（a）原图　　（b）缩放后结果

图 4-7　缩放对象

操作步骤如下：

```
命令: _scale
选择对象: 找到 1 个(选择正五边形)
选择对象: ↙
指定基点:(捕捉圆心 O)
指定比例因子或 [复制(C)/参照(R)] <1>:r↙
指定参照长度 <1>:(捕捉圆心 O)
指定第二点:(捕捉角点 A)
指定新的长度或 [点(P)] <1>:(捕捉圆的象限点 B)
```

结果如图 4-7（b）所示。

四、对齐对象

【对齐】命令是将对象移动、旋转和按比例缩放，使其与其他对象对齐，是【移动】、【旋转】和【缩放】命令的组合。此命令适用于二维对象，也适用于三维对象。该命令有以下两种调用方式：

✧ 下拉菜单：【修改】/【三维操作】/【对齐】；

✧ 命令行：ALIGN↙。

该命令执行后，命令行提示如下：

```
命令: _align
选择对象:(选择要对齐的对象)
选择对象: ↙
指定第一个源点:(在图形上选择特征点)
指定第一个目标点:(在图形上选择特征点)
指定第二个源点:(在图形上选择特征点)
指定第二个目标点:(在图形上选择特征点)
指定第三个源点或 <继续>:(三维对象对齐用，否则回车结束命令)
是否基于对齐点缩放对象? [是(Y)/否(N)] <否>:
```

【例 4-4】 将图 4-8（a）所示弯头（源对象）与直管（目标对象）对齐。

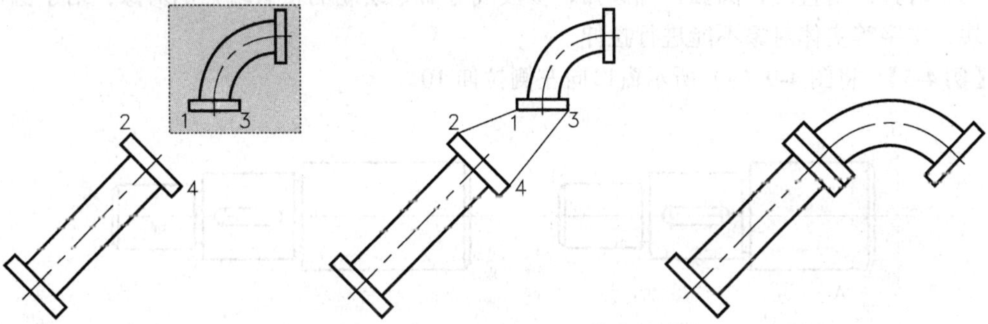

（a）指定源对象　（b）指定两组对齐点　（c）对齐结果

图 4-8 对齐对象

操作步骤如下：

```
命令: _align
选择对象:(用窗口选择弯头)
选择对象: ↙
指定第一个源点:(选择点 1)
指定第一个目标点:(选择点 2)
指定第二个源点:(选择点 3)
指定第二个目标点:(选择点 4, 如图 4-8(b)所示)
指定第三个源点或 <继续>:↙
是否基于对齐点缩放对象? [是(Y)/否(N)] <否>: y ↙
```

操作结果如图 4-8（c）所示。

五、拉伸对象

【拉伸】命令是指在一个方向上按用户指定的距离拉伸、压缩或移动对象。该命令有以下三种调用方式：

✧ 下拉菜单：【修改】/【拉伸】；

✧ 工具栏：【修改】工具栏中的▯按钮；

✧ 命令行：STRETCH↙。

该命令执行后，命令行提示如下：

```
命令: _stretch
以交叉窗口或交叉多边形选择要拉伸的对象...
选择对象:(以交叉窗口选择要拉伸的对象)
选择对象: ↙
指定基点或 [位移(D)] <位移>:(在屏幕上指定基点)
指定第二个点或 <使用第一个点作为位移>:
```

说明：（1）拉伸命令是通过改变端点的位置来拉伸或压缩对象的指定部分，其他图形对象间的几何关系保持不变。

（2）拉伸对象时，必须使用交叉窗口或交叉多边形方式选择对象，选择窗口内的对象被拉伸，而选择窗口以外的则不会被拉伸；若整个图形对象均在窗口内，则执行的结果是对其移动。

（3）可拉伸用直线、圆弧、椭圆弧、多段线等命令绘制的带有端点的对象；对于圆、椭圆、块、文字等实体对象不能进行拉伸。

【例 4-5】 将图 4-9（a）所示窗口向左侧拉伸 10。

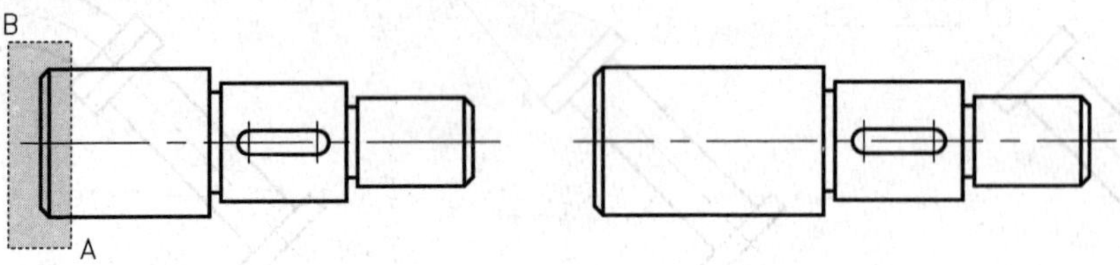

（a）用交叉窗口选择拉伸对象　　（b）拉伸结果

图 4-9　拉伸图形

操作步骤如下：

```
命令: _stretch
以交叉窗口或交叉多边形选择要拉伸的对象...
选择对象:(分别点取 A、B 两点)
选择对象: ↙
指定基点或 [位移(D)] <位移>:(在屏幕上指定一点)
指定第二个点或 <使用第一个点作为位移>:10↙ (打开正交，向左移动光标)
```

结果如图 4-9（b）所示。

六、拉长对象

【拉长】命令用于改变非闭合的直线、圆弧、椭圆弧、多段线、样条曲线的长度，以及圆弧的角度。该命令有以下两种调用方式：

✧ 下拉菜单：【修改】/【拉长】；

✧ 命令行：LENGTHEN↙。

该命令执行后，命令行提示如下：

```
命令: _lengthen
选择对象或 [增量(DE)/百分数(P)/全部(T)/动态(DY)]:
```

各选项说明如下：

（1）增量（DE）：通过指定增量值来改变直线或圆弧的长度。

（2）百分数（P）：以相对于原长度的百分比来改变对象的长度。

（3）全部（T）：以给定直线新的总长度或圆弧的新包含角来改变长度。

（4）动态（DY）：通过动态拖动对象的端点来改变其长度。

【例 4-6】 利用【拉长】命令修改图形，如图 4-10 所示。要求：修改图 4-10（a）所示直线，使两条线的长度均为 120；修改图 4-10（b）所示圆弧，要求两圆弧的圆心角均减少 30°；修改图 4-10（c）所示直线和圆弧，要求直线和圆弧均沿自身方向延长一定长度。

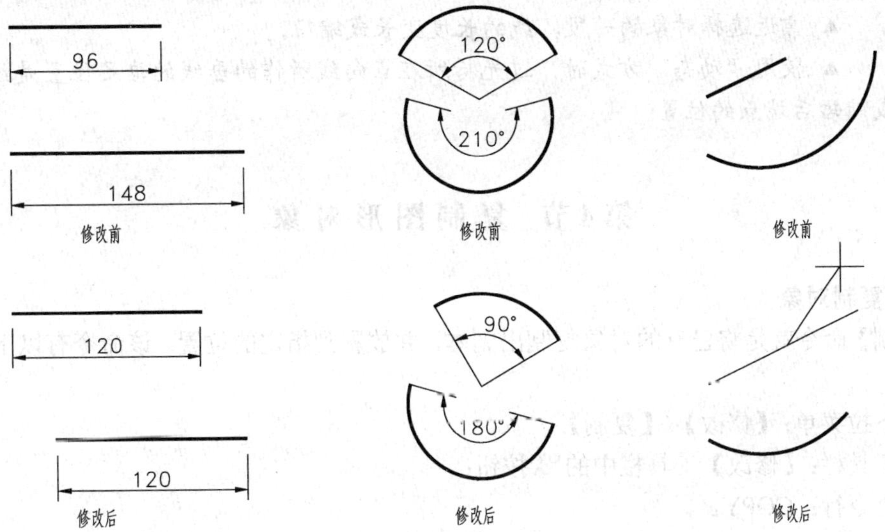

（a）修改直线的长度　（b）修改圆弧的圆心角　（c）延长直线和圆弧

图 4-10　拉长对象

操作步骤如下：

```
命令: _lengthen
选择对象或 [增量(DE)/百分数(P)/全部(T)/动态(DY)]: t↙(选择“全部”方式)
指定总长度或 [角度(A)] <1.0000)>: 120↙(输入总长度)
选择要修改的对象或 [放弃(U)]:(选择长 96 的直线靠近右侧的一端)
选择要修改的对象或 [放弃(U)]:(选择长 148 的直线靠近左侧的一端)
选择要修改的对象或 [放弃(U)]: ↙(回车结束选择)
```

结果如图 4-10（a）所示。

```
命令: _lengthen
选择对象或 [增量(DE)/百分数(P)/全部(T)/动态(DY)]: de(选择“增量”方式)
输入长度增量或 [角度(A)] <0.0000>: a↙(选择输入角度方式)
输入角度增量 <30>: -30↙(角度增量为-30°)
选择要修改的对象或 [放弃(U)]:(选择 120°圆弧靠近左侧的一端)
```

```
选择要修改的对象或 [放弃(U)]: (选择 210°圆弧靠近右侧的一端)
选择要修改的对象或 [放弃(U)]: ↙(回车结束选择)
```

结果如图 4-10（b）所示。

```
命令: _lengthen
选择对象或 [增量(DE)/百分数(P)/全部(T)/动态(DY)]: dy(选择"动态"方式)
选择要修改的对象或 [放弃(U)]: (选择圆弧靠近右侧的一端)
指定新端点: 单击左键(向左下方移动光标, 在屏幕上指定一点)
选择要修改的对象或 [放弃(U)]: (选择直线靠近右侧的一端)
指定新端点: 单击左键(向右上方移动光标, 在屏幕上指定一点)
选择要修改的对象或 [放弃(U)]: ↙(回车结束选择)
```

结果如图 4-10（c）所示。

重点提示

▲ 靠近选择对象的一段，线的长度变长或缩短。

▲ 使用"动态"方式时，过光标所在点向线所作的垂线的垂足位置是线延长或缩短后端点的位置。

第 4 节　复制图形对象

一、复制对象

【复制】命令就是将已有的对象复制出副本，并放置到指定的位置。该命令有以下三种调用方式：

✧ 下拉菜单：【修改】/【复制】；

✧ 工具栏：【修改】工具栏中的 按钮；

✧ 命令行：COPY↙。

该命令执行后，命令行提示如下：

```
命令: _copy
选择对象:        (选择要复制的对象)
选择对象: ↙
指定基点或 [位移(D)/模式(O)] <位移>: (在屏幕上指定基点)
指定第二个点或 <使用第一个点作为位移>:
```

【例 4-7】 如图 4-11（a）所示，将图形左侧两个同心圆复制到图形的右侧，其圆心为两点画线交点 A，如图 4-11（b）所示。

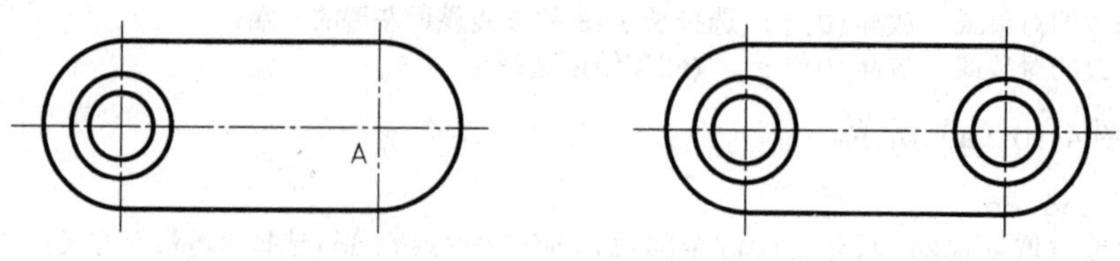

（a）原始图形　　（b）复制后对象

图 4-11　复制对象

操作步骤如下：

```
命令: _copy
选择对象:(选择同心圆)
选择对象: ↙
当前设置:  复制模式 = 多个
指定基点或 [位移(D)/模式(O)] <位移>:(指定两圆的圆心为基点)
指定第二个点或 <使用第一个点作为位移>:(点取点A)
指定第二个点或 [退出(E)/放弃(U)] <退出>:↙
```

结果如图4-11（b）所示。

二、镜像对象

通过【镜像】命令可以复制与原有对象对称的图形。该命令有以下三种调用方式：

✧ 下拉菜单：【修改】/【镜像】；

✧ 工具栏：【修改】工具栏中的按钮；

✧ 命令行：MIRROR↙。

该命令执行后，命令行提示如下：

```
命令: _mirror
选择对象: (选择要镜像的对象)
选择对象: ↙
指定镜像线的第一点:(屏幕上指定一点)
指定镜像线的第二点:(屏幕上指定第二点)
要删除源对象吗?[是(Y)/否(N)] <N>:
```

说明：（1）镜像以给定两点形成的镜像线为对称线，其长度和角度均可以是任意的。

（2）文本镜像的结果由系统变量MIRRTEXT控制，若MIRRTEXT＝1，镜像显示文字，如图4-12（b）所示。若MIRRTEXT＝0，保持文字方向不变，如图4-12（c）所示。

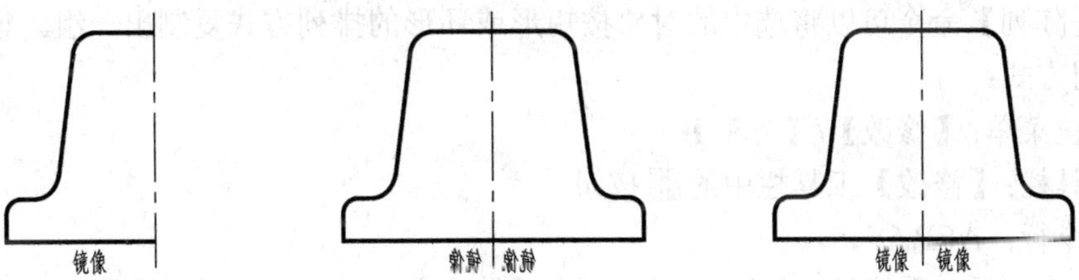

（a）原始图形　（b）MIRRTEXT=1　（c）MIRRTEXT=0

图4-12　镜像对象

三、偏移对象

【偏移】命令可以通过指定点或指定距离创建与已有对象平行的新对象。该命令有以下三种调用方式：

✧ 下拉菜单：【修改】/【偏移】；

✧ 工具栏：【修改】工具栏中的按钮；

✧ 命令行：OFFSET↙。

该命令执行后，命令行提示如下：

```
命令: _offset
```

```
当前设置：删除源=否    图层=源    OFFSETGAPTYPE=0
指定偏移距离或 [通过(T)/删除(E)/图层(L)]<通过>：(给出偏移距离)
选择要偏移的对象，或 [退出(E)/放弃(U)]<退出>：(选择要偏移的对象)
指定要偏移的那一侧上的点，或 [退出(E)/多个(M)/放弃(U)] <退出>：(屏幕上指定方向)
选择要偏移的对象，或 [退出(E)/放弃(U)] <退出>：
```

各选项说明如下：

（1）通过（T）：当选择此项后，产生的新偏移对象将通过拾取点。

（2）删除（E）：偏移后是否删除原有对象。

（3）图层（L）：偏移后产生的新偏移对象位于当前层还是与源对象在同一图层中。

重点提示

▲ 执行【偏移】命令，只能用拾取框点选目标对象。

▲ 对不同图形执行偏移命令，会产生不同的结果，如图 4-13 所示。

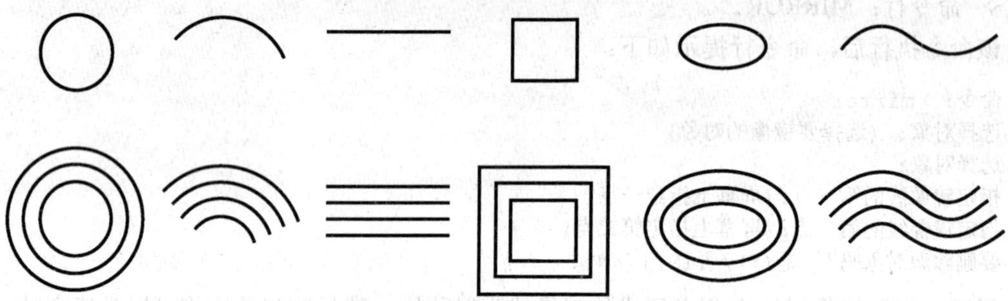

图 4-13 不同图形对象的偏移效果

四、阵列对象

利用【阵列】命令可以将选中的对象按矩形或环形的排列方式复制出一组。该命令有以下三种调用方式：

✧ 下拉菜单：【修改】/【阵列】；

✧ 工具栏：【修改】工具栏中的按钮；

✧ 命令行：ARRAY↙。

该命令执行后，系统弹出如图 4-14 所示的【阵列】对话框，可以以矩形或者环形方式多重复制对象。选择【矩形】阵列选项，对话框如图 4-14（a）所示，选择环形阵列选项，对话框如图 4-14（b）所示。

各选项说明如下：

1. 矩形阵列

（1）【行】和【列】文本框：设置矩形阵列的行数和列数。

（2）【行偏移】和【列偏移】文本框：分别设置矩形阵列的行距和列距，行距为正值，向上阵列；行距为负值，向下阵列；列距为正值，向右阵列；列距为负值，向左阵列。也可单击文本框右侧的按钮来拾取两个偏移量，或分别单击两个文本框右侧的按钮来拾取行偏移、列偏移。

（3）【阵列角度】文本框：设置阵列后图形的旋转角度，默认为 0°。

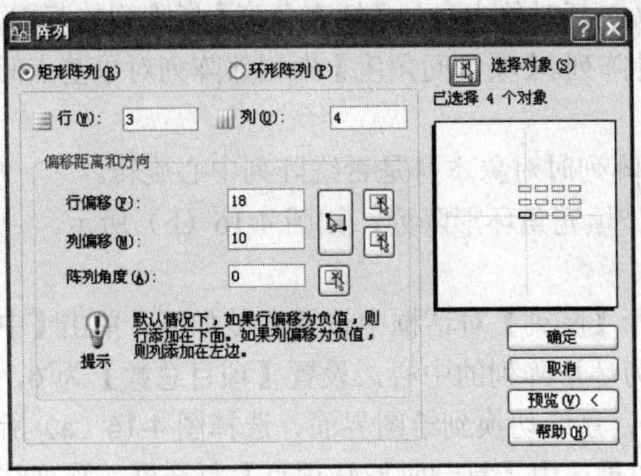

（a）【矩形阵列】对话框

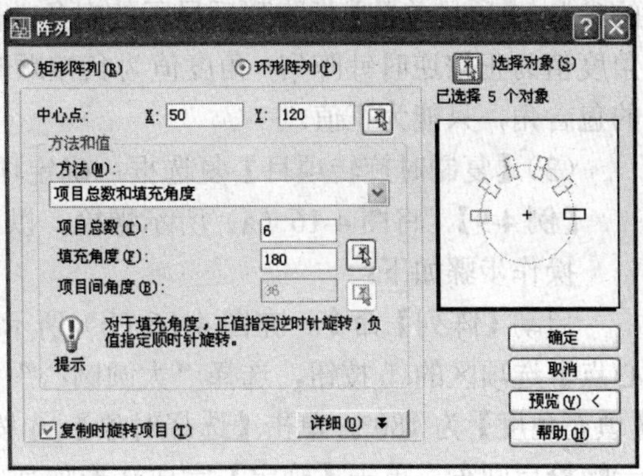

（b）【环形阵列】对话框

图 4-14　【阵列】对话框

【例 4-8】 将图 4-15（a）所示菱形，阵列出 3 行 4 列。

操作步骤如下：

启动【阵列】命令，在图 4-14（a）所示矩形【阵列】对话框中设置参数如下：【行数】为 3、【列数】为 4、【行偏移】为 7、【列偏移】为 12。单击【选择对象】按钮，系统切换到绘图界面，用窗口方式选择图 4-15（a）所示的菱形后回车，返回到【阵列】对话框，单击【预览】按钮，图形窗口显示当前参数下的阵列效果，若对阵列结果满意，单击【接受】按钮，完成矩形阵列。结果如图 4-15（b）所示。

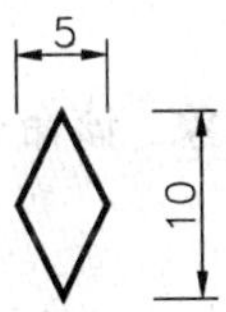

（a）原始图形

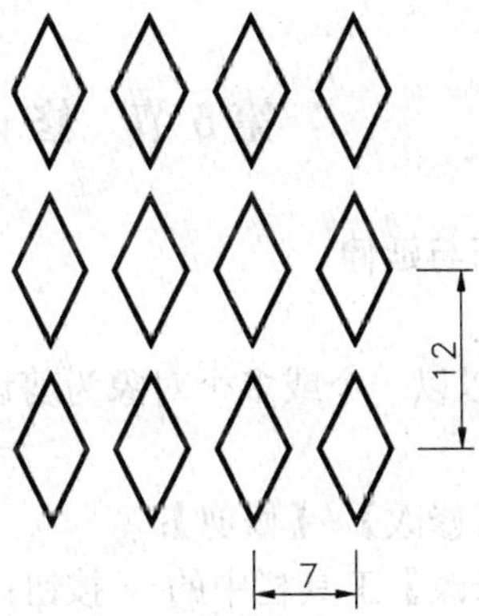

（b）阵列后

图 4-15　矩形阵列复制

2. 环形阵列

（1）【中心点】选项区：设置环形阵列的中心，可以在【X】、【Y】文本框中输入中心点的坐标值，也可以单击【拾取中心点】按钮，切换到绘图窗口，在屏幕上选取一点（这种方法较常用）。

（2）【方法】选项区：【方法】下拉列表框提供 3 种环形阵列的方法：项目总数和填充角度、项目总数和项目间的角度、填充角度和项目间的角度。可以选择其中一项，并设置相应的参数。【项目总数】指阵列后显示的对象总数（包括对象本身）。【填充角度】指阵列的范围，角度值为正按逆时针阵列，角度值为负按顺时针阵列。【项目间角度】指相邻阵列对象基点间的包含角，只能为正值。

（3）【复制时旋转项目】复选框：确定环形阵列时对象本身是否绕阵列中心旋转。

【例 4-9】 将图 4-16（a）所示螺栓，以 180°填充角环形阵列，如图 4-16（b）所示。

操作步骤如下：

启动【阵列】命令，在图 4-16（b）所示环形【阵列】对话框中设置参数如下：单击【中心点】选项区的按钮，选择“大圆圆心”作为环形阵列的中心，设置【项目总数】为 6，【填充角度】为 180°，单击【选择对象】按钮，系统切换到绘图界面，选择图 4-16（a）所示螺栓后回车。单击【确定】完成环形阵列。如果选中【复制时旋转项目】复选框，阵列结果如图 4-16（b）所示；否则阵列结果如图 4-16（c）所示。

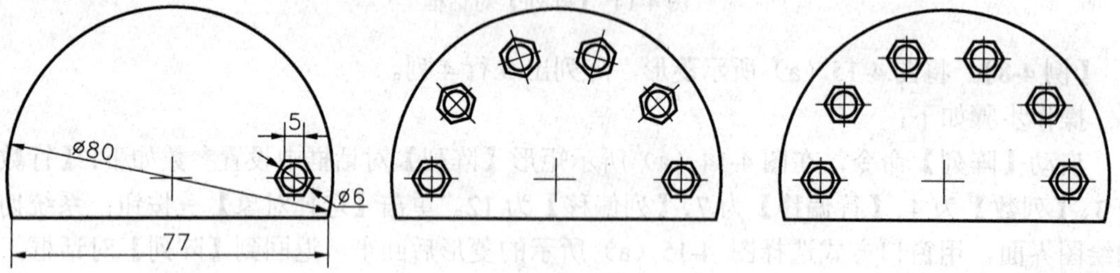

（a）阵列前　　（b）复制时旋转项目　　（c）复制时不旋转项目

图 4-16　环形阵列复制

第 5 节　修改图形对象

一、对象的修剪与延伸

1. 修剪对象

【修剪】命令可以以一个或多个对象为剪切边界，修剪其他对象。该命令有以下三种调用方式：

✧ 下拉菜单：【修改】/【修剪】；

✧ 工具栏：【修改】工具栏中的按钮；

✧ 命令行：TRIM↙。

该命令执行后，命令行提示如下：

```
命令: _trim
当前设置:投影=USC, 边=无
选择剪切边...
选择对象或 <全部选择>:(选择修剪边界,直接回车可选择图中全部对象作为剪切边)
选择对象:↙
选择要修剪的对象, 或按住 Shift 键选择要延伸的对象, 或
[栏选(F)/窗交(C)/投影(P)/边(E)/删除(R)/放弃(U)]:
```

各选项说明如下：

（1）选择要修剪的对象：一定选择要修剪对象的被剪掉部分，可点选、窗口选或栏选等。

（2）按住 Shift 键选择要延伸的对象：当剪切边与被修剪对象不相交时，不能修剪。此时，可在选择剪切边后，按住 Shift 键同时让剪切边与被修剪对象相交，然后再进行修剪。

（3）投影（P）：主要应用于三维空间中两个对象的修剪，可将对象投影到某一平面上执行修剪操作。

（4）边（E）：确定修剪方式。执行该选项提示如下：

```
输入隐含边延伸模式 [延伸(E)/不延伸(N)] <不延伸>:
```

1）延伸（E）：如果剪切边与被修剪对象不相交，可延伸修剪边，然后进行修剪。

2）不延伸（N）：该选项为默认选项。只有当剪切边与被修剪对象真正相交时，才能进行修剪。

（5）删除（R）：删除选择的对象。

（6）放弃（U）：放弃【修剪】命令最后一次所做的修改。

重点提示

▲ 可以作为剪切边的对象有直线、圆（弧）、椭圆（弧）、多段线、样条曲线、构造线、射线及文字等。除文字外，其余作为剪切边的对象也可以同时作为被剪切对象。

▲ 在图纸空间中，可以将视口边框作为剪切边，但视口本身不能被修剪。

【例 4-10】 修剪图 4-17（a）所示十字路口边线中间部分。

操作步骤如下：

```
命令: _trim
当前设置:投影=USC, 边=无
选择剪切边...
选择对象或 <全部选择>:↙ (选择全部对象为剪切边)
选择要修剪的对象, 或按住 Shift 键选择要延伸的对象, 或
[栏选(F)/窗交(C)/投影(P)/边(E)/删除(R)/放弃(U)]:[分别点取 1、2、3、4 点, 如图 4-17(b)所示]
选择要修剪的对象, 或按住 Shift 键选择要延伸的对象, 或
[栏选(F)/窗交(C)/投影(P)/边(E)/删除(R)/放弃(U)]:↙
```

结果如图 4-17（c）所示。

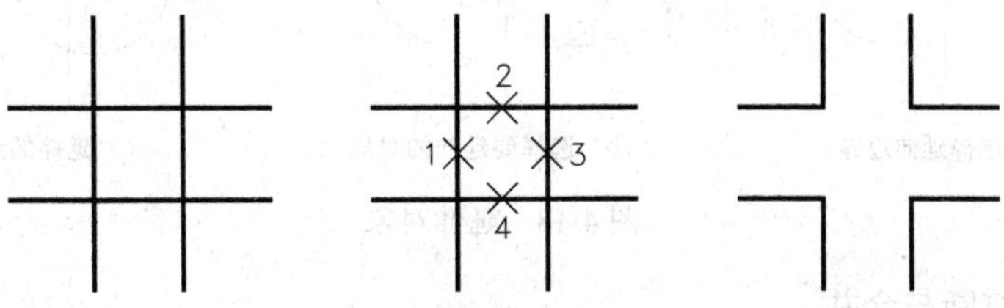

（a）原始图形　（b）选择被剪切的位置　（c）修剪结果

图 4-17 修剪对象

2. 延伸对象

【延伸】命令与【修剪】命令的作用正好相反，可以延长指定的对象，使之与另一对象相交或外观相交。该命令有以下三种调用方式：

✧ 下拉菜单：【修改】/【延伸】；

✧ 工具栏：【修改】工具栏中的--/按钮；

✧ 命令行：EXTEND↙。

该命令执行后，命令行提示如下：

```
命令： _extend
当前设置:投影=USC，边=无
选择边界的边...
选择对象或 <全部选择>:(选择延伸边界,直接回车可选择图中全部对象作为剪切边)
选择对象：↙
选择要延伸的对象，或按住 Shift 键选择要修剪的对象，或
[栏选(F)/窗交(C)/投影(P)/边(E)/放弃(U)]:
```

各选项的含义可参照【修剪】命令。

重点提示

▲ 选择要延伸的对象时，选择框应靠近要延伸的那一端。

【例 4-11】 将图 4-18 所示圆弧和直线进行延伸，延伸结果如图 4-18（c）所示。

操作步骤如下：

```
命令： _extend
当前设置:投影=USC，边=无
选择边界的边...
选择对象或 <全部选择>:(点选图 4-18(a)所示圆作为延伸边界)
选择对象：↙
选择要延伸的对象，或按住 Shift 键选择要修剪的对象，或
[栏选(F)/窗交(C)/投影(P)/边(E)/放弃(U)]:(按图 4-18(b)所示位置点取 P1、P2、P3点)
选择要延伸的对象，或按住 Shift 键选择要修剪的对象，或
[栏选(F)/窗交(C)/投影(P)/边(E)/放弃(U)]:↙
```

结果如图 4-18（c）所示。

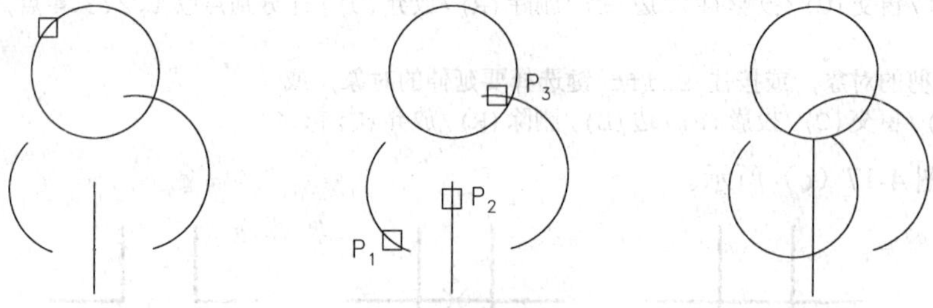

（a）选择延伸边界　（b）选择要延伸的对象　（c）延伸的结果

图 4-18 延伸对象

二、对象的打断与合并

1. 打断对象

【打断】命令可以将对象指定两点间的部分删除，或将对象分成两部分。【打断于点】命令将对象在一点处断开成两个对象。该命令有以下三种调用方式：

✧ 下拉菜单：【修改】/【打断】；

✧ 工具栏：【修改】工具栏中的□【打断】和□【打断于点】按钮；

✧ 命令行：BREAK↙。

该命令执行后，命令行提示如下：

```
命令：_break 选择对象：(选择要断开的对象)
指定第二个打断点 或 [第一点(F)]:
```

各选项说明如下：

（1）默认情况下，以选择对象时的拾取点作为第一个打断点，第二打断点的选取有以下三种方式：

1）直接点取对象上的另一点，则两点之间的部分被切断并删除。

2）如输入“@”，则将对象在选择对象时的拾取点处一分为二，而不删除其中的任何部分。该结果也可通过【打断于点】命令实现。

3）若在对象外拾取一点，AutoCAD 会从对象中选取与之距离最近的点作为第二打断点。因此，将第二点指定在要删除部分的端点之外，可以将该部分全部删除。

（2）第一点（F）：输入“F”，重新确定第一打断点。

对于圆、矩形等封闭图形使用【打断】命令时，AutoCAD 将沿逆时针方向将第一断点到第二断点之间的那段线删除。例如，在图 4-19 所示图形中，使用打断命令时，单击 A 和 B 与单击 B 和 A 产生的效果是不同的。

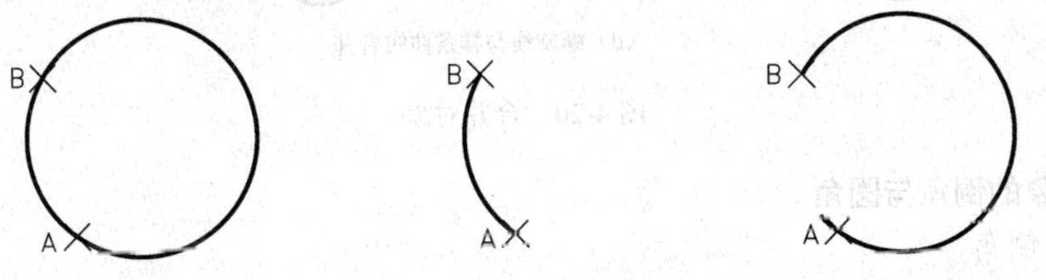

（a）原始图形　（b）A为第一点，B为第二点　（c）B为第一点，A为第二点

图 4-19　打断图形

2. 合并对象

【合并】命令是将分离的对象合并，形成一个完整的对象。能够进行合并的对象有直线、多段线、圆弧（椭圆弧）和样条曲线。该命令有以下三种调用方式：

✧ 下拉菜单：【修改】/【合并】；

✧ 工具栏：【修改】工具栏中的 按钮；

✧ 命令行：JOIN↙。

该命令执行后，命令行提示如下：

```
命令：_join 选择源对象：(选择要合并的对象，选择的源对象不同，提示有所不同，要求也不同，如图 4-20 所示)
```

说明：（1）与直线合并的对象要求必须共线，它们之间可以有间隙，如图 4-20（a）所示。

（2）与多段线合并的对象可以是直线、多段线或圆弧，对象之间不能有间隙和重叠，应首尾相接，如图 4-20（b）所示。

（3）与圆弧（椭圆弧）合并的对象必须位于同一假想的圆（同一椭圆）上，它们之间可以有间隙，且从源对象开始按逆时针方向合并圆弧，如图 4-20（c）所示。

（4）样条曲线与螺旋线合并，必须端点相接，结果是单个样条曲线如图 4-20（d）所示。

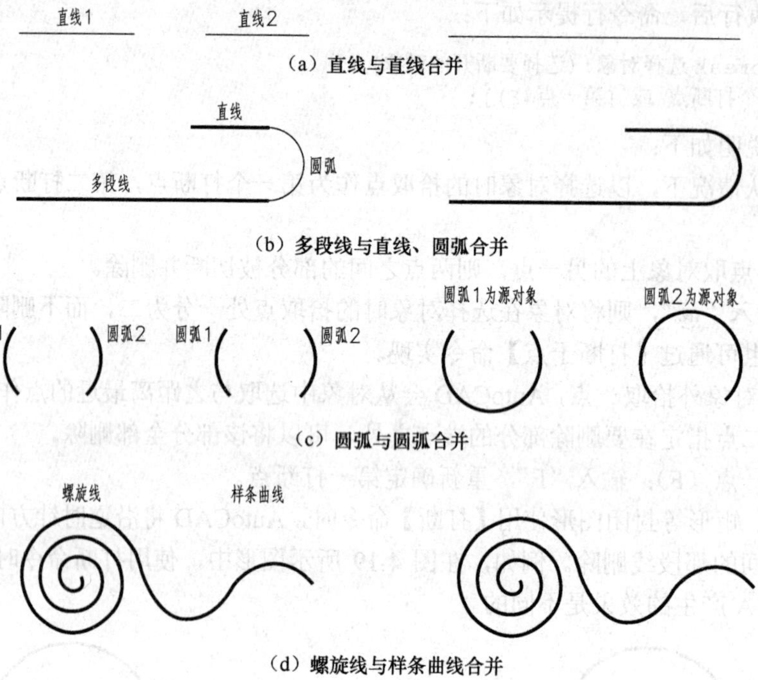

图 4-20　合并对象

三、对象的倒角与圆角

1．对象倒角

【倒角】命令是连接两个非平行的对象，通过自动修剪或延伸使之相交或用斜线连接。该命令有以下三种调用方式：

✧ 下拉菜单：【修改】/【倒角】；

✧ 工具栏：【修改】工具栏中的 按钮；

✧ 命令行：CHAMFER↙。

该命令执行后，命令行提示如下：

```
命令：_chamfer
("修剪"模式) 当前倒角距离 1=0.0000，距离 2=0.0000
选择第一条直线或 [放弃(U)/多段线(P)/距离(D)/角度(A)/修剪(T)/方式(E)/多个(M)]:
```

各选项说明如下：

（1）多段线（P）：以当前设定的倒角距离对多段线的各顶点（交角）修倒角。

（2）距离（D）：设置倒角距离尺寸。如果两个倒角距离都为 0，则倒角操作将延伸或修剪这两个对象使之相交，不产生倒角。

（3）角度（A）：根据第一个倒角距离和角度来设置倒角尺寸。

（4）修剪（T）：用于设置倒角后是否自动修剪原拐角边，默认为修剪。

（5）方式（E）：用于设定按距离方式还是按角度方式进行倒角。

（6）多个（M）：用于在一次倒角命令执行过程中，为多个对象绘制倒角。

例如，对两条直线进行倒角，倒角距离分别为 4、8，倒角结果如图 4-21 所示。

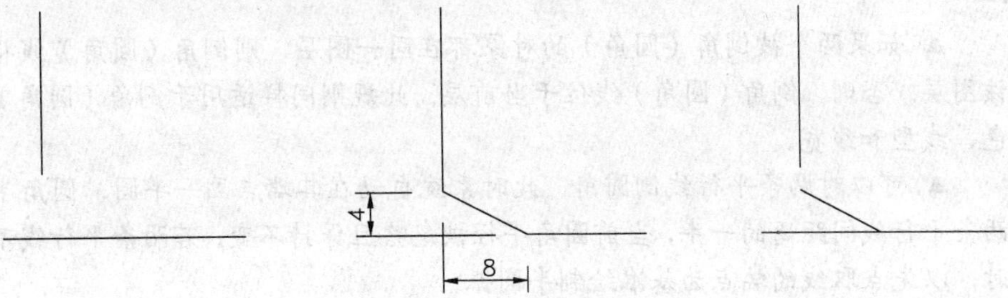

（a）倒角前　　（b）倒角后（修剪模式）　　（c）倒角后（不修剪模式）

图 4-21　对直线修倒角

2. 对象圆角

【圆角】命令与【倒角】命令类似，只是用圆弧代替了倒角线，如图 4-22 所示。此外，还可以对相互平行的直线进行圆角连接。该命令有以下三种调用方式：

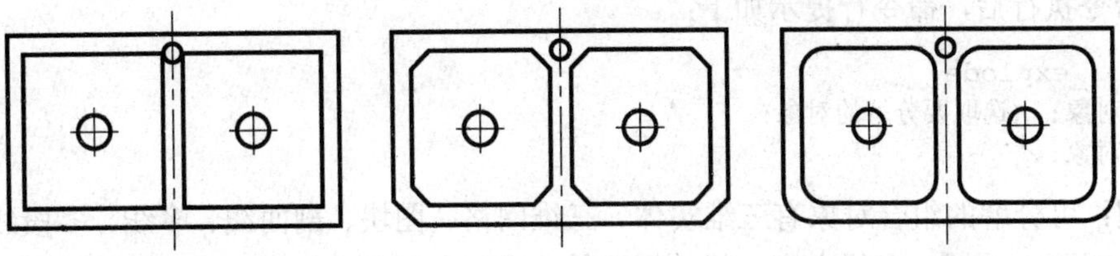

（a）原始图形　　（b）修倒角　　（c）修圆角

图 4-22　对图形修倒角和圆角

✧ 下拉菜单：【修改】/【圆角】；
✧ 工具栏：【修改】工具栏中的按钮；
✧ 命令行：FILLET↙。

该命令执行后，命令行提示如下：

```
命令：_fillet
当前设置：模式=修剪，半径=0
选择第一个对象或 [放弃(U)/多段线(P)/半径(R)/修剪(T)/多个(M)]:
```

进行【圆角】命令时，对同样的两个圆角对象选择不同的点位，可能会有不同的圆角结果，如图 4-23 所示。

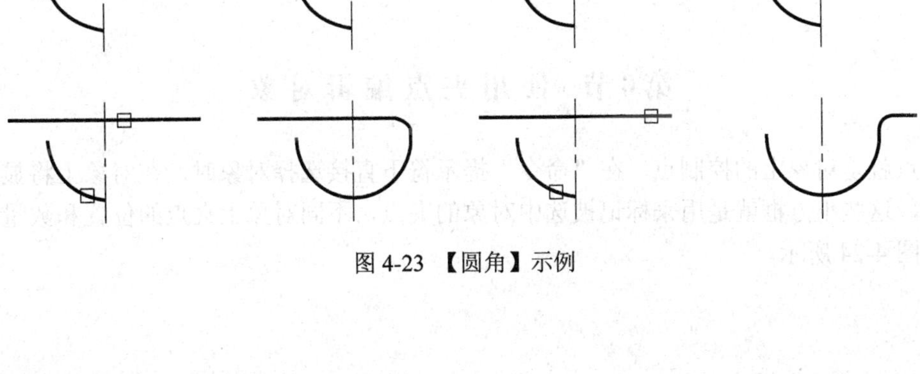

图 4-23 【圆角】示例

重点提示

▲ 如果两个被倒角（圆角）的对象都在同一图层，则倒角（圆角）线将位于该图层。否则，倒角（圆角）线位于当前层。此规则同样适用于倒角（圆角）的颜色、线型和线宽。

▲ 可以对两条平行线倒圆角，此时系统自动在其端点画一半圆，圆角半径为两条平行线间距离的一半，当前圆角半径被忽略且保持不变。若两条平行线不等长时，以先点取线的端点为基准绘制半圆弧。

四、分解对象

【分解】命令可以将组合对象分解成多个可编辑的单一对象。该命令有以下三种调用方式：

✧ 下拉菜单：【修改】/【分解】；

✧ 工具栏：【修改】工具栏中的按钮；

✧ 命令行：EXPLODE↙。

该命令执行后，命令行提示如下：

```
命令：_explode
选择对象：（选取要分解的对象）
选择对象：↙
```

说明：可分解的组合对象有三维实体、三维网格、图块、剖面线、多线、多段线、矩形、多边形、圆环、面域、多行文字、尺寸标注等。分解的结果取决于对何种对象进行分解，不同的对象有不同的分解结果，见表 4-1。

表 4-1　　分解对象说明

序号	组合对象	结果
1	块	分解成多个图元，分解一个包含属性的块将删除属性值并重显示属性定义
2	尺寸标注	分解成直线、文字和箭头
3	多行文本	分解成单行文本
4	图案填充	分解成直线、圆弧或样条曲线
5	多段线	分解成直线、圆弧，并丢掉宽度信息

重点提示

▲ 任何分解对象的颜色、线型和线宽都可能会改变；且分解命令的操作是不可逆的，要谨慎使用。

第 6 节　使用夹点编辑对象

夹点就是对象上的控制点，在“命令”提示符下直接选择对象时，在对象上将显示若干小方框，这些小方框就是用来标记被选中对象的夹点，不同对象上夹点的位置和数量各不相同，如图 4-24 所示。

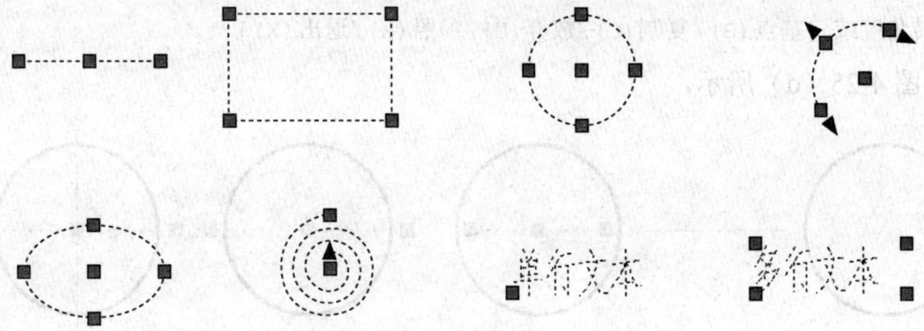

图 4-24 常用实体对象上的夹点

AutoCAD的夹点是一种集成的编辑模式，具有非常实用的功能，它可以为用户提供一种方便快捷的编辑操作途径。使用夹点可以实现对象的【拉伸】、【移动】、【旋转】、【缩放】及【镜像】等操作。默认情况下，执行【拉伸】操作。按回车键或空格键，将以【拉伸】、【移动】、【旋转】、【缩放】及【镜像】的顺序切换5种编辑功能，用夹点编辑对象的操作步骤与5种对应的编辑命令基本一致。其主要特点是不用选择命令，操作比较方便。

使用夹点编辑对象的操作步骤和方法是：

（1）在不输入命令的情况下，拾取要编辑的对象，该对象上将显示蓝色的夹点标记。

（2）拾取其中的一个或按住Shift键选择多个夹点，此时夹点变为红色，称为基夹点，此时命令行提示：

```
** 拉伸 **
指定拉伸点或 [基点(B)/复制(C)/放弃(U)/退出(X)]
```

（3）在此提示下，直接按回车键、空格键或输入命令的前两个字母“ST”、“MO”、“RO”、“SC”、“MI”可以在【拉伸】、【移动】、【旋转】、【缩放】、【镜像】命令之间进行切换，或在右键快捷菜单中直接选择各选项。

（4）按Esc键退出操作，完成作图过程。

【例4-12】 如图4-25（a）所示，利用夹点编辑命令，完成圆的中心对称线。

操作步骤如下：

（1）在命令状态下，选取要编辑的直线，该对象上显示蓝色的夹点标记。拾取线段的中间夹点作为操作点（该夹点变为红色）此时出现命令行提示：

```
** 拉伸 **
指定拉伸点或 [基点(B)/复制(C)/放弃(U)/退出(X)]:
```

对象捕捉圆的圆心，将直线移至圆内，如图4-25（b）所示。

（2）分别拾取直线的两个端点，先利用【捕捉】功能，将其拉伸至与圆周的交点（象限点），再水平拉伸，超出圆5个图形单位，如图4-25（c）所示。

（3）拾取线段的中间夹点作为操作点，此时命令行提示：

```
** 拉伸(多重) **
指定拉伸点或 [基点(B)/复制(C)/放弃(U)/退出(X)]: RO↙ (选择旋转操作)
** 旋转 **
指定旋转角度或 [基点(B)/复制(C)/放弃(U)/参照(R)/退出(X)]: C↙ (选择旋转复制选项)
** 旋转 (多重) **
指定旋转角度或 [基点(B)/复制(C)/放弃(U)/参照(R)/退出(X)]: 90↙ (指定旋转角度)
** 旋转(多重) **
```

指定旋转角度或 [基点(B)/复制(C)/放弃(U)/参照(R)/退出(X)]：↙

结果如图 4-25（d）所示。

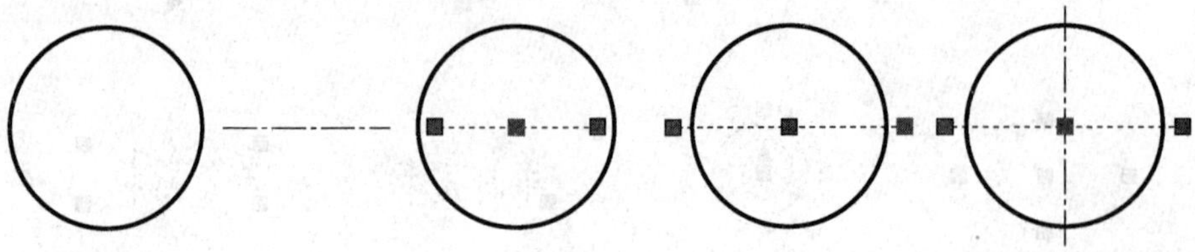

（a）原始图形　（b）移动直线　（c）拉伸　（d）旋转复制直线

图 4-25　夹点编辑

第 7 节　修改对象特性

利用 AutoCAD 绘制的图形，具有颜色、图层及线型等各种特性，如果想要改变其特性，可以使用【特性】对话框、【特性】选项板和【特性匹配】工具来进行查看和修改。

一、使用【特性】选项板修改对象特性

AutoCAD 可在【特性】选项板中查看和修改对象特性。调用【特性】选项板有以下三种方法：

✧ 下拉菜单：【修改】/【特性】；

✧ 工具栏：【标准】工具栏中的按钮；

✧ 命令行：PROPERTIES↙。

启动该命令后，在绘图窗口内弹出【特性】选项板。若要关闭【特性】选项板，只要单击窗口右上角的按钮即可。

图 4-26（a）所示为选择一个对象时显示的图形窗口。当选择多个对象时，将显示“全部”选项，选项板中显示所选对象的通用特性，如图 4-26（b）所示。

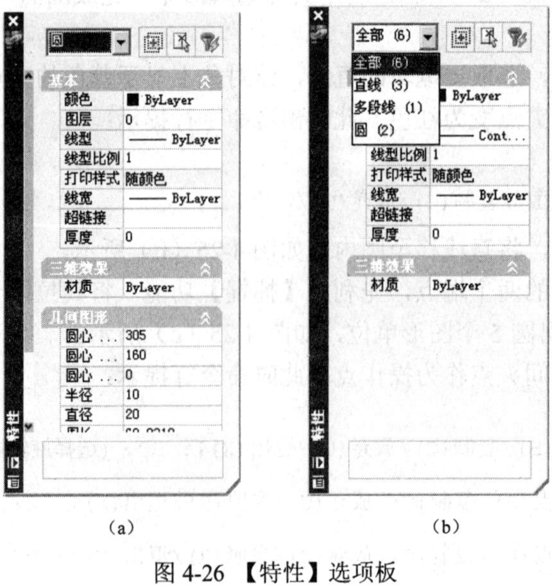

（a）　（b）

图 4-26　【特性】选项板

【例 4-14】 分别修改图 4-27（a）所示点画线的比例因子、尺寸数字 40、水平方向尺寸 60 的尺寸起止符号、内部圆的半径和汉字高度，要求如图 4-27（b）所示。

操作步骤如下：

（1）首先选择点画线。

（2）启动对象【特性】选项板。

（3）在【线型比例】编辑框内，将线型比例“1”改为“0.6”。

（4）结果如图 4-27（b）所示。

用同样的方法，选择竖直尺寸标注 40，在【特性】选项板中将【文字】选项板中的文字旋转由“0”改为“90”；选择水平尺寸标注 60，在【特性】选项板中将【直线和箭头】选项板中的箭头 1 和箭头 2 由“建筑标记”改为“实心闭合”；选择内部圆，在【特性】选项板中将【几何图形】选项板中的半径由“12”改为“10”；选择文字，在【特性】选项板中将【文字】选项板中的高度由“3.5”改为“5”，最终结果如图 4-27（b）所示。

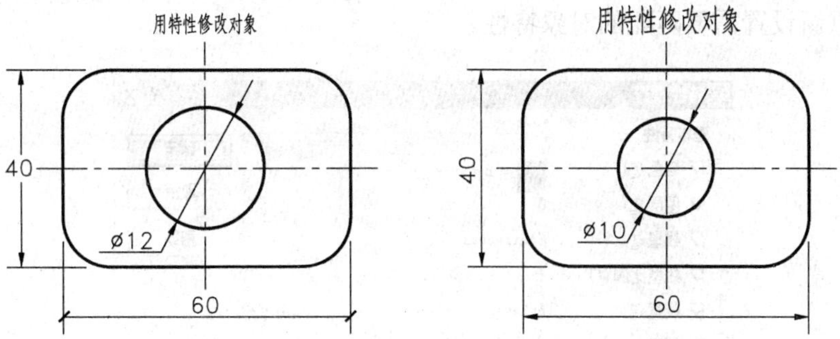

（a）修改前　　（b）修改后

图 4-27　利用【特性】选项板修改图形

二、使用特性匹配工具修改对象特性

【特性匹配】的功能是将源对象的特性复制给目标对象，使目标对象的全部或部分特性与源对象相同。该命令有以下三种调用方法：

✧ 下拉菜单：【修改】/【特性匹配】；

✧ 工具栏：【标准】工具栏中的按钮；

✧ 命令行：MATCHPROP↙。

启动该命令后，命令行提示：

```
命令: '_matchprop
选择源对象:
当前活动设置: 颜色 图层 线型 线型比例 线宽 厚度 打印样式 标注 文字 填充图案 多段线 视口
表格材质 阴影显示 多重引线
选择目标对象或 [设置(S)]:
```

例如，可以利用【特性匹配】命令将图 4-28（a）所示圆、竖向尺寸 50、正六边形分别与虚线、水平尺寸、外框粗线相匹配，匹配后结果如图 4-28（b）所示。

说明：

（1）目标对象可以同时选择多个，选择目标对象时光标变为“”。

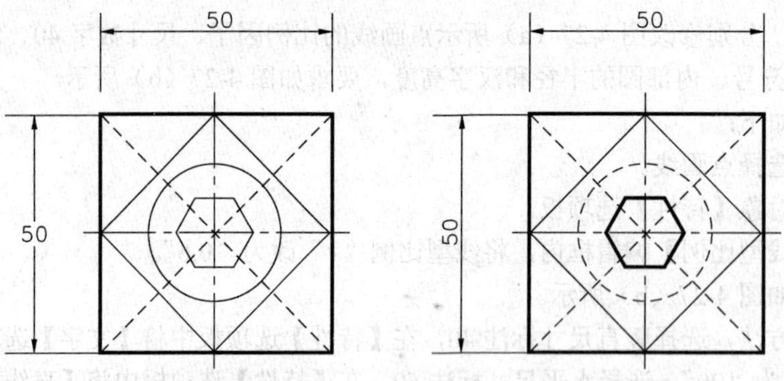

（a）修改前　（b）修改后

图 4-28　对象的匹配

（2）设置（s）：选择该项，屏幕上将显示【特性设置】对话框，如图 4-29 所示。通过该对话框可以重新设置需要匹配的对象特性。

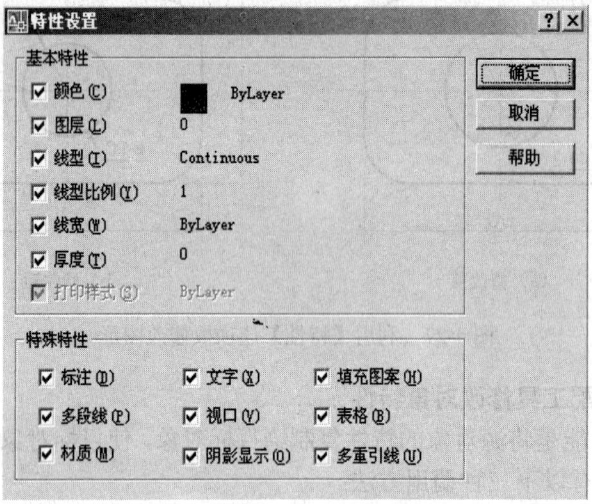

图 4-29 【特性设置】对话框

习题与操作

1．使用【圆】、【椭圆】、【正多边形】及【打断】、【圆角】等命令绘制图 4-30 所示零件图。

2．分析平面图形的连接关系，使用【直线】、【圆弧】及【偏移】、【打断】、【修剪】、【删除】、【缩放】等命令，用 1:2 比例绘制图 4-31 所示系船钩轮廓图形。

3．使用【圆】、【矩形】及【偏移】、【阵列】、【修剪】等命令绘制图 4-32 所示图形。

提示：窗花阵列时要捕捉阵列角度和偏移距离。

4．使用【直线】、【复制】、【移动】及【修剪】等命令绘制图 4-33 所示台阶。

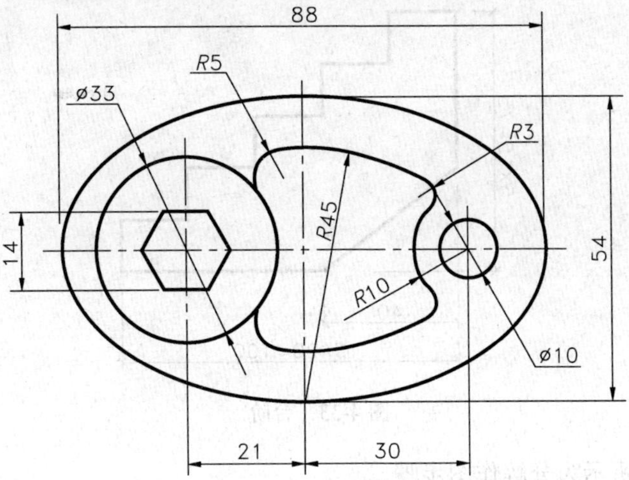

图 4-30　零件轮廓

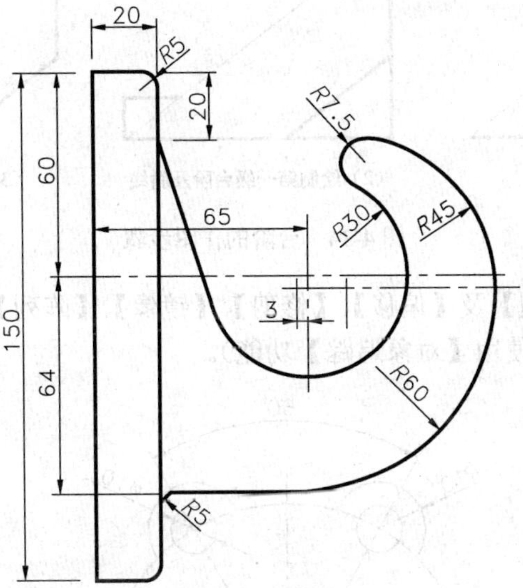

图 4-31　系船钩

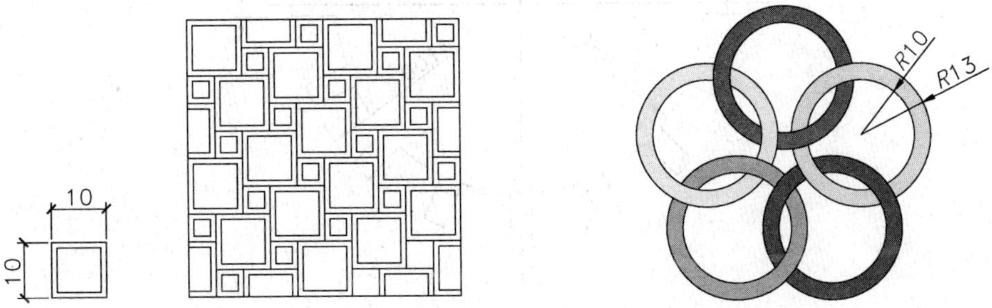

（a）窗花　　（b）五环旗

图 4-32　绘制及编辑图形

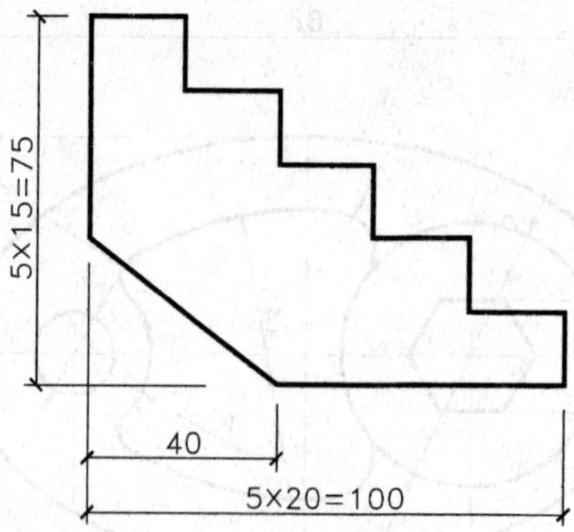

图 4-33　台阶

提示：图 4-34 所示为分解作图步骤。

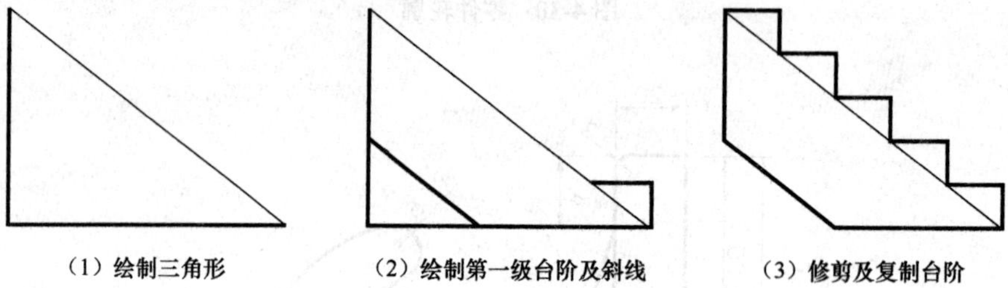

图 4-34　台阶的作图步骤

5. 使用【直线】、【圆】及【偏移】、【修剪】、【镜像】、【阵列】等命令绘制如图 4-35 所示图形（绘图过程中，应使用【对象追踪】功能）。

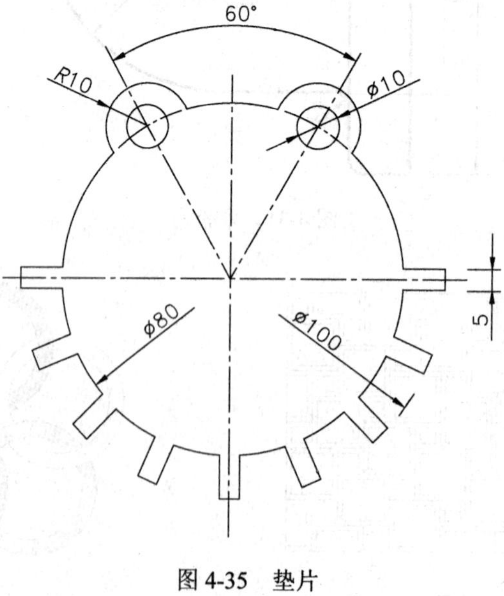

图 4-35　垫片

提示：图 4-36 所示为作图步骤。

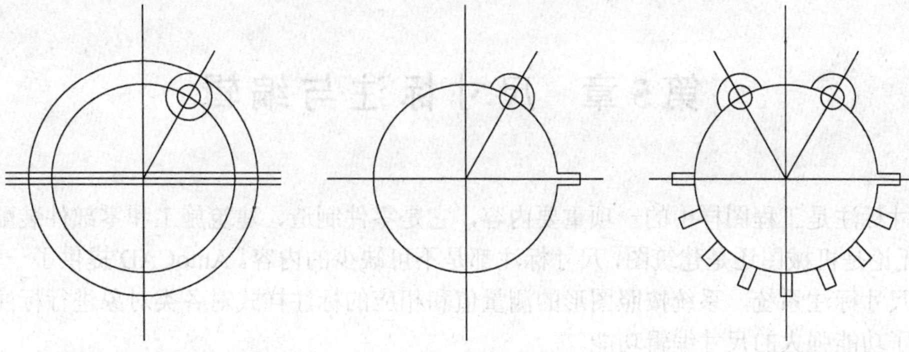

（a）利用【对象追踪】和【偏移】命令绘制底稿线　（b）完成单一结构绘制　（c）镜像和阵列多个相同要素

图 4-36　作图步骤

6．已知房屋平面图，如图 4-37 所示。现需要将卫生间的水平尺寸由 1700 改为 2100，请使用【多线】命令绘制原始图形，并使用【拉伸】命令修改。

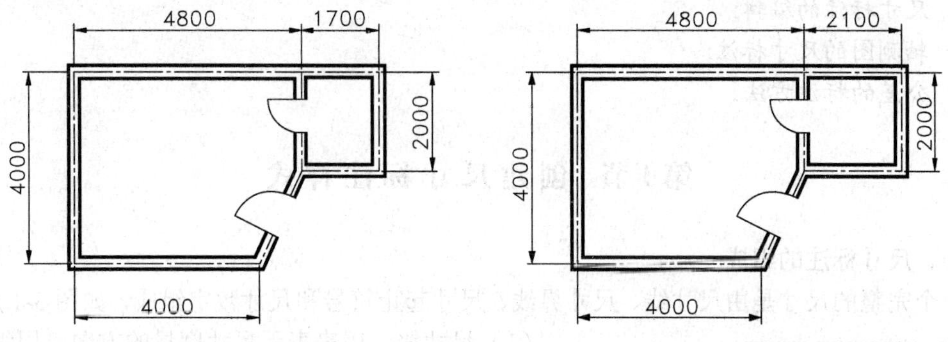

（a）原始图形　（b）拉伸结果

图 4-37　拉伸图形

基本作图步骤：

（1）墙体厚度 240，其他尺寸按比例绘制。

（2）创建多线样式（墙体中线为点画线）。

（3）使用多线编辑工具，修改多线相交处及开门洞。

（4）使用【拉伸】命令及窗交选择方式修改房间尺寸。

第5章 尺寸标注与编辑

尺寸标注是工程图样中的一项重要内容，它是零件制造、建筑施工和零部件装配的重要依据。无论是机械图还是建筑图，尺寸标注都是不可缺少的内容。AutoCAD 提供了一套完整、灵活的尺寸标注系统，系统按照图形的测量值和相应的标注样式对各类对象进行标注，同时还提供了功能强大的尺寸编辑功能。

本章主要知识点：

* 尺寸的基本要素；
* 尺寸标注样式的设置；
* 尺寸标注的方法；
* 尺寸标注的编辑；
* 轴测图的尺寸标注；
* 公差的标注方法。

第1节 创建尺寸标注样式

一、尺寸标注的组成

一个完整的尺寸是由尺寸线、尺寸界线、尺寸起止符号和尺寸数字组成，如图 5-1 所示。

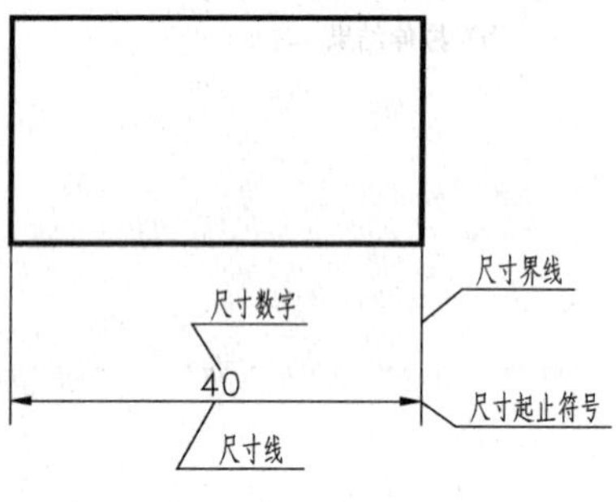

图 5-1 尺寸的组成

（1）尺寸线：用来表示尺寸度量的方向，用细实线绘制。

（2）尺寸界线：用来表示所注尺寸的范围，用细实线绘制。

（3）尺寸起止符号：用来表示尺寸的起止位置。用户可以为尺寸起止符号指定不同的形状，按照相关国家标准规定：机械制图采用实心箭头形式，水工制图采用45°细斜线形式，建筑制图采用 45°中粗短斜线形式。

（4）尺寸数字：用来表示所注尺寸的实际大小。尺寸数字应按标准字体书写，在同张图纸中的字高要一致。尺寸数字在图中遇到图线时须将图线断开。

二、创建尺寸标注的步骤

一般情况下，在对所绘制的图形进行尺寸标注之前，应进行如下操作：

（1）创建独立的尺寸标注图层，以便于控制尺寸标注对象的显示与隐藏；

（2）建立用于尺寸标注的文字样式；

（3）创建尺寸标注样式；

（4）使用【对象捕捉】和【标注】等功能进行尺寸标注。

三、创建尺寸标注样式

标注样式控制标注的格式和外观，缺省情况下，AutoCAD 提供的标注样式是“ISO-25”，用户可以根据需要创建新的尺寸标注样式。【标注样式】命令的调用方式有以下三种：

- ✧ 下拉菜单：【格式】/【标注样式】或【标注】/【标注样式】；
- ✧ 工具栏：【样式】或【标注】工具栏中的【标注样式管理器】按钮；
- ✧ 命令行：DIMSTYLE↙。

该命令执行后，系统弹出【标注样式管理器】对话框，如图 5-2 所示。在【样式】选项区中显示当前图形可供选择的所有标注样式，并突出显示当前标注样式。在【样式】选项区选择样式名，单击鼠标右键，系统弹出快捷菜单，如图 5-3 所示。利用该快捷菜单可以对标注样式进行置为当前、重命名和删除操作，但如果某样式已使用，则无法删除该样式。

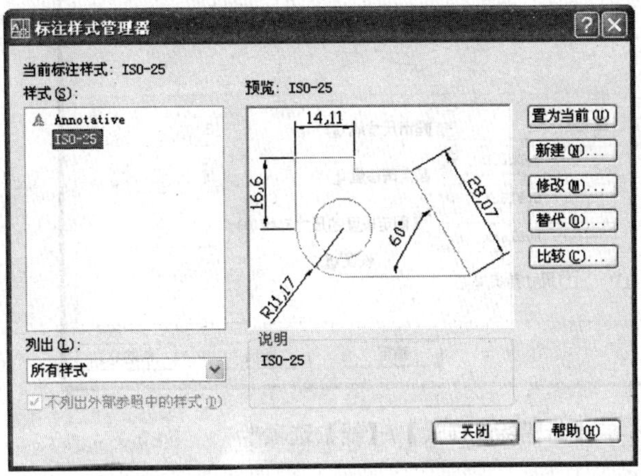

图 5-2 【标注样式管理器】对话框

图 5-3 快捷菜单

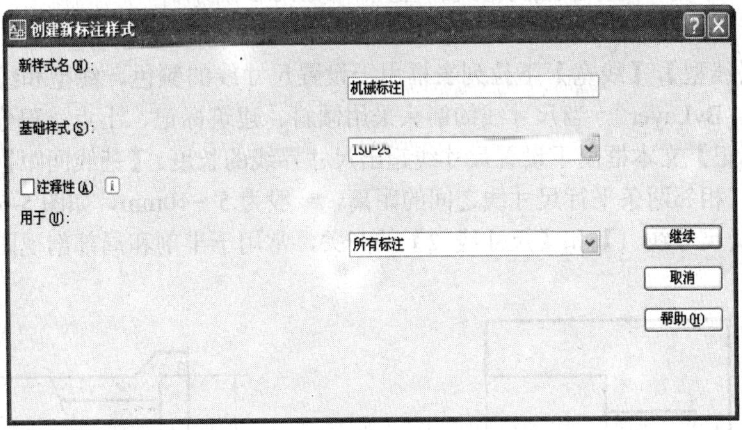

图 5-4 【创建新标注样式】对话框

在【标注样式管理器】对话框中单击【新建】按钮，在弹出的【创建新标注样式】对话框（图 5-4）中输入新样式名，如“机械标注”，然后单击【继续】按钮，弹出【新建标注样式】对话框，如图 5-5 所示。该对话框与在【标注样式管理器】对话框中单击【修改】或【替代】按钮，所弹出对话框的选项相同，均包括【线】、【符号和箭头】、【文字】、【调整】、【主单位】、【换算单位】及【公差】七个选项卡。

下面以【新建标注样式：机械标注】对话框为例，对各选项卡常用选项分别进行介绍。

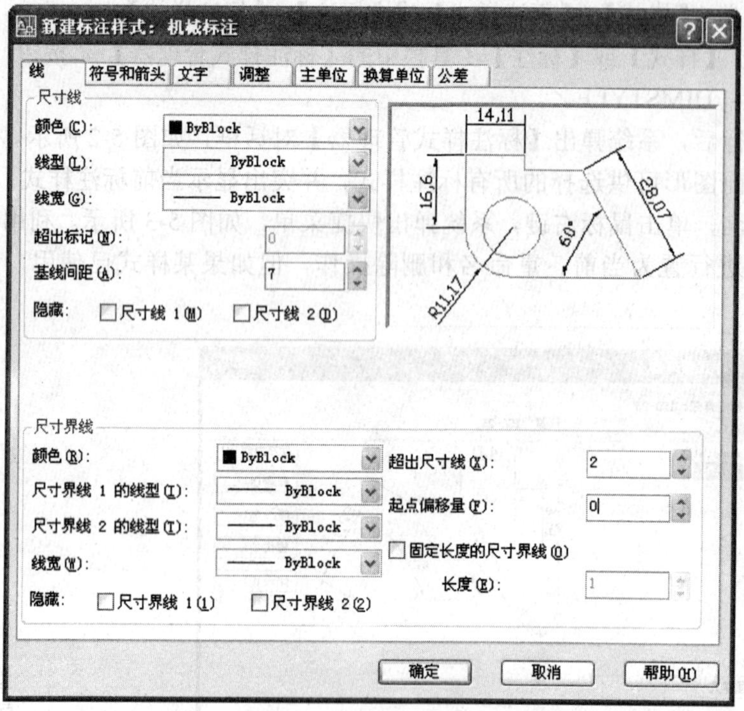

图 5-5　【新建标注样式】/【线】选项卡

1.【线】选项卡

用于设置尺寸线和尺寸界线的格式和位置，如图 5-5 所示。

（1）【尺寸线】选项区。

【颜色】、【线型】、【线宽】下拉列表框用于设置尺寸线的颜色、线型和线宽，一般设为“ByBlock”或“ByLayer”。当尺寸线的箭头采用倾斜、建筑标记、小点、积分或无标记等样式时，【超出标记】文本框用于设置尺寸线超出尺寸界线的长度。【基线间距】文本框用来指定基线标注时，相邻两条平行尺寸线之间的距离，一般为 5～10mm，如图 5-6 所示。【隐藏】选项用来确定【尺寸线 1】和【尺寸线 2】的开关，常用于半剖和局部剖视图的标注，如图 5-7 所示。

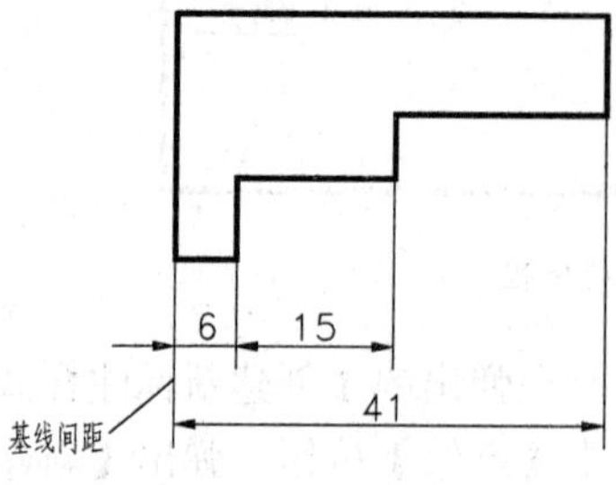

图 5-6　基线间距

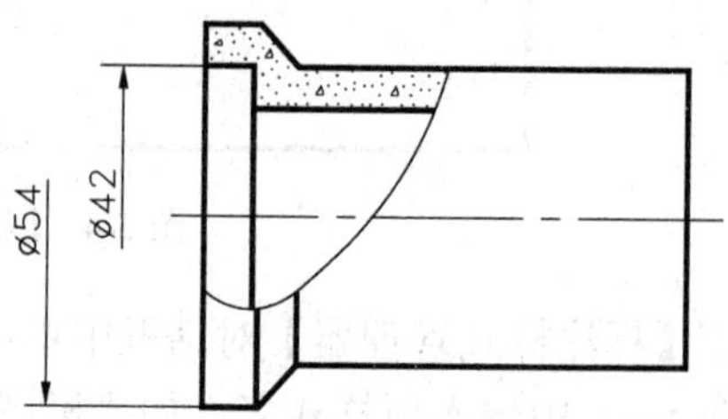

图 5-7　隐藏尺寸界线和尺寸线

（2）【尺寸界线】选项区。

【颜色】、【尺寸界线 1 的线型】、【尺寸界线 2 的线型】、【线宽】下拉列表框用于设置尺寸界线的颜色、线型和线宽，一般设为“ByBlock”或“ByLayer”。【超出尺寸线】文本框用来指定尺寸界线超出尺寸线的长度，一般设为 2～3mm，如图 5-8 所示。【起点偏移量】文本框用来指定尺寸界线相对于起点的偏移量，机械图样的偏移量为 0，水工及建筑图样的偏移量不小于 2mm，如图 5-8 所示。

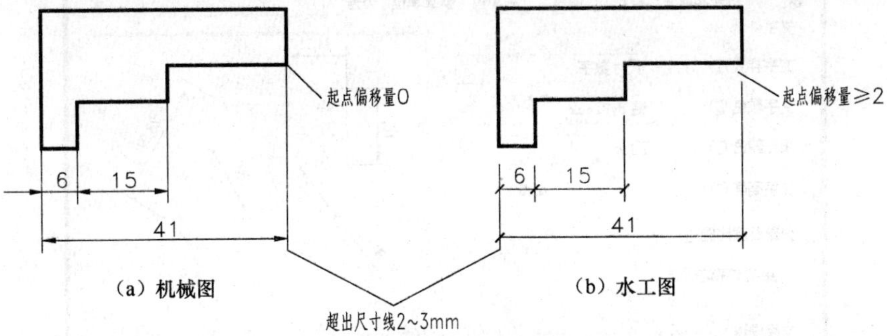

图 5-8 起点偏移量和超出尺寸线

2. 【符号和箭头】选项卡

用于设置各专业图尺寸起止符号的种类和大小、圆心标记的类型和大小、弧长符号相对标注文字的位置等，如图 5-9 所示。

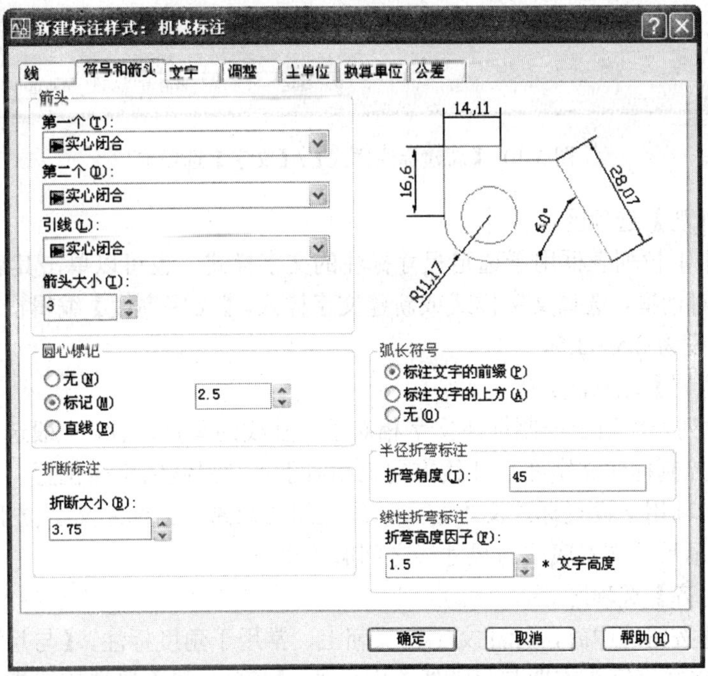

图 5-9 【新建标注样式】/【符号和箭头】选项卡

按照相关国家标准规定：箭头形式，机械制图采用“实心闭合”，大小≈4*d*（*d* 为粗实线的宽度）；水工制图采用“倾斜”，大小为 2～3mm；建筑制图采用“建筑标记”，大小为 2～

3mm。在【第一个】、【第二个】和【引线】下拉列表框中均有“实心闭合”、“建筑标记”、“倾斜”、“无”等样式，用户可根据需要进行选择。

3.【文字】选项卡

用于设置标注尺寸文字的外观、位置和对齐方式，如图 5-10 所示。

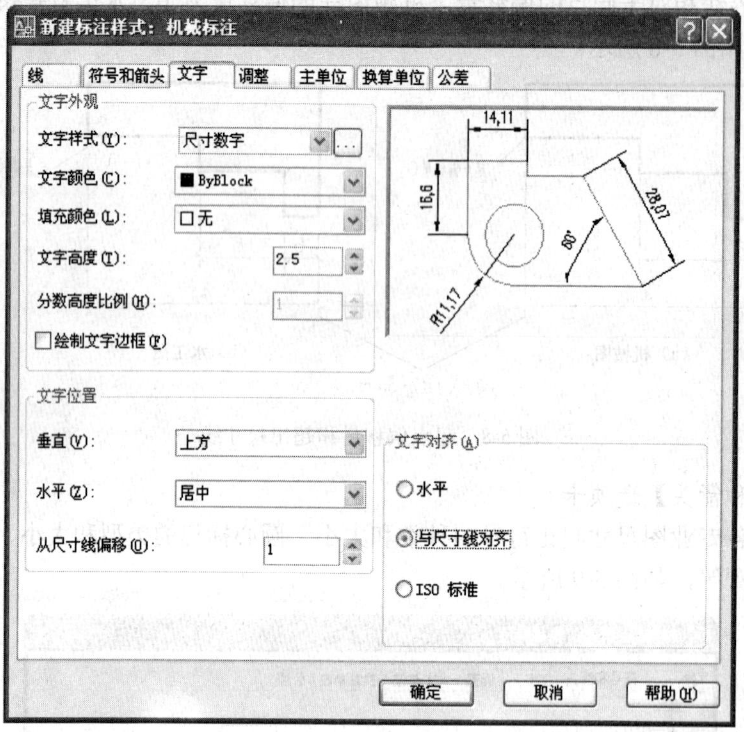

图 5-10 【新建标注样式】/【文字】选项卡

（1）【文字外观】选项区。

【文字样式】下拉列表框用于选定尺寸标注的文字样式，也可以单击其后的...按钮，打开【文字样式】对话框，选择文字样式或新建文字样式。【文字高度】编辑框用于设置标注文字的字高，一般设为 2.5～3.5。

（2）【文字位置】选项区。

【垂直】下拉列表框用于控制标注文字相对于尺寸线的垂直位置，一般选“上方”。【水平】下拉列表框用于控制标注文字在尺寸线方向上相对于尺寸界线的水平位置，一般选“居中”。【从尺寸线偏移】项用于设置标注文本与尺寸线之间的距离。当标注文字位于尺寸线上方时，从尺寸线偏移表示尺寸文本底线与尺寸线之间的距离。

（3）【文字对齐】选项区。

【水平】单选按钮选中时，标注文字字头朝上，常用于角度标注。【与尺寸线对齐】单选按钮选中时，标注文字字头方向与尺寸线方向一致。【ISO 标准】单选按钮指当文字在尺寸界线内时，文字与尺寸线对齐；当文字在尺寸界线外时，文字水平排列。

4.【调整】选项卡

控制标注文字、箭头、引线和尺寸线的位置，如图 5-11 所示。

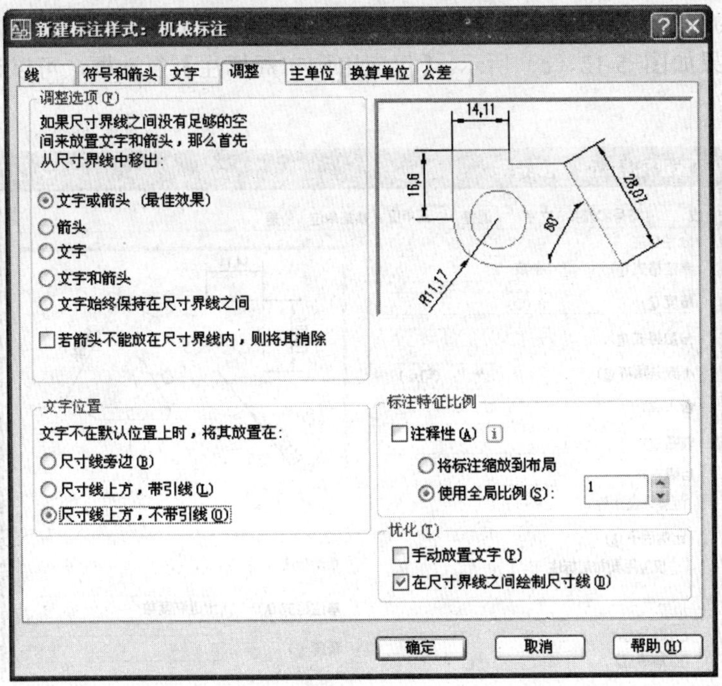

图 5-11 【新建标注样式】/【调整】选项卡

（1）【调整选项】选项区。

用来根据尺寸界线之间的空间大小调整标注文字和箭头的放置位置，一般选【文字或箭头（最佳效果）】。

（2）【文字位置】选项区。

用于设置当文字不在默认位置时的位置。

（3）【标注特征比例】选项区。

用于设置全局标注比例或图纸空间比例。选中【将标注缩放到布局】单选按钮，系统将自动根据当前模型空间视口和图纸空间之间的比例设置比例因子。【使用全局比例】单选按钮，用于修改全部尺寸标注设置的缩放比例，该比例不改变尺寸的测量值。例如，将图 5-12（a）所示标注全局比例由“1”改为“2”时，结果如图 5-12（b）所示。

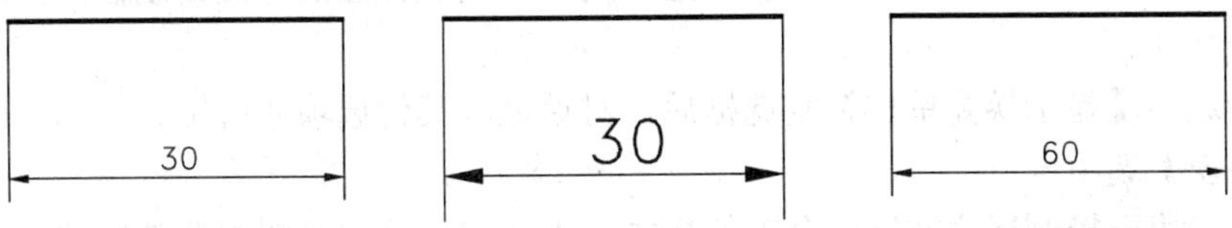

（a）标注全局比例=1　　（b）标注全局比例=2　　（c）【测量单位比例】

图 5-12 标注特征比例与测量单位比例

5.【主单位】选项卡

用于设置除角度之外其余各标注类型的格式和精度、标注文字的前缀和后缀等，如图 5-13 所示。

【测量单位比例】选项区中的【比例因子】文本框可设置测量尺寸的缩放比例，AutoCAD

的实际标注值为测量值与该比例的乘积。例如，将图 5-12（a）所示测量单位比例由“1”改为“2”时，结果如图 5-12（c）所示。【仅应用到布局标注】复选框，可以设置该比例关系仅适用于布局。

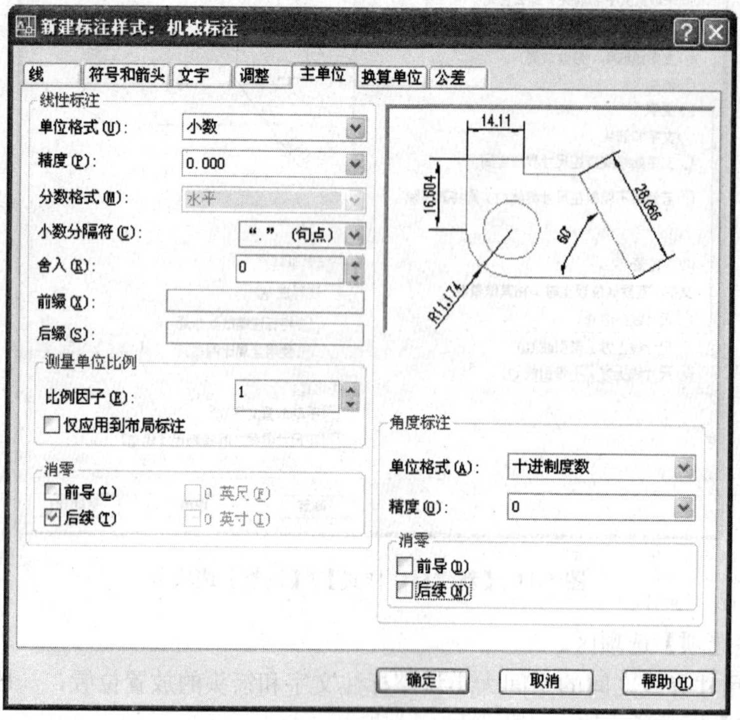

图 5-13 【主单位】选项卡

重点提示

▲ 当绘图比例不是 1:1 时，可通过调整【测量单位比例】区的比例因子，使比例因子为绘图比例的倒数，这样使自动测量值满足要求。

6.【换算单位】选项卡

用于转换用不同单位制测量的标注，通常是显示英制标注的等效公制标注，或公制标注的等效英制标注。

只有当选中【显示换算单位】复选框后，对话框的其他选项才可用。

7.【公差】选项卡

该选项卡用于控制标注文字中公差的格式，主要用于机械制图的公差标注，各项设置如图 5-14 所示。

重点提示

▲ 设置【公差】标注时，【主单位】选项卡中的【精度】应设置为 0.000，【小数分隔符】设置为“.”（句点），如图 5-13 所示。

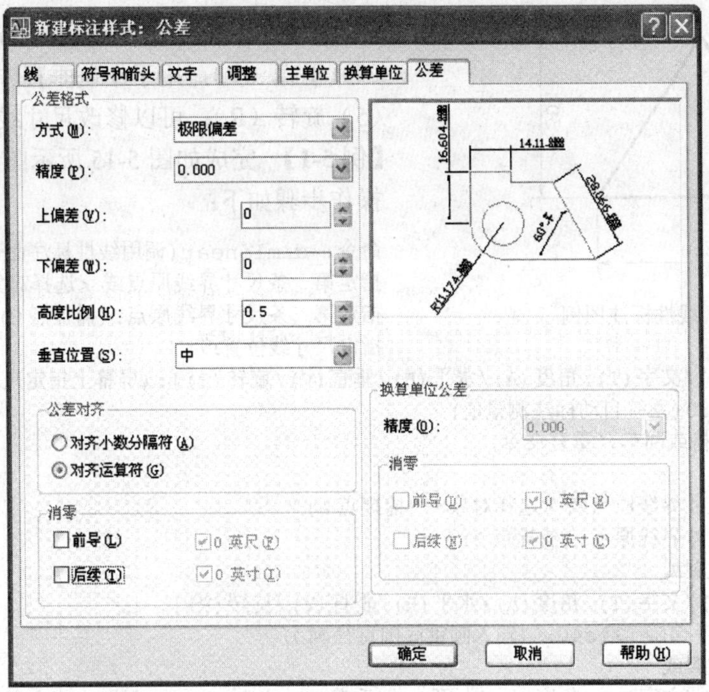

图 5-14 【公差】选项卡

第2节 尺寸标注方法

AutoCAD 提供了一套完整的尺寸标注命令，有线性标注、对齐标注、弧长标注、坐标标注、半径标注、折弯标注、直径标注、角度标注、快速标注、基线标注、连续标注等。下面先将前面设置的“机械标注”设置为当前的标注样式，分别介绍这些命令。

一、线性标注

1. 线性标注

【线性】标注命令用于标注水平或垂直方向的线性尺寸。调用该命令有以下三种方式：

✧ 下拉菜单：【标注】/【线性】;

✧ 工具栏：【标注】工具栏中的按钮；

✧ 命令行：DIMLINEAR↙。

该命令执行后，命令行提示如下：

```
命令:_dimlinear
指定第一条尺寸界线原点或 <选择对象>:(指定一点)
指定第二条尺寸界线原点:(指定第二点)
指定尺寸线位置或
[多行文字(M)/文字(T)/角度(A)/水平(H)/垂直(V)/旋转(R)]:(屏幕上指定尺寸线的位置)
```

各选项说明如下：

（1）多行文字（M）/ 文字（T）：可以修改系统自动测量的尺寸数字。

（2）角度（A）：指定文字的旋转角度。

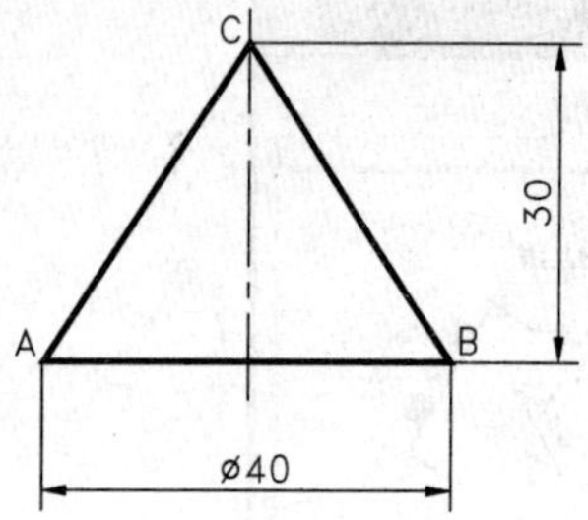

图 5-15　线性标注图例

（3）水平（H）：用于绘制水平方向的尺寸标注。

（4）垂直（V）：用于绘制垂直方向的尺寸标注。

（5）旋转（R）：可以修改尺寸线的旋转角度。

【例 5-1】 完成如图 5-15 所示图形的尺寸标注。

操作步骤如下：

```
命令：_dimlinear(调用线性标注命令)
指定第一条尺寸界线原点或 <选择对象>:(捕捉点 B)
指定第二条尺寸界线原点:(捕捉点 C)
指定尺寸线位置或
[多行文字(M)/文字(T)/角度(A)/水平(H)/垂直(V)/旋转(R)]:(屏幕上指定尺寸线的位置)
标注文字 = 30(系统自动标注测量值)
命令：↙(空格或回车，重复命令)
DIMLINEAR
指定第一条尺寸界线原点或 <选择对象>:(捕捉点 A)
指定第二条尺寸界线原点:(捕捉点 B)
指定尺寸线位置或
[多行文字(M)/文字(T)/角度(A)/水平(H)/垂直(V)/旋转(R)]: t↙
输入标注文字 <40>:%%c40↙(输入圆锥底圆直径ϕ40)
指定尺寸线位置或
[多行文字(M)/文字(T)/角度(A)/水平(H)/垂直(V)/旋转(R)]:(屏幕上指定尺寸线的位置)
标注文字 = 40
```

2. 对齐标注

【对齐】标注命令用于标注倾斜的线性尺寸。调用该命令有以下三种方式：

✧ 下拉菜单：【标注】/【对齐】；

✧ 工具栏：【标注】工具栏中的按钮；

✧ 命令行：DIMALIGNED↙。

该命令执行后，命令行提示如下：

```
命令:_dimaligned
指定第一条尺寸界线原点或 <选择对象>:(指定一点)
指定第二条尺寸界线原点:(指定第二点)
指定尺寸线位置或
[多行文字(M)/文字(T)/角度(A)]:
```

各选项说明如下：

（1）多行文字（M）/文字（T）：可以修改系统自动测量的尺寸数字。

（2）角度（A）：指定尺寸文字的旋转角度。

【例 5-2】 完成如图 5-16 所示图形的尺寸标注。

操作步骤如下：

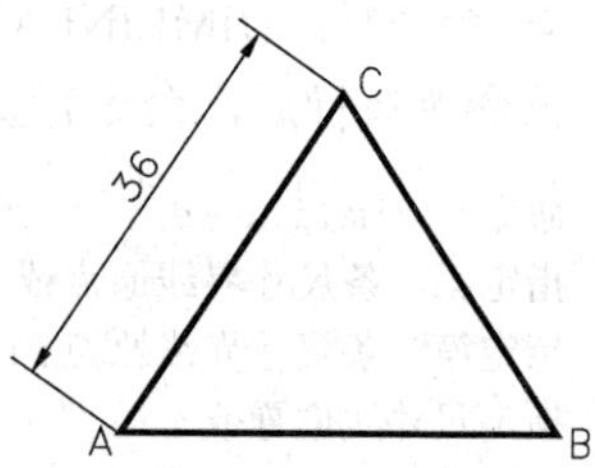

图 5-16　对齐标注图例

```
命令: _dimaligned(调用对齐标注命令)
指定第一条尺寸界线原点或 <选择对象>:(捕捉点 A)
指定第二条尺寸界线原点:(捕捉点 C)
指定尺寸线位置或
```

```
[多行文字(M)/文字(T)/角度(A)]:(屏幕上指定尺寸线位置)
标注文字 = 36 (系统自动标注测量值)
```

二、弧长标注

【弧长】标注命令主要用于标注圆弧或多段线圆弧的弧线长度。调用该命令有以下三种方式：

✧ 下拉菜单：【标注】/【弧长】；

✧ 工具栏：【标注】工具栏中的按钮；

✧ 命令行：DIMARC↙。

该命令执行后，命令行提示如下：

```
命令: _dimarc
选择弧线段或多段线弧线段:(选择图例圆弧)
指定弧长标注位置或 [多行文字(M)/文字(T)/角度(A)/部分(P)/引线(L)]:
```

各选项说明如下：

（1）多行文字（M）/文字（T）：可以修改系统自动测量的尺寸数字。

（2）角度（A）：指定标注文字的旋转角度。

（3）部分（P）：缩短弧长标注的长度。

（4）引线（L）：添加引线对象。仅当圆弧（或弧线段）大于 90°时才会显示此选项。引线是按径向绘制的，指向所标注圆弧的圆心。

【例 5-3】 完成如图 5-17 所示图形的尺寸标注。

操作步骤如下：

```
命令: _dimarc
选择弧线段或多段线弧线段:(选择圆弧)
指定弧长标注位置或 [多行文字(M)/文字(T)/角度
(A)/部分(P)/引线(L)]:(指定尺寸线位置)
标注文字 = 75.62(系统自动标注测量值)
```

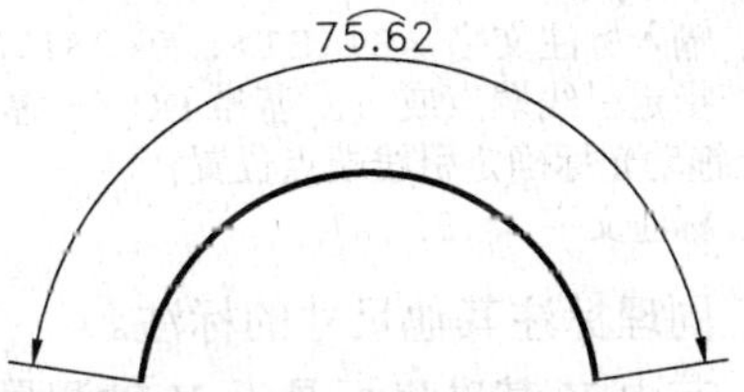

图 5-17 弧长标注示例

> **重点提示**
>
> ▲ 弧长标注中，弧长符号的位置是由【标注样式管理器】/【修改】/【符号和箭头】选项卡的【弧长符号】选项组设定的，该例【弧长符号】选【标注文字的上方】。

三、坐标标注

【坐标】标注命令用于标注特征点的 X、Y 坐标，常与 UCS 命令配合使用。调用该命令有以下三种方式：

✧ 下拉菜单：【标注】/【坐标】；

✧ 工具栏：【标注】工具栏中的按钮；

✧ 命令行：DIMORDINATE↙。

该命令执行后，命令行提示如下：

```
命令:_dimordinate
指定点坐标:(指定一点)
指定引线端点或 [X 基准(X)/Y 基准(Y)/多行文字(M)/文字(T)/角度(A)]: t(改变文字)
```

重点提示

▲ 在创建坐标标注之前，通常要设置 UCS 原点以与基准相符。

【例 5-4】 完成如图 5-18 所示图形的尺寸标注。

操作步骤如下：

命令：_ucs(调用用户坐标系统命令)
当前 UCS 名称：*世界*
指定 UCS 的原点或 [面(F)/命名(NA)/对象(OB)/上一个(P)/视图(V)/世界(W)/X/Y/Z/Z 轴(ZA)]<世界>:(捕捉O点)
指定 X 轴上的点或 <接受>:↙
命令：_dimordinate(调用坐标标注命令)
指定点坐标：(捕捉点 A)
指定引线端点或 [X 基准(X)/Y 基准(Y)/多行文字(M)/文字(T)/角度(A)]:x(选择坐标标注的基准 X)
指定引线端点或 [X 基准(X)/Y 基准(Y)/多行文字(M)/文字(T)/角度(A)]: t(选择单行文本方式书写文字)
输入标注文字 <81.21>: 0+081.210↙(输入坐标值)
指定引线端点或 [X 基准(X)/Y 基准(Y)/多行文字(M)/文字(T)/角度(A)]:(在屏幕上拾取一点，向上拖动光标确定引线端点位置)
标注文字 = 81.21

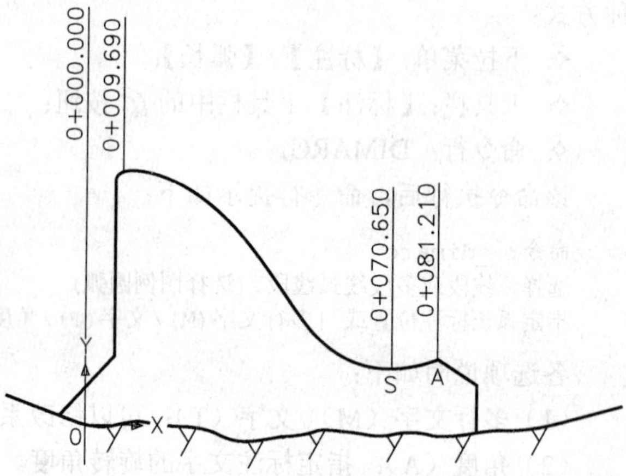

图 5-18 坐标标注示例

同理标注其他尺寸的标注。

其中 X 基准坐标是沿 X 轴测量一个点与基准点的距离，Y 基准坐标标注是沿 Y 轴测量距离，且坐标标注的文字与坐标引线对齐。

四、半径和直径标注

1. 半径标注

【半径】标注命令用于创建圆和圆弧的半径标注。调用该命令有以下三种方式：

✧ 下拉菜单：【标注】/【半径】；

✧ 工具栏：【标注】工具栏中的按钮；

✧ 命令行：DIMRADIUS↙。

该命令执行后，命令行提示如下：

命令：_dimradius
选择圆弧或圆：(选择圆或圆弧)
标注文字 = 20(系统自动标注测量值)
指定尺寸线位置或 [多行文字(M)/文字(T)/角度(A)]:(在屏幕上指定标注位置)

说明：各选项含义同【线性】标注。

【例 5-5】 完成如图 5-19 所示图形的尺寸标注。

操作步骤如下：

命令：_dimradius
选择圆弧或圆：(选择圆弧)

```
标注文字 = 20(系统自动标注测量值)
指定尺寸线位置或 [多行文字(M)/文字(T)/角度(A)]:(确定标注位置)
```

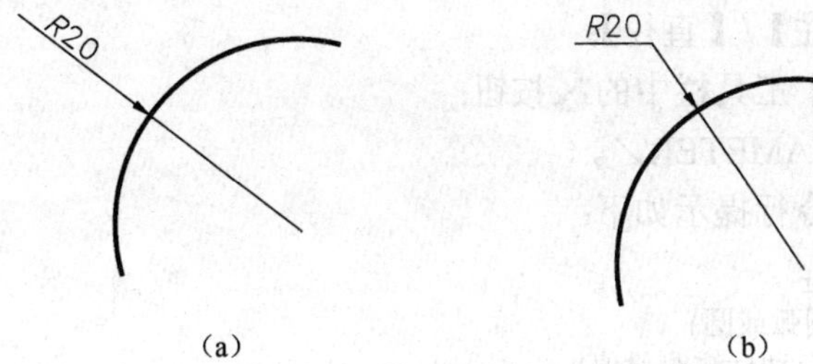

图 5-19 半径标注示例

重点提示

▲【标注样式管理器】/【修改】【文字】选项卡中的【文字对齐】选项不同，半径标注形式不同，图 5-19（a）选择【与尺寸线对齐】，图 5-19（b）选择【水平】。

2. 折弯标注

圆弧或圆的中心位于布局之外并且无法在其实际位置显示时，使用【折弯】命令可以创建半径折弯标注。调用该命令有以下三种方法：

✧ 下拉菜单：【标注】/【折弯】;

✧ 工具栏：【标注】工具栏中的 按钮；

✧ 命令行：DIMJOGGED↙。

该命令执行后，命令行提示如下：

```
命令: _dimjogged
选择圆弧或圆:(选择圆或圆弧)
指定图示中心位置:(指定标注原点)
标注文字 = 60(系统自动标注测量值)
指定尺寸线位置或 [多行文字(M)/文字(T)/角度(A)]:(指定箭头位置)
指定折弯位置:(指定尺寸线上折弯位置)
```

【例 5-6】 完成如图 5-20 所示图形的尺寸标注。

操作步骤如下：

```
命令: _dimjogged
选择圆弧或圆:(选择圆弧)
指定图示中心位置:(指定标注原点 A, A 点位置任意)
标注文字 = 60(系统自动标注测量值)
指定尺寸线位置或 [多行文字(M)/文字(T)/角度(A)]:(指定箭头位置)
指定折弯位置:(指定尺寸线上折弯位置)
```

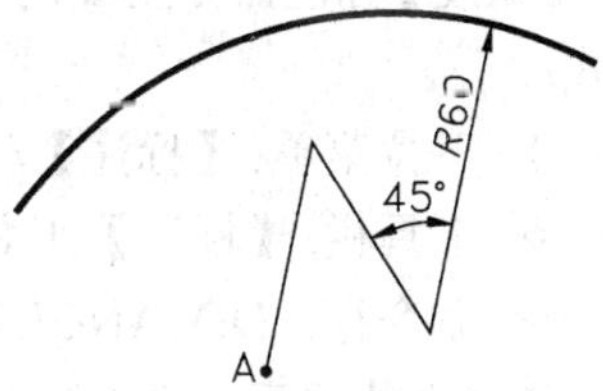

图 5-20 半径折弯标注示例

重点提示

▲ 折弯角度是在设置尺寸标注样式时由【符号和箭头】选项卡中的【半径折弯标注】设定的，图 5-20 所示折弯角度是 45°。

3. 直径标注

【直径】标注命令用创建圆和圆弧的直径标注。调用该命令有以下三种方式：

✧ 下拉菜单：【标注】/【直径】；

✧ 工具栏：【标注】工具栏中的按钮；

✧ 命令行：DIMDIAMETER↙。

该命令执行后，命令行提示如下：

```
命令：_dimdiameter
选择圆弧或圆：(选择圆弧或圆)
标注文字 = 10(系统自动标注测量值)
指定尺寸线位置或 [多行文字(M)/文字(T)/角度(A)]：
```

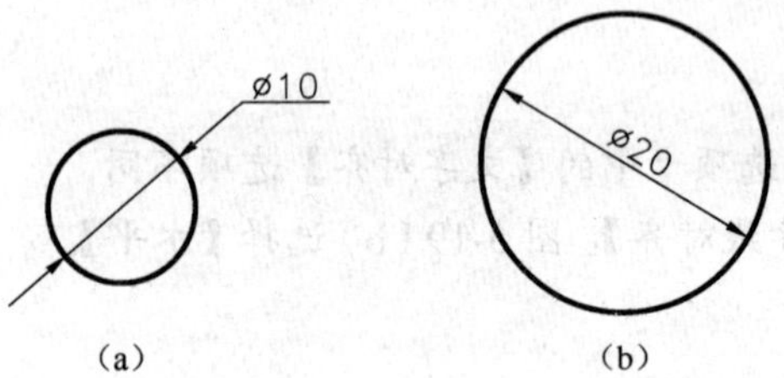

图 5-21 直径标注示例

【例 5-7】完成如图 5-21 所示图形的尺寸标注。

操作步骤如下：

```
命令：_dimdiameter(调用直径标注命令)
选择圆弧或圆：[选择图 5-21(a)所示小圆弧]
标注文字 = 10(系统自动标注测量值)
指定尺寸线位置或 [多行文字(M)/文字(T)/角度(A)]：(指定尺寸线位置)
```

改变尺寸标注样式：

```
命令：_dimdiameter(调用直径标注命令)
选择圆弧或圆：[选择图 5-21(b)所示大圆弧]
标注文字 = 20(系统自动标注测量值)
指定尺寸线位置或 [多行文字(M)/文字(T)/角度(A)]：(指定尺寸线位置)
```

说明：图 5-21（a）、（b）标注形式与【标注样式管理器】设置有关：【文字】选项卡中【文字对齐】区，图 5-21（a）选择【水平】，图 5-21（b）选择【与尺寸线对齐】；【调整】选项卡中【调整选项】区，图 5-21（a）选择【文字或箭头（最佳效果）】，图 5-21（b）选择【文字和箭头】。

五、角度标注

【角度】标注命令主要用于标注圆弧的圆心角及两条直线的角度。调用该命令有以下三种方式：

✧ 下拉菜单：【标注】/【角度】；

✧ 工具栏：【标注】工具栏中的按钮；

✧ 命令行：DIMANGULAR↙。

该命令执行后，命令行提示如下：

```
命令：_dimangular
选择圆弧、圆、直线或 <指定顶点>：
```

系统根据选择标注的对象不同，给出不同的提示：如图 5-22（a）所示，在“选择圆弧、圆、直线或<指定顶点>：”提示下选择直线，则系统下一步提示：

```
选择第二条直线：(选择另一条直线)
指定标注弧线位置或 [多行文字(M)/文字(T)/角度(A)/象限点(Q)]：(指定尺寸线位置)
```

如图 5-22（b）所示，在“选择圆弧、圆、直线或<指定顶点>：”提示下，选择圆弧，则系统下一步提示：

指定标注弧线位置或[多行文字(M)/文字(T)/角度(A)/象限点(Q)]:(指定标注弧线的位置)

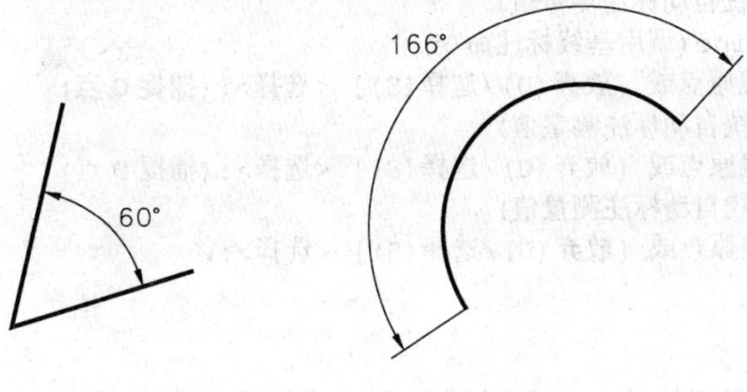

图 5-22　角度标注示例

说明：（1）对于角度标注，尺寸标注样式【文字】选项卡中的【文字对齐】方式选【水平】。

（2）对于直径、半径和角度标注，如果手动输入尺寸文字（即不按测量值自动输入），输入直径符号时，应输入“%%c”代替符号“ϕ”，输入角度符号时，应输入“%%d”代替符号“°”，半径符号则直接输入“R”。

六、基线标注与连续标注

1. 基线标注

【基线】标注命令用来快速标注具有一个共同标注基准点的若干个相互平行的线性尺寸或角度尺寸。调用该命令有以下三种方式：

✧ 下拉菜单：【标注】/【基线】；

✧ 工具栏：【标注】工具栏中的 按钮；

✧ 命令行：DIMBASELINE↙。

该命令执行后，命令行提示如下：

```
命令: _dimbaseline
选择基准标注:(选择已有的尺寸标注)
指定第二条尺寸界线原点或 [放弃(U)/选择(S)] <选择>:
```

说明：（1）在进行基线标注之前，首先要创建一个线性尺寸或角度尺寸作为基准。

（2）基线标注中，两条平行尺寸线间的距离由【标注样式管理器】/【修改】/【线】/【尺寸线】选项区的【基线间距】项设定。

（3）当命令行提示“指定第二条尺寸界线原点或[放弃(U)/选择(S)]<选择>:”时，直接回车或键入“s↙”，可以选择新的基准进行标注。

【例 5-8】 完成如图 5-23 所示图形的尺寸标注。

操作步骤如下：

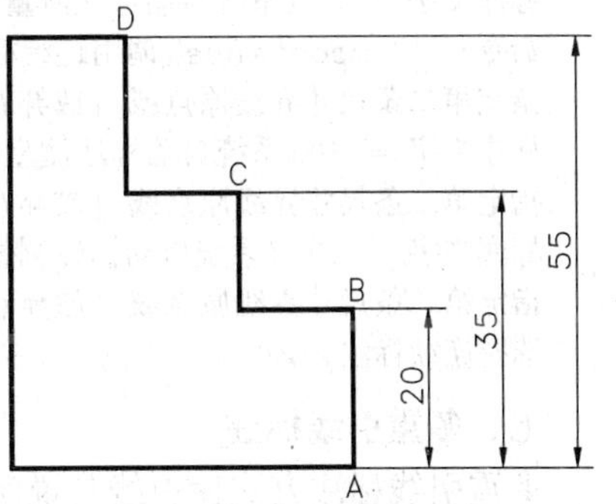

图 5-23　基线标注示例

```
命令: _dimlinear(调用线性标注命令)
指定第一条尺寸界线原点或 <选择对象>:(捕捉 A 点)
指定第二条尺寸界线原点:(捕捉 B 点)
指定尺寸线位置或
```

```
[多行文字(M)/文字(T)/角度(A)/水平(H)/垂直(V)/旋转(R)]:(指定尺寸线位置)
标注文字 = 20(系统自动标注测量值)
命令: _dimbaseline(调用基线标注命令)
指定第二条尺寸界线原点或 [放弃(U)/选择(S)] <选择>:(捕捉 C 点)
标注文字 = 35(系统自动标注测量值)
指定第二条尺寸界线原点或 [放弃(U)/选择(S)] <选择>:(捕捉 D 点)
标注文字 = 55(系统自动标注测量值)
指定第二条尺寸界线原点或 [放弃(U)/选择(S)] <选择>:↙
选择基线标注:↙
```

2. 连续标注

【连续】标注命令用于快速标注尺寸线首尾相连的线性尺寸或角度尺寸。调用该命令有以下三种方式：

✧ 下拉菜单：【标注】/【连续】；

✧ 工具栏：【标注】工具栏中的按钮；

✧ 命令行：DIMBASELINE↙。

该命令执行后，命令行提示如下：

```
命令: _ dimcontinue
选择连续标注:(选择已有的尺寸标注)
指定第二条尺寸界线原点或 [放弃(U)/选择(S)] <选择>:
```

说明：（1）在进行连续标注之前，首先要创建一个线性尺寸或角度尺寸作为基准。

（2）当命令行提示“指定第二条尺寸界线原点或[放弃(U)/选择(S)]<选择>:”时，直接回车或键入“S↙”，可以选择新的基准进行标注。

【例 5-9】 完成如图 5-24 所示图形的尺寸标注。

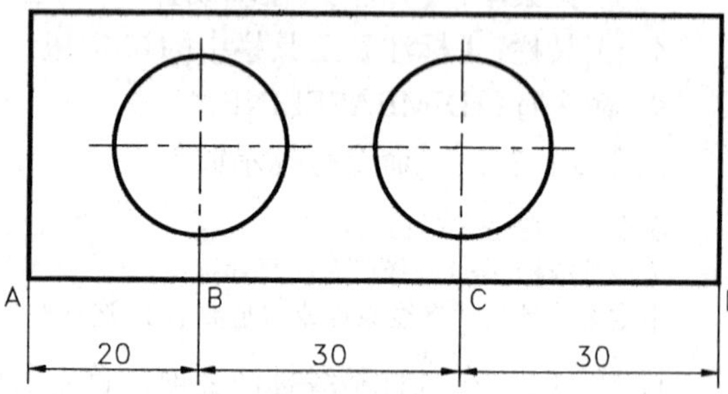

图 5-24 连续标注示例

操作步骤如下：

```
命令: _dimlinear(调用线性标注命令)
指定第一条尺寸界线原点或 <选择对象>:
(捕捉 A 点)
指定第二条尺寸界线原点:(捕捉 B 点)
指定尺寸线位置或
[多行文字(M)/文字(T)/角度(A)/水平
(H)/垂直(V)/旋转(R)]:(指定尺寸线位置)
标注文字 = 20(系统自动标注测量值)
命令: _dimcontinue(调用连续标注命令)
指定第二条尺寸界线原点或 [放弃(U)/选择(S)] <选择>:(捕捉 C 点)
标注文字 = 30(系统自动标注测量值)
指定第二条尺寸界线原点或 [放弃(U)/选择(S)] <选择>: (捕捉 D 点)
标注文字 = 30 (系统自动标注测量值)
指定第二条尺寸界线原点或 [放弃(U)/选择(S)] <选择>:↙
选择连续标注: ↙
```

七、多重引线标注

多重引线标注方式使引线与说明的文字一起标注，常用于标注装配图的零件序号或零件的技术要求。如图 5-25 所示，引线对象通常包含箭头、引线、可选的水平基线和多行文字或块组成。箭头的符号形式、引线的约束点、基线的有无及长短、块或文本的确定由引线样式确定。

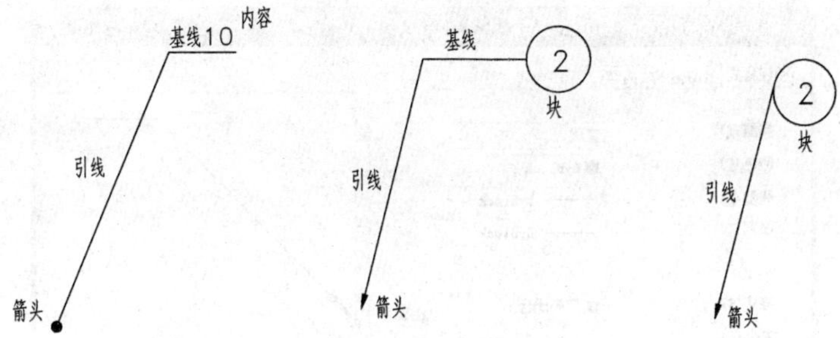

图 5-25 引线标注组成

1. 设置多重引线样式

缺省情况下，在 AutoCAD 中多重引线标注使用的样式是“Standard”，用户可以根据需要创建一种新的多重引线标注样式。调用【多重引线样式】标注命令有以下三种方法：

✧ 下拉菜单：【格式】/【多重引线样式】;

✧ 工具栏：【多重引线样式】工具栏中的 按钮；

✧ 命令行：MLEADERSTYLE↙。

设置多重引线样式的步骤如下：

（1）选择【格式】/【多种引线样式】菜单项，打开如图 5-26 所示【多重引线样式管理器】对话框。

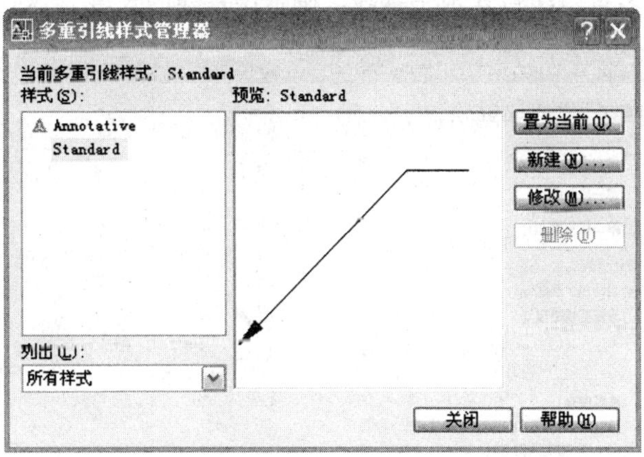

图 5-26 【多重引线样式管理器】对话框

（2）在【多重引线样式管理器】中，单击【新建】按钮，打开如图 5-27 所示【创建新多重引线样式】对话框，指定新多重引线样式的名称，如“箭头引线”。

图 5-27 【创建新多重引线样式】对话框

（3）单击【继续】按钮，打开如图 5-28 所示【修改多重引线样式】对话框，该对话框有【引线格式】、【引线结构】、【内容】三个选项，可分别对三个选项进行设置。

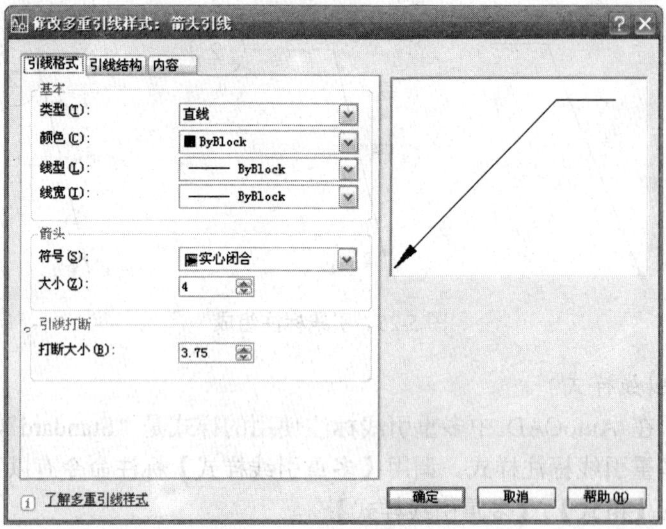

图 5-28 【修改多重引线样式：箭头引线】对话框

1)【引线格式】选项卡，如图 5-28 所示，各选项区含义、设置同尺寸标注样式。

2)【引线结构】选项卡，如图 5-29 所示。【约束】选项区设置多重引线的点的最大数目及各段引线的角度。【基线设置】选项区：【自动包含基线】表示多重引线包含水平基线；【设置基线距离】指如果多重引线包含水平基线，确定该基线的长度。

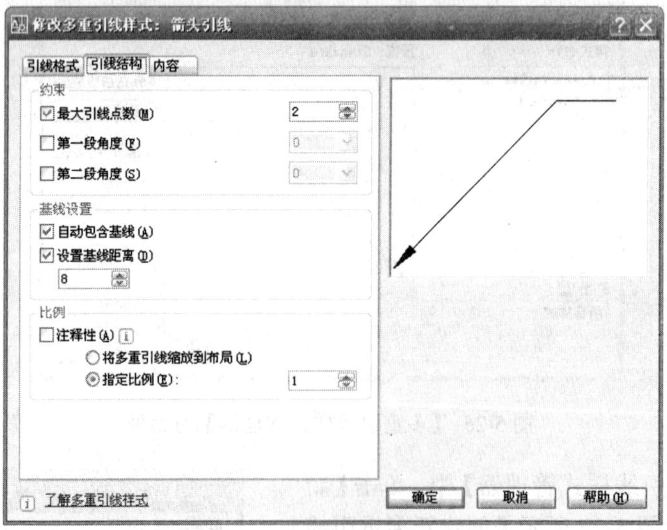

图 5-29 【引线结构】选项卡

3)【内容】选项卡，如图 5-30 所示。

【多重引线类型】选项区有“多行文字”、“块”、“无”三个选项。当引线类型为多行文字时，设置【文字选项】如图 5-30 所示；当【多重引线类型】为“块”时，【内容】选项卡如图 5-31 所示。从【块】选项中【源块】的下拉列表中可以选择块的形式，如图 5-32 所示，将源块设置为“圆”。

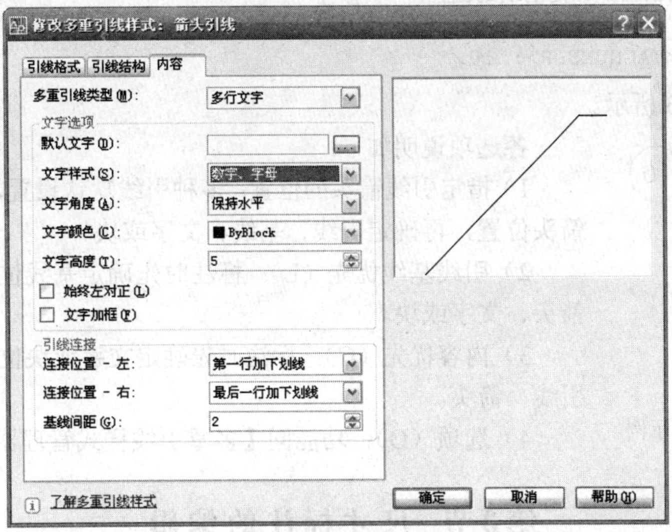

图 5-30 【内容】选项卡（多行文字）

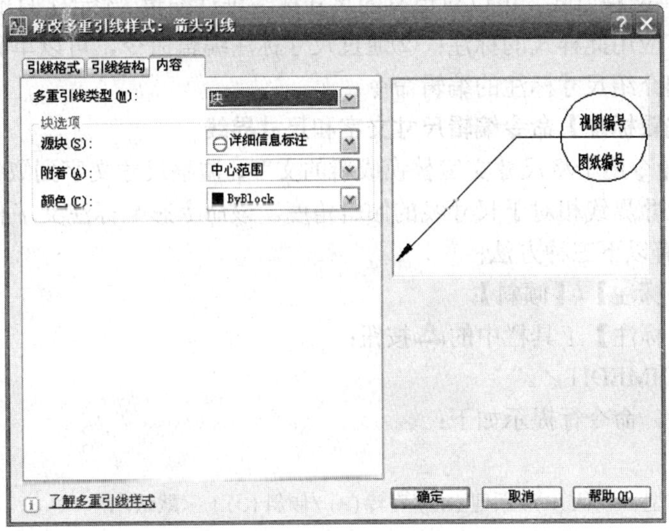

图 5-31 【内容】选项卡（块）

2. 多重引线标注

（1）调用【多重引线】标注命令有以下三种方式：

✧ 下拉菜单：【标注】/【多重引线】;

✧ 工具栏：【多重引线】工具栏中 按钮；

✧ 命令行：MLEADER↙。

该命令执行后，命令行提示如下：

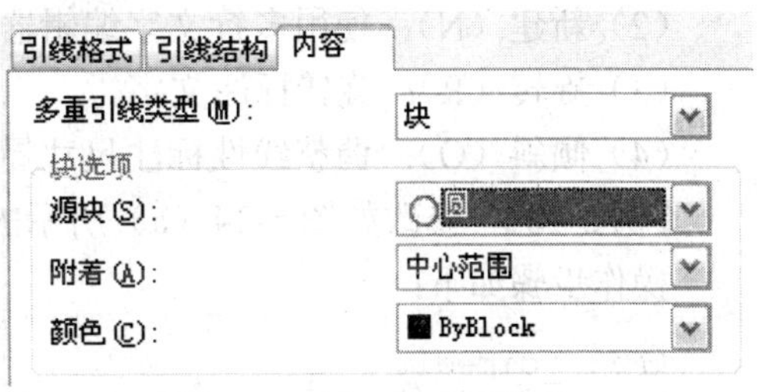

图 5-32 【内容】选项卡【源块】设置

```
命令：_mleader
```

```
指定引线箭头的位置或 [引线基线优先(L)/内容优先(C)/选项(O)] <选项>:(指定箭头的位置)
指定引线基线的位置:(指定基线的位置)
输入属性值
输入标记编号 <TAGNUMBER>: 10↙
```

结果如图 5-33 所示。

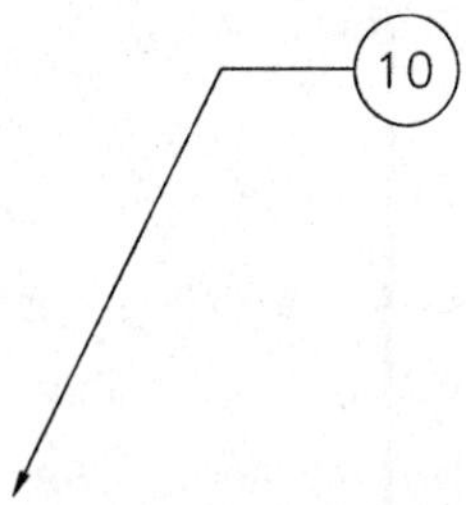

图 5-33 引线引用示例

各选项说明如下：

1）指定引线箭头的位置：多种引线默认设置，即标注时先确定箭头位置，再确定引线、基线、文字或块。

2）引线基线优先（L）：标注时先确定基线位置，再确定引线、箭头、文字或块。

3）内容优先（C）：标注时先确定文字或块位置，再确定基线、引线、箭头。

4）选项（O）：功能同【多重引线样式管理器】。

第3节 尺寸标注的编辑

AutoCAD 提供两种方式，可以对已有的尺寸标注进行编辑、修改：①修改标注样式，但此方法会修改所有应用此样式的标注；②通过尺寸标注编辑命令，可以单独修改某一处尺寸标注。本节将详细介绍尺寸标注的编辑命令。

一、利用【编辑标注】命令编辑尺寸文字和尺寸界线

【编辑标注】命令用于将尺寸文字替换成新的文字、调整尺寸文字到缺省位置、旋转尺寸文字，以及修改尺寸界线相对于尺寸线的倾斜角度。该命令影响标注文字和尺寸界线。调用【编辑标注】命令有以下三种方法：

✧ 菜单栏：【标注】/【倾斜】；

✧ 工具栏：【标注】工具栏中的按钮；

✧ 命令行：DIMEDIT↙。

该命令执行后，命令行提示如下：

```
命令: _dimedit
输入标注编辑类型 [默认(H)/新建(N)/旋转(R)/倾斜(O)] <默认>:
```

各选项说明如下：

（1）默认（H）：移动标注文字到默认位置。

（2）新建（N）：使用多行文字编辑器修改标注文字。

（3）旋转（R）：旋转标注文字。

（4）倾斜（O）：调整线性标注尺寸界线的倾斜角度。

【例 5-10】 修改如图 5-34（a）所示的尺寸文字。

操作步骤如下：

```
命令: _dimedit
输入标注编辑类型 [默认(H)/新建(N)/旋转(R)/倾斜(O)] <默认>:n↙(弹出如图 5-35 所示【文字格式】对话框，输入%%c40，单击确定按钮)
```

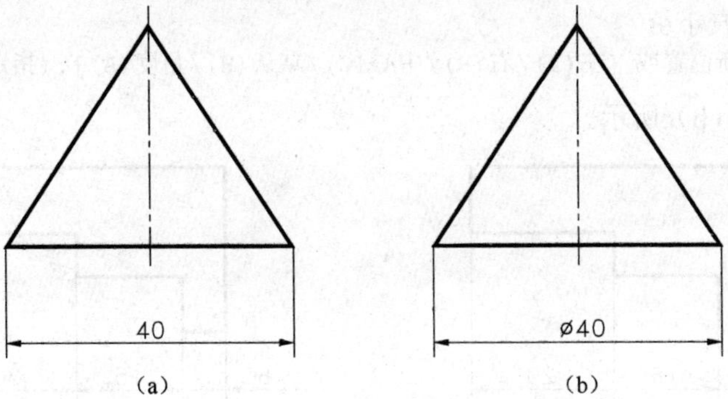

图 5-34 编辑标注应用示例

图 5-35 【文字格式】编辑对话框

```
选择对象:找到 1 个(选择标注 40)
选择对象:↙
```

结果如图 5-34（b）所示。

二、利用【编辑标注文字】命令调整标注文本的位置

【编辑标注文字】命令用于沿尺寸线修改尺寸文字的位置。调用该命令有以下两种方式：

✧ 工具栏：【标注】工具栏中的按钮；

✧ 命令行：DIMTEDIT↙。

该命令执行后，命令行提示如下：

```
命令: _dimtedit
选择标注:(选择要编辑的尺寸)
指定标注文字的新位置或 [左(L)/右(R)/中心(C)/默认(H)/角度(A)]:(指定新位置)
```

各选项说明如下：

（1）左（L）：将标注文字移动到靠近左边的尺寸界线处。该选项适用于线性、半径和直径标注。

（2）右（R）：将标注文字移动到靠近右边的尺寸界线处。

（3）中心（C）：将标注文字移动到尺寸界线中心处。

（4）默认（H）：将标注文字移至默认位置。

（5）角度（A）：将标注文字旋转至用户指定的角度。

【例 5-11】 编辑如图 5-36（a）所示尺寸标注的文字位置。

操作步骤如下：

```
命令: _dimtedit
```

```
选择标注：(选择尺寸 6)
指定标注文字的新位置或 [左(L)/右(R)/中心(C)/默认(H)/角度(A)]：(指定新位置)
```

结果如图 5-36（b）所示。

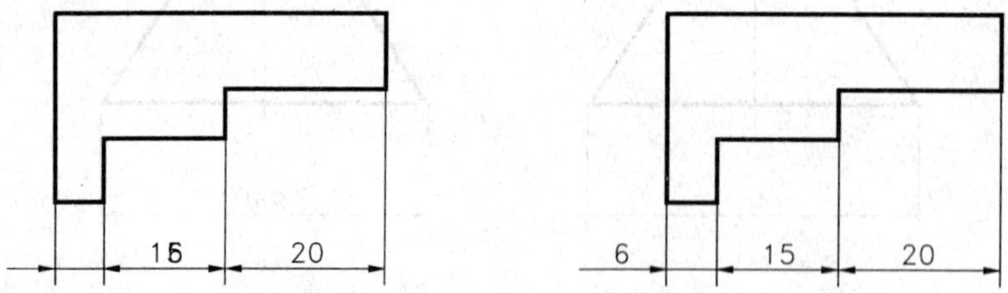

(a) (b)

图 5-36 编辑标注文字应用示例

三、利用【标注间距】命令调整尺寸线之间的间距

【标注间距】命令用于调整图形中的重叠或间距不等的线性标注或角度标注尺寸线之间的距离。调用该命令有以下三种方式：

✧ 下拉菜单：【标注】/【标注间距】；

✧ 工具栏：【标注】工具栏中的按钮；

✧ 命令行：DIMSPACE↙。

```
命令： _DIMSPACE
选择基准标注：(选择基准尺寸)
选择要产生间距的标注：(选择要修改的尺寸)
选择要产生间距的标注：↙
输入值或 [自动(A)] <自动>： 0(间距 0，则成串行尺寸)
```

【例 5-12】 修改如图 5-37（a）所示尺寸标注中尺寸线的位置，使尺寸 6 与尺寸 15 串行，尺寸 41 与尺寸 6 并行，间距 10，结果如图 5-37（b）所示。

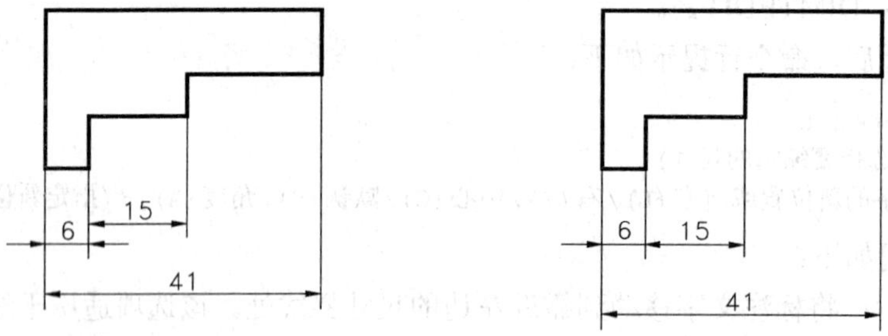

(a) (b)

图 5-37 标注间距应用示例

操作步骤如下：

```
命令： _DIMSPACE
选择基准标注：(选择尺寸标注 15)
选择要产生间距的标注：(选择尺寸标注 6)
选择要产生间距的标注： ↙
输入值或 [自动(A)] <自动>：0↙ (间距 0，则成串行尺寸)
```

```
命令：↙（重复【标注间距】命令）
DIMSPACE
选择基准标注：（选择尺寸标注 6）
选择要产生间距的标注：（选择尺寸标注 41）
选择要产生间距的标注：↙
输入值或 [自动(A)] <自动>: 10↙（输入尺寸线间距为 10）
```

四、利用对象【特性】对话框修改属性

使用对象【特性】对话框，可以编辑尺寸标注各部分属性。

如图 5-38 所示，将圆柱尺寸 30 改为ϕ30。

操作步骤：选择该标注单击右键，在弹出的快捷菜单中选择【特性】项，弹出【特性】对话框，如图 5-49 所示。该框显示所选标注的属性信息，可以拖动滑块到需要编辑的对象，激活相应的选项进行修改，修改后按 Enter 键确认即可。

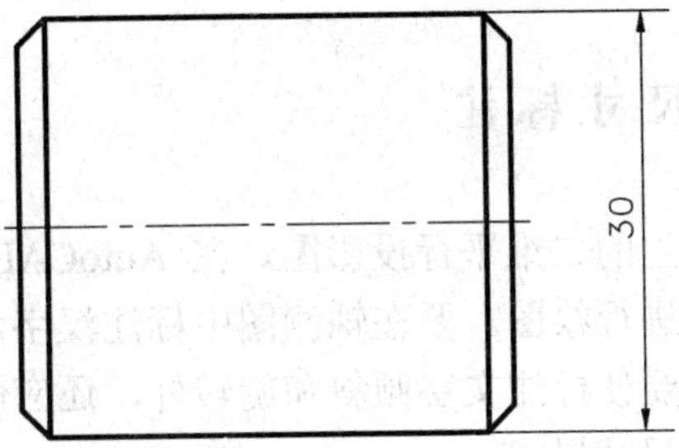

图 5-38　编辑对象特性应用示例

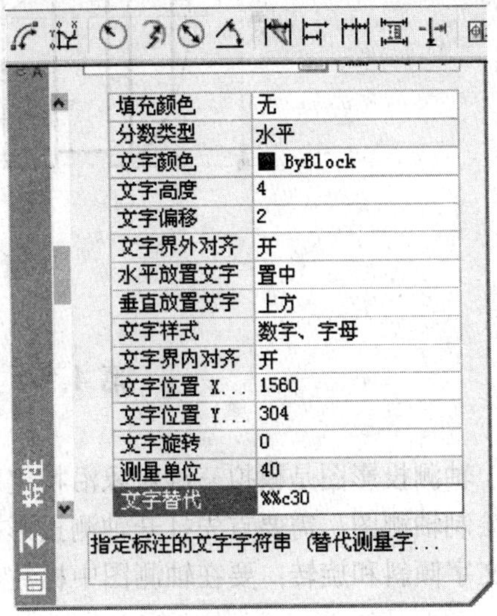

图 5-39 【特性】对话框

五、利用夹点编辑法修改对象属性

利用夹点调整标注的位置，适合于移动标注的尺寸线和标注文字。通过移动选中的夹点，调整标注的文字、尺寸线的位置，改变尺寸界线的长度。

拖动标注文字上的节点或尺寸线和尺寸界线的交点时，尺寸线与标注文字位置发生变化，尺寸线的长度发生变化。拖动尺寸界线的端点时，尺寸界线的长度发生变化，尺寸线与标注文字不变。

【例 5-13】 如图 5-40 所示，应用夹点编辑命令使尺寸 10 和 20 成为串联尺寸。

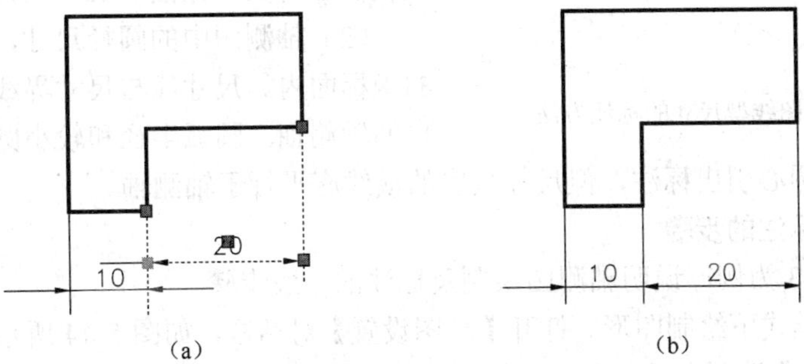

图 5-40　夹点应用一

【例 5-14】 如图 5-41 所示，拖动ϕ39 尺寸界线端点到适当位置，避免与 *SR*26 尺寸线交叉。

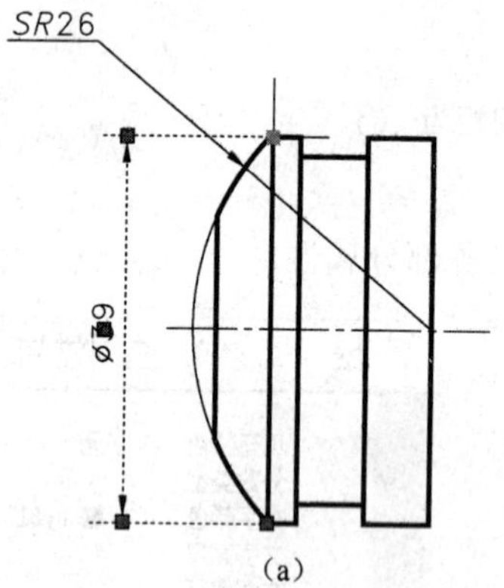

图 5-41 夹点应用二

第 4 节 等轴测尺寸标注

轴测投影图是模拟三维对象沿特定观察方向产生的二维平行投影图。在 AutoCAD 中，要绘制轴测图，需要首先打开轴测投影模式，然后进行绘图。要在轴测图中标注汉字，必须使文字倾斜和旋转；要在轴测图中标注尺寸，除了要使标注文字倾斜和旋转外，还应倾斜尺寸线和尺寸界线。

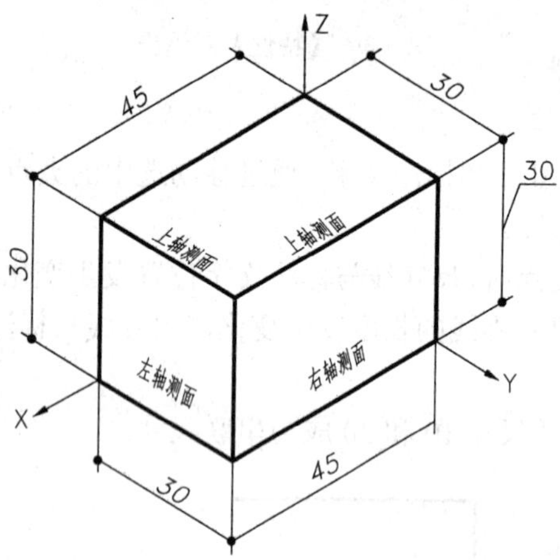

图 5-42 轴测图线型尺寸的标注方法

一、轴测图尺寸标注的一般原则

（1）轴测图的线性尺寸，应标注在各自所在的坐标面内。尺寸线应与被注长度平行；尺寸界线应平行于相应的轴测轴；尺寸数字的方向应平行于尺寸线并标注在尺寸线的上方，当出现字头向下倾斜时，应将尺寸线断开，在尺寸线断开处水平方向注写尺寸数字，或引出标注，将数字按水平位置注写；轴测图的尺寸起止符号宜用小圆点或实心箭头，如图 5-42 所示。

（2）轴测图中的圆径尺寸，应标注在圆所在的坐标面内。尺寸线与尺寸界线应分别平行于各自的轴测轴。圆弧半径和较小圆的直径尺寸，也可从（或通过）圆心引出标注，但尺寸数字的横线应平行于轴测轴。

二、轴测图标注的步骤

下面以图 5-43 为例，说明轴测图绘制及标注的一般步骤。

（1）在轴测模式下绘制图形。打开【草图设置】对话框，如图 5-44 所示，在该对话框中打开【捕捉和栅格】选项卡，在【捕捉类型】设置区选择【等轴测捕捉】，激活轴测投影模式。要在不同轴测面间切换，可以使用 ISOPLANE 命令、F5 键或按 Ctrl＋E 组合键，用【直线】、

【椭圆】、【修剪】等命令绘制图形，如图 5-45 所示。

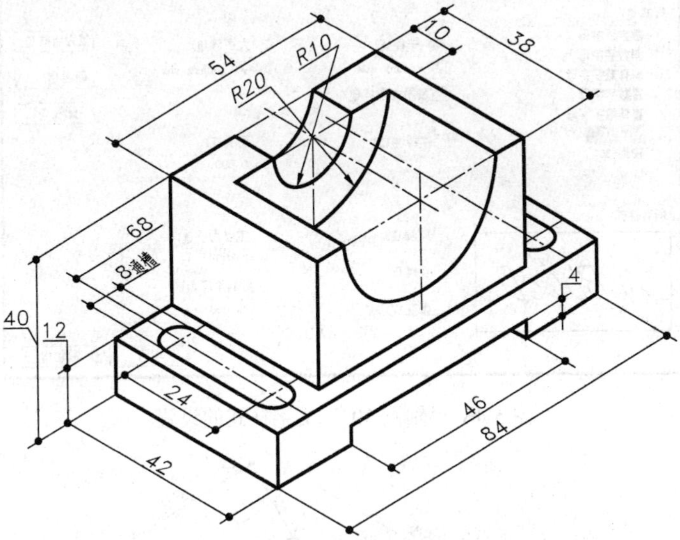

图 5-43 轴测图

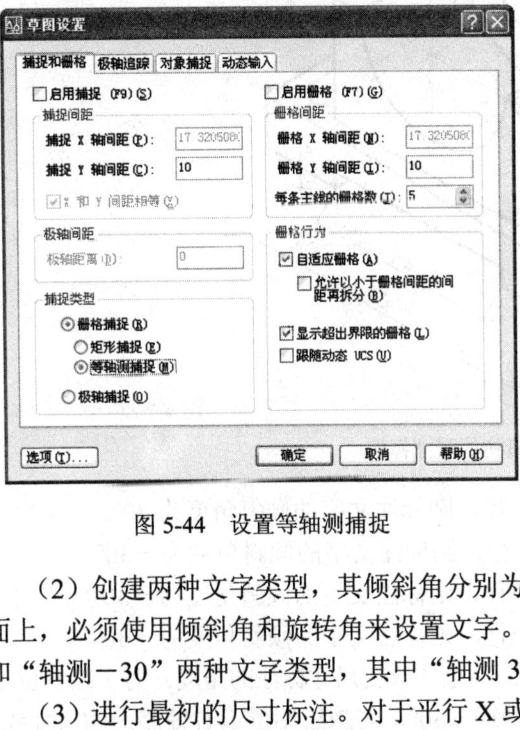

图 5-44 设置等轴测捕捉

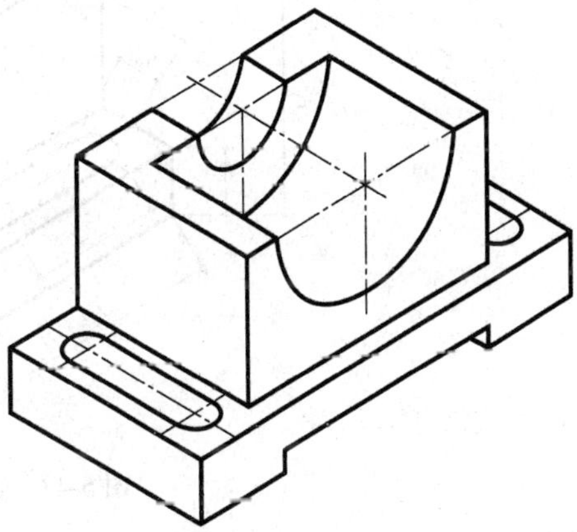

图 5-45 完成图形

（2）创建两种文字类型，其倾斜角分别为 30°和−30°。为了使文字看起来像在当前轴测面上，必须使用倾斜角和旋转角来设置文字。打开【文字样式】对话框，设置如“轴测 30”和“轴测−30”两种文字类型，其中“轴测 30”的设置如图 5-46 所示。

（3）进行最初的尺寸标注。对于平行 X 或 Y 轴测投影轴方向的图线，可使用【对齐】标注命令画出最初的尺寸标注；对于平行 Z 轴测投影轴方向的图线，可使用【对齐】、【线性】和【多重引线】标注等命令进行最初的尺寸标注，如图 5-47 所示。

如图 5-42 所示，轴测图的尺寸标注有以下特点：

1）在右侧面中，若标注的尺寸线与 X 轴平行，则标注文字的倾斜角度为 30°。

2）在左侧面中，若标注的尺寸线与 Z 轴平行，则标注文字的倾斜角度为 30°。

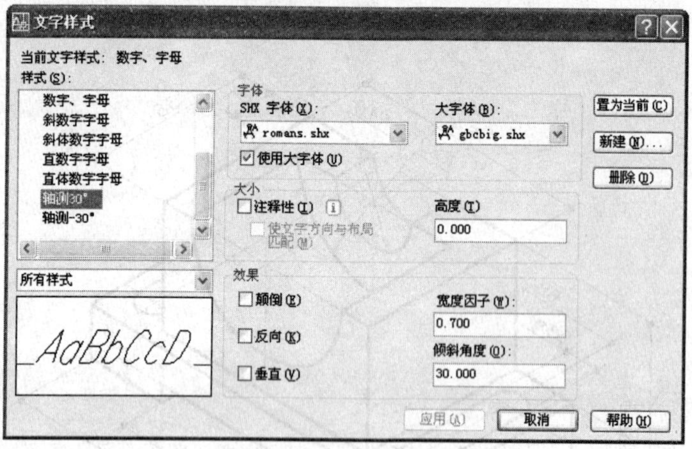

图 5-46 “轴测 30°”文字样式的设置

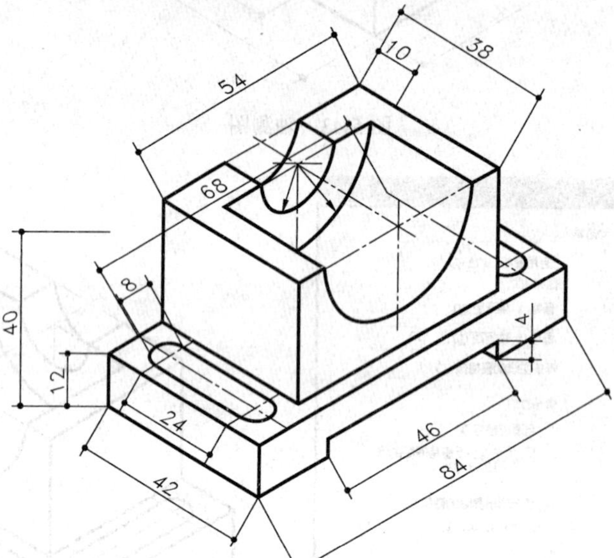

图 5-47 轴测图最初的尺寸标注

3）在上侧面中，若标注的尺寸线与 Y 轴平行，则标注文字的倾斜角度为 30°。

4）在右侧面中，若标注的尺寸线与 Z 轴平行，则标注文字的倾斜角度为−30°。

5）在左侧面中，若标注的尺寸线与 Y 轴平行，则标注文字的倾斜角度为−30°。

6）在上侧面中，若标注的尺寸线与 X 轴平行，则标注文字的倾斜角度为−30°。

（4）编辑标注。使用【编辑标注】中的“倾斜”选项改变尺寸标注的角度。为了绘制位于左轴测面的尺寸线，可以将尺寸界线设置为 150°或−30°；若想绘制位于右轴测面的尺寸线，可以将尺寸界线设置为 30°或 210°；为了绘制位于上轴测面的尺寸线，需将尺寸界线设置为 30°、−30°、150°或 210°。也可当命令行提示“选择对象：”时，直接在相应轴测方向上捕捉两点，该两点方向作为尺寸界线的方向。结果如图 5-48 所示。

（5）尺寸标注细部处理。

半径标注处理：要求引线与相应的轴测轴平行。可用【分解】、【单行文字】等命令直接修改。

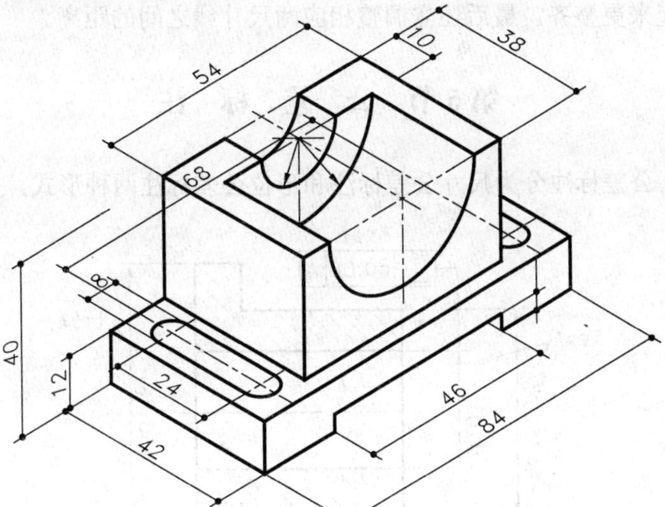

图 5-48　编辑尺寸标注后的结果

线性尺寸 68 的修改：利用【特性】对话框，将【直线和箭头】选项板中【尺寸线 2】设为"关"，并用夹点编辑方式移动尺寸数字的位置。

线性尺寸 8 的修改：利用【特性】对话框，将【文字】选项板中【文字替代】改为"8 通槽"。

竖向尺寸 12、40、4 的修改有两种方法：方法一，利用【特性】对话框中【文字】选项板，将【文字界外对齐】和【文字界内对齐】均设为关，然后根据结果再进行调整；方法二，利用【特性】对话框中【文字】选项板，【文字替代】用空格响应，然后用【单行文字】和【直线】命令处理。

半径 *R*20、*R*10 的书写：修改直线的形状和长度，用单行文字书写。

结果如图 5-49 所示。

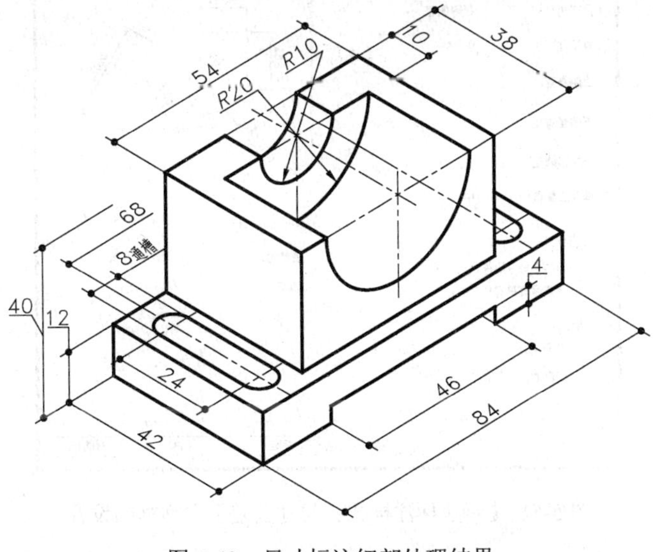

图 5-49　尺寸标注细部处理结果

为了使图看起来更整齐，最后还需调整相应两尺寸线之间的距离。

第5节 公 差 标 注

在机械图中，公差标注分为尺寸公差标注和形位公差标注两种形式，如图 5-50 所示。

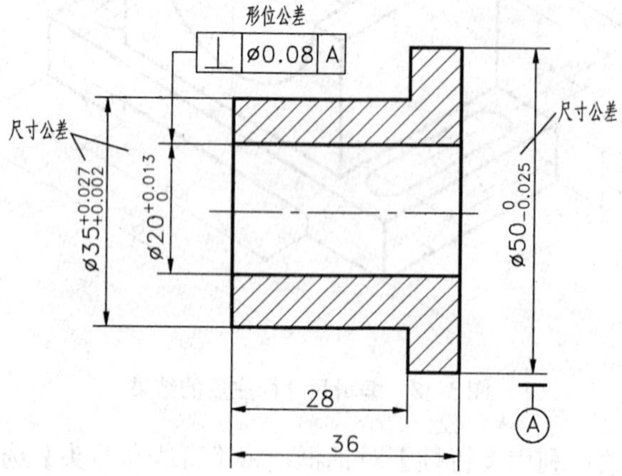

图 5-50 尺寸公差和形位公差

一、尺寸公差标注

尺寸公差主要有以下两种标注方法：

（一）使用专门的公差尺寸标注样式

1. 新建尺寸标注样式

新建“尺寸公差”标注样式，各项设置如图 5-51 所示。

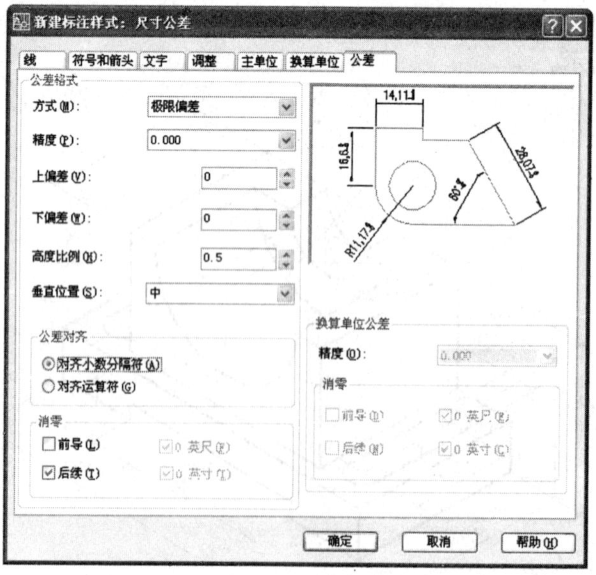

图 5-51 【新建标注样式：尺寸公差】对话框的设置

【方式】下拉列表框：用于选择公差标注的方式，各选项效果如图 5-52 所示。【精度】下拉列表框：用于指定公差值小数点后保留的位数。【上偏差】用于设置最大公差值或上偏差值。【下偏差】用于设置最小公差值或下偏差。【高度比例】用来确定公差文字相对尺寸文字的高度比例因子，一般设为 0.5。

重点提示

▲ 当公差标注用于孔或轴的标注时，应将该样式【主单位】选项卡中的【前缀】设为“%%c”。

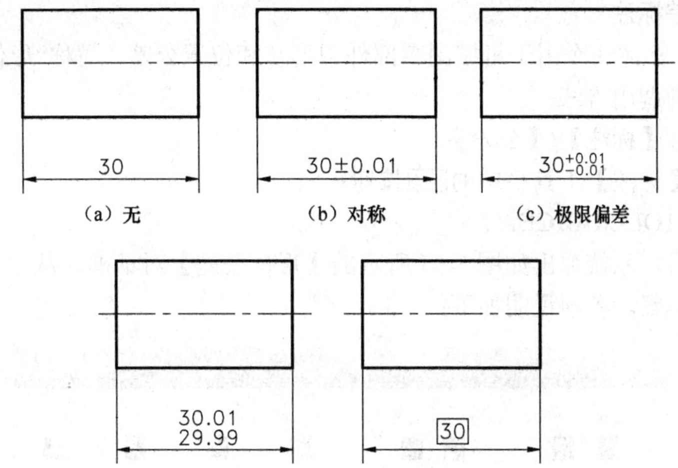

（a）无　（b）对称　（c）极限偏差

（d）极限尺寸　（e）基本尺寸

图 5-52　公差标注的 5 种方式

2. 进行公差标注

将“尺寸公差”样式置为当前，用【线性】标注等命令进行公差标注，如对图 5-50 所示图形进行公差标注后，结果如图 5-53 所示。

3. 编辑标注公差值

如果图样中有多个尺寸公差，且公差值不同，利用【特性】对话框中【公差】选项板，对【公差下偏差】和【公差上偏差】进行修改，改变公差值，如对图 5-53 中“ϕ35”的【公差下偏差】和【公差上偏差】分别改为“−0.002”和“0.027”。

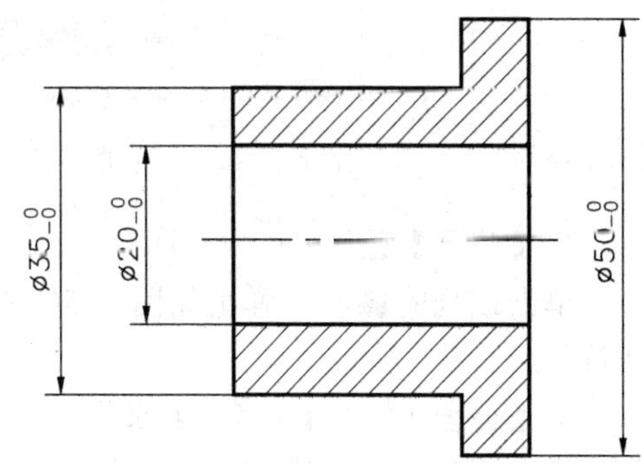

图 5-53　公差标注最初结果

重点提示

▲ 上偏差默认为正值，下偏差默认为负值。

（二）利用文字堆叠功能

利用【标注】工具栏中的按钮，输入 n↙，弹出【文字格式】对话框，如图 5-54 所示。输入“%%c35＋0.027^＋0.002”，选中“＋0.027^＋0.002”，按按钮，单击确定，再选择要修改的对象即可。

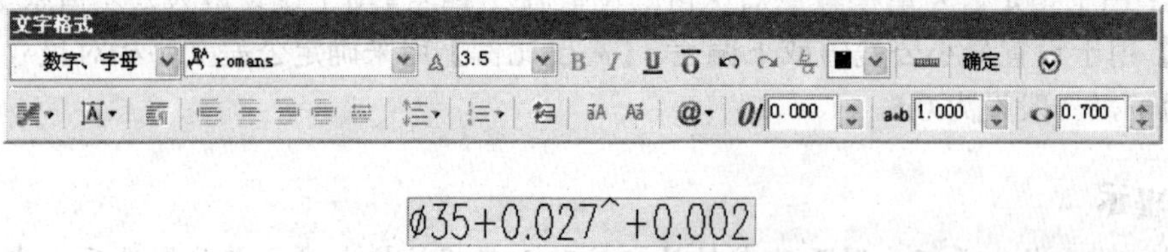

图 5-54 利用文字堆叠修改标注

二、形位公差标注

形位【公差】标注命令用于机械图零部件中形状和位置公差（简称“形位公差”）的标注。该命令有以下三种调用方法：

✧ 下拉菜单：【标注】/【公差】；

✧ 工具栏：【标注】工具栏中的按钮；

✧ 命令行：TOLERANCE↙。

激活该命令后，系统弹出如图 5-55 所示的【形位公差】对话框，从中设置公差的符号、公差值及基准等参数。各项说明如下：

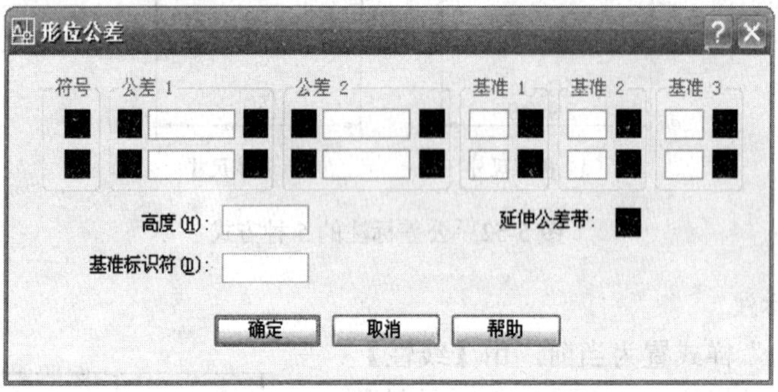

图 5-55 【形位公差】对话框

1.【符号】区

单击该列的■框，弹出如图 5-56 所示的【特征符号】对话框，从中选择所需的几何特征符号。

2.【公差 1】和【公差 2】选项区

单击该列前面的■框，将插入一个直径符号；单击该列后面的■框，打开【附加符号】对话框，如图 5-57 所示，在其中可以为公差选择包容条件符号；单击该列中间的编辑框，可以输入公差值。

3.【基准 1】、【基准 2】和【基准 3】选项区

基准列左边的编辑框，可输入基准字母，基准列右边的编辑框，可为公差基准设置相应的包容条件。

4.【高度】文本框

用于设置投影公差带的值。投影公差带控制固定垂直部分延伸区的高度变化，并以位置

公差控制公差精度。

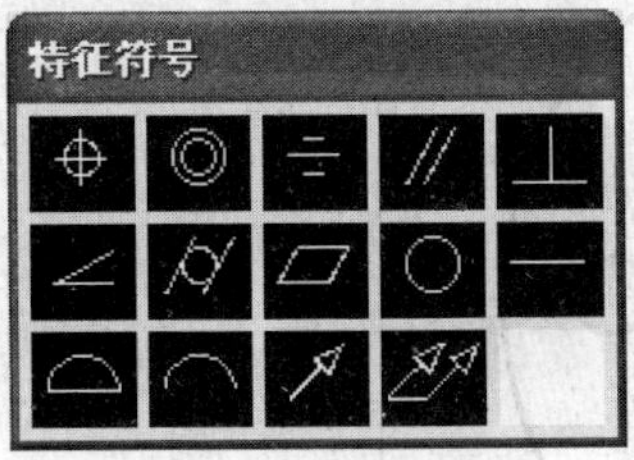

图 5-56 公差特征符号

图 5-57 【附加符号】对话框

5.【延伸公差带】选项

单击■框，可在延伸公差带值的后面插入延伸公差带符号。

6.【基准标识符】文本框

创建由参照字母组成的基准标识符号。

图 5-50 所示形位公差标注，参数设置结果如图 5-58 所示。

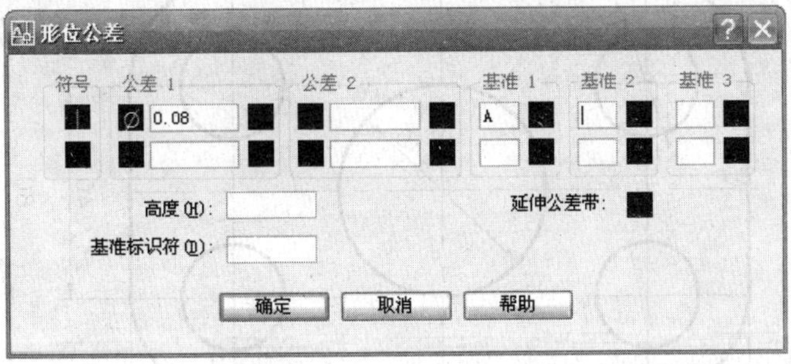

图 5-58 最终参数设置

重点提示

▲ 按上述方法标注的形位公差，只有公差框格而没有引线，不符合标注要求，所以通常与【多重引线】命令结合。

习题与操作

1．作业指导：

（1）标注尺寸时，应先将所设尺寸标注样式设为当前标注样式。

（2）打开极轴及对象捕捉模式。

（3）将【标注】工具栏放在绘图区，以便用标注工具栏中的相应命令标注尺寸。

（4）检查、修改尺寸标注。修改尺寸标注时，如果是尺寸标注样式设置问题，不要逐个地修改标注尺寸，也不需擦除已标注的尺寸，只需修改该尺寸标注样式，这样即可将用该尺寸标注样式标注的所有尺寸全部修正过来。

2．按 1:1 比例绘制如图 5-59～图 5-63 所示图形并标注尺寸（标注样式设置见本书第 9 章机械专业图部分）。

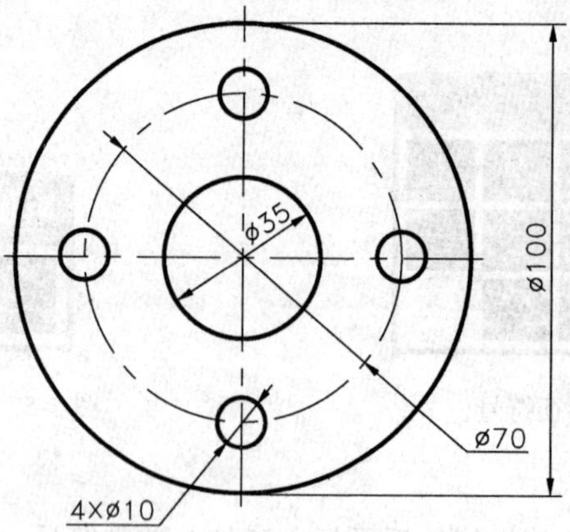

图 5-59 绘图练习（一）

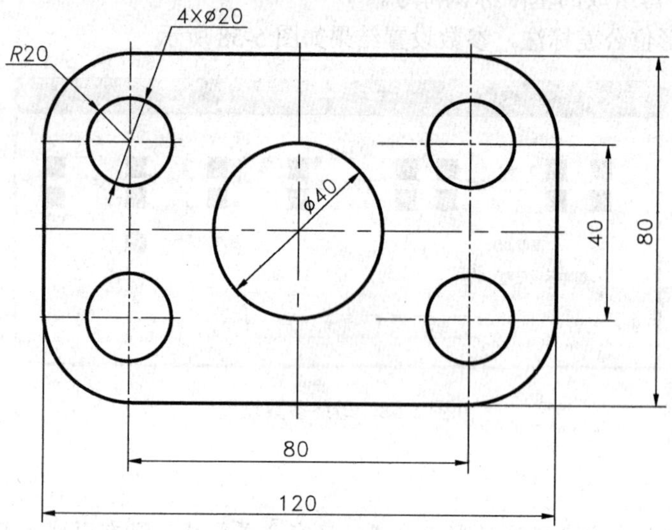

图 5-60 绘图练习（二）

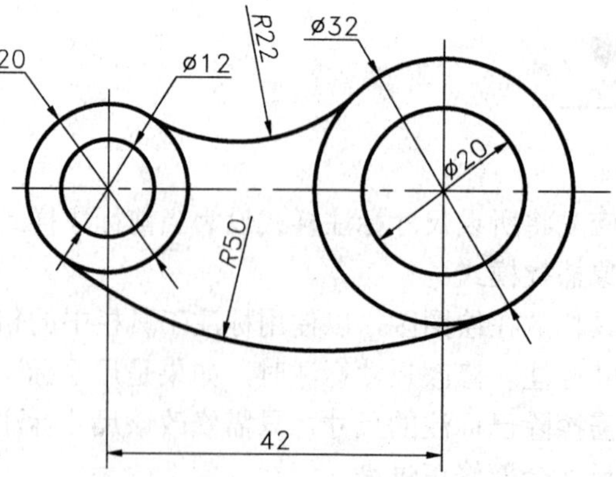

图 5-61 绘图练习（三）

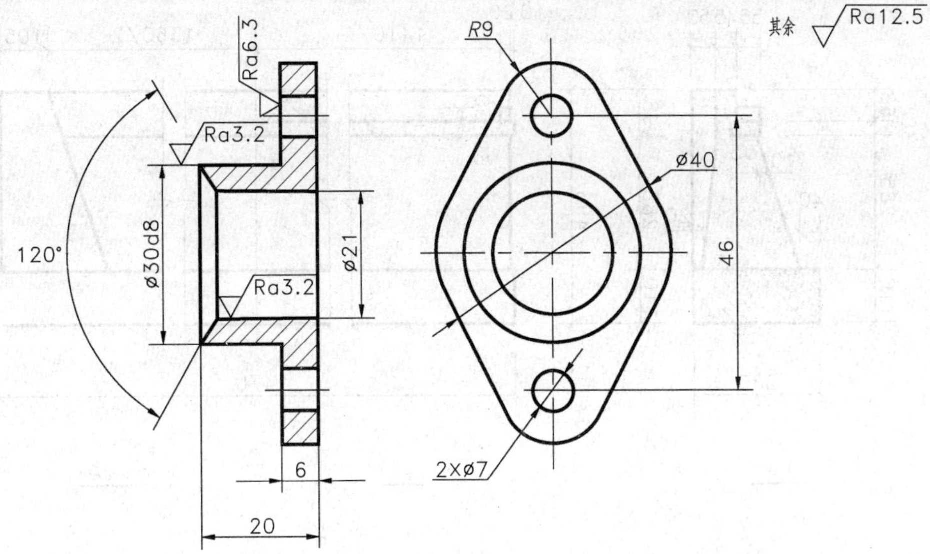

图 5-62　绘图练习（四）

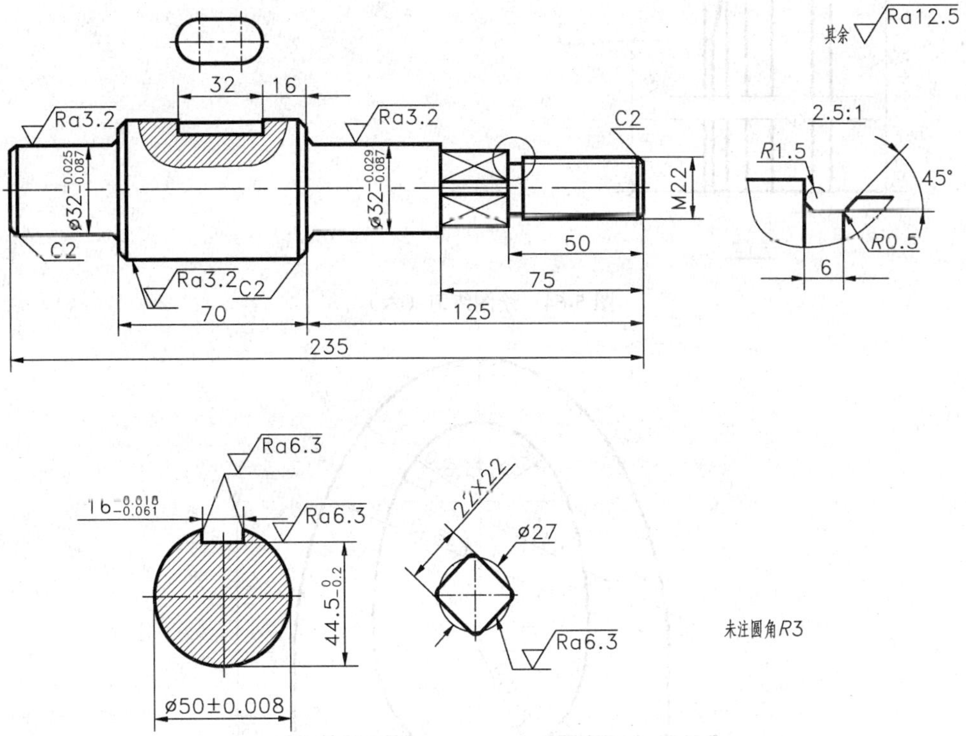

图 5-63　绘图练习（五）

3．按 1:20 比例抄绘图 5-64 所示桥墩结构图并标注尺寸（标注样式设置见本书第 9 章建筑专业图部分）。

4．按 1:50 比例抄绘图 5-65 所示涵洞结构图并标注尺寸（标注样式设置见本书第 9 章水工专业图部分）。

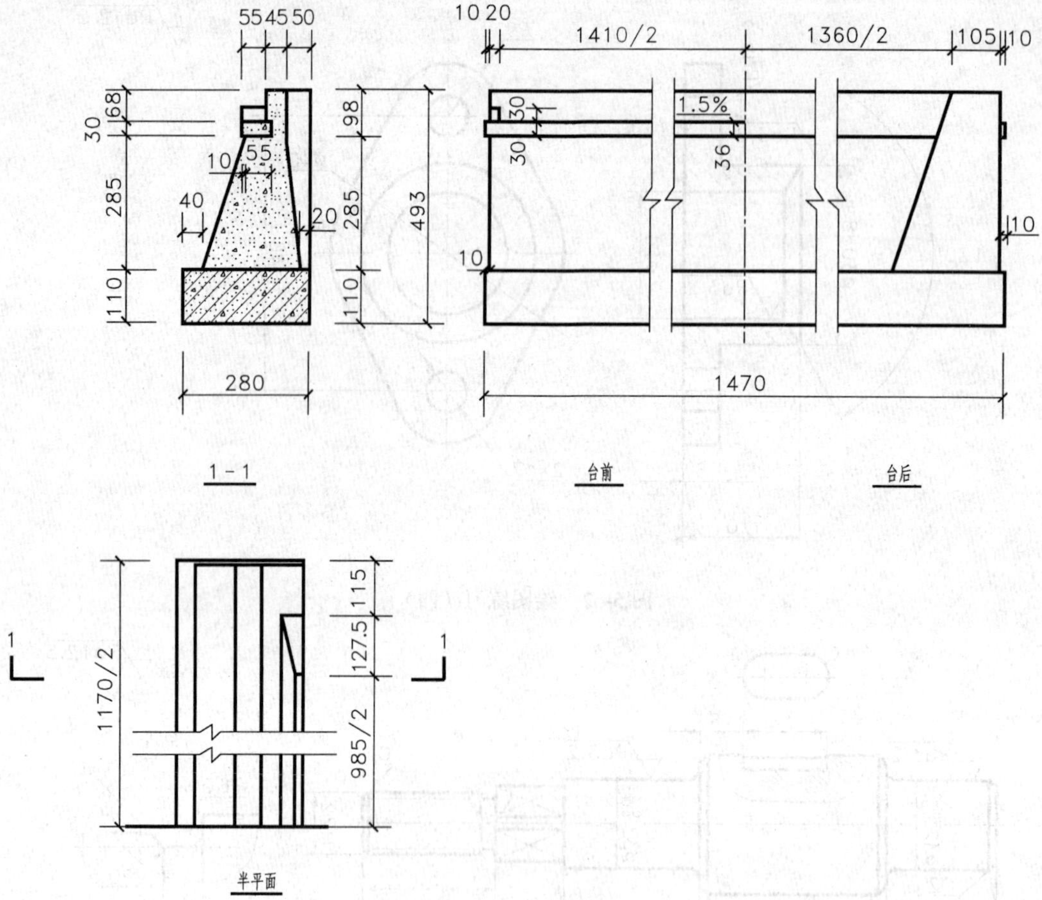

图 5-64 绘图练习（六）

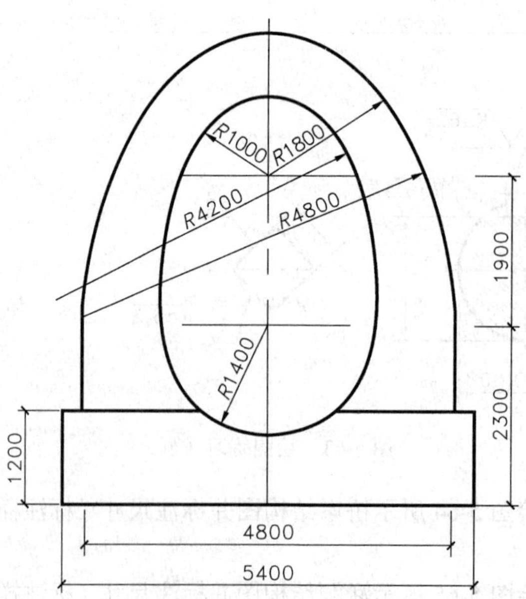

图 5-65 绘图练习（七）

第6章 文本、表格

在工程设计中，文字是重要的图形元素，为图形提供如注释说明、技术要求、标题和明细表等信息，是工程制图中不可缺少的组成部分。AutoCAD 提供了较强的文本标注和表格功能，以满足设计中的不同需要，提高工作效率。

本章主要知识点：

* 设置文字样式；
* 文本输入（单行文本输入、多行文本输入和特殊字符的输入）；
* 文本编辑；
* 表格（设置表格样式、创建表格、编辑表格和表格单元）。

第1节 设置文字样式

文字样式设置了文字的外观特性，如字体、字宽、高度和其他的文字效果。

启用【文字样式】命令有以下三种方法：

✧ 下拉菜单：【格式】/【文字样式】；

✧ 工具栏：【样式】或【文字】工具栏中按钮；

✧ 命令行：STYLE↙。

执行该命令后，弹出【文字样式】对话框，如图 6-1 所示。利用该对话框可以修改或创建文字样式，其选项及操作说明如下：

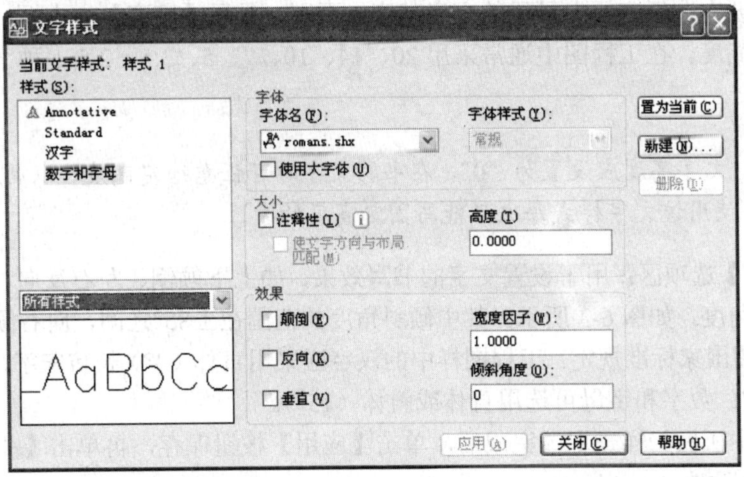

图 6-1 【文字样式】对话框

（1）【样式】列表：列出了当前可以使用的文字样式，系统默认的文字样式为 Standard。样式名前的图标指示该样式是 Annotative（注释性）。

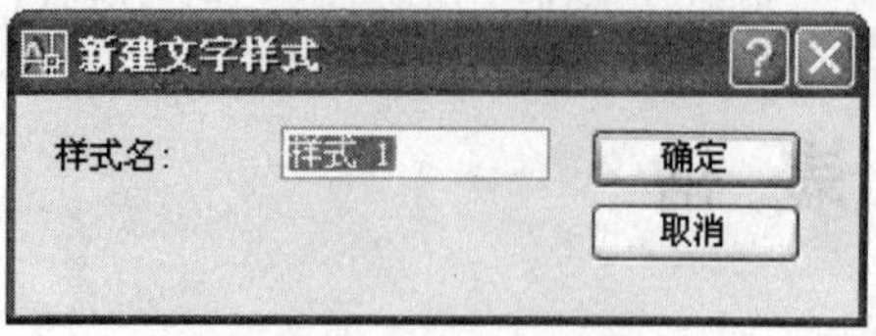

图 6-2 【新建文字样式】对话框

（2）【新建】按钮：单击该按钮，弹出如图 6-2 所示的【新建文字样式】对话框，并自动建立名为“样式 n”的样式名。用户可以输入自己定义的新样式名，如“汉字”、“数字和字母”等，然后单击【确定】按钮，返回到【文字样式】对话框。

（3）【删除】按钮：删除不需要的文字样式，但无法删除已使用的文字样式、当前文字样式和默认的 Standard 文字样式。

（4）【字体】选项区：用于设置文字的不同书写形式。

1）【字体名】下拉列表框：列表框中列出所有注册的“TrueType”字体和 Fonts 文件夹中编译的形（.shx）字体。在工程图中，汉字常采用长“仿宋_GB2312”。

重点提示

▲ 字体名前带有“@”的汉字字体，字头朝左书写。

2）【使用大字体】复选框：指定亚洲语言的大字体文件，主要指汉字。只有在【字体名】中选择“.shx”文件，该复选框才有效。此时可创建支持汉字等大字体的文字样式。

3）【字体样式】下拉列表框：用于指定大字体的格式，比如斜体、粗体或者常规字体。常用字体文件为 gbcbig.shx（简体中文字体）。

（5）【大小】选项区：用于将文字指定为注释性对象及指定文字的高度。

1）【注释性】复选框：在图形中将注释行文字用于节点或标签，通过使用注释性文字样式创建注释性文字，可以设置图纸上的文字高度。

2）【使文字方向与布局匹配】复选框：指定图纸空间视口中的文字方向与布局方向匹配。如果清除【注释性】选项，则该选项不可用。

3）【高度或图纸文字高度】文本框：选择【注释性】复选框，显示【图纸文字高度】文本框，需设置要在图纸空间中显示的文字高度。否则，显示【高度】文本框，用于设置输入文字时文字的高度。在工程图中通常采用 20、14、10、7、5、3.5、2.5 七种字号。

重点提示

▲ 文字高度应设置为“0”，在书写文字时可任意给定高度，以满足不同需要；否则，使用该文字样式每次只能写固定高度的字。

（6）【效果】选项区：用于设置文字的书写效果，如上下颠倒、左右反向、纵向垂直、宽度因子和倾斜角度，如图 6-3 所示。其中倾斜角度的范围在±85°之间，向右倾斜为正，向左倾斜为负。制图国家标准规定：工程图样中的汉字应采用直体（0°）长仿宋字，其宽高比（宽度因子）为 0.7；数字和字母可选用直体或斜体（15°）。

将对话框中所做的样式更改完成后，单击【应用】按钮保存，再单击【关闭】按钮退出【文字样式】对话框。

重点提示

▲ 垂直仅适用于支持垂直方向的.shx 字体，对于 TrueType 字体和符号不可用。

▲ 更改文字样式中的“颠倒”、“反向”特性后，使用该文字样式创建的文本都会相应改变，但是宽度因子、倾斜角度的设置只会影响其后新输入的文字。

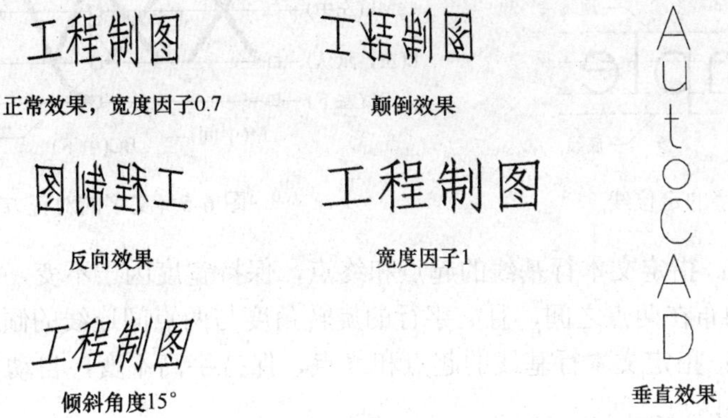

图 6-3 文字的各种效果

第2节 文 本 输 入

一、单行文字输入

单行文字是指 AutoCAD 将输入的每行文字作为一个对象，可以单独编辑和修改。一般用于只有一种字体和文字样式，且内容较短的文字对象，如图名、标签、编号等。

启用【单行文字】命令有以下三种方法：

✧ 下拉菜单：【绘图】/【文字】/【单行文字】；

✧ 工具栏：【文字】工具栏中 A 按钮；

✧ 命令行：TEXT↙或 DTEXT↙。

执行该命令后，命令行提示：

```
命令:_dtext
指定文字的起点或 [对正(J)/样式(S)]:（在屏幕上指定一点或输入选项）
当前文字样式:"Standard" 文字高度:2.5000 注释性:否
```

各选项含义如下：

（1）指定文字的起点：在屏幕上选取一点作为单行文字基线的起点，以系统默认的左对齐方式定位。拾取该点后，命令行继续提示：

```
指定高度 <2.5000>:(输入高度值或用鼠标在屏幕上指定高度)
指定文字的旋转角度 <0>:(输入文字行的旋转角度)
输入文字:(输入文字的内容)
```

（2）对正（J）：用于控制文字的对齐方式。选择该选项后，命令行提示：

```
[对齐(A)/调整(F)/中心(C)/中间(M)/右(R)/左上(TL)/中上(TC)/右上(TR)/左中(ML)/正中(MC)/右中(MR)/左下(BL)/中下(BC)/右下(BR)]:
```

AutoCAD 为文字定义了 4 条定位线：顶线、中线、基线、底线，如图 6-4 所示。各种对齐方式均以定位线上的点为基准点，其显示效果如图 6-5 所示。几种常用选项的含义如下：

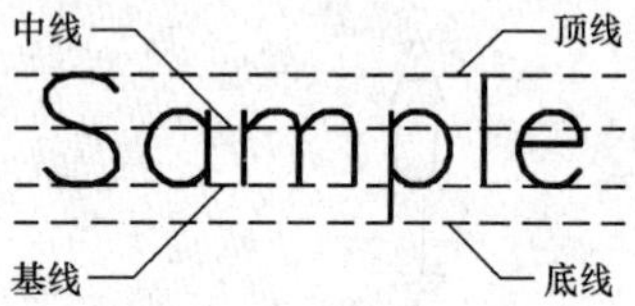

图 6-4　文字的定位线

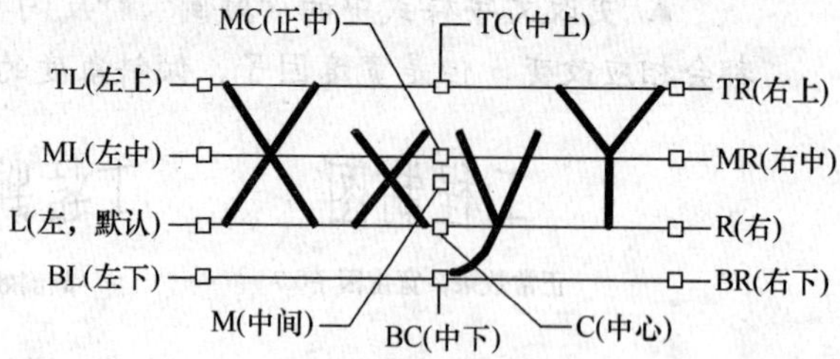

图 6-5　文字的对正方式

1）对齐（A）：指定文本行基线的起点和终点，保持宽度因子不变，自动调整字高，使用户输入的文本均布在两点之间，且文字行的旋转角度与两点间连线的倾斜角度一致。

2）调整（F）：指定文本行基线的起点和终点，保持字高不变，自动调整字宽，使用户输入的文本均布在两点之间。

3）中心（C）：指定文本行基线的中点对齐文字。

4）中间（M）：指定文本行的水平中点和指定高度的垂直中点对齐文字。

5）右（R）：指定文本行基线的右端点对齐文字。

例如，在长度为 20、高度为 5 的矩形框内，若使用默认方式“左对齐”，捕捉矩形的左下角点，书写高度为 5、宽度比例为 0.7 的“仿宋_GB2312”字体，结果如图 6-6（a）所示；若使用“对齐”方式，分别捕捉矩形的左下角点和右下角点作为文本行基线的起点和终点，书写宽度比例为 0.7 的字，结果如图 6-6（b）所示；若使用“调整”方式，则结果如图 6-6（c）所示。

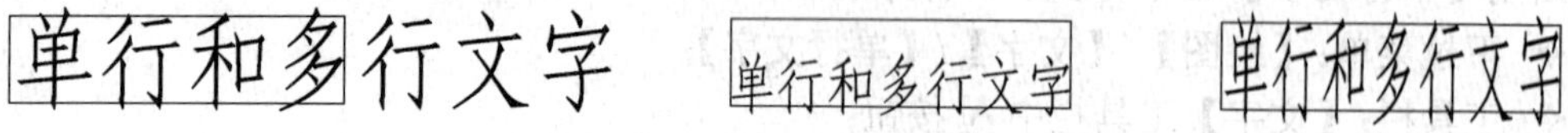

（a）左对齐　　（b）对齐　　（c）调整

图 6-6　文字的不同对正方式

重点提示

▲ 在输入文字的过程中，可以随时改变文字的位置，将光标移动到新位置并按拾取键，可再次继续输入文字。

▲ 在输入文字时，不论采用哪种对正方式，在屏幕上都是临时按“左对齐”方式排列，只有在命令结束后，才按指定的方式重新排列。

▲ 如果上次使用的是 TEXT 或 DTEXT 命令，再次使用该命令时，按 Enter 键响应“指定文字的起点”，AutoCAD 将跳过指定高度和旋转角度的提示，输入的文本将直接放置在前一行文字的下方。

▲ 系统变量 DTEXTED 设置为 1，将显示【编辑文字】对话框；设置为 2，将显示在位文字编辑器。

▲ “旋转角度”是指文字行基线相对 X 轴的旋转角度；“倾斜角度”是指文字字符本身相对 Y 轴正方向的倾斜角度。

二、多行文字输入

多行文字又称段落文字，是由任意数目的文字行或段落组成的，布满指定的宽度，还可以沿垂直方向无限延伸。多行文字输入的所有文本作为一个对象，不同的文字可以采用不同的字体、字高和文字样式等。与单行文字相比，多行文字在设置上更灵活，它适用于创建较长且较为复杂的文字说明，如图样的技术要求等。

启用【多行文字】命令有以下三种方法：

✧ 下拉菜单：【绘图】/【文字】/【多行文字】;

✧ 工具栏：【绘图】或【文字】工具栏中 A 按钮；

✧ 命令行：MTEXT↙。

执行该命令后，命令行提示：

```
命令: _mtext 当前文字样式:"Standard"  文字高度:10  注释性:否
指定第一角点:(在屏幕上拾取一点)
指定对角点或 [高度(H)/对正(J)/行距(L)/旋转(R)/样式(S)/宽度(W)/栏(C)]:
```

几种常用选项的含义如下：

（1）指定对角点：该项为默认选项，AutoCAD 将两个对角点形成的矩形区域作为文本注释区，矩形区域的宽度就是所标注文本的宽度。指定文本框的另一个对角点后，系统自动弹出如图 6-7 所示的在位文字编辑器，它包括【文字格式】工具栏和顶部带有标尺的【文本输入】窗口两部分。

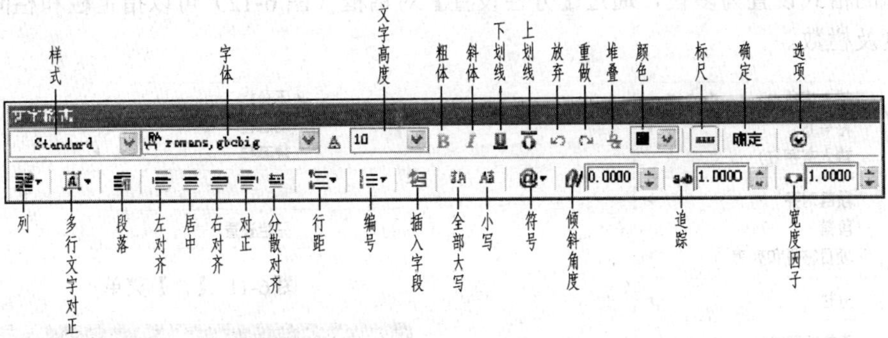

(a) 【文字格式】工具栏

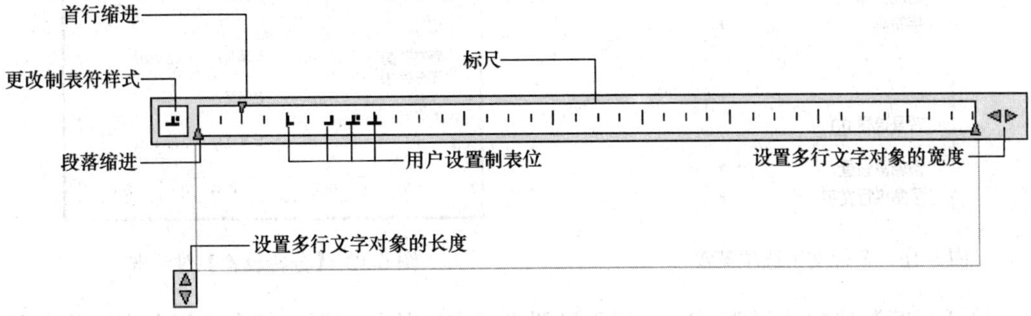

(b) 【文本输入】窗口

图 6-7 在位文字编辑器

（2）【堆叠】按钮：如果选定文字中包含堆叠字符“/”（正向斜杠）、“#”（磅符号）、“^”

（插入符），单击该按钮，可以创建堆叠文字（堆叠文字是一种垂直对齐的文字或分数），堆叠字符左侧的文字将堆叠在字符右侧的文字之上。默认情况下，“/”字符堆叠成居中对齐的分数形式；“#”字符堆叠成由斜线分开的分数形式；“^”字符堆叠成左对齐、上下排列的公差形式，如图 6-8 所示。选择堆叠文字，然后单击鼠标右键，弹出快捷菜单，在其中选择“堆叠特性”，弹出【堆叠特性】对话框，如图 6-9 所示。

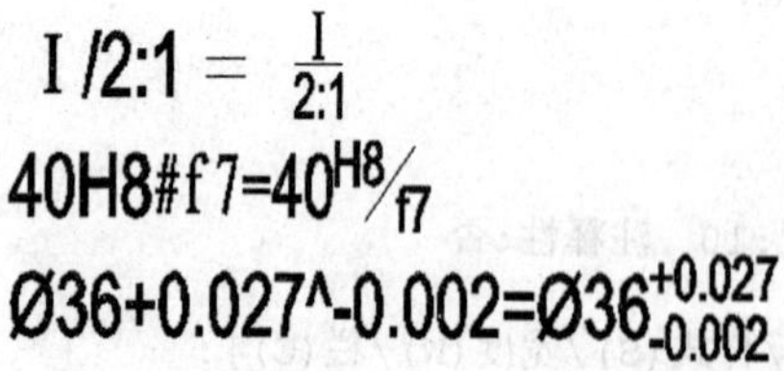

图 6-8　文字堆叠效果

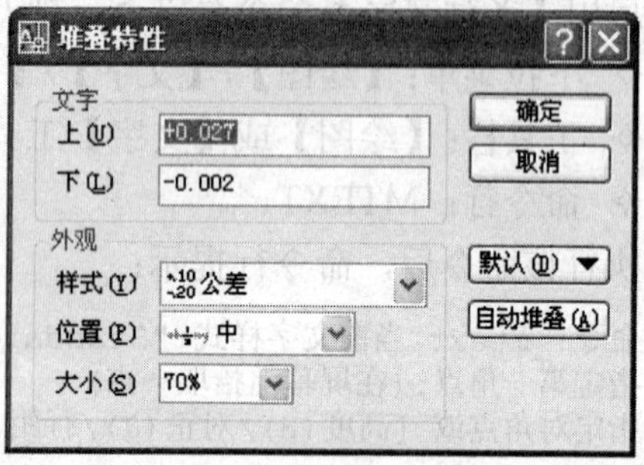

图 6-9　【堆叠特性】对话框

（3）【选项】按钮：单击该按钮弹出多行文字选项菜单（图 6-10），用于控制【文字格式】工具栏的显示并提供其他编辑选项。

（4）【列】按钮：单击该按钮弹出如图 6-11 所示的【栏】菜单。通过该菜单可以将多行文字对象的格式设置为多栏，通过【分栏设置】对话框（图 6-12）可以指定栏和栏间距的宽度、高度及栏数。

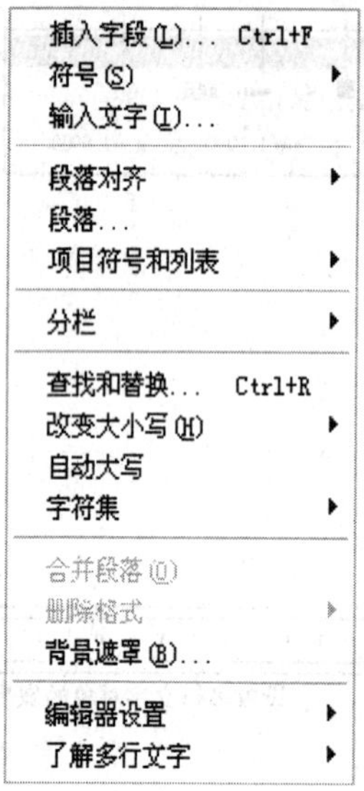

图 6-10　多行文字选项菜单

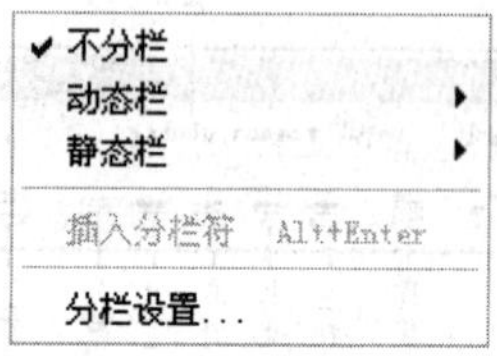

图 6-11　【栏】菜单

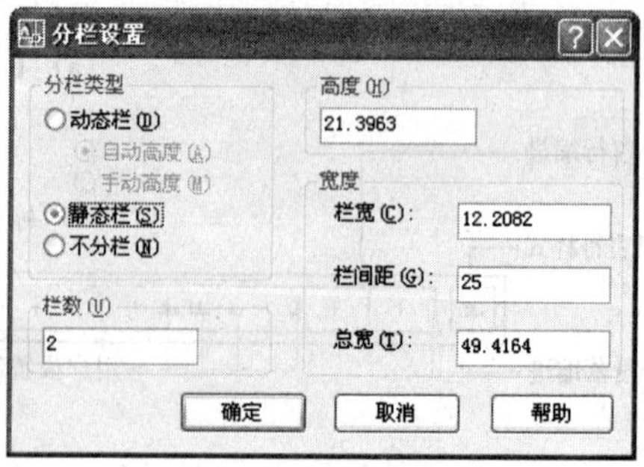

图 6-12　【分栏设置】对话框

（5）【行距】按钮或行距（L）：用于设置多行文字的行间距，每个多行文字对象中所有文字行的行距相等。【至少】和【精确】都要求输入行距比例或行距（图形单位测量的绝对值）来指定行距，其有效值在 2.0833（0.25*x*）～33.3333（4*x*）之间。其中行距比例是将行距设置为单倍行距的倍数，以“*nx*”表示，单倍行距是文字字符高度的 1.66 倍。单击【行距】快捷菜单中的【其他】选项，则弹出【段落】对话框。

（6）【追踪】文字框：设定选定字符之间的间距。1.0 是常规间距，设置为大于 1.0 可增大间距，设置为小于 1.0 可减小间距。

（7）【输入文字】选项：在多行文字选项菜单中单击该选项，系统将显示【选择文件】对话框，可选择 TXT 格式或 RTF 格式的文件进行文字输入，但要求输入文字的文件必须小于 32KB。注意：从 TXT 文件中输入的文字继承当前的文字样式；从 RTF 文件中输入的文字继承当前的文字样式名称，但仍保留原始的字体和格式。

重点提示

▲ 多行文字可用 EXPLODE（分解）命令进行分解，分解后，每一行作为一个独立的对象。

▲ 文字边框用于定义多行文字对象中段落的宽度。多行文字对象的长度取决于文字量，而不是边框的长度。可以用夹点移动或旋转多行文字对象。

▲ SHX 字体不支持粗体或斜体。

三、特殊字符的输入

在工程图中，经常要标注一些特殊字符，如上划线、下划线、°（度）、ϕ（直径）、±（公差）等，这些字符无法通过键盘直接输入。用户可使用某些替代形式输入这些符号。

1. 单行文字输入特殊字符的方法

在使用单行文字输入特殊字符时，可直接输入特定的控制代码来创建特殊字符。表 6-1 列出了部分特殊字符及其控制代码。例如，要输入“ϕ10±0.02”，可由键盘输入“%%c10%%p0.02”，控制代码中的字母大小写均可。

表 6-1 特殊字符及其控制代码

特殊字符	控制代码	特殊字符	控制代码
度符号（°）	%%d	公差符号（±）	%%p
直径符号（ϕ）	%%c	百分号（%）	%%%
上划线（‾‾‾）	%%o	下划线（____）	%%u

在输入上（下）划线符号时，第一次出现控制代码表示上（下）划线开始，第二次出现控制代码表示上（下）划线结束。

要输入其他特殊字符如×、α、Ⅱ、※等，可使用 Windows 系统提供的模拟键盘。但要注意当前文字样式应设置为中文字体或支持使用大字体。

2. 多行文字输入特殊字符的方法

多行文字比单行文字具有更大的灵活性，因为它本身就具有一些格式化选项。用户可直接借助图 6-7 所示【文字格式】工具栏中符号按钮 @▾ 或图 6-10 所示【多行文字】选项菜单中的【符号】子菜单，可直接输入“°”、“ϕ”等。此外，通过【符号】菜单中的【其他】子菜单，打开【字符映射表】对话框（图 6-13），输入某些字符，如 $80m^3$。当然，用户仍然可以借助 Windows 系统提供的模拟键盘输入其他一些特殊字符。

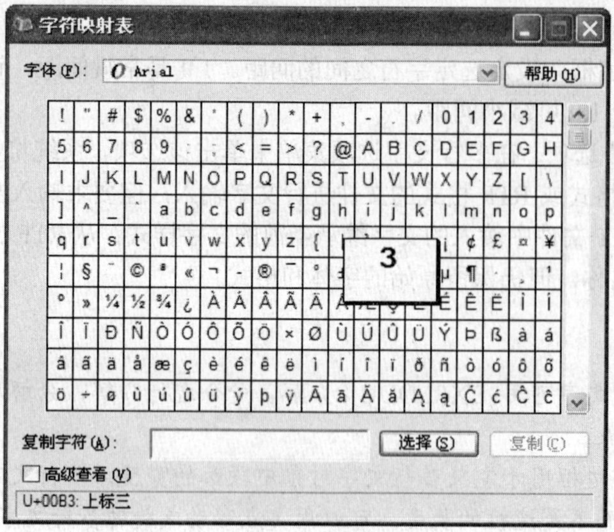

图 6-13 字符映射表

第 3 节 文 本 编 辑

一般来说，编辑文字涉及两个方面，即修改文本内容和文本特性。单行文本字体的修改则通过修改文本样式来进行。

一、使用 Ddedit 命令修改文本

启用文本编辑命令有以下四种方法：

✧ 下拉菜单：【修改】/【对象】/【文字】/【编辑】；

✧ 工具栏：【文字】工具栏中 按钮；

✧ 命令行：DDEDIT↙；

✧ 其他方式：直接双击文字或选择文字对象，单击右键，在快捷菜单中选择“编辑”选项。

执行该命令后，命令行提示：

```
命令：_ddedit
选择注释对象或 [放弃(U)]：(选择要修改的文本对象)
```

当用户选择的是使用 TEXT 或 DTEXT 命令创建的单行文字时，AutoCAD 弹出【编辑文字】对话框，如图 6-14 所示，在对话框的【文字】编辑框内可修改文字对象的内容。当用户选择的是使用 MTEXT 命令创建的多行文字时，AutoCAD 将弹出【在位文字编辑器】，在此编辑器的文本输入窗口中（图 6-15），用户不仅可以修改文本内容，还可以修改文本特性。

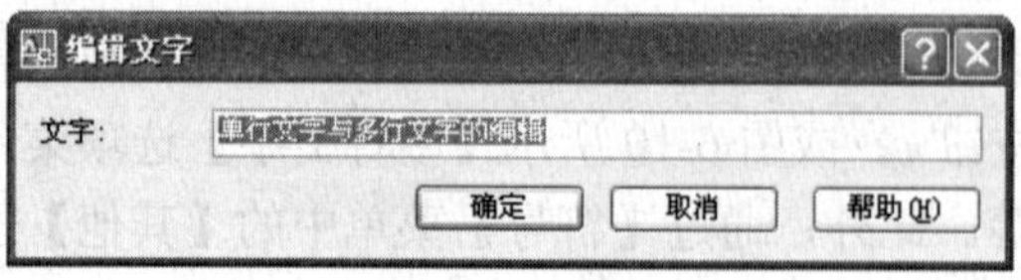

图 6-14 编辑单行文字对话框

图 6-15 编辑多行文字文本输入窗口

二、使用【特性】对话框修改文本

所有对象的修改都可使用【特性】编辑器，这一工具同样适用于文本。图 6-16 所示分别为单行文字和多行文字的【特性】对话框。用户可在窗口特性列表中编辑文字对象的内容及各种特性。

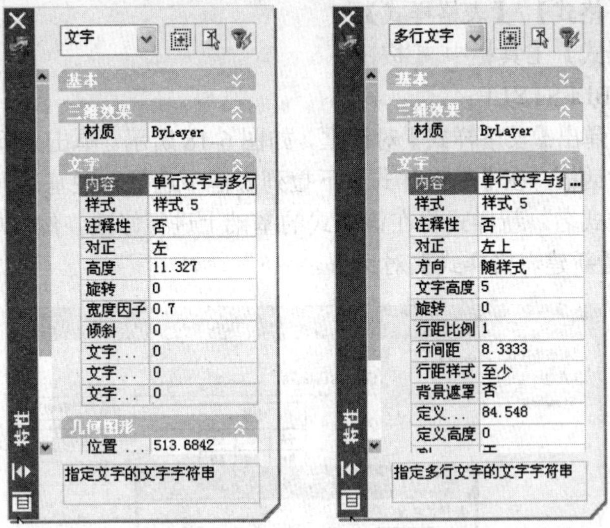

图 6-16 编辑单行文字和多行文字的【特性】对话框

三、快速显示文本

在绘图过程中，如果图形中包含使用了复杂字体的大量文字，将会使图形缩放、刷新速度变慢，因此 AutoCAD 提供了 QTEXT 命令，每个文字对象和属性对象都显示为文字对象周围的边框，减少了程序重画和重生成图形的时间。

启用【快速显示文本】命令只有一种方法：

✧ 命令行：QTEXT↙。

执行该命令后，命令行提示：

```
命令:qtext
输入模式 [开(ON)/关(OFF)] <关>:
```

当 QTEXT 处于打开状态时，系统用文字边框代替文字，如图 6-17 所示。当改变 QTEXT 状态后，必须用 REGEN 命令重生成图形才能显示效果，而后面的新文字也将按照当前状态显示。该设置保存在系统变量 QTEXTMODE 中，也可以通过下拉菜单【工具】/【选项】/【显示】/【显示性能】☑仅显示文字边框(X) 来进行设置。

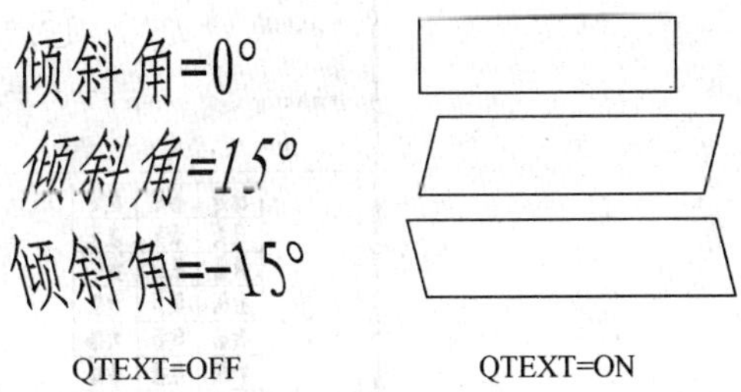

图 6-17 快速显示文本

第4节 表 格

表格是在行和列中包含数据的对象。利用表格功能，可以方便、快速的绘制工程制图中常用表格，如标题栏、明细表、钢筋表等。在 AutoCAD 中，可以利用从空表格或【表格样式】创建表格对象，还可以将表格链接至 Microsoft Excel 电子表格。

一、设置表格样式

表格样式控制一个表格的外观，用于保证标准的字体、颜色、文本、高度和行距。

启用【表格样式】命令有以下三种方法：

✧ 下拉菜单：【格式】/【表格样式】；

✧ 工具栏：【样式】工具栏中按钮；

✧ 命令行：TABLESTYLE↙。

执行该命令后，弹出【表格样式】对话框，如图 6-18 所示。单击【新建】按钮，打开【创建新的表格样式】对话框，在【基础样式】下拉列表框中选择一种基础样式，在【新样式名】文本框中输入新的样式名，新样式将在该样式的基础上进行修改。然后单击【继续】按钮打开如图 6-19 所示的【新建表格样式】对话框。

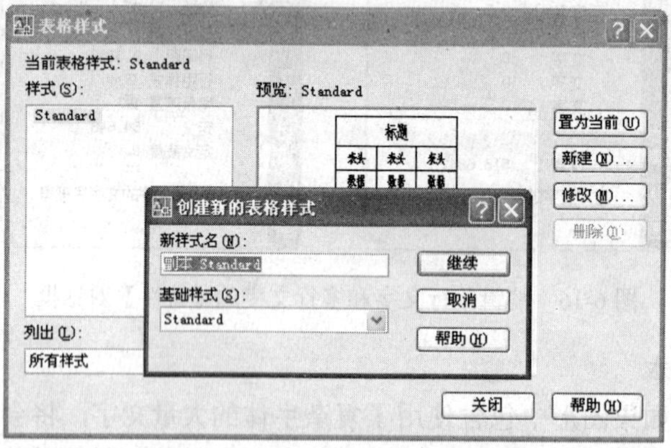

图 6-18 【表格样式】对话框

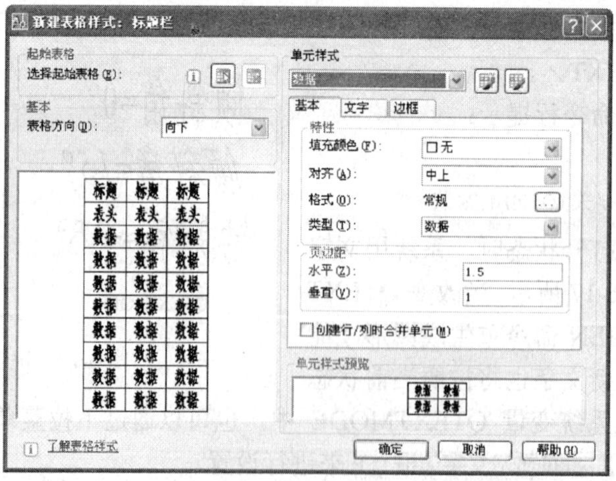

图 6-19 【新建表格样式】对话框

对话框中选项说明如下：

(1)【单元样式】选项区：分别设置【数据】、【标题】、【表头】对应的样式，三个选项的内容基本相似，可以分别指定单元基本特性、文字特性和边框特性。

（2）【基本】选项卡：设置表格的填充颜色、对齐方向、格式、类型及页边距等特性。

（3）【文字】选项卡：设置表格单元中的文字样式、高度、颜色和角度等特性。

（4）【边框】选项卡：设置表格边框是否存在、线宽、线型、颜色和间距等特性。

二、创建表格

启用创建【表格】命令有以下三种方法：

✧ 下拉菜单：【绘图】/【表格】；

✧ 工具栏：【绘图】工具栏中▦按钮；

✧ 命令行：TABLE↙。

执行该命令后，弹出【插入表格】对话框，如图6-20所示。

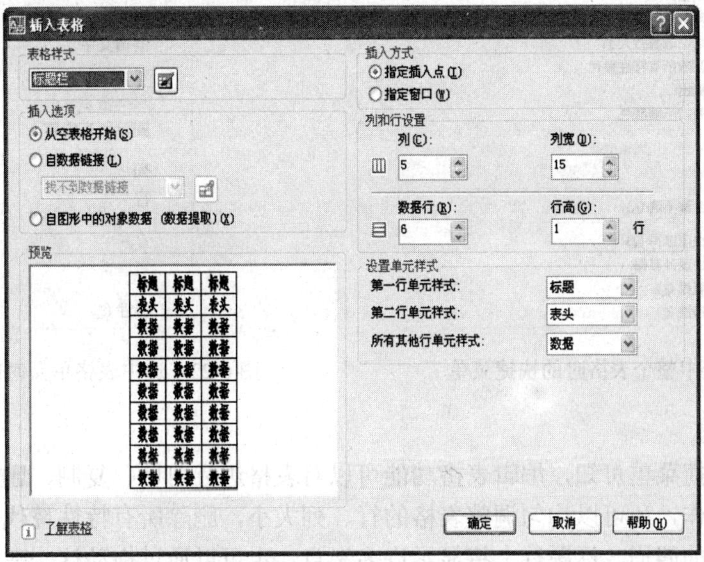

图6-20 【插入表格】对话框

对话框中选项说明如下：

（1）【插入选项】选项区：【从空表格开始】可以创建一个空的表格；选择【自数据链接】可以从外部导入数据创建表格；选择【自图形中的对象数据（数据提取）】用于从可输出到表格或外部文件的图形中提取数据创建表格。

（2）【插入方式】选项区：选择【指定插入点】可以在绘图窗口中的某点插入固定大小的表格（表格自上而下，插入点位于表格的左上角；表格自下而上，插入点位于表格的左下角）；选择【指定窗口】可以在绘图窗口中通过拖动表格边框来创建任意大小的表格。此时，表格的行数、列数、列宽和行高取决于窗口的大小及列和行设置。

（3）【列和行设置】选项区：可以通过改变列、列宽、数据行和行高文本框中的数值来调整表格的外观大小。

三、编辑表格和表格单元

在 AutoCAD 中，可以通过调整表格的样式对表格的特性进行编辑，还可以使用表格的快捷菜单来编辑表格。选中整个表格和表格单元时的快捷菜单分别如图 6-21、图 6-22 所示。

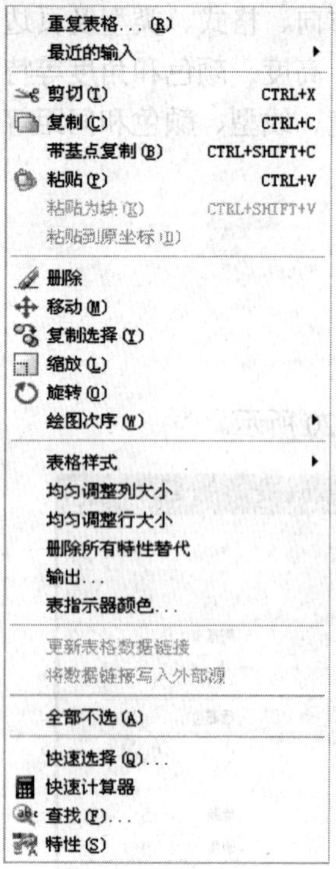

图 6-21 选中整个表格时的快捷菜单

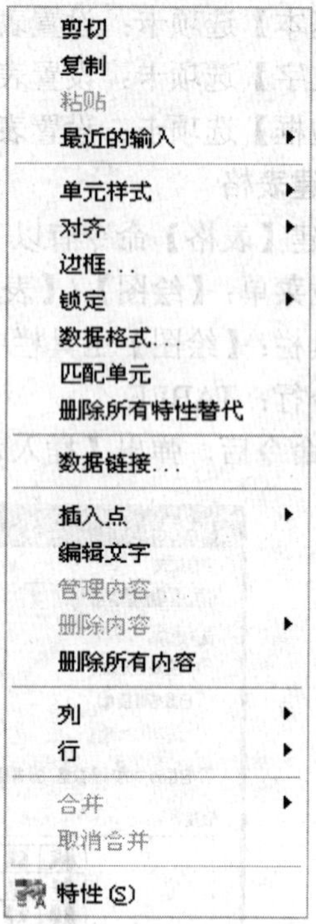

图 6-22 选中表格单元时的快捷菜单

1. 编辑表格

从表格的快捷菜单可知，编辑表格功能可以对表格进行剪切、复制、删除、移动、缩放和旋转等简单操作，还可以均匀调整表格的行、列大小，删除所有特性替代等。另外，在选中表格时，表格的四周、标题行上将显示许多夹点，也可以通过拖动这些夹点来编辑表格。

2. 编辑表格单元

当选中表格单元时，会弹出【表格】工具栏，通过该工具栏或表格单元的快捷菜单可对表格单元进行编辑。其中，【对齐】命令用于设置文字的对齐方式，如左上、右下、正中等；【边框】命令用于设置边框的格式，如线宽、颜色等；【匹配单元】命令是指用当前选中的表格单元格式（源对象）匹配其他表格单元（目标对象），此时鼠标指针变成刷子形状，单击目标对象即可进行匹配；【插入点】命令用于设置插入到表格中的块、字段和公式；【合并】命令用于当选中多个连续的表格单元后，全部、按行或按列合并表格单元。

重点提示

▲ 选中一个单元后，按“F2”键可以编辑该单元文字。

▲ 在表格的单元格内部单击，只能选中所在单元格；在表格的任意一个单元格的边框上单击，将选中整个表格。

▲ 按键盘上的 Tab 键，可以切换到下一个单元格或下一行的左侧单元格。若在最后一个单元格中进行转行，则在表格最下方自动添加一个数据行。

▲ 要选择多个单元格，可单击并在多个单元上拖动，或按住 Shift 键并在另一个单元内单击。

下面以图 6-23 所示简化标题栏为例，介绍表格的使用方法，其操作过程如下：

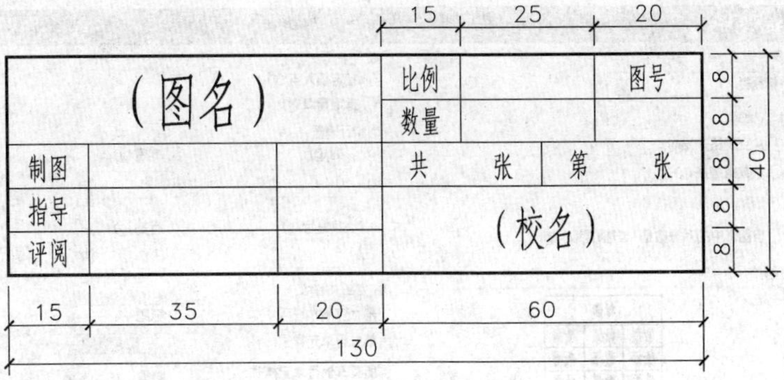

图 6-23 简化标题栏的格式

1. 设定文字样式

单击【样式】或【文字】工具栏中按钮，弹出【文字样式】对话框，设定文字样式，如汉字——仿宋_GB2312，宽度因子 0.7，高度 0。

2. 设定表格样式

单击【样式】工具栏中按钮，弹出【表格样式】对话框，单击新建(N)...按钮，在弹出的【新建表格样式】对话框中输入“标题栏”样式名，单击继续按钮，在弹出的【新建表格样式：标题栏】对话框的【单元样式】选项区中，设定“数据”单元格的样式，【基本】和【文字】两个选项卡的设置分别如图 6-24 和图 6-25 所示。

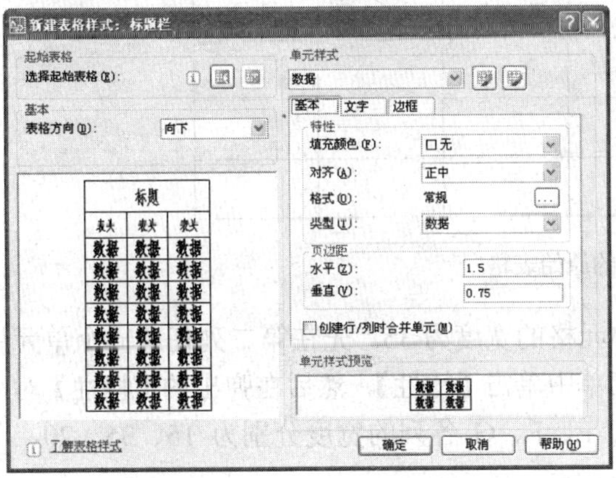

图 6-24 【基本】选项卡的设置

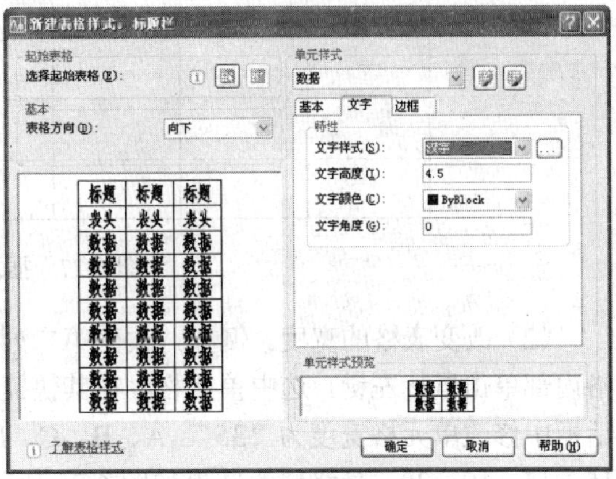

图 6-25 【文字】选项卡的设置

3. 插入表格样式

单击【绘图】工具栏中按钮，弹出【插入表格】对话框，设置如图 6-26 所示，单击确定按钮，在屏幕上适当位置单击鼠标左键，在弹出的界面中再次单击确定按钮，显示图 6-27 所示的表格。

4. 编辑表格和表格单元

(1) 删除行。AutoCAD 插入表格时，最上面一行比下面其他数据行高（表格方向：向下），因此需将最上面一行删除。可在该单元格内部单击鼠标左键，选中单元格，在其快捷菜单中

（图 6-22）单击【行】/【删除】即可。

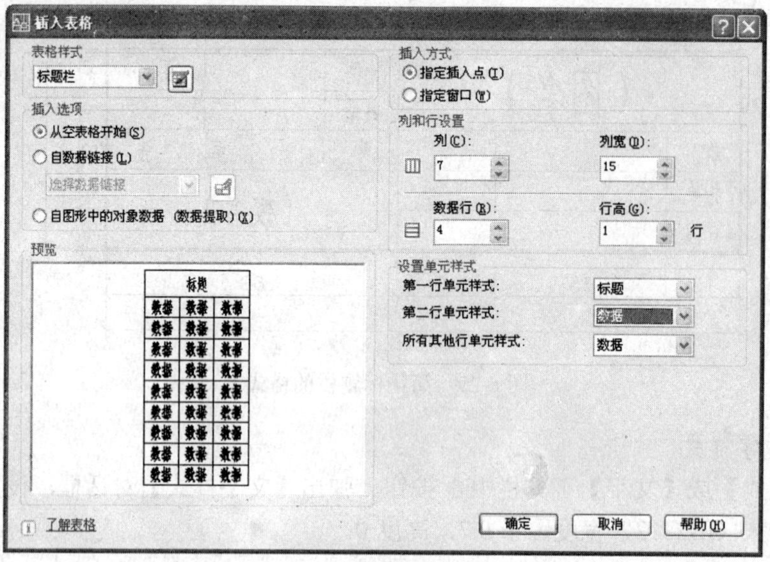

图 6-26　【插入表格】对话框的设置

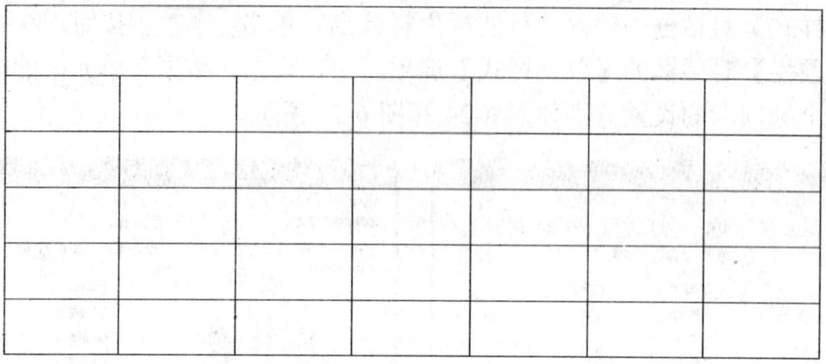

图 6-27　插入的原始表格

（2）改变表格的宽度。例如，改变第二列单元格的宽度为 35。先在第二列任意一个单元格内部单击鼠标左键，选中单元格，在其快捷菜单中单击【特性】，然后在弹出的【特性】对话框中修改单元格宽度为“35”。A、B、C、D、E、F、G 各列的宽度分别为 15、35、20、15、15、10、20，最终修改结果如图 6-28 所示。

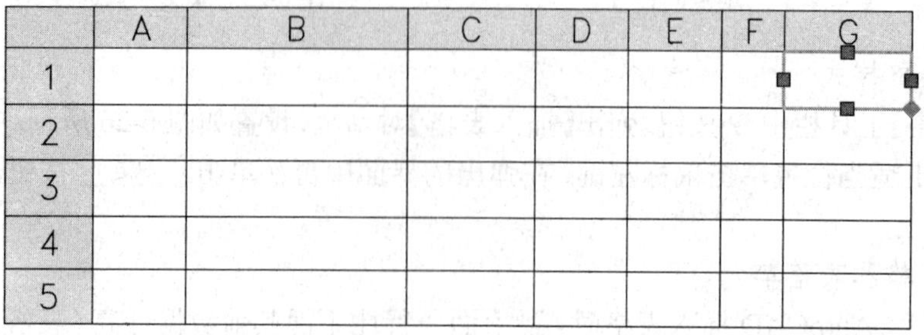

图 6-28　改变单元格宽度

（3）合并单元格。按照标题栏给出的样式，合并必要的单元格。如将 1、2 行 A、B、C 列合并，可选中该部分单元格，在其快捷菜单中单击【合并】/【全部】即可完成操作。用同样的方法合并其他单元格，结果如图 6-29 所示。

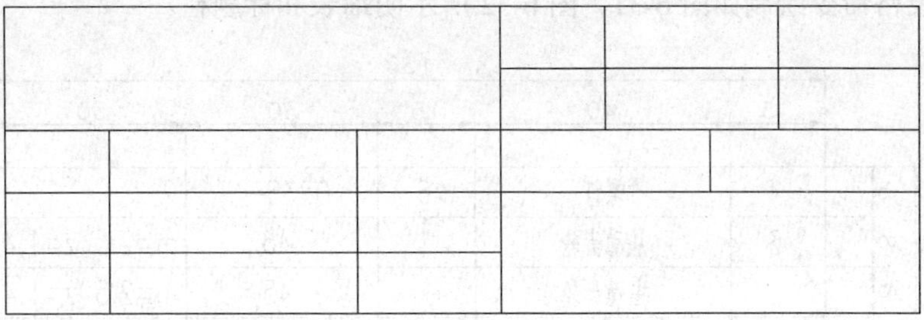

图 6-29 合并单元格

5. 书写表格内容

在需要书写文字的表格内部三击鼠标左键，切换到文本输入状态，同时打开【文字格式】工具栏，然后按照标题栏的要求如内容、字高、文字样式等填写即可。

习题与操作

1．绘制如图 6-30 所示钢筋表。

钢 筋 表

编号	简 图	规格	单根长(mm)	根数	总长(m)	重量(kg)
①		Φ25	8840	4	35.36	136
②		Φ22	9260	2	18.52	55
③		Φ16	9300	2	18.60	29
④		Φ16	2680	4	10.72	17
⑤		Φ8	1890	59	111.51	44

列宽：15、40、15、20、15、25、20，总宽 150；行高：17、12、12、12、12、12，总高 77

图 6-30 钢筋表

提示：使用绘图和编辑命令绘制表格，使用单行文字书写表格文字。

2．多行文字练习。

技术要求（黑体）：

（1）对零件进行时效处理；

（2）蜗杆分度圆直径ϕ=100H7/n6；

（3）齿形角 α=20°；

（4）底板螺栓孔中心距为 $200^{+0.020}_{-0.016}$；

（5）未注圆角半径 R3～5。

要求：字高 5，宽度因子 0.7，除特殊规定外其余用长仿宋体。

3．使用表格命令绘制如图 6-31、图 6-32 所示明细表和标题栏。

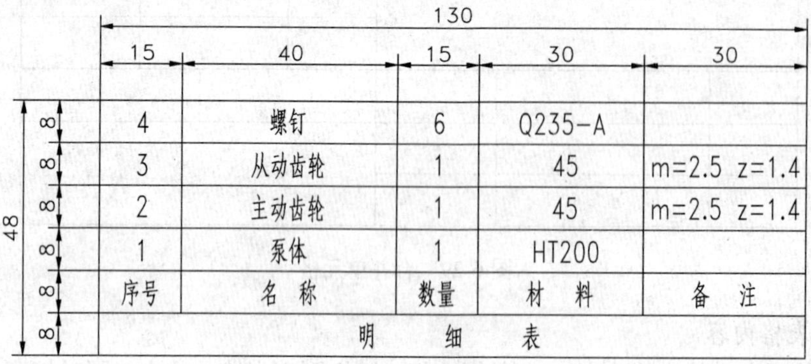

图 6-31 明细表

提示：字高 4.5；页边距：垂直设置为 1。

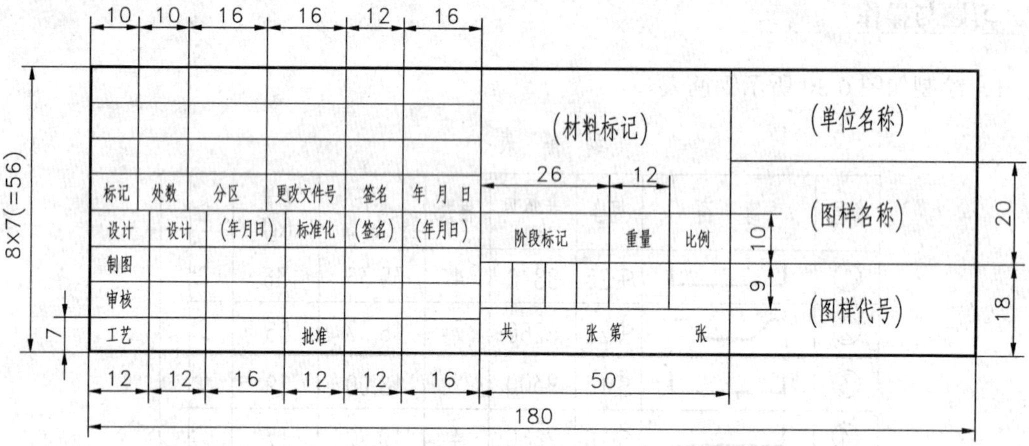

图 6-32 标题栏

第 7 章　图块、属性与外部参照

所谓图块是指由多个实体组成的一个整体。它是 AutoCAD 软件中的重要概念。在绘制工程图时，有大量相同或相似的内容，用户可以将一些相对固定而又经常使用的图形制作成块，存储在计算机中，需要时可将图块按指定的缩放比例和旋转角度反复地插入到当前图形的任意位置。灵活使用图块，不仅能减少数据量，节省存储空间，还可提高资源重复利用率，可以说是提高计算机作图效率的关键之一。

本章主要知识点：

* 创建和使用图块；
* 块的属性及应用；
* 块的继承性；
* 外部参照。

第 1 节　创 建 和 使 用 图 块

一、创建图块

每个块定义都包括块名、一个或多个对象、用于插入块的基点坐标值和所有相关的属性数据。可通过以下方式来调用创建块命令：

✧ 下拉菜单：【绘图】/【块】/【创建】;

✧ 工具栏：【绘图】工具栏中的按钮；

✧ 命令行：BLOCK↙或 BMAKE↙。

命令执行后，系统将弹出【块定义】对话框，如图 7-1 所示。其中各选项的意义如下：

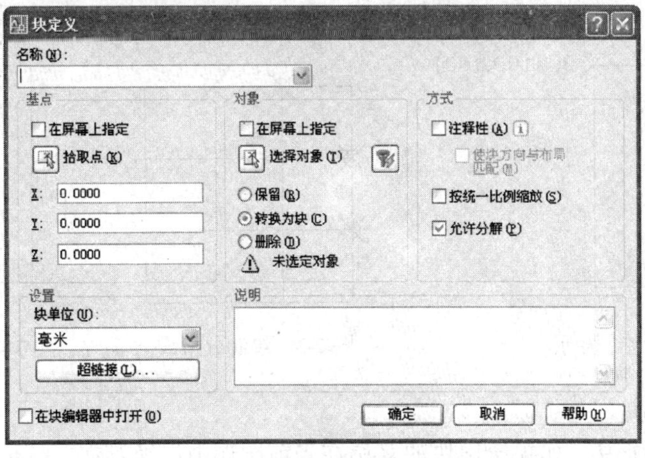

图 7-1　【块定义】对话框

(1)【名称】列表框：输入要定义块的名称，在定义图块名称时，应充分考虑对象的用途命名，以便于将来调用。单击右侧的下三角按钮，可以列出当前图形中所有块的名称。

(2)【基点】选项区：指定基点。可以输入基点的坐标，也可以单击【拾取点】按钮回到图形窗口，在图上直接拾取。创建块时的基准点将成为以后插入块时的插入点，同时它也是块被插入时旋转或缩放的基准点。一般情况下，应选用图形上的特征点作为基点。

(3)【对象】选项区：用于确定如何定义块中的对象。其中【选择对象】按钮供用户选择组成块的对象，选择对象时，系统将临时关闭【块定义】对话框，完成对象选取后，重新回到对话框，同时显示选定对象的数目和预览图像。选中【保留】单选按钮，表示创建块以后，将选定的对象保留在图形中；选中【转换为块】单选按钮，表示创建块以后，将选定的对象转换为块；选中【删除】单选按钮，表示创建块以后，从图形中删除选定的对象。

(4)【方式】选项区：【性】是说明或其他类型的说明性符号或对象，通常用于向图形中添加信息，可置空；【按统一比例缩放】复选框用于指定是否阻止块参照不按统一比例缩放；【允许分解】复选框用于指定块参照是否可以被分解。

(5)【设置】选项区：【块单位】下拉列表用于选择插入块时的缩放单位，一般选“毫米”；【超链接】按钮用于打开【插入超链接】对话框，可以将某个超链接与块定义相关联。

(6)【在块编辑器中打开】复选框：如果选中该复选框，则单击【确定】按钮后，可以在块编辑器中打开当前的块定义。

【例 7-1】 创建窗图块。

操作步骤如下：

(1) 利用绘矩形命令绘制边长为 100 的正方形，如图 7-2 所示。

(2) 利用分解、等分和直线命令绘制窗分格线，如图 7-3 所示。

(3) 单击【创建块】按钮，在弹出【块定义】对话框中，输入图块的名称为“窗”；单击【对象】选择框中的【选择对象】按钮，在绘图窗口中选择窗图形，按 Enter 键确认，返回【块定义】对话框，选择【转换为块】选项；单击【基点】选择组中的【拾取点】按钮，在绘图窗口中选择 A 点作为图块的插入点，如图 7-4 所示；单击 确定 按钮，即完成窗图块的创建。

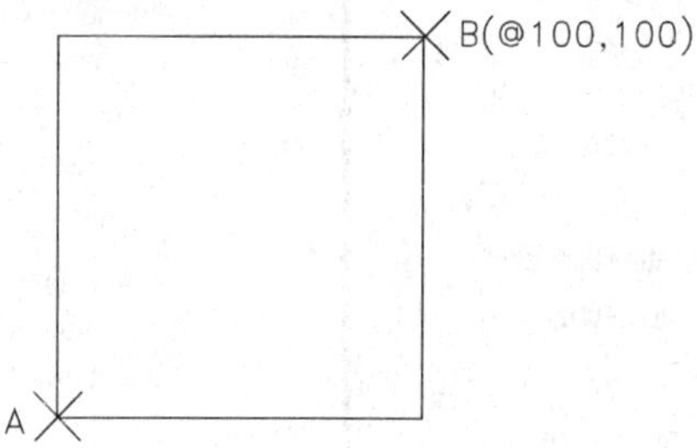

图 7-2 绘制矩形

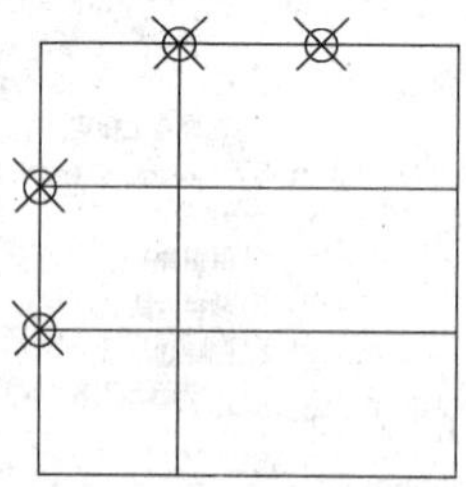

图 7-3 绘制分格线

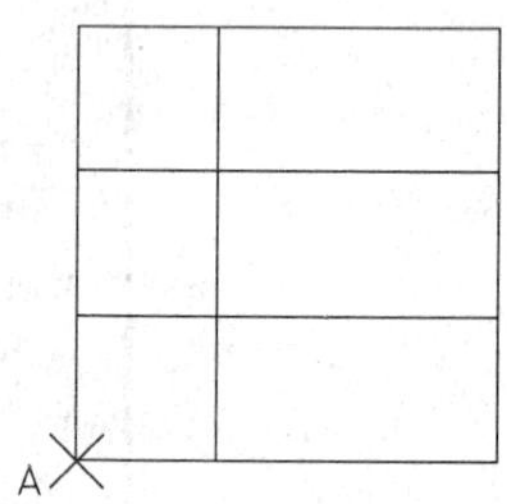

图 7-4 创建“窗”块

二、重新定义块

【块定义】对话框中，如果给出块的名称在当前图形中已经存在，AutoCAD 弹出如图 7-5 所示对话框，询问是否重新定义块。如果重新定义块，则与该块重名的块将被重新定义，且图形中所有使用该名称的块都将被这个新定义的块替换。如果不重新定义块，那么 AutoCAD 将取消块定义。

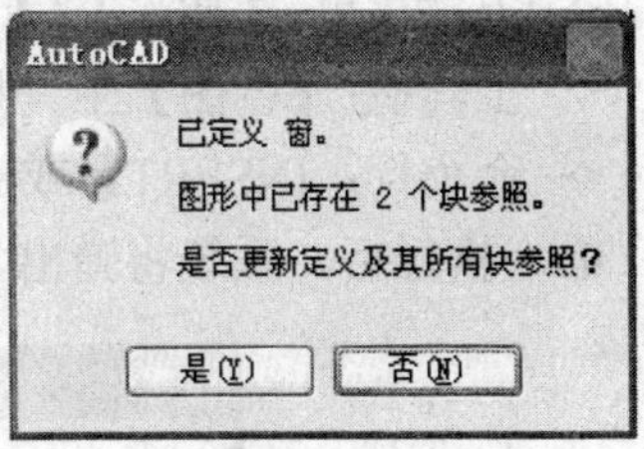

图 7-5　重新定义块对话框

三、利用【写块】命令创建块

用户使用 BLOCK 命令定义的图块称为内部块，一般只在当前图形中使用。利用“WBLOCK”命令定义的块，可以将该块单独存储为一个 DWG 文件，该图形文件作为“外部块”可方便被其他图形文件引用。

WBLOCK 命令可通过在命令行输入“WBLOCK↙”或“W↙”来调用，命令执行后，系统将弹出【写块】对话框，如图 7-6 所示。其中各选项的含义如下：

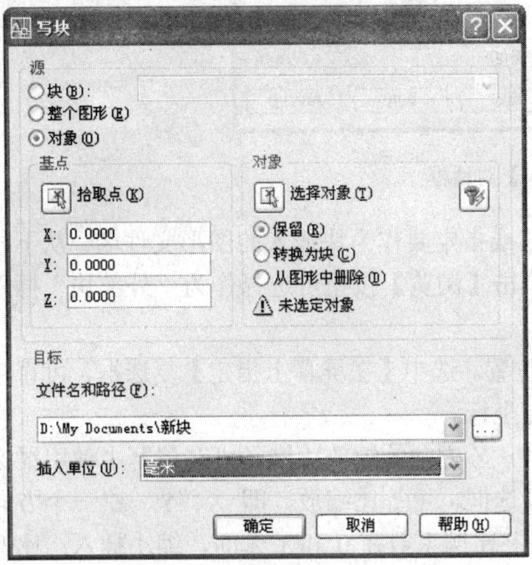

图 7-6　【写块】对话框

（1）【源】选项区：用户可选择写到图形文件的内容。选中【块】按钮，指明要存入图形文件的是块，此时用户可从列表中选择已定义的块的名称；选中【整个图形】按钮，将当前图形文件看作一个块存储；选中【对象】按钮，将选定对象存入文件，此时系统要求指定块的基点，并选择块所包含的对象。

（2）【基点】或【对象】选项区：操作与“BLOCK”命令相同。

（3）【目标】选项区：用来定义存储“外部块”的文件名、路径及插入块时所用的测量单位。用户可以在【文件名和路径】下拉列表中输入文件名和路径，也可以单击下拉列表右边的 [...] 按钮，使用打开的【浏览图形文件】对话框设置文件的路径。

在绘制工程图时，常将一些常用而又相对独立的图形元素预先定义成块（如机械图中的表面粗糙度符号，建筑图中的门、窗图例，标高符号，轴线编号等），存储为“外部块”，需要时插入到图形中，这样可以减少重复绘制同类图形，提高绘图效率。

四、设置当前图形的插入基点（BASE）

BASE 命令通过改变系统变量 INSBASE 的值，改变当前图形的插入基点。

BASE 命令通过以下方式来调用：

✧ 下拉菜单：【绘图】/【块】/【基点】；

✧ 命令行：BASE↙。

可以输入基点的坐标值或在屏幕上用鼠标指定基点。向其他图形插入当前图形或将当前图形作为其他图形的外部参照时，此基点将被用作插入基点。

五、在图形中使用块

在使用块或图形文件过程中，这些块或图形文件均是作为单个的对象放置在图形中。

1. 插入单个块（INSERT）

用户可以通过以下方式来调用插入单个块命令：

✧ 下拉菜单：【插入】/【块】；

✧ 工具栏：【绘图】工具栏中的 按钮；

✧ 命令行：INSERT↙或 I↙。

命令执行后，系统将弹出【插入】对话框，如图 7-7 所示。其中各选项的含义如下：

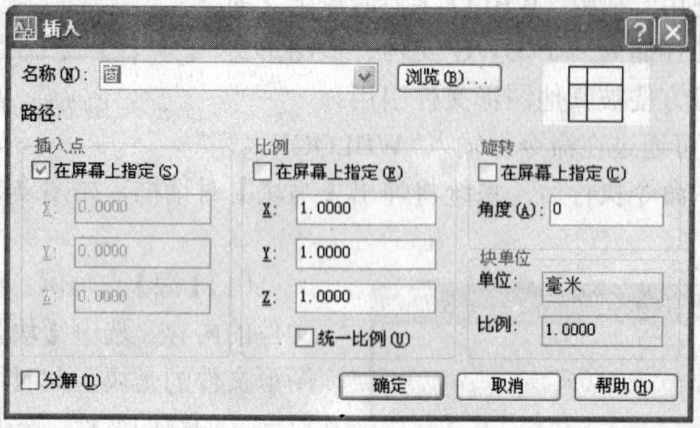

图 7-7 【插入】对话框

（1）【名称】列表框：指定要插入块的名称，或指定要作为块插入的图形文件名。从下拉列表中可选用当前图形文件中已定义的块名；单击【浏览】按钮可选择作为“外部块”插入的图形文件名。

（2）【插入点】选项区：用于指定插入点的位置。选中【在屏幕上指定】复选框，可直接在屏幕上用鼠标指定插入点；否则需输入插入点坐标。

（3）【比例】选项区：指定块在插入时 X、Y、Z 方向的缩放比例，可在屏幕上使用鼠标指定或直接输入缩放比例；选中【统一比例】复选框，可等比缩放，即 X、Y、Z 三个方向上的比例因子相同。比例系数大于 1，放大插入；比例系数在 0 和 1 之间，缩小插入；比例系数为负值，镜像插入。

（4）【旋转】选项区：可在屏幕上指定块的旋转角度或直接输入块的旋转角度。

（5）【块单位】选项区：显示有关块单位的信息。【单位】文本框用于指定插入块的 INSUNITS 值（自动缩放所用的图形单位值）；【比例】文本框显示单位比例因子，该比例因子是根据块的 INSUNITS 值和图形单位计算的。

（6）【分解】复选框：决定插入块时是作为单个对象还是分成若干对象。如勾选该复选框，只能指定统一比例因子。

【例 7-2】 将窗图块以不同的缩放比例和旋转角度插入图形中，如图 7-8 所示。

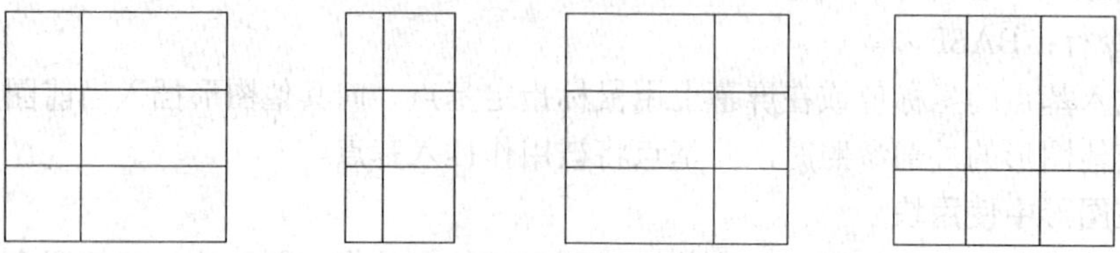

(a) (b) (c) (d)

图 7-8 不同的缩放比例和旋转角度插入图块

插入时，参数设置如下：

（a）x 方向比例为 1，y 方向比例为 1，旋转角度为 0°；

（b）x 方向比例为 0.5，y 方向比例为 1，旋转角度为 0°；

（c）x 方向比例为−1，y 方向比例为 1，旋转角度为 0°；

（d）x 方向比例为 1，y 方向比例为 1，旋转角度为 90°；

2. 在当前图形文件中插入“外部块”

在 AutoCAD 中，可以用块的形式将一个图形插入到另外一个图形之中。其操作过程为：在图 7-7 中，单击【名称】列表框右边的 浏览(B)... 按钮，弹出【选择图形文件】对话框，如图 7-9 所示。

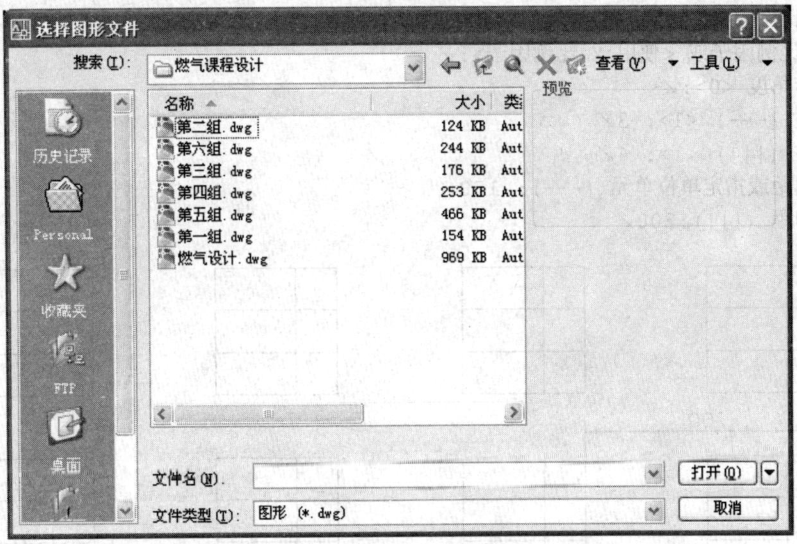

图 7-9 【选择图形文件】对话框

根据需要在【选择图形文件】对话框中选取要插入的图形文件后，单击 打开(O) 按钮，系统弹出如图 7-10 所示的【插入】对话框，该对话框与图 7-7 的区别在于需标明所插入文件的路径。在【插入】对话框内设置图块的缩放比例、旋转角等，单击 确定 按钮，在屏幕上指定插入点即可完成图形的调入。

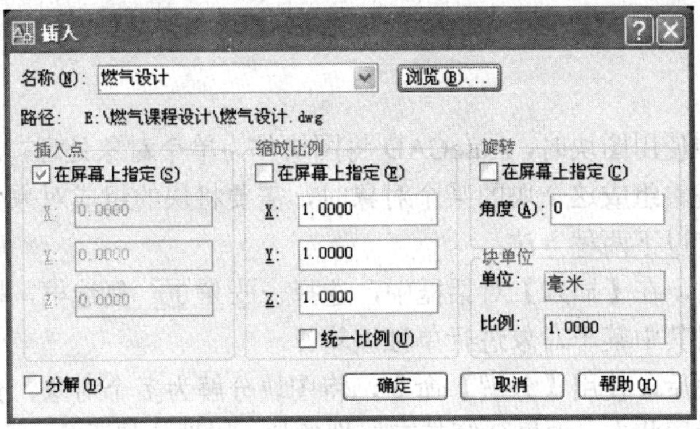

图 7-10 【插入】选择图形文件的对话框

3. 多重插入块（MINSERT）

在 AutoCAD 中，可以用 MINSERT 命令插入块，该命令类似于将阵列命令 ARRAY 和块插入命令 INSERT 组合起来，操作过程也类似这两个命令。但 ARRAY 命令产生的每个目标都是单一对象，而 MINSERT 产生的多个块则是一个整体。

【例 7-3】 多重插入图块“窗”，如图 7-11 所示。

操作步骤;

```
命令: MINSERT ↙
输入块名或 [?] <窗>:↙
单位: 英寸   转换:    1.0000
指定插入点或 [基点(B)/比例(S)/X/Y/Z/旋转(R)]:(在屏幕上指定点)
输入 X 比例因子，指定对角点，或 [角点(C)/XYZ(XYZ)] <1>:↙
输入 Y 比例因子或 <使用 X 比例因子>:↙
指定旋转角度 <0>:↙
输入行数 (---) <1>: 3↙
输入列数 (|||) <1>: 4↙
输入行间距或指定单位单元 (---): 150↙
指定列间距 (|||):200↙
```

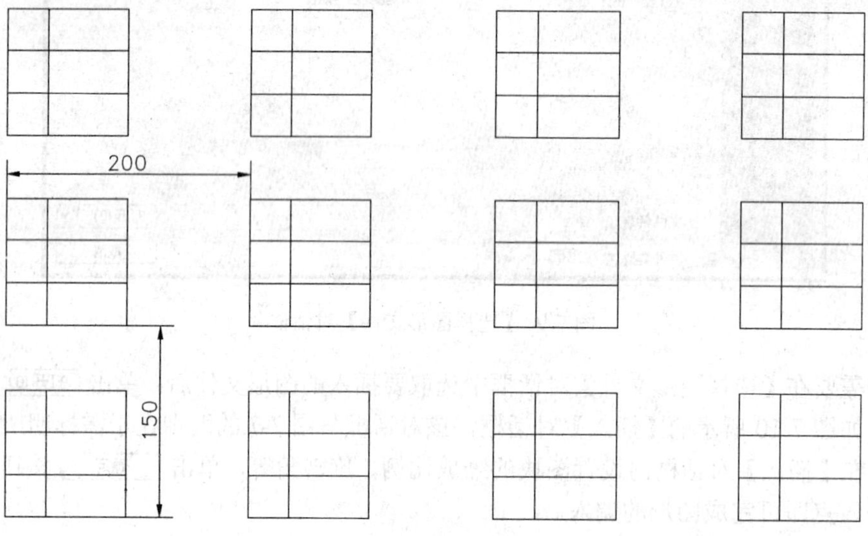

图 7-11 多重插入图块

4. 分解图块

当在图形文件中使用图块时，AutoCAD 将图块作为单个对象处理，只能对整个块进行编辑。如果用户需要编辑组成这个块的某个对象时，需要将块的组成对象分解为单一个体。

将图块分解，有以下两种方法：

（1）插入图块时，在【插入】对话框中，选择 ☑分解(D) 复选框，插入的图形仍保持原来的形状，但可以对其中某个对象进行单独编辑。

（2）在插入图块后，使用【分解】命令，将图块分解为多个对象，分解后的对象将还原为原始的图层属性设置状态。如果分解带有属性的块，属性值将丢失，并重新显示属性标记。

用户可以通过以下方式来调用分解命令：

✧ 下拉菜单：【修改】/【分解】；

✧ 工具栏：【修改】工具栏中的 按钮；

✧ 命令行：EXPLODE↙。

命令执行后，命令行提示选择要分解的对象：

```
命令：_explode
选择对象：
```

第 2 节　块的属性及其应用

图块的属性是附加在图块上的文本信息，从而增加块的通用性。块中的文字如果内容固定不变，可以直接用 TEXT 命令注写；如果文字内容因不同图形而改变时，就可以定义为图块的属性。先使用 ATTDEF（属性定义）命令注写文字，然后再将它放到块中。这样每次插入块时，可输入不同的文字，提高了应用的灵活性。

要建立带有属性的块，应先绘制作为块元素的图形，然后定义块的属性，最后同时选中图形及属性，将其统一定义为块或保存为块文件。

一、定义块属性（ATTDEF）

定义块属性的命令可以通过以下方式来调用：

✧ 下拉菜单：【绘图】/【块】/【定义属性】；

✧ 命令行：ATTDEF↙。

命令执行后，系统将弹出【属性定义】对话框，如图 7-12 所示。其中各选项的意义如下：

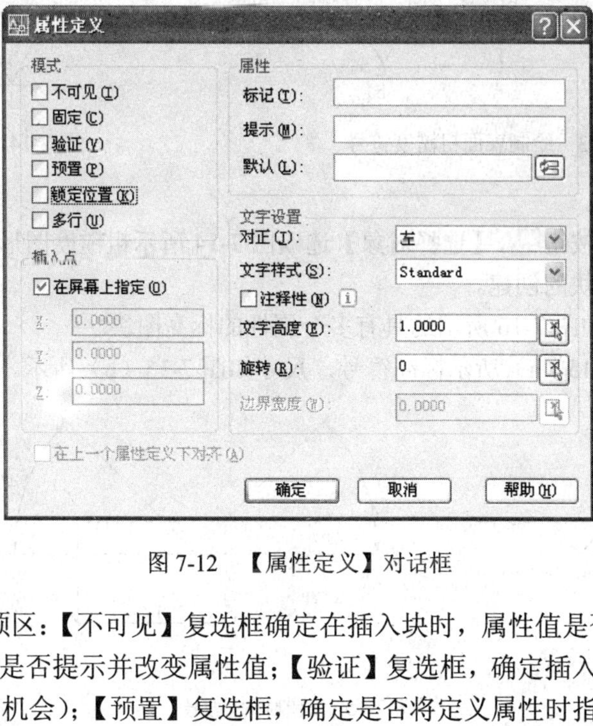

图 7-12　【属性定义】对话框

（1）【模式】选项区：【不可见】复选框确定在插入块时，属性值是否可见；【固定】复选框，确定在插入块时是否提示并改变属性值；【验证】复选框，确定插入块时检验输入的属性值（提供再次修改的机会）；【预置】复选框，确定是否将定义属性时指定的默认值自动赋予该属性（相当于用 TEXT 命令注写文字）；【锁定位置】选项区：确定属性是否可以相对于块的其余部分移动；【多行】选项区：确定属性是单线属性还是多线属性。

（2）【属性】选项区：【标记】编辑框用于给出属性的标识符；【提示】编辑框用于在插入一个带有属性定义的块参照时显示的提示信息；【默认】编辑框用于给出属性缺省值，可置空，也可以单击按钮，插入字段。

（3）【插入点】选项区：用于确定属性的插入点，可以在屏幕上指定或直接输入坐标值。

（4）【文字设置】选项区：用于设置属性文本的对正、文字样式、字高及旋转角度。

（5）【在上一个属性定义下对齐】复选框：如果选中该复选框，则允许将属性标识直接置于上一个属性的下面。

【例 7-4】 创建表面粗糙度属性块。

（1）绘制如图 7-13（a）所示表面粗糙度符号，尺寸如图 7-13（b）所示。绘制该图形可采用极轴捕捉模式，设置极轴增量角为 30°。

（2）定义属性。

```
命令：ATTDEF↙    [打开【属性定义】对话框(图 7-12)]
```

在【模式】选项组选中【验证】选项；在【属性】选项组中的【标记】框中输入“粗糙度”，【提示】框中输入“粗糙度值”，【默认】框中输入“Ra1.6”；在【文字设置】选项组中，【对正】框中选择“中心”，【文字样式】选择已设置好的文字样式“数字”，【文字高度】框中输入文字高度为 3；在【插入点】选项组中选择【在屏幕上指定】复选框；其他选项取默认值，完成属性定义如图 7-14 所示。

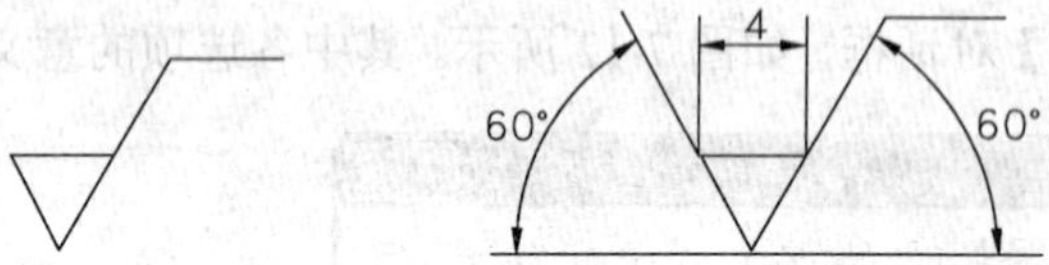

（a）　　（b）

图 7-13　绘制表面粗糙度符号

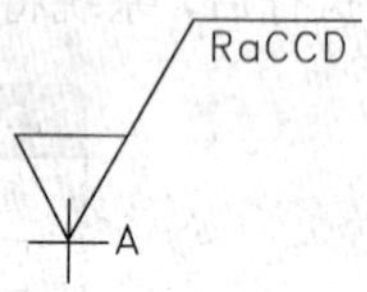

图 7-14　定义属性（一）

（3）创建属性块。

单击【创建块】按钮，【选择对象】选取图 7-14 所示粗糙度图形及属性标记，指定 A 点为基点，完成属性块的创建。

【例 7-5】 创建如图 7-16 所示的具有多个属性的标高图块。

（1）绘制如图 7-15（a）所示标高符号，尺寸如图 7-15（b）所示。

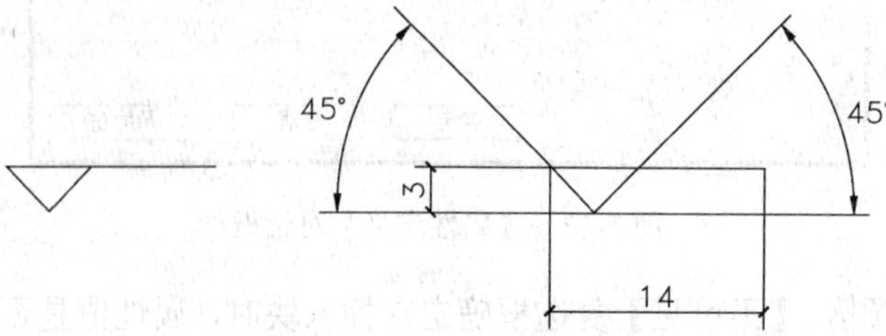

（a）　　（b）

图 7-15　绘制标高符号

（2）定义属性。

建立属性一：

在【模式】选项组选中【验证】选项；在【属性】选项组中的【标记】框中输入“一层”，【提示】框中输入“一层标高”，【默认】框中输入“±0.000”；在【文字设置】选项组中，【对正】框中选择【左】，【文字样式】选择已设置好的文字样式“数字”，【文字高度】框中输入文字高度为 3；在【插入点】选项组中选择【在屏幕上指定】复选框；其他选项取默认值。

建立属性二：

在【模式】选项组选中【验证】选项；在【属性】选项组中的【标记】框中输入“二层”，【提示】框中输入“二层标高”，【默认】框中输入“3.000”；其他选项同属性一。

建立属性三：

在【模式】选项组选中【验证】选项；在【属性】选项组中的【标记】框中输入“三层”，【提示】框中输入“三层标高”，【默认】框中输入“6.000”；其他选项通属性一。

完成图形如图 7-16 所示。

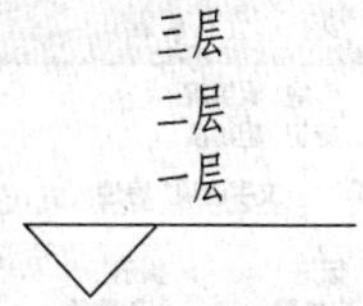

图 7-16　定义属性（二）

（3）创建属性块。

单击【创建块】按钮，【选择对象】选取图 7-16 所示标高符号及三个属性标记，指定标高符号下面交点作为图块的插入点，即完成属性块的创建。

二、插入带属性的块

用 INSERT 命令插入带属性的块或图形文件时，其提示和插入一个不带属性的块完全相同，只是在指定插入点后，在命令行增加了属性输入提示。用户可在提示下输入属性值或接受默认值。

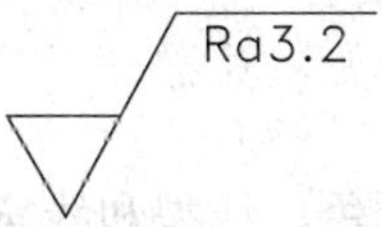

图 7-17　表面粗糙度符号

【例 7-6】 插入［例 7-4］定义的块，如图 7-17 所示，操作步骤如下：

```
命令:INSERT↙
指定插入点或 [基点(B)/比例(S)/X/Y/Z/旋转(R)]:(屏幕上指定插入点)
输入属性值
粗糙度值 <Ra1.6>:Ra3.2↙
```

【例 7-7】 插入［例 7-5］定义的块，如图 7-18 所示，操作步骤如下：

单击【绘图】工具栏中的按钮，在【插入】对话框中，选择块名“标高”，单击 确定 按钮，则命令行提示：

```
命令: _insert
指定插入点或 [基点(B)/比例(S)/X/Y/Z/旋转(R)]:(在屏幕上指定一点)
输入属性值
三层地面标高 <6.000>: 5.400↙
二层地面标高 <3.000>: 2.800↙
一层地面标高 <±0.000>:↙
验证属性值
三层地面标高 <5.400>:↙
二层地面标高 <2.800>:↙
一层地面标高 <±0.000>:↙
```

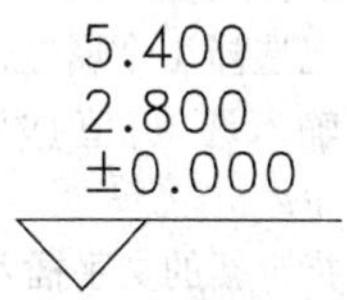

图 7-18　标高符号

重点提示

▲ 在插入带属性的块时，属性和块不能分解。若选中【插入】对话框中的【分解】选项，则在插入块时，将不再提示输入属性值。此时的属性值将被属性标记所代替。

三、编辑块属性（EATTEDIT）

EATTEDIT 命令用于编辑属性块的属性。该命令可以通过以下方式来调用：

✧ 下拉菜单：【修改】/【对象】/【属性】/【单个】；

✧ 工具栏：【修改 II】中的按钮；

✧ 命令行：EATTEDIT↙。

命令执行后，命令行提示选择对象，用鼠标选取要编辑的属性块后回车，系统将弹出【增强属性编辑器】对话框，如图 7-19 所示。在此可以修改块的属性值、文字选项、属性所在图层及属性的颜色、线型和线宽等特性。

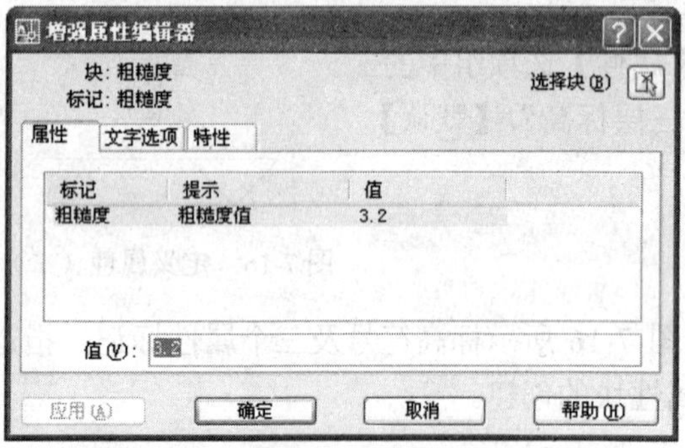

图 7-19 【增强属性编辑器】对话框

四、编辑块属性的值（ATTEDIT）

ATTEDIT 命令用于编辑插入到图形中特定块的属性值。该命令可以通过以下方式来调用：

✧ 下拉菜单：【修改】/【对象】/【属性】/【全局】；

✧ 命令行：_ATTEDIT↙。

该命令可以修改块的属性值、文字选项、属性所在图层及属性的颜色、线型和线宽等特性。

【例 7-8】 修改"粗糙度"属性块中属性值的位置。

操作如下：

命令：_-attedit

是否一次编辑一个属性？[是(Y)/否(N)] <Y>：↙

输入块名定义 <*>：↙

输入属性标记定义 <*>：↙

输入属性值定义 <*>：↙

选择属性：找到 1 个

选择属性：↙

已选择 1 个属性.

输入选项[值(V)/位置(P)/高度(H)/角度(A)/样式(S)/图层(L)/颜色(C)/下一个(N)]<下一个>：P↙

指定新的文字插入点<不修改>：（将属性值移动至横线下方）

输入选项[值(V)/位置(P)/高度(H)/角度(A)/样式(S)/图层(L)/颜色(C)/下一个(N)]<下一个>：↙

修改前后图形变化如图 7-20 所示。

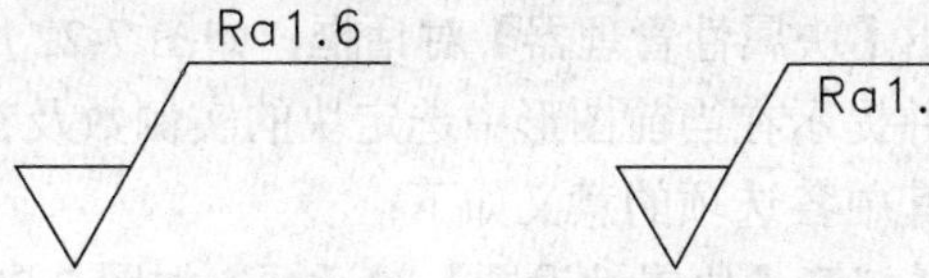

（a）修改前　（b）修改后

图 7-20　利用 attedit 命令修改属性值位置

【例 7-9】 修改“标高”属性块中“三层”的标高尺寸。

操作如下：

```
命令: _attedit
是否一次编辑一个属性? [是(Y)/否(N)] <Y>: n↙
正在执行属性值的全局编辑。
是否仅编辑屏幕可见的属性? [是(Y)/否(N)] <Y>:↙
输入块名定义 <*>: 标高↙
输入属性标记定义 <*>:↙
输入属性值定义 <*>:↙
选择属性:（在屏幕上选择属性 5.400）找到 1 个
选择属性:↙
已选择 1 个属性.
输入要修改的字符串: 5.400↙
输入新字符串: 6.000↙
```

修改前后图形变化如图 7-21 所示。

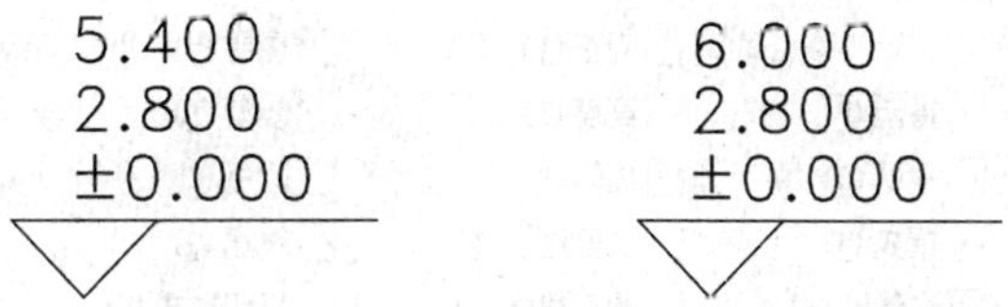

（a）修改前　（b）修改后

图 7-21　利用 attedit 命令修改属性值

对于符合编辑条件的属性，块名、属性标记和属性值与定义属性的名称、标记和属性值全部对应，也可以输入带有通配符（?或*）的部分块名、属性标记和属性值，以缩小选择范围。如果用 Enter 键响应块名、属性标记或属性值定义的提示，则块名、属性标记或属性值将不受限制。

五、块属性管理器（BATTMAN）

块属性管理器用于管理当前图形中块的属性定义。可以在块中编辑属性定义、从块中删除属性，以及更改插入块时系统提示用户输入属性值的顺序。可以通过以下方式打开如图 7-22 所示的【块属性管理器】对话框：

- ✧ 下拉菜单：【修改】/【对象】/【属性】/【块属性管理器】；
- ✧ 工具栏：【修改 II】工具栏中的 按钮；
- ✧ 命令行：BATTMAN↙。

命令执行后，系统将弹出【块属性管理器】对话框，如图 7-22 所示。在属性列表中显示所选块中每个属性的特性，并提示在当前图形中选定块的实例数及在当前空间（模型空间或布局）中选定块的实例数。其中各选项的意义如下：

（1）单击【设置】按钮，打开【块属性设置】对话框，如图 7-23 所示。从中可以自定义【块属性管理器】中属性信息的列出方式。

（2）利用【块】下拉列表可以选择要编辑的块。

（3）单击【同步】按钮，更新具有当前定义的属性特性的选定块的全部实例。此操作不会影响每个块中赋给属性的值。

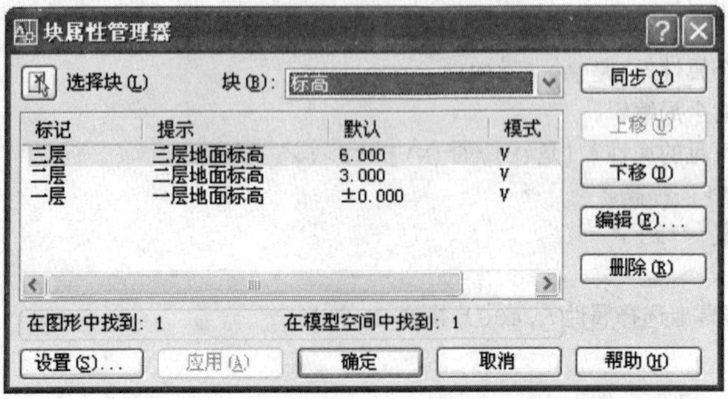

图 7-22 【块属性管理器】对话框

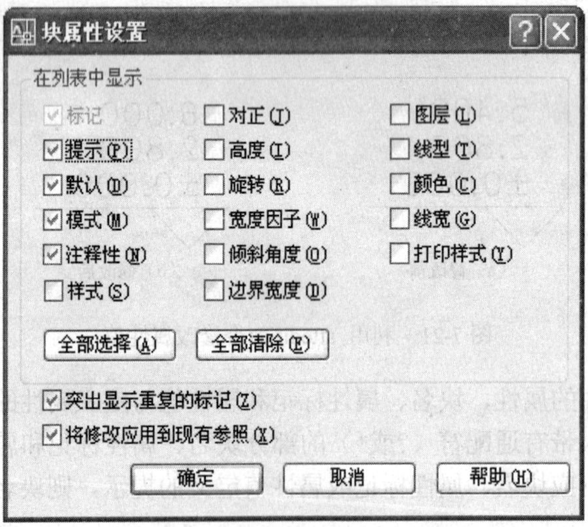

图 7-23 【块属性设置】对话框

（4）在属性列表中选择属性后，单击【上移】或【下移】按钮，可以移动属性在列表中的位置。

（5）在属性列表中选择某属性后，单击【编辑】按钮，可以打开【编辑属性】对话框，如图 7-24 所示。在该对话框中，可以修改属性模式、标记、提示与默认值，属性的文字选项、属性所在图层，以及属性的线型、颜色和线宽。

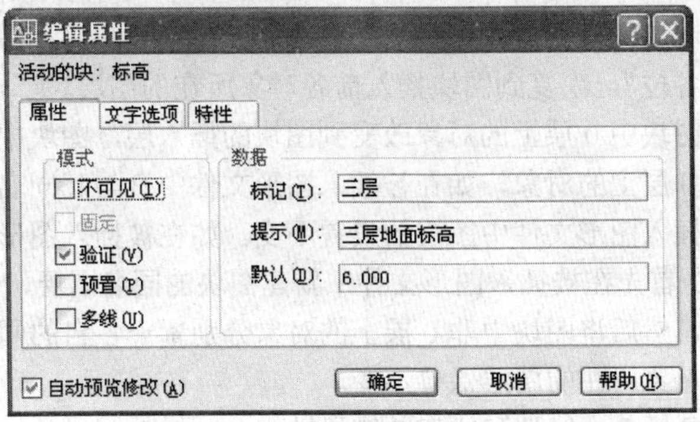

图 7-24 【编辑属性】对话框

（6）单击【删除】按钮，从块定义中删除选定的属性。如果在选择【删除】之前已选择了【块属性设置】对话框中的【将修改应用到现有参照】复选框，将删除当前图形中全部块实例的属性。对于仅具有一个属性的块，【删除】按钮不可使用。

（7）单击【应用】按钮，应用所做的更改，但不关闭对话框。单击【确定】按钮，关闭对话框，确定所作的修改。

第 3 节　块的继承性

组成图块的各对象都有自己的图层、颜色、线型和线宽等特性，但插入到图形中，图块各对象原有的图层、颜色、线型和线宽特性常常会发生变化。总结它们的变化规律，对于正确使用图块，提高计算机绘图与设计的效率很有意义。

一、图块组成对象图层的继承性

图层设置是指在图层特性管理器中对图层的颜色、线型和线宽的设置。图层状态是指图层的打开与关闭状态、解冻与冻结状态、解锁与锁定状态和可打印与不可打印状态等。

图块插入后，如果关闭图块的插入层，会使图块中与插入层同名层上的对象不可见，如果 0 层不是插入层，也会使图块中 0 层上的对象不可见。因为，图块中 0 层上的对象已重新置于图块的插入层，但图块中其他图层（既非插入层也非 0 层）上的对象仍然可见。注意，如果冻结图块的插入层，不管图块中的各个对象位于哪一层，整个图块都将不可见。如果 0 层为非插入层，关闭或冻结 0 层，对图块中原 0 层对象的可见性没有影响。如果关闭或冻结的图层既非图块的插入层也非 0 层，会使图块中该层上的对象不可见。

图块插入后，还可以随时改变图块的插入层。先选择图块，在【对象特性】工具栏上单击【图层特性管理器】下拉列表中的下拉按钮，再单击所需要的图层即可。如上所述，如果冻结图块的插入层，则在该层插入的整个图块将不可见，可以通过这个方法来验证某个图层是否为图块的插入层。

如果图块的插入层既不是 0 层，也不是图块中各对象所在的图层，那么当删除了该层上的所有对象（包括所插入的图块）后，就能够删除该层。但是，图块中各对象所在的图层，不管是不是图块的插入层，即使图层中已经没有任何对象，也不能删除。

如果图块插入后被分解（Explode），则图块插入前位于 0 层、图块插入后改变到图块插入层的对象，将再从图块的插入层回归到 0 层。总之，图块分解后，图块中不同图层的对象所在的图层将“各归各位”，恢复到图块插入前各对象所在的图层。

在图块插入时，图块中 0 层上的对象改变到图块的插入层，图块中非 0 层上的对象图层不变。即图块中原非 0 层上的对象，如在被插入图形文件中有与其同名的图层，则分别置于各自的同名图层，被插入图形文件中图层的设置不变。如在被插入图形文件中没有与其同名的图层，则 AutoCAD 首先在被插入图形文件中新建图块的同名图层，并继承图块中非 0 层对象所在图层的设置，然后将图块中非 0 层上的对象分别置于各自的同名图层。若 0 层就是插入层，则图块中各对象所在的图层保持不变。

二、图块组成对象颜色、线型和线宽的继承性

在插入图块时，图块组成对象颜色、线型和线宽的继承性不仅与插入图块时的设定有关，而且与创建该图块时图元特性的设置有关，对图块组成对象的继承性分三种情况讨论：

（1）在创建图块时，将图元特性设置为随层（ByLayer），如图 7-25 所示。

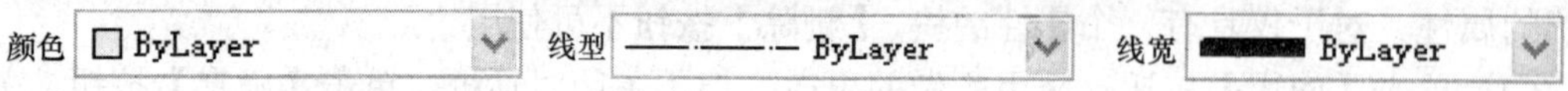

图 7-25 设置图元特性为随层（ByLayer）

插入图块时：

1）将图元特性设置为随层，若将图块插入所在的图形文件中，则插入图块的颜色、线型和线宽不变。如将其插入到其他图形文件中，则在被插入的图形文件，其图元特性转换成与其相同名字图层的颜色、线型和线宽，没有与其同名的图层，则 AutoCAD 首先在被插入图形文件中新建图块的同名图层，并继承图块原有的图元特性。

2）将图元特性设置随块，则不论是插入该图块所在图形文件或插入其他图形文件中，其颜色、线型和线宽转换为当前图层的设置相同。

3）根据需要，指定所绘图元的颜色、线型和线宽，则不论是插入该图块所在图形文件或插入其他图形文件中，其颜色、线型和线宽转换为与当前图层的设置相同。

（2）在创建图块时，将图元特性设置为随块（ByBlock），如图 7-26 所示。则该图块中所有图元的颜色为白色，线型为实线，线宽为系统默认的线宽。在插入该图块时：

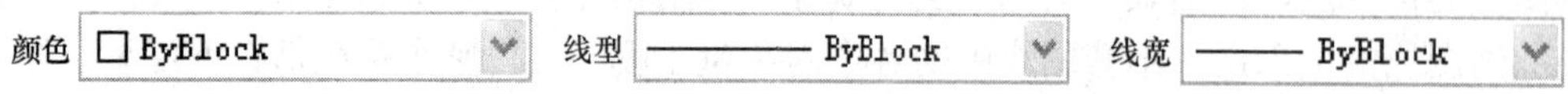

图 7-26 图元特性设置为随块（ByBlock）

1）将图元特性设置为随层，则不论是插入该图块所在图形文件或插入其他图形文件中，其颜色、线型和线宽与当前图层的设置一致。

2）将图元特性设置随块，则不论是插入该图块所在图形文件或插入其他图形文件中，其颜色、线型和线宽转换为与当前图层的设置相同。

3）根据需要，指定所绘图元的颜色、线型和线宽，则不论是插入该图块所在图形文件或插入其他图形文件中，其图元特性转换为与当前设定的颜色、线型和线宽相同。

此时插入图块的颜色、线型和线宽与当前图层的设置一致。

（3）在创建图块时，各图元是根据需要指定颜色、线型和线宽的，如图 7-27 所示。在插入图块时，不论何种设置，其图块的颜色、线型和线宽保持不变。

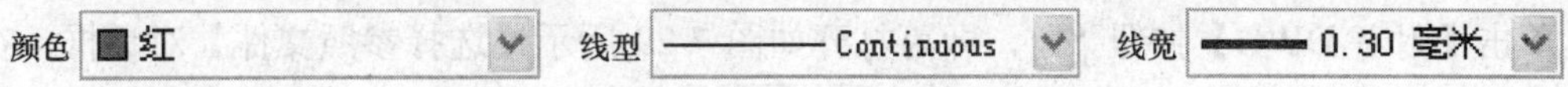

图 7-27　根据需要指定图元特性

三、图块绘制时的几点建议

根据以上对图块组成对象的图层、颜色、线型和线宽的变化分析，得出如下结论：

要使在图块插入后图块各对象的图层随图块的插入层及图块各对象的颜色、线型与线宽都随图块插入层的图层设置，就在 0 层上用 Bylayer 颜色、Bylayer 线型和 Bylayer 线宽制块，即 0 层上的 Bylaye 块插入后，其图块各对象所在的图层将变换为图块的插入层，其图块各对象的颜色、线型与线宽将与图块插入层的图层设置一致。

要使图块插入后图块各对象的图层、颜色、线型与线宽都不变，就在非 0 层上用指定颜色、指定线型和指定线宽创建块。

第 4 节　外　部　参　照

外部参照是将数据存储于一个外部图形中，当前图形数据库中仅存放外部文件的一个引用。【外部参照】命令可以附加、覆盖、连接或更新外部参照图形。

外部参照与块有相似的地方，但它们的主要区别是：一旦插入了块，该块就永久性地插入到当前图形中，成为当前图形的一部分。而使用外部参照方式将图形插入到当前图形中后，被插入图形文件的信息并不直接加入到当前图形中，当前图形只是记录参照的关系。例如，参照图形文件的路径等信息。另外，对当前图形的操作不会改变外部参照图形文件的内容。当打开具有外部参照的图形时，系统会自动将各外部参照图形文件重新调入内存并在当前图形中显示出来。

图 7-28 【文件参照】选项卡

此外，外部参照不会明显地增加当前图形的文件大小，从而可以节省磁盘空间，也利于保持系统的性能。

一、引用外部参照

启用【外部参照】的过程与插入外部块的过程类似，该命令可以通过以下方式来调用：

✧ 下拉菜单：【插入】/【外部参照】；

✧ 工具栏：【参照】中的按钮；

✧ 命令行：XATTACH↙。

命令执行后，将打开如图 7-28 所示【外部参照】选项卡。用户单击选项卡上方的【附着 DWG】按钮，可以添加不同格式的外部参照文件；在选项卡下方的外部参照列表框中显示当前图形中各个外部参照的文件名称；选择任意一个外部参照文件后，在下方【详细信息】选项区域中显示该外部参照的名称、加载状态、文件大小、参照类型、参照日期及参照文件的存储路径等内容。

单击【附着 DWG】按钮，即可打开如图 7-29 所示【选择参照文件】对话框，在列表中选择需要使用的外部参照文件，单击 打开(O) 按钮，弹出【外部参照】对话框，如图 7-30 所示。

在对话框中可以对外部参照图形的插入方式进行设置。该对话框中的【名称】、【插入点】、【比例】、【旋转】和【块单位】等项与图 7-10 所示【插入】对话框相同，其他项的含义为：

(1)【保存路径】：设置是否保存外部参照的完整路径。如果选择了这个选项，外部参照的路径将保存到图形数据库中，否则将只保存外部参照的名称而不保存其路径。

(2)【参照类型】：指定外部参照是【附着型】还是【覆盖型】，其含义为：

1)【附着型】：在图形中附着附加型的外部参照时，如果其中嵌套有其他外部参照，则将嵌套的外部参照包含在内。

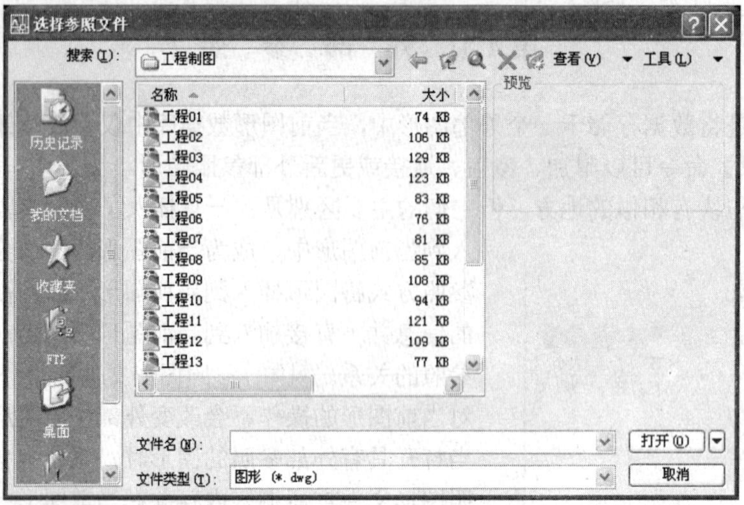

图 7-29 【选择参照文件】对话框

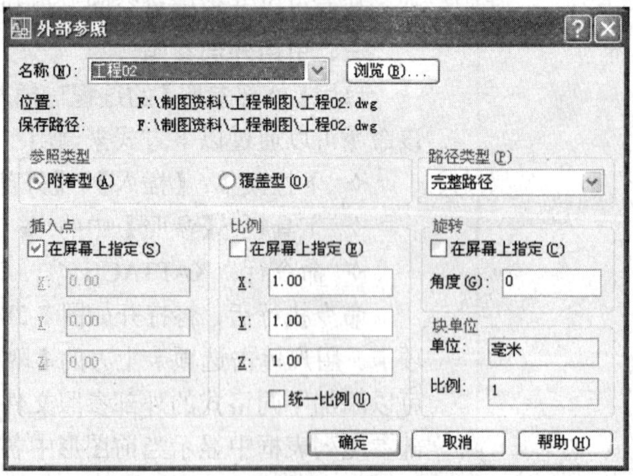

图 7-30 【外部参照】对话框

2)【覆盖型】：在图形中附着覆盖型外部参照时，则任何嵌套在其中的覆盖型外部参照都将被忽略，而且其本身也不能显示。

（3）【路径类型】指定外部参照的保留路径是完整路径、相对路径或者无路径。

外部参照定义中除了包含图像对象以外，还包括图形的命名对象，如块、标注样式、图层、线型和文字样式等。为了区别外部参照与当前图形中的命令对象，AutoCAD 将外部参照的图形文件名称作为其命名对象的前缀，并用符号“｜”来分隔。例如，外部参照“工程 02.dwg”中名为“尺寸”的图层在引用它的图形中名为“工程 02｜尺寸”，如图 7-31 所示。

对引入的外部参照文件不论多么复杂，AutoCAD 都会将它作为一个单一对象来处理，而不允许进行分解。在当前图形中不能直接引用外部参照中的命名对象，但可以控制外部参照图层的可见性、颜色和线型。用户可对外部参照进行比例缩放、移动、复制、镜像或旋转等操作，还可以控制外部参照的显示状态，但这些操作都不会影响到原图文件。

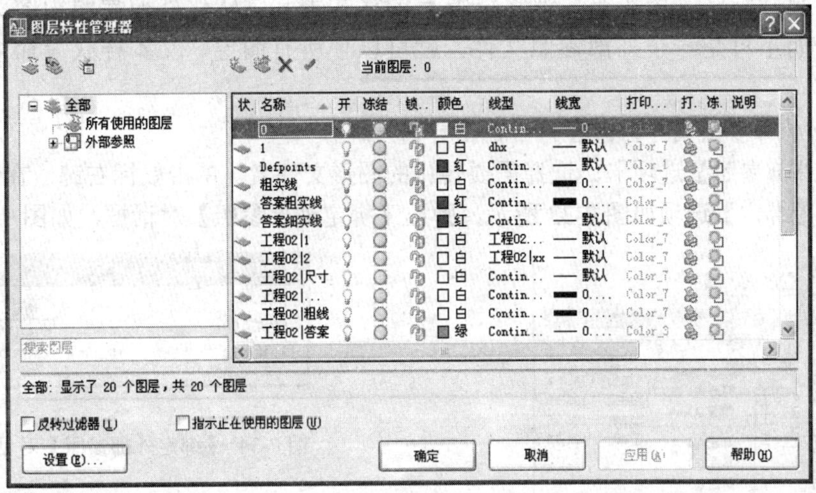

图 7-31　外部参照中命名对象的表示方法

二、更新外部参照文件

当在图形中引用了外部参照文件时，在外部参照更改后，AutoCAD 并不自动将当前图样中的外部参照更新，用户需重新加载。也可以在图 7-28 所示【文件参照】选项卡中，单击刷新按钮，对其进行更新。

将外部参照附着到图形时，程序将定期检查从最后一次加载或重载外部参照时起，参照的文件是否已经更改。XREFNOTIFY 系统变量可以控制外部参照通知。

默认情况下，如果修改了参照文件，则应用程序窗口右下角（状态栏托盘）“管理外部参照”图标旁将显示一个气泡信息，如图 7-32 所示，单击气泡中的链接可以重载所有修改过的外部参照。

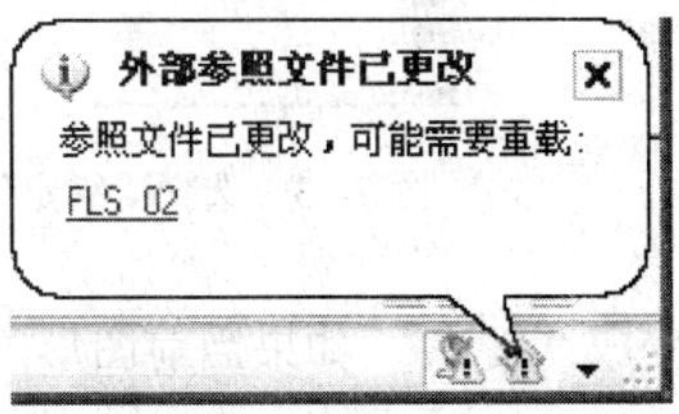

图 7-32　系统自动提示更新

如果关闭气泡信息而不重载，外部参照图标将添加一个叹号。如果单击外部参照图标，将显示【外部参照】选项卡。

用 XREFNOTIFY 系统变量修改外部参照通知的步骤：

```
命令: XREFNOTIFY ↙
输入 XREFNOTIFY 的新值 <2>:↙
```

此时，可由键盘输入 0、1 或 2 选项，其含义如下：

（1）【0】禁用外部参照通知。

（2）【1】启用外部参照通知。通过在应用程序窗口的右下角（状态栏的通知区域）显示外部参照图标通知用户外部参照已附着至当前图形。打开图形时，将显示带有黄色警告符号 (!) 的外部参照图标，以警告用户缺少外部参照。

（3）【2】启用外部参照通知和气泡式信息。显示外部参照同【1】。当外部参照被修改时，还在相同的区域显示气泡式信息。检查修改的外部参照的时间间隔（分钟数）由 XNOTIFYTIME 系统注册表变量控制。

三、转化外部参照文件的内容为当前图样的一部分

在文件中，由于外部参照不是当前图样的内容，因此外部参照命名项目中，如图层、文字样式、尺寸标注、图块等，都将以特有的格式表示。转化外部参照内容为当前图形的一部分，而不再是一个外部参照文件，就可以使所有图层、文本样式等命名项目保持一致。

1. 转化外部参照文件的内容为当前图样的一部分

打开【外部参照】选项卡，选择需要转化的图形文件名，单击鼠标右键，在弹出的快捷菜单中单击【绑定】选项如图 7-33 所示，弹出【绑定外部参照】对话框，如图 7-34 所示。

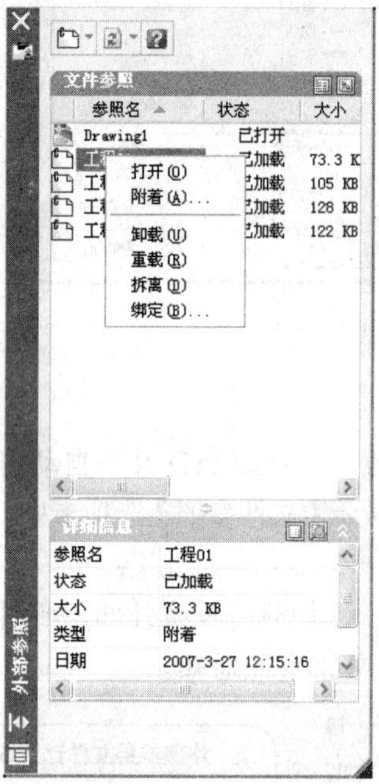

图 7-33　选择“绑定”选项

图 7-34　【绑定外部参照】对话框

【绑定外部参照】对话框，提供了两种绑定类型：

（1）【绑定】：将所选外部参照变成当前图形的一个块，并重新命名它的命名对象名称，原来的“｜”符号被“n”代替，中间的 n 是一个表示索引号的数字。例如“工程 02｜尺寸”变成“工程 02n尺寸”，如图 7-35 所示。以后就可以和图中其他命名对象一样处理。

（2）【插入】：用插入的方法将外部参照固定到当前图形，并且其命名对象的名称中剥去外部参照图形名，变成普通的命名符号加入到当前图中。如图 7-36 所示，“工程 02｜尺寸”变成“尺寸”。如果当前图形内部有同名的符号，该从属符号就变为采用内部符号的特性（如颜色……）。因此，如不能确定有无同名的符号时，以选择【绑定】类型为宜。

被绑定的外部参照图形及与它关联的从属符号（如块、文字样式、尺寸标注样式、层、线型表等）都变成了当前图形的一部分，它们不可能再自动更新为新版本。

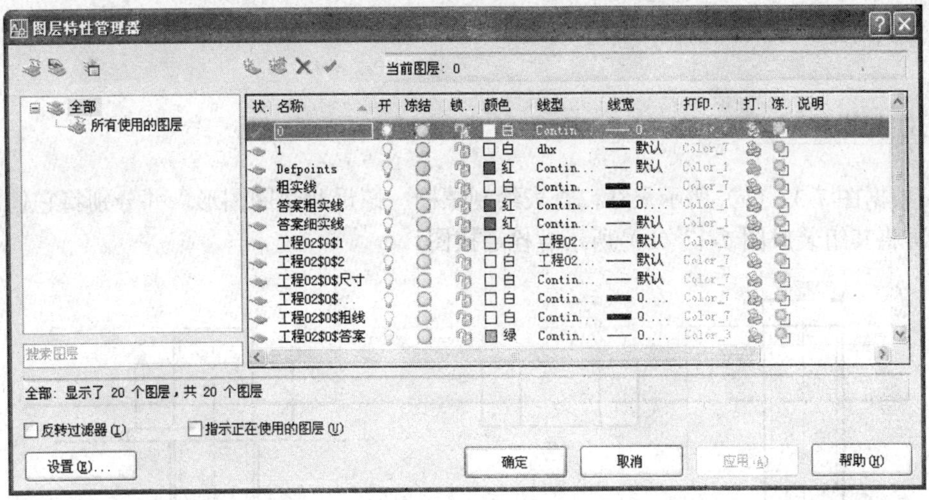

图 7-35　绑定外部参照中命名对象的表示方法

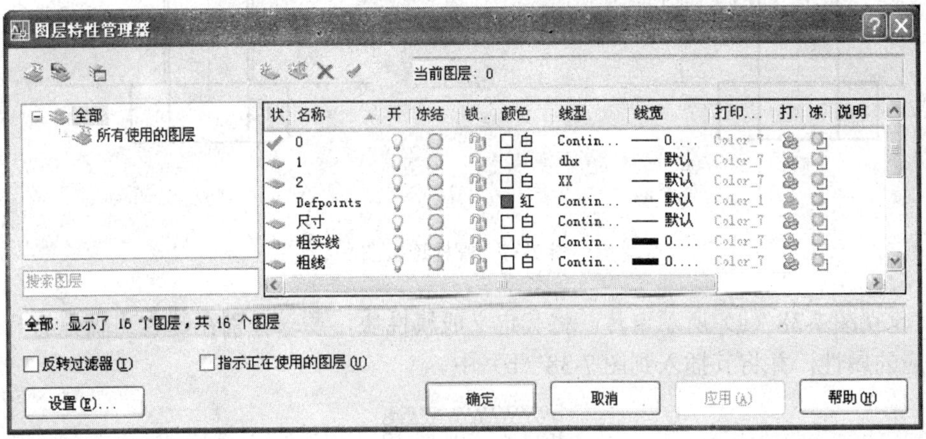

图 7-36　插入外部参照中命名对象的表示方法

2. 外部参照文件的编辑

在图 7-33 所示弹出的快捷菜单中，有【打开（O)】、【附着（A）...】、【卸载（U)】、【重载（R)】、【拆离（D)】、【绑定（B）...】六个选项，其含义如下：

(1)【打开（O)】：在新窗口中打开选定的外部参照文件进行编辑。

(2)【附着（A）...】：显示图 7-30 所示【外部参照】对话框，用于在图形中插入该参照的一个副本。

(3)【卸载（U)】：将指定的外部参照在当前图形中卸载，该操作并不删除外部参照的定义，而仅仅取消外部参照的图形显示。

(4)【重载（R)】：利用重载命令在任何时候都可以从外部参照文件中重新读取外部参照图形，以便及时地反映原图形文件的变化。

(5)【拆离（D)】：如果对某个外部参照进行拆离操作，则 AutoCAD 将在图形中删除该外部参照的定义，并清除该外部参照的图形，包括其所有的副本。

(6)【绑定（B）...】：如前所述，绑定是将指定的外部参照断开与原图形文件的链接，并转换为块对象，成为当前图形的永久组成部分。

习题与操作

1．根据图 7-37（a）所示尺寸，查表绘制螺栓、螺母和垫圈图形，并分别将它们创建成图块，再将其组装成图 7-37（b）所示螺栓连接图。

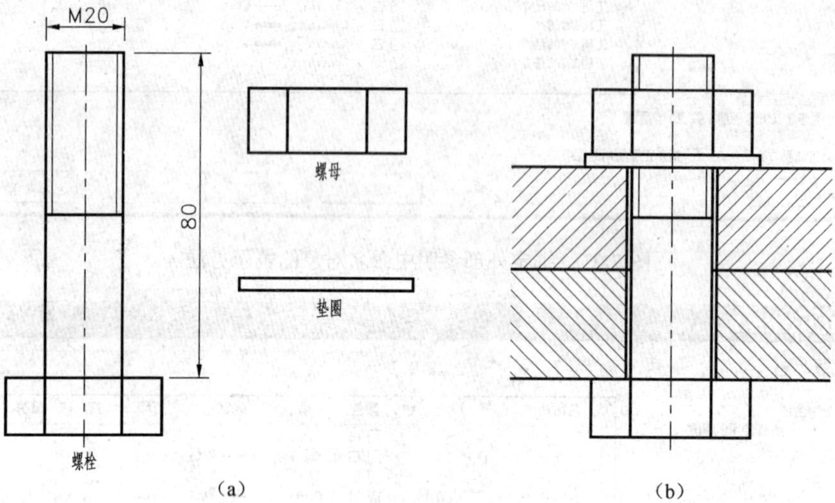

图 7-37　螺栓连接图

2．建立图 7-38（a）所示卡片，将其定义成属性块，要求分别在姓名和职务的对应位置定义相应的属性，并将其插入到图 7-38（b）中。

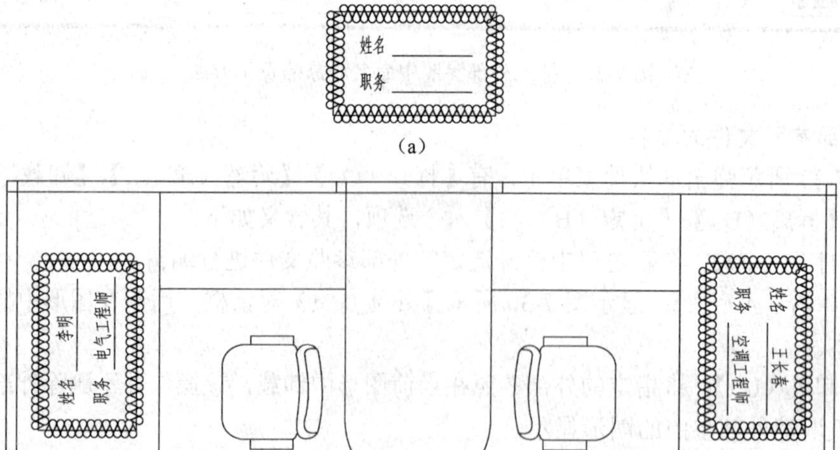

图 7-38　块及属性练习

3．绘制图 7-39 所示图形，并为“窗”和“门”定义属性，其中属性提示信息分别为“请输入窗的编号”和“请输入门的编号”；显示标记分别为“C-1”和“M-1”；默认值分别为“C-1”和“M-1”。然后分别创建名为“窗”和“门”的外部图块，创建图块时，“窗”和“门”的插入点分别为 A 点和 B 点。

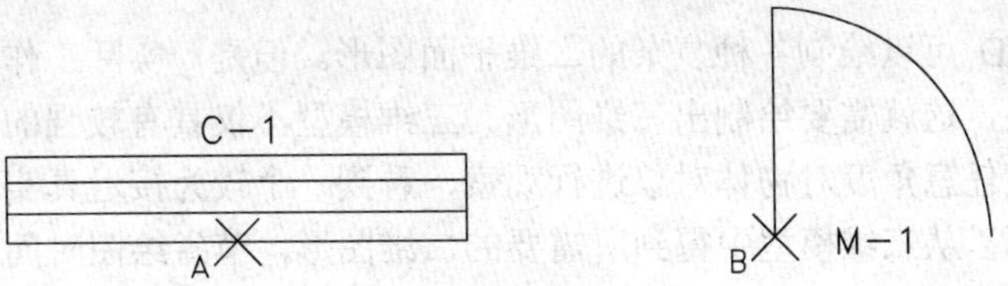

图 7-39　创建外部图块

通过对此题的练习，可掌握根据常用门窗尺寸创建多个外部图块的方法，在绘制建筑施工图时，采用外部参照方式调入当前图形文件中供选用。

4．绘制图 7-40 所示图形，绘图时门窗部分可直接调用题 3 所创建的外部块。

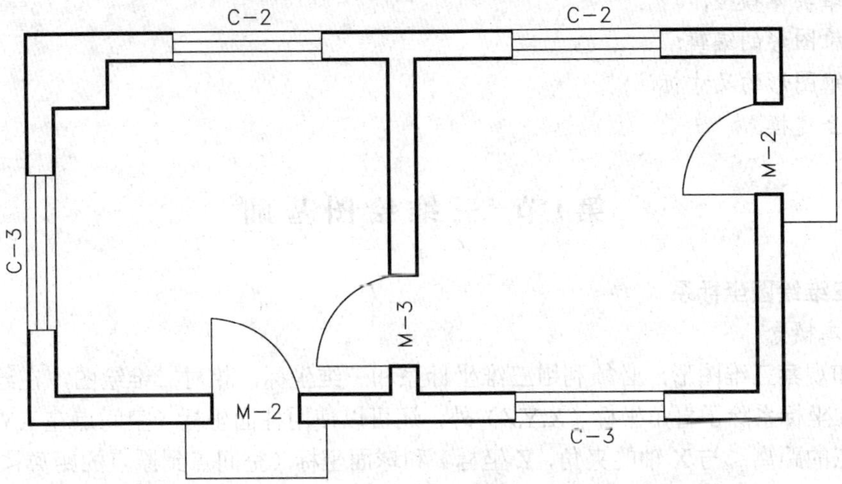

图 7-40　插入外部图块

第 8 章 三维图形的绘制与编辑

利用 AutoCAD 可以绘制各种复杂的二维平面图形。但是，实际工作中经常需要观察设计图形的整体效果，这就需要绘制出三维图形。三维模型不仅具有较强的真实感效果，形象逼真，而且可以从任意角度对物体对象进行观察，看到一个较为接近真实形状和构造的三维模型。此外，还可以从三维模型中得到所需要的二维图形，节省绘图时间。

本章主要知识点：

* 三维绘图基础；
* 三维线框模型；
* 三维表面模型；
* 三维实体模型；
* 三维图形的编辑；
* 三维图形的尺寸标注；
* 混合建模。

第 1 节 三 维 绘 图 基 础

一、三维绘图坐标系

1. 基本概念

创建和观察三维图形，必须利用三维坐标系和三维坐标。相对二维绘图，在绘制三维图形时，三维坐标系除了直角坐标（X,Y,Z）外，还可以使用柱面坐标（空间点在 XY 平面上的投影到原点的距离＜与 X 轴的夹角，Z 坐标）和球面坐标（空间点到原点的距离＜与 X 轴的夹角＜与 XY 平面的夹角）。

在 AutoCAD 中，灵活地建立和使用三维坐标系、准确地在三维空间拾取点是整个三维绘图的基础。要注意：在三维空间中，不能凭直观感觉，利用鼠标单击拾取的方法来定位空间的一个点，只能通过对象捕捉或指定点的坐标等方法来定位点。

2. 用户坐标系

由于世界坐标系（WCS）是唯一的、坐标轴的方向及原点的位置都是固定不变的，因而在进行三维建模时，有时会非常不方便。为了便于绘图，经常需要在不同的位置建立用户自己的坐标系，即用户坐标系（UCS），用户可以将 UCS 的坐标原点放在任何位置，坐标轴可以倾斜任意角度。绝大多数 AutoCAD 的几何编辑命令都依赖于 UCS 的位置和方向，特别是对象和尺寸标注将绘制在当前 UCS 的 XY 平面上。启用【用户坐标系】命令有以下三种方法：

✧ 下拉菜单：【工具】/【新建 UCS】；

✧ 工具栏：【UCS】工具栏中按钮；

✧ 命令行：UCS↙。

启动 UCS 命令后，命令行提示：

命令：_ucs
当前 ucs 名称：*世界*
指定 UCS 的原点或 [面(F)/命名(NA)/对象(OB)/上一个(P)/视图(V)/世界(W)/X/Y/Z/Z 轴(ZA)] <世界>：(在屏幕上指定一点或输入选项)

各选项说明如下：

（1）指定 UCS 的原点：通过指定新 UCS 的原点、X 轴正方向上的点、XY 平面上的点（即 Y 轴正方向上的点）、两点或三点定义一个新的 UCS。

（2）面（F）：将 UCS 与三维实体的选定面对齐。被选中的面将亮显，UCS 的 X 轴将与找到的第一个面上的最近的边对齐。

（3）命名（NA）：按名称保存、恢复或删除已定义的 UCS。

（4）对象（OB）：以选定的对象来创建新的 UCS。新 UCS 与被选对象的 Z 轴相同，原点与 X 轴正方向见表 8-1。

表 8-1　坐标原点及 X 轴的正向

对　象	坐 标 原 点	X 轴 的 正 向
点（Point）	点的位置	任意
直线（Line）	离拾取点较近的点	沿直线指向离拾取点较远的端点
圆（Circle）	圆心	从圆心指向拾取点
圆弧（Arc）	圆心	从圆心指向离拾取点较近的圆弧端点
二维多义线（Polyline）	多义线的起点	从起点指向下一个顶点
形/文本/属性	插入点	指向对象的旋转角
实心体（Solid）	实体的第一个点	从第一点指向第二点
三维面（3D Face）	三维面的第一个点	X 轴正向从第一点指向第二个点，Y 轴正向从第一点指向第四个点

（5）上一个（P）：恢复上一个 UCS。AutoCAD 保存创建的最后 10 个坐标系。

（6）视图（V）：UCS 原点保持不变，XY 平面垂直于观察方向（即平行于屏幕），建立新 UCS。

（7）世界（W）：将当前用户坐标系设置为世界坐标系 WCS。

（8）X/Y/Z：将当前 UCS 绕 X 或 Y 或 Z 轴旋转一定的角度建立新 UCS。

（9）Z 轴（ZA）：通过指定新原点和位于新建 Z 轴正半轴上的点来定义 UCS。

重点提示

▲ 坐标轴方向的判断（遵循右手定则）：将右手拇指和食指张开，分别对齐 X 轴和 Y 轴，中指向手心方向翘起，则中指所指的方向就是 Z 轴的正方向。

▲ 旋转角度正负的判断（遵循右手定则）：用右手握住绕其旋转的坐标轴，大拇指指向该坐标轴的正向，则四指弯曲的方向就是旋转角度的正方向；反之，则为角度的负方向。

二、设置观察视点

视点就是观察图形的方向。例如，绘制三维物体时，如果视点的方向垂直于屏幕（即

Z 轴方向），此时仅能看到物体在 XY 平面上的投影。如果调整视点至当前坐标系的左上方，将会看到一个三维物体，如图 8-1 所示。从不同方向观察三维模型，就需要在不同的地方设置视点，就得到不同的 3D 视图，具有立体感的 3D 图将有助于正确理解模型的空间结构。

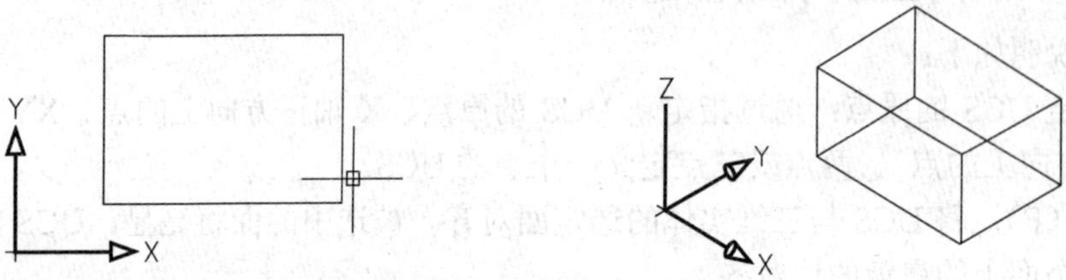

图 8-1　长方体在平面坐标系和三维视图中显示的效果

1. 使用【视点预置】对话框设置视点

该对话框用于相对于 WCS 坐标系及 UCS 坐标系设置所需的视点。启用【视点预置】命令有以下两种方法：

✧ 下拉菜单：【视图】/【三维视图】/【视点预置】;

✧ 命令行：DDVPOINT↙。

操作及提示说明如下：

在执行视点预置命令后，将弹出【视点预置】对话框，如图 8-2 所示。其各项设置的含义如下：

（1）【绝对于 WCS】选项：定义视点的设置为相对于世界坐标系的观察方位。

（2）【相对于 UCS】选项：定义视点的设置为相对于当前用户坐标系的观察方位。

（3）设置观察角度预览框：直接通过鼠标在预览框内选取，左图用于设置视点与原点之间的连线在 XY 平面上的投影与 X 轴正向的夹角，右面的半圆形图用于设置该连线与 XY 平面的角度，如图 8-3 所示。

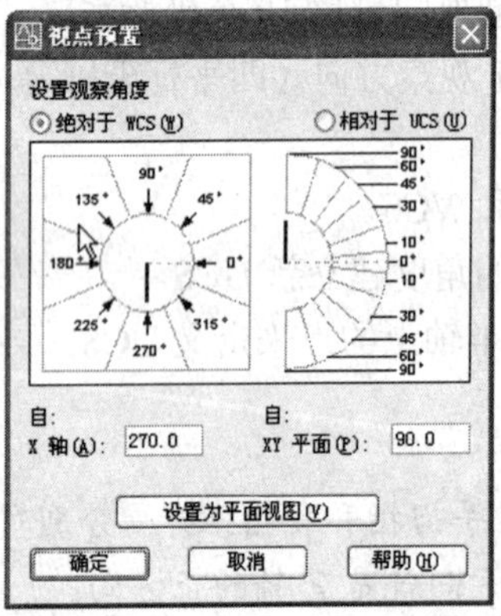

图 8-2 【视点预置】对话框

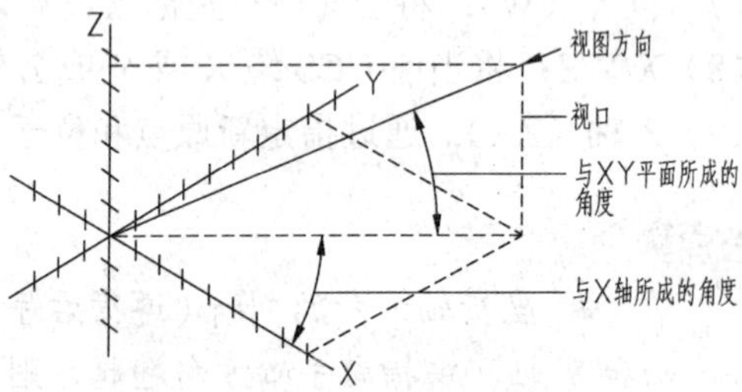

图 8-3　视点设置示意图

（4）【X 轴】文本框与【XY 平面】文本框：用于直接输入角度值，与设置观察角度预览框上下对应。

（5）【设置为平面视图】按钮：选取该按钮，将得到 XY 平面内的平面视图，此时视线的方向与 X 轴成 270°，与 XY 平面成 90°，即视线方向垂直于 XY 平面。

2. 使用 VPOINT 命令确定视点

执行该命令，可以通过直接输入视点的 X、Y、Z 坐标或指定视线的角度或采用罗盘（坐标球和三轴架）方式来确定视点的位置。启用【视点】命令有以下两种方法：

✧ 下拉菜单：【视图】/【三维视图】/【视点】；

✧ 命令行：VPOINT↙。

激活 Vpoint 命令后，命令行提示：

```
命令：_vpoint
当前视图方向：VIEWDIR=0.0000,0.0000,1.0000
指定视点或 [旋转(R)] <显示坐标球和三轴架>：(在屏幕上指定一点，输入 r 或↙)
```

选项说明如下：

（1）指定视点：直接输入视点的 X、Y、Z 坐标，创建定义观察视图的方向矢量，如输入（1,1,1），则得到“东北等轴测”视图。

（2）旋转（R）：根据角度确定视点方向，选择该项后，AutoCAD 提示：

```
输入 XY 平面中与 X 轴的夹角<270>：(输入相应角度)
输入与 XY 平面的夹角<90>：(输入相应角度)
```

其定义方法与视点预置方法相似。

（3）显示坐标球和三轴架：系统默认选项，直接回车可选择该选项，此时屏幕绘图区右上角显示图 8-4 所示的坐标球和三轴架。坐标球实际上是球体的俯视投影图，中心点是北极（0,0,1），内环是赤道（n,n,0），整个外环是南极（0,0,−1），水平和竖直线分别代表 X 轴和 Y 轴。如果要选择一个观察方向，可将光标移动到球体上的某个合适位置并单击。当光标位于内环以内时，表示从 XY 平面上方观察；光标位于外环以内时，表示从 XY 平面下方观察；光标选择中心，表示正好从 XY 平面的正上方观察，此时所得视图为平面视图。

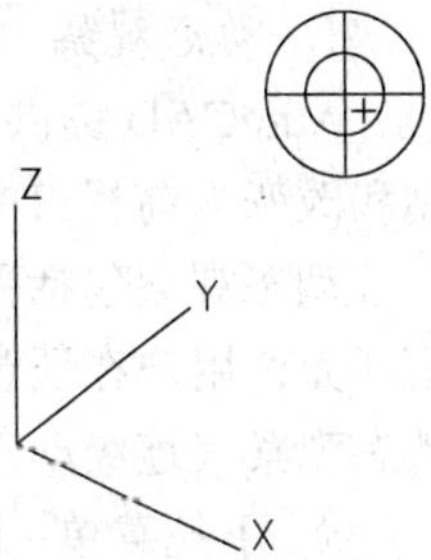

图 8-4　坐标球和三轴架

重点提示

▲ 视点仅指定观察方向，不指定观察距离，也就是说视点（1, 1, 1）与（2, 2, 2）所得的投影效果相同。

3. 使用【三维视图】菜单生成标准视图

从【三维视图】子菜单可以快速进入六个基本视图和四个等轴测视图，从多个方向观察图形。启用【三维视图】命令有两种方法：

✧ 下拉菜单：【视图】/【三维视图】/【俯视、仰视、左视、右视、主视、后视、西南等轴测、东南等轴测、东北等轴测、西北等轴测】；

✧ 工具栏：【视图】工具栏中的相应按钮 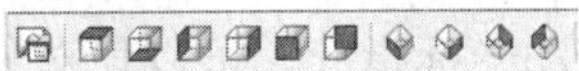，单击相应图标，可以快速地进入各标准视图。

重点提示

▲ 这 10 种标准视图是相对于世界坐标系（WCS）设定的，与用户坐标系（UCS）无关。

4. 设置 UCS 平面视图

在指定用户坐标系下以平面视图（当视线与选定坐标系的 Z 轴平行时，用户看到的 XY 平面上的视图）的方式观察图形。启用【平面视图】命令有以下两种方法：

✧ 下拉菜单：【视图】/【三维视图】/【平面视图】；

✧ 命令行：PLAN↙。

执行该命令后，命令行提示：

```
命令：_plan
输入选项[当前 UCS(C)/UCS(U)/世界(W)]<当前 UCS>:(输入选项或↙)
```

各选项说明如下：

（1）当前 UCS（C）：在当前视区中生成平面视图，图形以最大方式显示。

（2）UCS（U）：使用已命名存储的 UCS 生成平面视图，图形以最大方式显示。

（3）世界（W）：生成相对于世界坐标系 WCS 的平面视图，图形以最大方式显示。

三、观察三维图形

在观察三维图形时，用户不仅可以使用【缩放】或【平移】等命令，还可以通过旋转、消隐、视觉样式等方法来观察图形的整体或局部。

1. 动态观察

AutoCAD 提供了具有交互控制功能的三维动态观测器，用三维动态观测器可以实时地控制和改变当前视口中创建的三维视图，以得到用户期望的效果。

动态观察包括受约束的动态观察（沿 XY 平面或 Z 轴约束三维动态观察）、自由动态观察（允许用户在任意方向上进行动态观察，而不会约束为沿着 XY 平面或 Z 轴移动）和连续动态观察（连续动态地观察图形）三种。启用三种【动态观察】命令有以下三种方法：

✧ 下拉菜单：【视图】/【动态观察】；

✧ 工具栏：【动态观察】工具栏中、、按钮；

✧ 命令行：3DORBIT↙、3DFORBIT↙、3DCORBIT↙。

启动【受约束的动态观察】命令后，屏幕上显示三维动态观察图标。观察视图时，视图的目标位置保持不动，相机位置（或视点）围绕该目标移动（尽管在用户看来目标是移动的）。水平拖动光标，相机将平行于世界坐标系（WCS）的 XY 平面移动；垂直拖动光标，相机将沿 Z 轴移动，如图 8-5（a）所示。

启动【自由动态观察】命令，进入三维动态观察器后，在屏幕的中间会显示一个绿色的导航球，并均布有 4 个小圆。导航球的圆心是观察目标点，而不是正在查看对象的中心。鼠标在不同的位置拖动，光标呈现球形光标、圆形光标、水平椭圆状、竖直椭圆状四种形式。拖动这些图标，分别对对象进行不同形式的旋转，如图 8-5（b）所示。

启动【连续动态观察】命令后，光标指针将变为一个由两条线包围的球体，在绘图区域单击并沿任意方向拖动光标指针，可以使对象沿拖动的方向开始移动，释放鼠标按钮，对象将在指定的方向沿着轨道连续旋转。光标移动的速度决定了对象的旋转速度，如图 8-5（c）所示。再次单击或再次拖动鼠标可以改变旋转轨迹的方向。

2. 漫游和飞行

在 AutoCAD 中，用户可以使用漫游或飞行方式，通过键盘和鼠标控制视图的显示，或创建导航动画。启用【漫游】和【飞行】命令有以下三种方法：

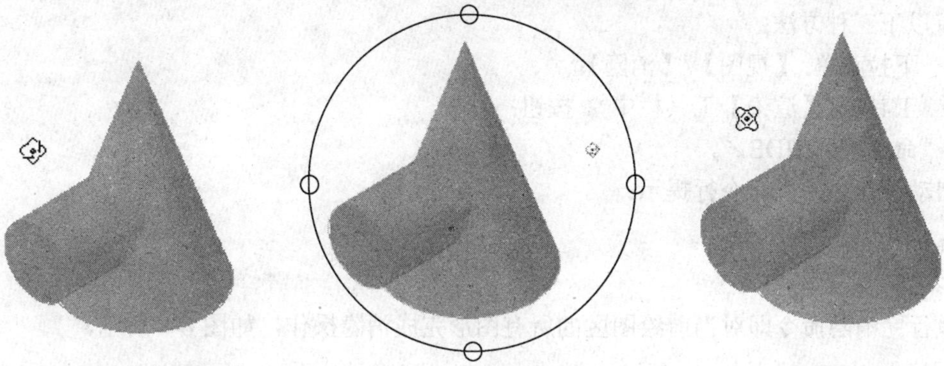

（a）受约束的动态观察　　（b）自由动态观察　　（c）连续动态观察

图 8-5　动态观察

- ✧ 下拉菜单：【视图】/【漫游和飞行】；
- ✧ 工具栏：【漫游和飞行】工具栏中 和 按钮；
- ✧ 命令行：3DWALK↙和 3DFLY↙。

启动该命令后，将打开【漫游和飞行设置】对话框和【定位器】选项板，如图 8-6、图 8-7 所示。【定位器】选项板的功能类似于地图。其中，在预览窗口中显示模型的 2D 俯视图，指示器显示了当前用户在模型中所处的位置，通过拖动可以改变指示器的位置。在【基本】选项区域中，可以设置指示器的颜色、尺寸、是否闪烁，目标指示器的开启状态、颜色、预览透明度和预览视觉样式。

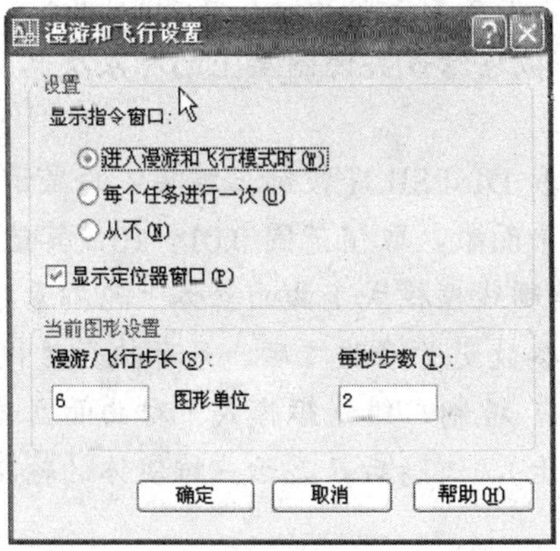

图 8-6 【漫游和飞行设置】对话框

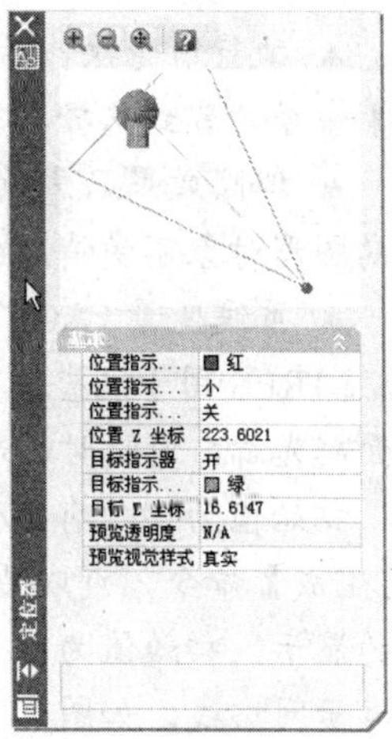

图 8-7 【定位器】选项板

通过【漫游和飞行设置】对话框，可以设置显示指令窗口的进入时间，以及当前图形设置的步长和每秒步数，如图 8-6 所示。

此外，按 Tab 键，在【漫游和飞行导行映射】对话框中，还显示了用于导航的快捷键及其对应的功能。

3. 消隐图形

消隐就是暂时隐藏被其他对象遮挡的线或面，以产生更加逼真的模型图像。启用【消隐】

命令有以下三种方法：

✧ 下拉菜单：【视图】/【消隐】；

✧ 工具栏：【渲染】工具栏中按钮；

✧ 命令行：HIDE↙。

启动该命令后，命令行提示：

```
命令:_hide
正在重生成模型。
```

执行完消隐命令即对当前绘图区的所有图形完成消隐操作，如图 8-8 所示。

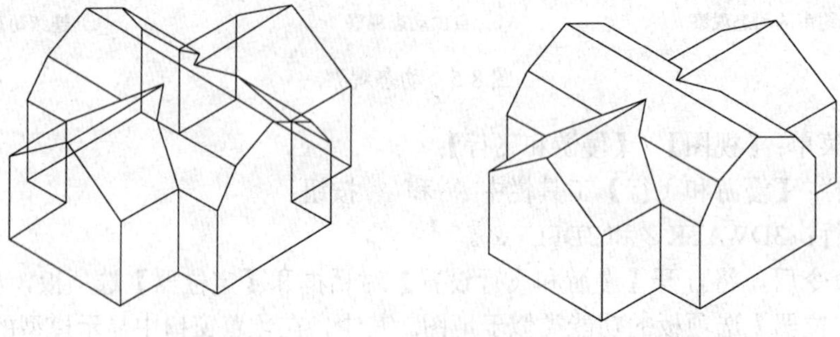

（a）消隐前　　（b）消隐后

图 8-8　消隐图形

重点提示

▲ 执行消隐操作后，除透视状态外，绘图窗口将暂时无法使用【缩放】和【平移】命令，直到选择【重生成】或【全部重生成】命令重新生成图形为止。

▲ 消隐效果只影响当前视区的图形，被冻结或关闭图层上的对象及其他视口中的图形对象不受消隐的影响。

▲ 系统变量 FACETRES、ISOLINES 和 DISPSILH 控制三维实体的显示效果。FACETRES 用于调整曲面立体消隐后的小平面数，取值范围 0.01～10，其值越大，曲面越光滑，消隐时间越长。ISOLINES 控制线框模式下曲面立体上轮廓素线的数目，初始值为 4，有效值为 0～2047。该参数变量修改之后，只有执行【视图】/【重生成】命令，可以更新显示。DISPSILH 控制二维线框模式下对曲面立体网格线的显示，初始值为 0（关），若设为 1（开），消隐后只显示三维实体的轮廓边，不显示网格线，如图 8-9 所示。

4. 视觉样式

视觉样式就是通过设置三维模型的显示方式，达到不同的视觉效果。启用【视觉样式】命令有以下三种方法：

✧ 下拉菜单：【视图】/【视觉样式】；

✧ 工具栏：【视觉样式】工具栏中按钮；

✧ 命令行：VSCURRENT↙。

启动该命令后，命令行提示：

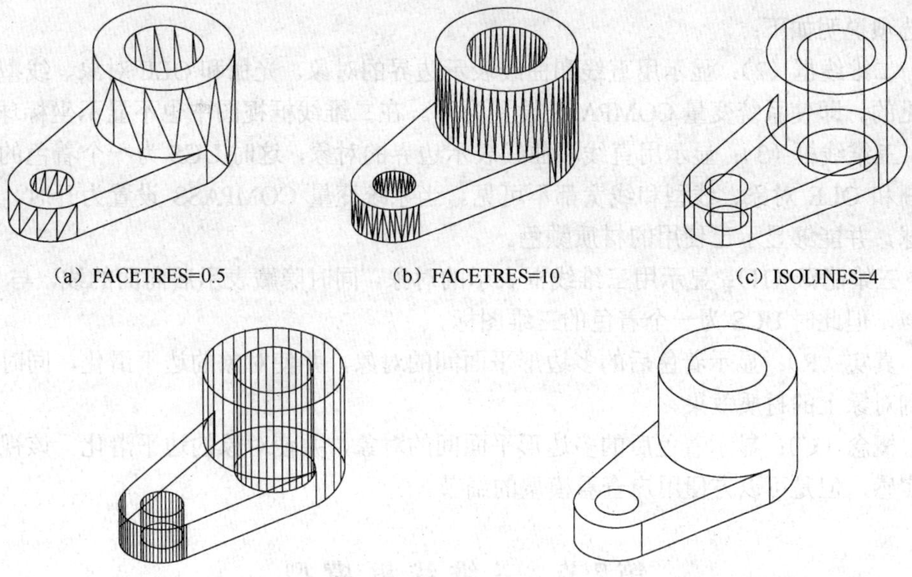

（a）FACETRES=0.5　（b）FACETRES=10　（c）ISOLINES=4

（d）ISOLINES=32 DISPSILH=0　（e）DISPSILH=1

图 8-9　模型显示控制

命令：_vscurrent

输入选项 [二维线框(2)/三维线框(3)/三维隐藏(H)/真实(R)/概念(C)/其他(O)] <二维线框>：

选择某选项后，系统即对当前绘图区的所有图形完成相应的操作，如图 8-10 所示。

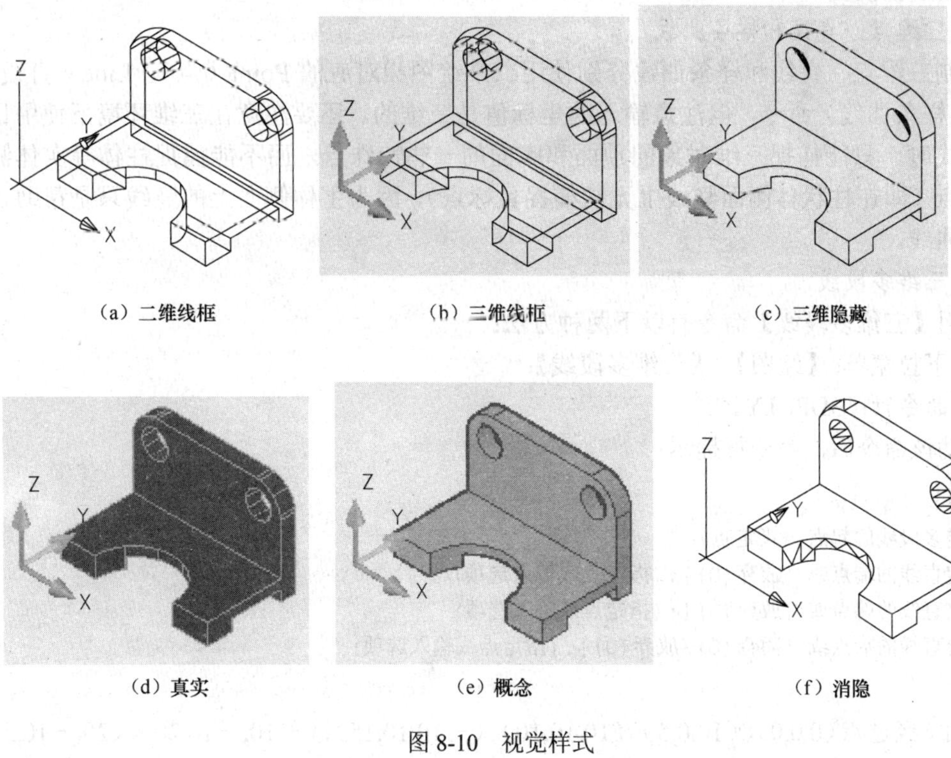

（a）二维线框　（b）三维线框　（c）三维隐藏

（d）真实　（e）概念　（f）消隐

图 8-10　视觉样式

各选项说明如下：

（1）二维线框（2）：显示用直线和曲线表示边界的对象。光栅和OLE对象、线型和线宽都是可见的。即使系统变量COMPASS设置为开，在二维线框视图中也不显示坐标球。

（2）三维线框（3）：显示用直线和曲线表示边界的对象，这时UCS为一个着色的三维图标。光栅和OLE对象、线型和线宽都不可见。当系统变量COMPASS设置为开时，可以显示坐标球，并能够显示已使用的材质颜色。

（3）三维隐藏（H）：显示用三维线框表示的对象，同时隐藏表示后向面的线，与【消隐】命令类似，但此时UCS为一个着色的三维图标。

（4）真实（R）：显示着色后的多边形平面间的对象，并使对象的边平滑化，同时显示已经附着到对象上的材质效果。

（5）概念（C）：显示着色后的多边形平面间的对象，并使对象的边平滑化。该视觉样式缺乏真实感，但是可以方便用户查看模型的细节。

第2节 三维线框模型

利用AutoCAD进行三维绘图，可以创建三种形式的三维模型：线框模型、表面模型和实体模型。每一种模型都有其独特的创建和编辑方法。三维线框模型就是用多边形线框来表示三维对象，它仅由描述三维对象边框的点、直线和曲线组成，没有面和体的特征。

用户可以通过输入点的三维坐标值，即（X,Y,Z）来绘制直线、多段线、样条曲线、螺旋线，构造线框模型。

1. 三维点、直线和样条曲线

绘制三维点、直线和样条曲线分别使用二维绘图相对应的Point（点）、Line（直线）、Spline（样条曲线）命令，但注意输入的坐标值是三维的。还要注意在三维环境下使用目标捕捉方式时，只能捕捉三维对象的顶面和底面的一些特殊点，而不能捕捉柱体等实体侧面的特殊点（即在柱状体侧面竖线上无法捕捉目标点），因为主体侧面上的竖线只是帮助显示的模拟曲线。

2. 三维多段线

启用【三维多段线】命令有以下两种方法：

✧ 下拉菜单：【绘图】/【三维多段线】；

✧ 命令行：3DPOLY↙。

启动该命令后，命令行提示：

```
命令:_3dpoly
指定多段线的起点:(指定点)
指定直线的端点或 [放弃(U)]:(指定点或输入选项)
指定直线的端点或 [放弃(U)]:(指定点或输入选项)
指定直线的端点或 [闭合(C)/放弃(U)]:(指定点或输入选项)
......
```

例如，经过点（0,0,0）、（10,0,5）、（10,10,10）、（−10,10,15）、（−10,−10,20）、（20,−10,25）、（20,20,30）、（−20,20,35）、（−20,−20,40）、（30,−20,45）、（30,30,50）、（−30,30,55）、（−30,

－30,60)、(40,－40,65)、(40,40,70)、(－40,40,75)、(－40,－30,80) 绘制的三维多段线如图 8-11（a）所示。

重点提示

▲ 3Dpoly 命令只能绘制宽度为 0 的直线段，没有圆弧段，且只能以 Continous 线型显示。

▲ 3Dpoly 命令只能用直角坐标，而不能用极坐标来输入点，且只能使用端点和中点两种捕捉模式。

▲ 当三维多段线用编辑命令 Pedit 进行编辑时，与二维多段线编辑相比，缺少连接（Jion）、线宽（Width）、曲线拟合（Fit）选项，如对图 8-11（a）所示图形进行样条曲线编辑后结果如图 8-11（b）所示。

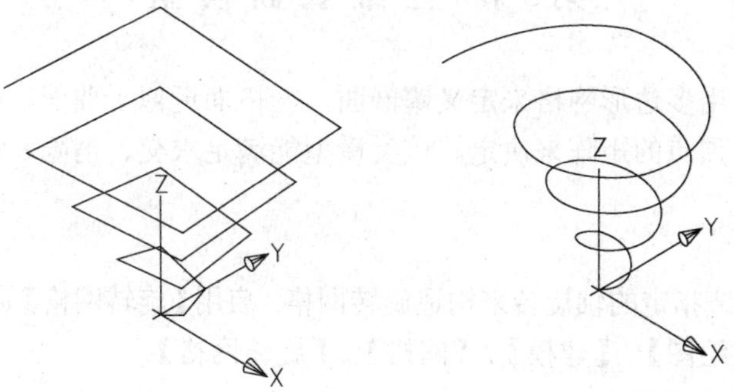

（a）　　（b）

图 8-11　三维多段线及其编辑

3. 螺旋

利用该命令可以创建二维螺旋线或三维螺旋线。启用【螺旋】命令有以下三种方法：

✧ 下拉菜单：【绘图】/【螺旋】；

✧ 工具栏：【建模】工具栏中 按钮；

✧ 命令行：HELIX↙。

启动该命令后，命令行提示：

```
命令:_helix
圈数 = 3.0000      扭曲=CCW
指定底面的中心点:(在屏幕上指定一点)
指定底面半径或 [直径(D)] <10.0000>:(指定底面半径，输入 d 指定直径或↙)
指定顶面半径或 [直径(D)] <6.9038>:(指定顶面半径，输入 d 指定直径或↙)
指定螺旋高度或 [轴端点(A)/圈数(T)/圈高(H)/扭曲(W)] <20.0000>:(输入螺旋高度或输入选项)
```

各选项说明如下：

（1）轴端点（A）：用于绘制以底面中心点到该轴端点的距离为高度的螺旋线，轴端点定义了螺旋的长度和方向。

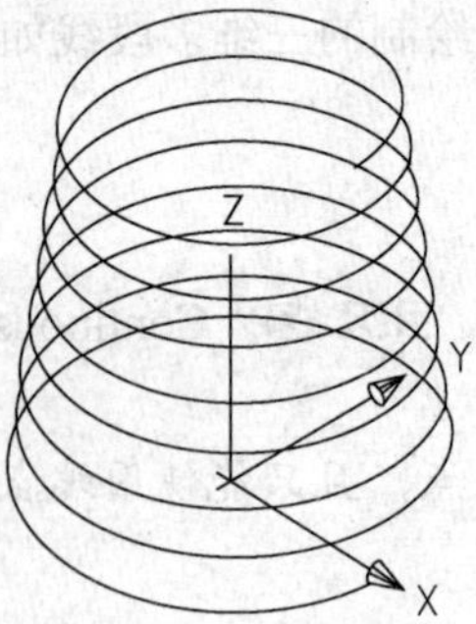

图 8-12　螺旋线

（2）圈数（T）：指定螺旋的圈（旋转）数，其默认值为 3，最大值不能超过 500。

（3）圈高（H）：指定螺旋内一个完整圈的高度。当指定圈高值时，螺旋中的圈数将相应地自动更新。如果已指定螺旋的圈数，则不能输入圈高的值。

（4）扭曲（W）：指定螺旋的扭曲方式是顺时针（CW）还是逆时针方向（CCW），默认值是逆时针。

例如，绘制一个底面中心为（0,0,0），底面半径为 40，顶面半径为 30，高度为 80，顺时针旋转 8 圈的螺旋线，结果如图 8-12 所示。

第 3 节　三 维 表 面 模 型

三维表面模型是用多边形网格来定义镶嵌面，网格面近似于曲面，网格的密度（镶嵌面的数目）由 M 乘 N 顶点的矩阵来决定。该类模型能满足求交、消隐、明暗处理和数控加工的要求。

1. 旋转网格

通过将一轮廓线绕指定的轴旋转来构造旋转网格。启用【旋转网格】命令有以下两种方法：

✧ 下拉菜单：【绘图】/【建模】/【网格】/【旋转网格】；

✧ 命令行：REVSURF↙。

启动该命令后，命令行提示：

命令：_revsurf
当前线框密度：SURFTAB1=6　SURFTAB2=6
选择要旋转的对象：(选择直线、圆弧、圆或二维、三维多段线)
选择定义旋转轴的对象：(选择直线或开放的二维、三维多段线)
指定起点角度 <0>：(输入值或按 Enter 键)
指定包含角 (+=逆时针，-=顺时针) <360>：(输入值或按 Enter 键)

例如，在 SURFTAB1=20，SURFTAB2=20 设置下，将图 8-13（a）所示多段线 ABFEC 绕直线 CD 旋转 360°，消隐后得到图 8-13（b）所示的效果。

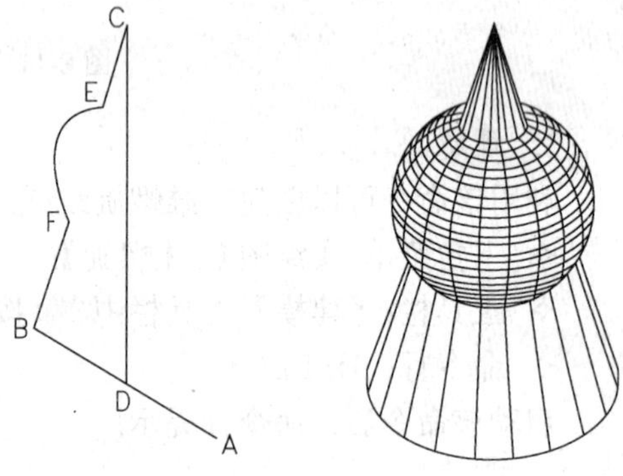

图 8-13　旋转网格

重点提示

▲ 旋转方向的分段数由系统变量 SURFTAB1 确定，旋转轴方向的分段数由系统变量 SURFTAB2 确定。变量的值越大，得到的回转曲面就越光滑。

▲ 在旋转轴对象上的拾取点位置将影响对象的旋转方向，该方向由右手定则判断，其拇指方向由对象选择点端指向另一端点方向，则弯曲四指所指的方向就是对象的旋转方向。

2. 平移网格

通过将一条轨迹线或图形对象沿着一条指定方向矢量平移延伸形成三维平移曲面。启用【平移网格】命令有以下两种方法：

✧ 下拉菜单：【绘图】/【建模】/【网格】/【平移网格】;

✧ 命令行：TABSURF↙。

启动该命令后，命令行提示：

```
命令:_tabsurf
当前线框密度:SURFTAB1=6
选择用作轮廓曲线的对象:(选择直线、圆弧、圆、椭圆、二维或三维多段线)
选择用作方向矢量的对象:(选择直线或开放的多段线)
```

例如，将图 8-14（a）所示封闭多段线，沿着直线 AB 平移得到平移网格，消隐后如图 8-14（b）所示。

重点提示

▲ 当确定了拾取点后，AutoCAD 从轮廓曲线上离拾取点最近的点开始绘制曲面。当选择多段线作为方向矢量时，平移方向则沿着多段线两端点的连线方向。

▲ 平移网格的分段数由 SURFTAB1 确定。

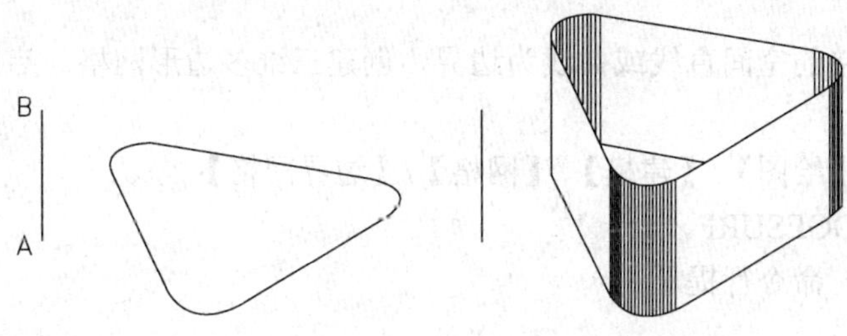

（a）　　（b）

图 8-14　平移网格

3. 直纹网格

通过指定两条直线或曲线作为相对的边，形成直纹网格曲面。启用【直纹网格】命令有以下两种方法：

✧ 下拉菜单：【绘图】/【建模】/【网格】/【直纹网格】;

✧ 命令行：RULESURF↙。

启动该命令后，命令行提示：

```
命令:_rulesurf
当前线框密度:SURFTAB1=6
选择第一条定义曲线:(选择直纹网格的一条边)
选择第二条定义曲线:(选择直纹网格的另一条边)
```

例如，如图 8-15（a）所示，通过对圆弧 A 和样条曲线 B 使用【直纹网格】命令，若两个选择点在同侧，生成的直纹网格如图 8-15（b）所示，否则生成如图 8-15（c）所示的网线交错的直纹网格。

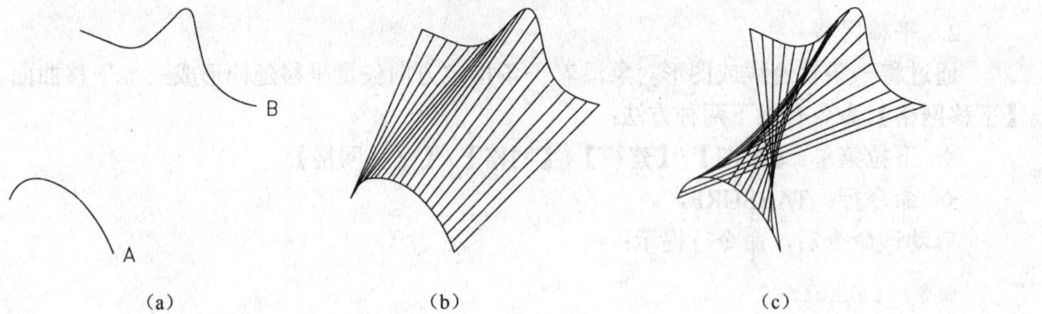

图 8-15　平移网格

重点提示

▲ 用来创建直纹曲面的曲线，可以是点、直线、圆（弧）、椭圆（弧）、样条曲线、二维或三维多段线。

▲ 为生成直纹曲面而选取的两个对象必须同时打开或同时闭合。如果一个对象为点，那么另一个对象可以是打开的，也可以是闭合的。

▲ 如果曲线是打开的，则直纹曲面总是从曲线上离拾取点最近的一端画出。

▲ 直纹曲面的分段数由系统变量 SURFTAB1 确定。

4. 边界网格

以 4 条首尾相接的空间直线或曲线为边界，创建三维多边形网格。启用【边界网格】命令有以下两种方法：

✧ 下拉菜单：【绘图】/【建模】/【网格】/【边界网格】；

✧ 命令行：EDGESURF↙。

启动该命令后，命令行提示：

```
命令:_edgesurf
当前线框密度:SURFTAB1=6  SURFTAB2=6
选择用作曲面边界的对象 1:(选择第一条曲线)
选择用作曲面边界的对象 2:(选择第二条曲线)
选择用作曲面边界的对象 3:(选择第三条曲线)
选择用作曲面边界的对象 4:(选择第四条曲线)
```

例如，如图 8-16（a）所示，分别以多段线 AEFB（第一条边界）、半圆弧 BC（第二条边界）、半圆弧 CD、半圆弧 AD 4 条对象作为边界，绘制的边界网格如图 8-16（b）所示，再作【三维镜像】（Mirror3d 命令）后，得到变截面管接头，如图 8-16（c）所示。

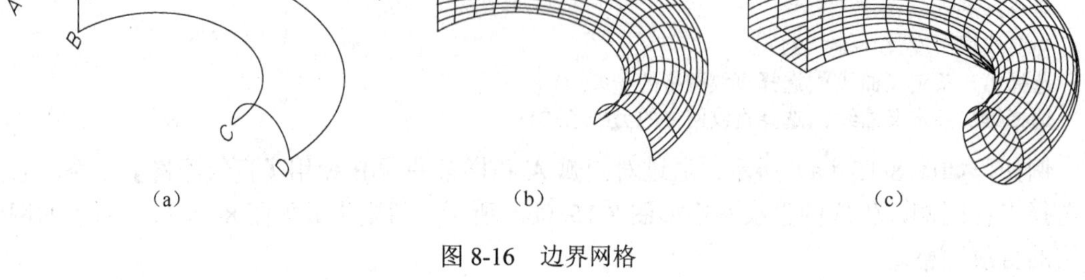

图 8-16　边界网格

重点提示

▲ 创建边界曲面的4条边可以是直线、圆弧、样条曲线、二维或三维多段线。

▲ 用于生成曲面的4条边必须首尾相接形成一个封闭的图形。

▲ 每条边选择的顺序不同，生成的曲面网格数目也不一样。用户选择的第一个对象确定曲面网格的 M 方向，它的邻边方向确定网格的 N 方向。系统变量 SURFTAB1 和 SURFTAB2 分别控制 M 方向和 N 方向的网格分段数。

第4节　三维实体模型

三维实体模型具有线框模型和表面模型所没有的实体特征，其内部是实心的，用户可以对它进行各种编辑操作，如穿孔、切割、倒角和布尔运算，也可以分析其质量、体积、重心和惯性矩等物理特性，同时还可以进行消隐、着色和渲染等操作。

创建三维实体模型的方法归纳起来主要有两种：一种是直接创建实体基本体，如长方体、球体、圆柱体、圆锥体等；另一种是通过拉伸、旋转二维对象等方式来创建形状复杂的三维实体模型。

一、基本体

AutoCAD 提供了六种创建基本体的功能：长方体、楔体、圆锥体、球体、圆柱体（图8-17）和圆环体［图8-18（a)］。

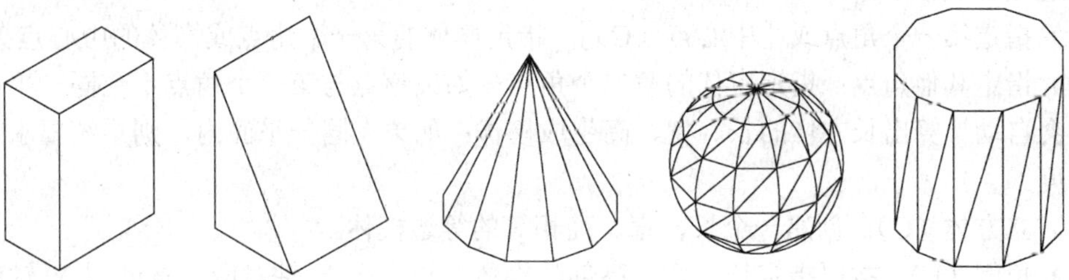

图8-17　基本体

启用基本体中各基本几何体命令有以下三种方法：

✧ 下拉菜单：【绘图】/【建模】/【长方体】【楔体】【圆锥体】【球体】【圆柱体】【圆环体】；

✧ 工具栏：【建模】工具栏中、、、、、按钮；

✧ 命令行：BOX↙、WEDGE↙、CONE↙、SPHERE↙、CYLINDER↙、TORUS↙。

1. 长方体

启动该命令后，命令行提示：

```
命令: _box
指定第一个角点或 [中心(C)]:(在屏幕上指定一点或输入 c 指定中心点)
指定其他角点或 [立方体(C)/长度(L)]:(指定长方体的另一角点或输入选项)
指定高度或 [两点(2P)]:(指定高度或输入 2p)
```

各选项说明如下：

（1）中心点（C）：根据长方体的中心点位置创建长方体。

（2）立方体（C）：创建正方体。

（3）长度（L）：通过定义长方体的长度、宽度和高度来创建长方体。

（4）两点（2P）：两个指定点之间的距离为长方体的高度。

重点提示

▲ 指定另一点作为长方体的角点时，如果该点与前一个角点不在同一平面内，则系统会自动计算出长方体的长、宽、高生成长方体。如果在同一平面内，则系统要求输入长方体的高度。

▲ 长方体的长、宽、高分别与当前 UCS 的 X、Y、Z 轴平行。长、宽、高的值为正时，将分别沿 X、Y、Z 轴的正方向生成长方体；反之为负时，将分别沿 X、Y、Z 轴的负方向生成长方体。

2. 楔体

启动该命令后，命令行提示：

```
命令：_wedge
指定第一个角点或 [中心点(C)]：(在屏幕上指定一点或输入 c 指定中心点)
指定其他角点或 [立方体(C)/长度(L)]：(指定楔体的另一角点或输入选项)
指定高度或 [两点(2P)]：(指定高度或输入 2p)
```

各选项说明如下：

（1）指定第一个角点或［中心点（C）］：指定楔体的第一个角点或楔体的中心点。

（2）指定其他角点：指定楔体的第二个角点。如果该点与第一个角点不在同一平面内，则系统会自动计算出长方体的长、宽、高生成楔体；如果在同一平面内，则系统要求输入楔体的高度。

（3）立方体（C）：创建一个长、宽、高相等的等边楔体。

（4）长度（L）：按照指定长、宽、高创建楔体。长度与 X 轴对应，宽度与 Y 轴对应，高度与 Z 轴对应，楔体此时沿 Y 轴方向竖起 Z 轴方向高度。

3. 圆锥体

可以创建圆锥体或椭圆锥体。

启动该命令后，命令行提示：

```
命令：_cone
指定底面的中心点或 [三点(3P)/两点(2P)/相切、相切、半径(T)/椭圆(E)]：(在屏幕上指定一点或输入选项)
指定底面半径或 [直径(D)]：(指定圆锥体底面半径或输入 d 指定直径或↙)
指定高度或 [两点(2P)/轴端点(A)/顶面半径(T)]：(指定高度或输入选项)
```

各选项说明如下：

（1）顶面半径（T）：创建圆台时指定圆台的顶面半径。

（2）其他选项与圆柱体的选项操作基本相同，不再赘述。

4. 球体

启动该命令后，命令行提示：

```
命令:_sphere
指定中心点或 [三点(3P)/两点(2P)/相切、相切、半径(T)]:(在屏幕上指定一点或输入选项)
指定半径或 [直径(D):(指定球体半径或输入 d 指定直径)
```

各选项说明如下：

（1）指定中心点：指定球体的球心。

（2）三点（3P）：通过指定球体圆周上的三个空间点来定义球体。

（3）两点（2P）：通过指定球体直径的两个端点来定义球体，第一点的 Z 值定义圆周所在平面。

（4）相切、相切、半径（T）：通过指定半径，定义可与两个对象相切的球体。

重点提示

在 AutoCAD 中，实体均是用线框的形式来显示的，线框的密度由系统变量 ISOLINES（指定对象上每个面的轮廓线数目）控制，默认值为 4，有效整数值为 0~2047。值越大，线框越密，占用的系统资源也越多。

5. 圆柱体

可以创建圆柱体或椭圆柱体。

启动该命令后，命令行提示：

```
命令:_cylinder
指定底面的中心点或 [三点(3P)/两点(2P)/相切、相切、半径(T)/椭圆(E)]:(在屏幕上指定一点或输入选项)
指定底面半径或 [直径(D)]:(指定圆柱体底面半径或输入 d 指定直径)
指定高度或 [两点(2P)/轴端点(A)]:(指定高度或输入选项)
```

各选项说明如下：

（1）指定底面的中心点：指定圆柱体底圆的圆心。

（2）三点（3P）：通过指定三个点来定义圆柱体的底面周长和底面。

（3）两点（2P）：通过指定底面直径的两个端点来定义圆柱体。

（4）相切、相切、半径（T）：通过指定半径，定义与两个对象相切的圆柱体底面。

（5）椭圆（E）：绘制椭圆柱体。

（6）轴端点（A）：指定圆柱体轴的端点位置。此端点是圆柱体的顶面中心点。轴端点定义了圆柱体的长度和方向。

6. 圆环体

启动该命令后，命令行提示：

```
命令:_torus
指定中心点或 [三点(3P)/两点(2P)/相切、相切、半径(T)]:(在屏幕上指定一点或输入选项)
指定半径或 [直径(D)]:(指定圆环半径或输入 d 指定直径)
指定圆管半径或 [两点(2P)/直径(D)]:(指定圆管半径或输入选项)
```

各选项说明如下：

（1）指定中心点：指定圆环体的圆心。

（2）三点（3P）：用指定的三个点定义圆环体的圆周或圆周所在平面。

（3）两点（2P）：用指定的两个点定义圆环体的圆周，第一点的 Z 值定义圆周所在平面。

（4）相切、相切、半径（T）：使用指定半径定义可与两个对象相切的圆环体。

重点提示

▲ 圆环体可以看成是一个圆形以另一个圆形为路径环绕而成，故圆环体由两个半径值定义，一个是圆管的半径（r），另一个是从圆环体中心到圆管中心的距离，即圆环体的半径（R）。

▲ 圆环体命令可以创建自交圆环体。自交圆环体没有中心孔，圆管半径比圆环体半径大。如果两个半径都是正值，且 $r>R$，则产生一个两极凹陷的球体，如图 8-18（b）所示。如果圆环体半径为负值，且 $r>|R|$，则产生一个橄榄状的实体，如图 8-18（c）所示。

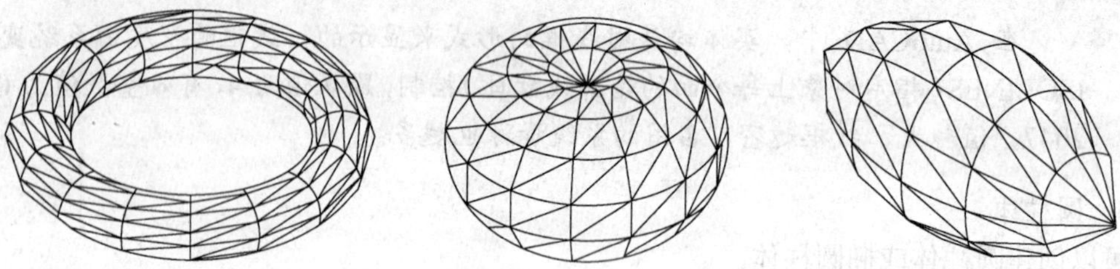

（a）$r<R$　（b）$r>R$　（c）$r>|R|$

图 8-18　圆环体与自交圆环体

二、通过二维图形创建实体

1. 通过拉伸创建实体

通过拉伸选定的封闭二维对象来创建三维实体。启用【拉伸】命令有以下三种方法：

✧ 下拉菜单：【绘图】/【建模】/【拉伸】；

✧ 工具栏：【建模】工具栏中 按钮；

✧ 命令行：EXTRUDE↙。

启动该命令后，命令行提示：

```
命令:_extrude
当前线框密度:ISOLINES=4
选择要拉伸的对象:(在屏幕上拾取要拉伸的对象)
选择要拉伸的对象:↙
指定拉伸的高度或 [方向(D)/路径(P)/倾斜角(T)]:(指定要拉伸的高度或输入选项)
```

各选项说明如下：

（1）选择要拉伸的对象：可以是任何封闭 2D 多段线、圆、椭圆、封闭样条曲线、圆环和面域。不能拉伸包含在块中的对象，也不能拉伸具有相交或自交线段的多段线。多段线的顶点数不能超过 500 个且不小于 3 个。

（2）方向（D）：通过指定的两点确定拉伸的长度和方向。

（3）路径（P）：选择一条指定路径来拉伸实体。路径将移动到轮廓的质心。拉伸路径可以是直线、圆、圆弧、椭圆、椭圆弧、多段线或样条曲线。

（4）倾斜角（T）：倾斜角默认为 0°，表示在与二维对象所在平面垂直的方向上进行拉伸；

倾斜角为正，拉伸时向内斜；倾斜角为负，拉伸时向外斜，如图 8-19 所示。

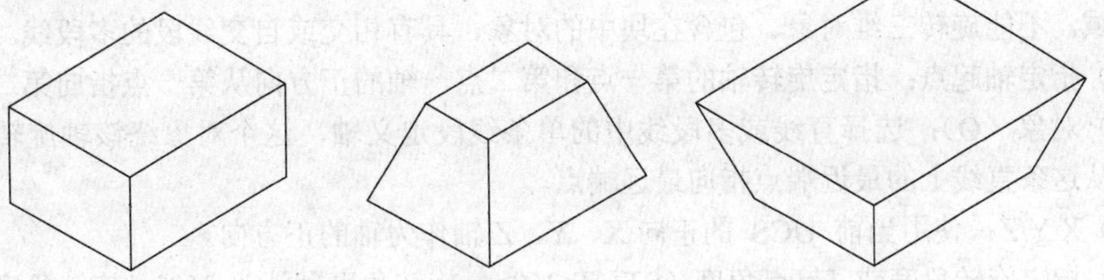

（a）倾斜角0°　　（b）倾斜角20°　　（c）倾斜角-20°

图 8-19　不同的倾斜角拉伸后的不同效果

重点提示

▲ 用直线、圆弧等命令绘制的一般平面图形，必须首先生成面域才能拉伸。

▲ 拉伸路径既不能与轮廓共面，也不能是具有高曲率的区域。

▲ 如果拉伸对象的倾斜角度或拉伸高度较大，将导致拉伸对象或拉伸对象的一部分在达到拉伸高度之前就已经汇聚到一点，此时将无法进行拉伸。

2. 通过旋转创建实体

通过绕轴旋转封闭二维对象来创建三维实体。启用【旋转】命令有以下三种方法：

✧ 下拉菜单：【绘图】/【建模】/【旋转】；

✧ 工具栏：【建模】工具栏中 按钮；

✧ 命令行：REVOLVE↙。

启动该命令后，命令行提示：

```
命令:_revolve
当前线框密度:ISOLINES=4
选择要旋转的对象:(在屏幕上拾取要旋转的对象)
选择要旋转的对象:↙
指定轴起点或根据以下选项之一定义轴 [对象(O)/X/Y/Z] <对象>:(指定一点或输入选项)
指定旋转角度或 [起点角度(ST)] <360>:(指定角度或输入 st 指定起始角度或↙)
```

例如，将 8-20（a）所示面域绕 AB 边旋转－270°后，得到回转体如图 8-20（b）所示。

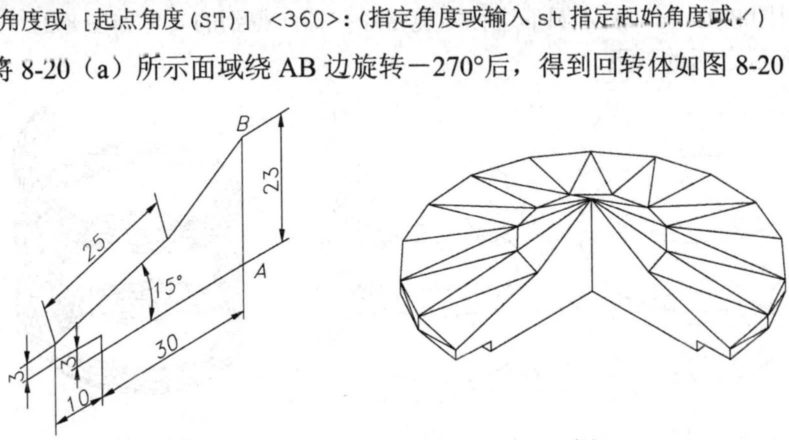

（a）　　（b）

图 8-20　通过旋转创建实体

各选项说明如下：

（1）选择要旋转的对象：可以旋转闭合多段线、多边形、圆、椭圆、闭合样条曲线、圆环和面域。不能旋转三维对象、包含在块中的对象、具有相交或自交线段的多段线。

（2）指定轴起点：指定旋转轴的第一点和第二点，轴的正方向从第一点指向第二点。

（3）对象（O）：选择直线或多段线中的单条线段定义轴，这个对象绕该轴旋转。轴的正方向从这条直线上的最近端点指向最远端点。

（4）X/Y/Z：使用当前 UCS 的正向 X、Y、Z 轴作为轴的正方向。

（5）指定旋转角度或 [起点角度（ST）]<360>：旋转角度默认为 360°。旋转角度正向符合右手螺旋法则，即用右手握住旋转轴线，大拇指指向旋转轴的正向，四指所指方向是旋转角度的正向。

3. 通过扫掠创建实体

通过沿路径扫掠二维曲线来创建三维实体或曲面。启用【扫掠】命令有以下三种方法：

✧ 下拉菜单：【绘图】/【建模】/【扫掠】；

✧ 工具栏：【建模】工具栏中按钮；

✧ 命令行：SWEEP↙。

启动该命令后，命令行提示：

```
命令:_sweep
当前线框密度:ISOLINES=4
选择要扫掠的对象:(拾取要扫掠的对象)
选择要扫掠的对象:↙
选择扫掠路径或 [对齐(A)/基点(B)/比例(S)/扭曲(T)]:(选择二维或三维扫掠路径或输入选项)
```

各选项说明如下：

（1）对齐（A）：用于设置扫掠前是否对齐垂直于路径的扫掠对象。

（2）基点（B）：用于设置要扫掠对象的基点。

（3）比例（S）：用于设置扫掠的比例因子，当指定该参数后，扫掠效果与单击路径的位置有关。

（4）扭曲（T）：用于设置扭曲角度或允许非平面扫掠路径倾斜。

例如，对图 8-21（a）所示圆形进行螺旋路径扫掠，得到的实体如图 8-21（b）所示，图 8-21（c）是消隐之后的效果。

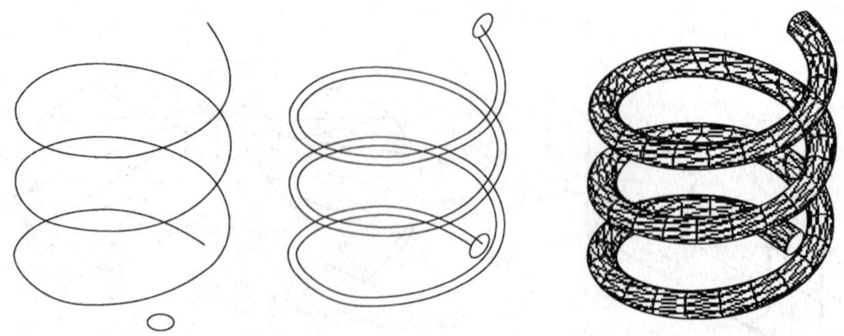

(a)　　(b)　　(c)

图 8-21　通过扫掠绘制实体

4. 通过放样创建实体

通过指定一系列横截面来创建新的实体或曲面。启用【放样】命令有以下三种方法：

✧ 下拉菜单：【绘图】/【建模】/【放样】；

✧ 工具栏：【建模】工具栏中按钮；

✧ 命令行：LOFT↙。

启动该命令后，命令行提示：

```
命令:_loft
按放样次序选择横截面:(按照曲面或实体将要通过的次序选择开放或闭合的曲线)
按放样次序选择横截面:↙
输入选项 [引导(G)/路径(P)/仅横截面(C)] <仅横截面>:(输入选项或↙)
```

各选项说明如下：

（1）引导（G）：用于使用引导曲线控制放样，每条引导曲线必须要与每一个截面相交，并且起始于第一个截面，结束于最后一个截面。

（2）路径（P）：用于使用一条简单的路径控制放样，该路径必须与全部或部分截面相交。

（3）仅横截面（C）：用于只使用截面进行放样，此时将打开【放样设置】对话框，如图 8-22 所示。

例如，按次序分别选择图 8-23（a）所示三个放样截面圆 1～圆 3 进行放样消隐后，得到如图 8-23（b）所示的效果。

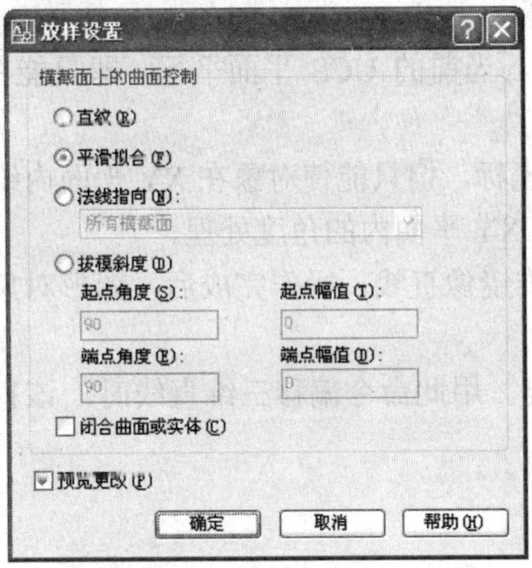

图 8-22 【放样设置】对话框

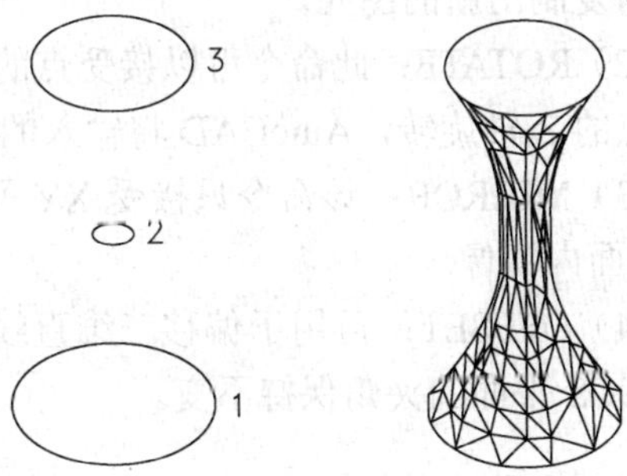

(a)　　(b)

图 8-23　放样并消隐图形

重点提示

▲ 横截面（通常为曲线或直线）可以是开放的（如圆弧），也可以是闭合的（如圆）。LOFT 用于在横截面之间的空间内绘制实体或曲面。使用 LOFT 命令时必须指定至少两个横截面。

5. 根据标高和厚度创建实体

通过设置对象的标高和厚度来创建实体。启动该命令只有一种方法：

✧ 命令行：ELEV↙。

启动该命令后，命令行提示：

```
命令:ELEV↙
指定新的默认标高 <当前>:［设置二维对象的标高(即与当前 UCS 的 XY 平面的距离)］
指定新的默认厚度 <当前>:(所绘二维对象沿当前 UCS 的 Z 轴方向拉伸的距离)
```

重点提示

▲ ELEV 命令只控制新对象，而不影响现有对象。

▲ 二维对象可以是直线、圆、圆弧、正多边形。

▲ 当前 UCS 的 XY 面的标高为 0，沿 Z 轴正向的标高及拉伸的厚度均为正，反之则为负。

第 5 节　三维图形的编辑

一、编辑三维对象

在 AutoCAD 中，二维图形编辑的许多命令同样适用于三维图形，也可以使用三维编辑命令，在三维空间中移动、复制、镜像、对齐及阵列三维对象，具体用法基本上与二维相应命令的用法类似。

（一）二维编辑命令在三维空间中的应用

1. 下列命令将根据当前的 UCS 来编辑图形元素

（1）ARRAY：该命令所产生的矩形及环形阵列与当前的 UCS 平面平行，即只能在 XY 平面内复制出新的图元。

（2）ROTATE：此命令可以接受点的 X、Y、Z 坐标，但只能使对象在 XY 平面内绕经过输入点的 Z 轴旋转，AutoCAD 将输入的旋转角当作 XY 平面内的角度处理。

（3）MIRROR：该命令只接受 XY 平面内的二维镜像直线，操作完成后，图形对象仅在 XY 平面内镜像。

（4）OFFSET：可用于偏移三维直线或二维曲线。用此命令偏移三维直线时，该直线与当前 UCS 平面的夹角保持不变。

重点提示

▲应用以上编辑命令，应首先创建新的用户坐标系，使被编辑的图形对象位于当前的 UCS 平面内。

2. 下列命令允许在不同的 UCS 中操作

（1）LENGTHEN、EXTEND、TRIM、BREAK：这些命令常用于编辑三维直线或曲线，但不适用于表面和实体模型。

（2）STRETCH：适用于三维线条和表面。

（3）FILLET、CHAMFER：可以编辑任意平面中的直线或曲线，还能将实心体模型倒圆角或倒斜角，但不适用于表面模型。

（4）SCALE：该命令可以根据指定的基点放大或缩小三维对象。

（5）MOVE、COPY：这两个命令适用于线框、表面及实体模型。

（二）三维阵列

在三维空间中按矩形阵列或环形阵列的方式复制对象。启用【三维阵列】命令有以下两种方法：

✧ 下拉菜单：【修改】/【三维操作】/【三维阵列】；

✧ 命令行：3DARRAY↙。

启动该命令后，命令行提示：

```
命令：_3darray
选择对象：(选择要阵列的对象)
选择对象：↙
输入阵列类型 [矩形(R)/环形(P)] <矩形>：(输入选项或↙)
```

若选择矩形阵列，则提示如下：

```
输入行数 (---) <1>： (输入正值或↙)
输入列数 ( | | | ) <1>：(输入正值或↙)
输入层数 (...) <1>：(输入正值或↙)
指定行间距 (---)：(指定距离)
指定列间距 ( | | | )：(指定距离)
指定层间距 (...)：(指定距离)
```

若选择环形阵列，则提示如下：

```
输入阵列中的项目数目：(输入正值)
指定要填充的角度 (+=逆时针,-=顺时针) <360>：(指定角度或↙)
旋转阵列对象？ [是(Y)/否(N)] <Y>：(输入 Y 或 N,或↙)
指定阵列的中心点：(指定一点)
指定旋转轴上的第二点：(指定旋转轴上另一点)
```

例如，将图 8-24（a）所示圆凳绕圆桌中心进行环形阵列后，得到如图 8-24（b）所示的效果。

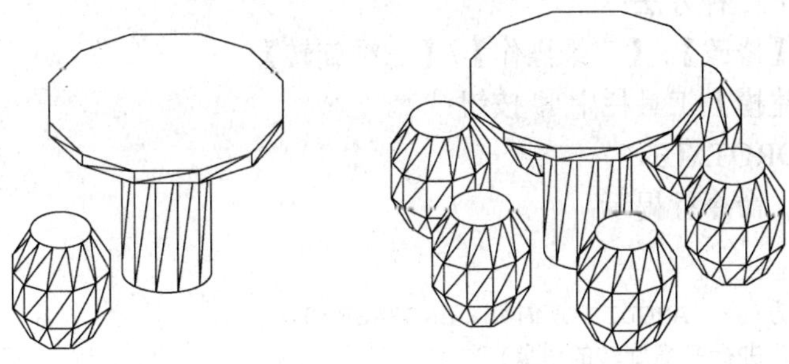

（a）　　　　（b）

图 8-24　三维阵列

（三）三维镜像

沿指定的镜像平面创建对象的镜像。启用【三维镜像】命令有以下两种方法：

✧ 下拉菜单：【修改】/【三维操作】/【三维镜像】；

✧ 命令行：MIRROR3D↙。

启动该命令后，命令行提示：

```
命令：_mirror3d
```

选择对象：(选择要镜像的对象)

选择对象：↙

指定镜像平面(三点)的第一个点或

[对象(O)/最近的(L)/Z 轴(Z)/视图(V)/XY 平面(XY)/YZ 平面(YZ)/ZX 平面(ZX)/三点(3)] <三点>：(指定一点，输入选项或↙)

在镜像平面上指定第二点：(指定第二点)

在镜像平面上指定第三点：(指定第三点)

是否删除源对象？ [是(Y)/否(N)] <否>：(输入 Y 或 N，或↙)

例如，将图 8-25（a）所示 1、2 两个柱体沿中间肋板三维镜像后，进行“【差集】SUBTRACT”运算，结果如图 8-25（b）所示。

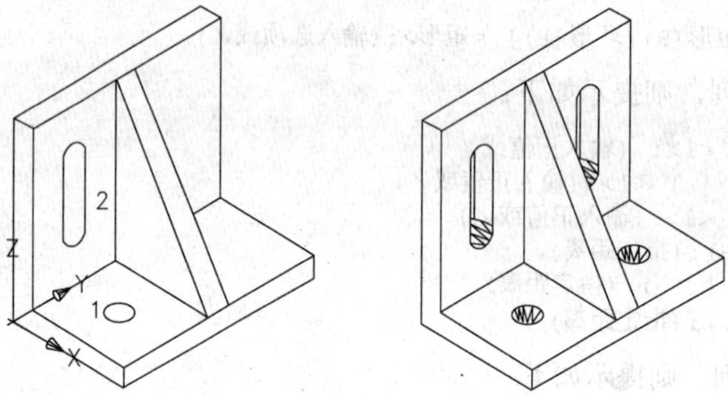

(a)　　　　(b)

图 8-25　三维镜像

（四）三维旋转

使三维对象绕三维空间定义的任意轴（X、Y 或 Z 轴）、视图、对象或两点旋转。启用【三维旋转】命令有以下三种方法：

✧ 下拉菜单：【修改】/【三维操作】/【三维旋转】；

✧ 工具栏：【建模】工具栏中按钮；

✧ 命令行：3DROTATE↙。

启动该命令后，命令行提示：

命令：_3drotate

UCS 当前的正角方向：ANGDIR=逆时针　ANGBASE=0

选择对象：(选择要进行三维旋转的对象)

选择对象：↙

指定基点：(指定一点)

指定旋转角度，或[复制(C)/参照(R)]<0>：(输入旋转角度，输入选项或↙)

例如，将图 8-26（a）所示图形绕基点圆 A 的圆心、旋转轴 Z 轴进行三维旋转（旋转 30°），结果如图 8-26（b）所示。

重点提示

▲使用 ROTATE（旋转）命令只能使对象在 XY 平面内旋转，即旋转轴只能是 Z 轴；而 3DROTATE（三维旋转）命令可以使对象绕 3D 空间中的任意轴旋转。

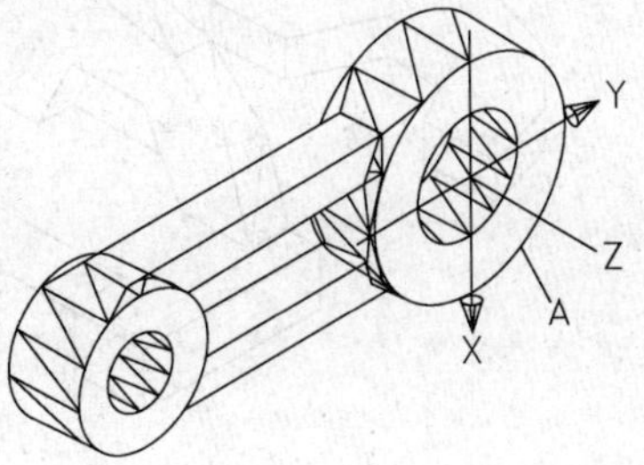

(a)

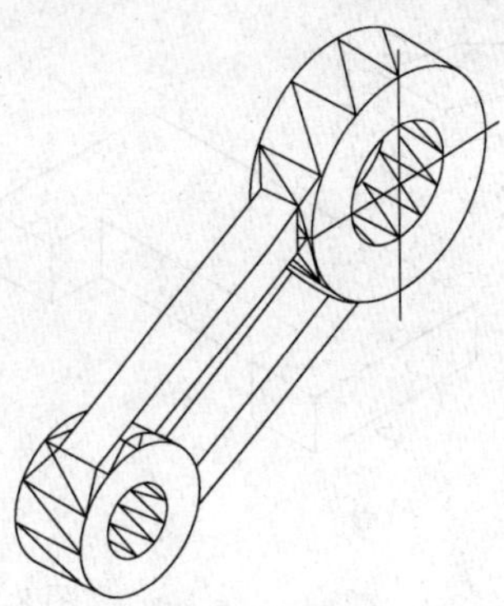

(b)

图 8-26　三维旋转

（五）三维对齐

用于在二维或三维空间中移动和旋转对象而不考虑当前用户坐标系的位置。启用【三维对齐】命令有以下三种方法：

✧ 下拉菜单：【修改】/【三维操作】/【对齐】或【三维对齐】；

✧ 工具栏：【建模】工具栏中 按钮；

✧ 命令行：ALIGN↙ 或 3DALIGN↙ 。

启动 align 命令后，命令行提示：

```
命令：_align
选择对象：(选择要对齐的对象)
选择对象：↙
指定第一个源点：[指定点(1)]
指定第一个目标点：[指定点(2)]
指定第二个源点：[指定点(3)]
指定第二个目标点：[指定点(4)]
指定第三个源点或 <继续>：↙
是否基于对齐点缩放对象？[是(Y)/否(N)] <否>：(输入 Y 或 N，或↙)
```

启动 3Dalign 命令后，命令行则提示：

```
命令： _3dalign
选择对象：(选择要对齐的对象)
选择对象：↙
指定源平面和方向 ...
指定基点或 [复制(C)]：(指定一点或输入 c)
指定第二个点或 [继续(C)] <C>：(指定对象的 X 轴上的点，或↙ 向前跳到指定目标点)
指定第三个点或 [继续(C)] <C>：(指定对象的 XY 平面上的点，或↙ 向前跳到指定目标点)
 指定目标平面和方向 ...
指定第一个目标点：(指定一点)
指定第二个目标点或 [退出(X)] <X>：(指定目标的 X 轴上的点或↙)
指定第三个目标点或 [退出(X)] <X>：(指定目标的 XY 平面上的点或↙)
```

例如，将图 8-27（a）所示形体 1 与形体 2 进行复制对齐，使用【三维对齐】(3Dalign) 命令，分别选择源对象形体 1 的 A 点（圆心）、B 点、C 点与目标对象的 D 点（中点）、E 点、F 点对齐，结果如图 8-27（b）所示。

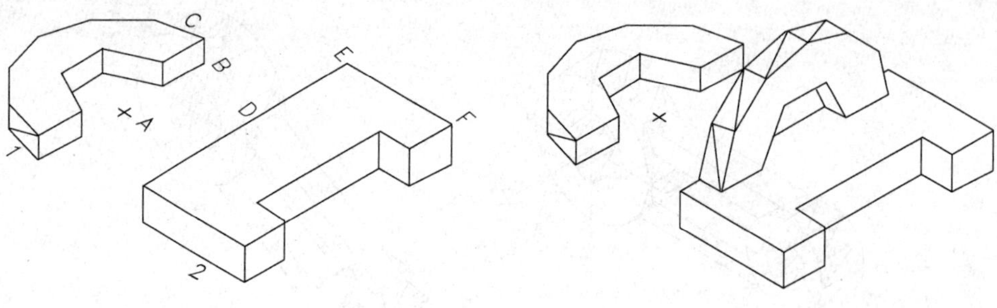

（a） （b）

图 8-27 三维对齐

重点提示

▲【对齐】（Align）与【三维对齐】（3Dalign）的用法基本相同，但【三维对齐】命令在将源对象与目标对象对齐的同时，还可以复制源对象；还有一点不同是：选择点的顺序不同。

二、三维实体的布尔运算

在 AutoCAD 中提供了四种布尔运算，它们分别是：并集、差集、交集和干涉运算，使用这四种功能可以将多个相对简单的实体以某种方式组合，形成复杂的实体模型。

1. 并集、差集、交集运算

并集运算将多个相交或相接触的面域或实体进行合并，组合成一个整体；差集运算从第一个面域或实体中减去第二个面域或实体，从而创建一个新的面域或实体；交集运算由多个面域或实体相交的部分创建新的面域或实体，同时删去实体。启用【并集】、【差集】和【交集】命令有以下三种方法：

✧ 下拉菜单：【修改】/【实体编辑】/【并集】、【差集】、【交集】;

✧ 工具栏：【实体编辑】或【建模】工具栏中、、按钮；

✧ 命令行：UNION↙、SUBTRACT↙、INTERSECT↙。

命令的使用详见本书第 3 章第 7 节二维绘图命令。

例如，绘制两个基本体：圆锥体和圆柱体，如图 8-28（a）所示，选择两个基本体进行【并集】命令运算，结果如图 8-28（b）所示；选择圆锥体作为被减的对象，圆柱体作为要减去的对象，进行【差集】命令运算，结果如图 8-28（c）所示；选择两个基本体进行【交集】命令运算，结果如图 8-28（d）所示。

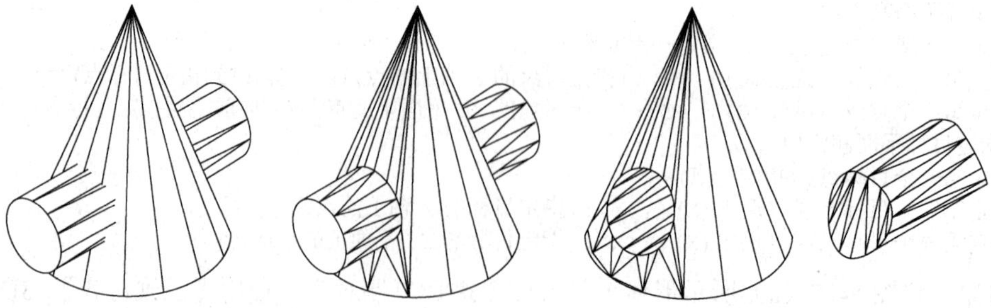

（a）柱锥相交 （b）并集 （c）差集 （d）交集

图 8-28 柱锥相交的并集、差集、交集运算

2. 干涉运算

通过干涉运算保留原实体，用两个或多个实体的公共部分创建一个新的实体。启用【干涉】命令有以下三种方法：

✧ 下拉菜单：【修改】/【三维操作】/【干涉检查】；

✧ 工具栏：【实体】工具栏中 按钮；

✧ 命令行：INTERFERE↙。

启动该命令后，命令行提示：

```
命令:_interfere
选择第一组对象或 [嵌套选择(N)/设置(S)]:(选择要进行干涉的一组对象或输入选项)
选择第二组对象或 [嵌套选择(N)/检查第一组(K)] <检查>:(选择要进行干涉的另一组对象,输入N或↙)
```

【干涉检查】对话框，如图 8-29 所示。

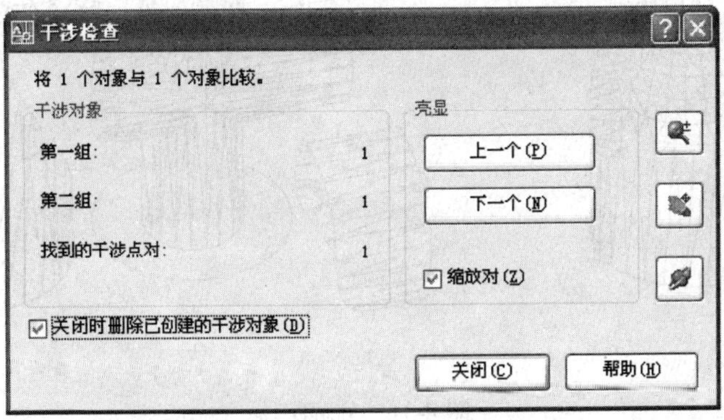

图 8-29 【干涉检查】对话框

例如，对如图 8-28（a）所示的两个基本体圆锥体和圆柱体，进行干涉运算，分别选择两个对象作为实体的第一、第二集合，在弹出的【干涉检查】对话框中，禁用【关闭时删除已创建的干涉对象】复选框，得到交集效果如图 8-30（a）所示。

重点提示

▲由于干涉运算不删除原有实体，需要将原有实体移开，或创建一个与原实体不同的层并将该层应用于干涉实体，才能清楚地看到干涉的结果，如图 8-30（b）所示。

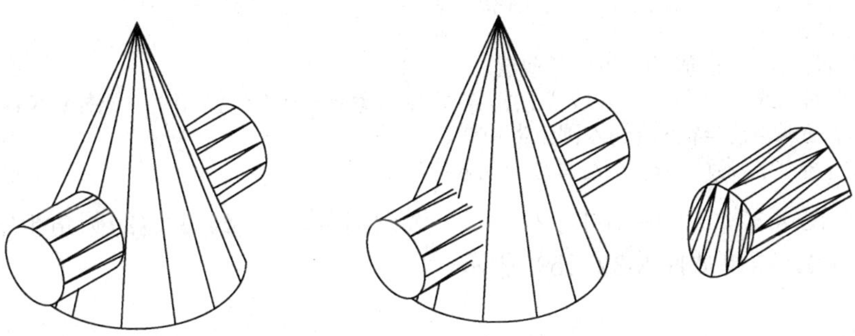

（a）求干涉集后的效果　　（b）求干涉集移开后的效果

图 8-30 柱锥相交的干涉运算

三、编辑三维实体

在 AutoCAD 中，可以对三维基本实体进行布尔运算来创建复杂实体，也可以对实体进行【分解】、【圆角】、【倒角】、【剖切】及【切割】等编辑操作。

1. 分解实体

将实体分解为一系列面域和主体。

启用【分解】命令的方法见二维图形编辑部分。

例如，对图 8-31（a）所示图形进行分解，移动生成的面域和主体，效果如图 8-31（b）所示。

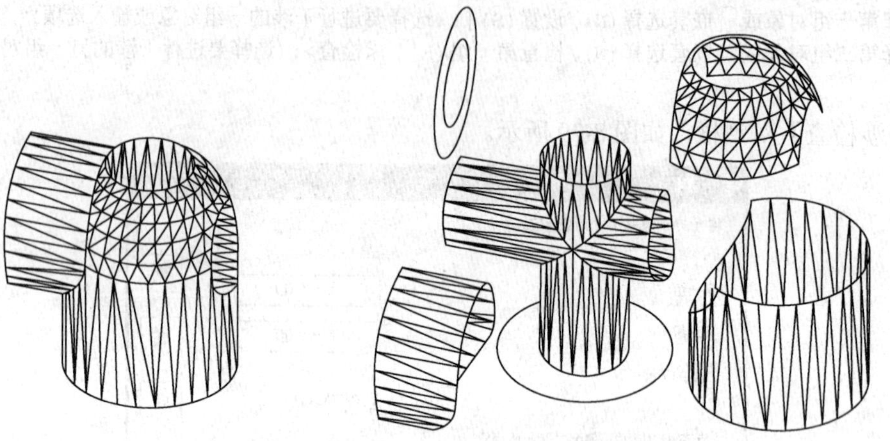

（a）（b）

图 8-31 分解实体

重点提示

▲ 实体中的平面被转换为面域，曲面被转化为主体，若继续使用该命令，将面域和主体分解为组成它们的基本元素，如直线、圆及圆弧等。

2. 三维倒圆角

可以对实体中存在的棱边修圆角，从而使两相邻面之间产生圆滑的过渡面。启用【圆角】命令的方法见二维图形编辑部分。

启动该命令后，命令行提示：

```
命令:_fillet
当前设置:模式 = 当前值,半径 = 当前值
选择第一个对象或 [放弃(U)/多段线(P)/半径(R)/修剪(T)/多选(M)]:(选择对象或输入选项)
输入圆角半径 <当前半径>:(输入圆角半径或↙)
选择边或 [链(C)/半径(R)]:(选择边或输入选项)
```

例如，对图 8-32（a）所示 1、2、3、4 边倒圆角，1、2、3 边的圆角半径为 5，4 边的圆角半径为 2，结果如图 8-32（b）所示。

重点提示

▲ 对交于一点的几条棱边倒圆角时，若各边圆角半径相同，则在交点处产生光滑的球面过渡。

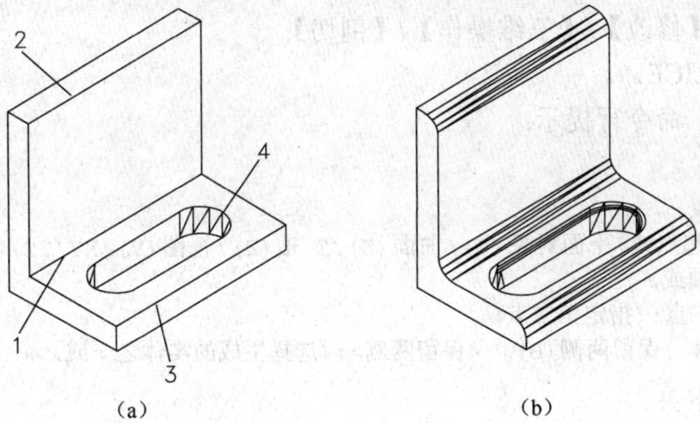

图 8-32　倒圆角

3. 三维倒斜角

可以对实体中存在的棱边修倒角，从而使两相邻面之间产生较为平滑的过渡面。启用【倒角】命令的方法见二维图形编辑部分。

启动该命令后，命令行提示：

```
命令:_chamfer
("修剪"模式)当前倒角距离 1 = 当前,距离 2 = 当前
选择第一条直线或 [多段线(P)/距离(D)/角度(A)/修剪(T)/方法(M)/多个(U)]:(选择要倒角实体上的一条边或输入选项)
基面选择...
输入曲面选择选项 [下一个(N)/当前(OK)] <当前(OK)>:(输入N或O或↙,选择倒斜角的基面)
指定基面的倒角距离 <当前>:(指定倒角距离或↙)
指定其他曲面的倒角距离 <当前>:(指定倒角距离或↙)
选择边或 [环(L)]:(指定基面内要倒角的棱边,或输入"L"一次选中基面内所有的棱边)
```

例如，对图 8-33（a）所示的图形倒斜角，分别选择 A 面、B 面为基面，对 1 边、2 环和 3 环进行倒斜角，倒角距离均为 5，结果如图 8-33（b）所示。

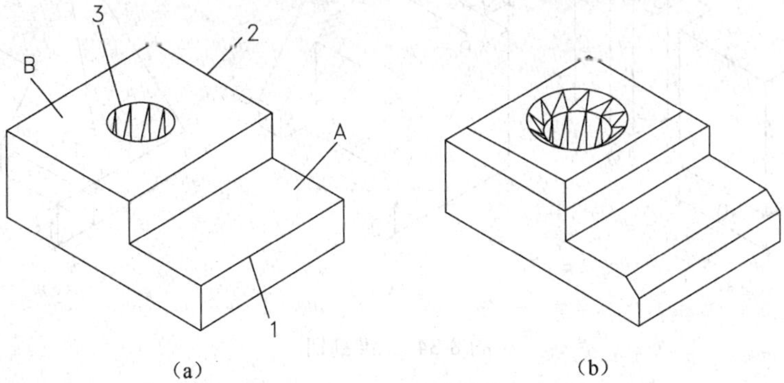

图 8-33　倒斜角

四、剖切实体

使用平面去剖切一组实体，将其分为两部分或移去指定部分。启用【剖切】命令有以下两种方法：

✧ 下拉菜单：【修改】/【三维操作】/【剖切】;

✧ 命令行：SLICE↙。

启动该命令后，命令行提示：

```
命令：_slice
选择要剖切的对象：
指定剖切平面的起点或[平面对象(O)/曲面(S)/Z 轴(Z)/视图(V)/XY/YZ/ZX/三点(3)] <三点>：(指定一点，输入选项或↙)
指定平面上的第二点：(指定第二点)
选择要保留的实体 [保留两侧(B)] <保留两侧>：(选择生成的实体之一或↙)
```

各选项说明如下：

（1）平面对象（O）：用圆、椭圆、圆弧或椭圆弧、二维样条曲线、二维多段线等二维对象所在的平面来定义剖切平面。

（2）曲面（S）：将剪切平面与曲面对齐，不能选择使用 EDGESURF、REVSURF、RULESURF 和 TABSURF 命令创建的网格。

（3）Z 轴（Z）：通过指定剖切平面的法线和剖切平面上的一点确定剖切平面。具体方法是先指定剖切平面上的一点，再指定另一点，用两点的连线作为剖切平面的法线，且剖切平面通过第一点。

（4）视图（V）：以平行于当前视图的平面作为剖切平面。

（5）XY/YZ/ZX：使剖切平面与当前用户坐标系（UCS）的 XY 平面（或 ZX 平面）平行，再指定剖切平面通过的一点来确定剖切平面的位置。

（6）三点（3）：通过指定三个点来定义剖切平面。

例如，对图 8-34（a）所示的图形进行剖切，以 A、B、C 三点定义的剖切平面进行剖切，结果如图 8-34（b）所示，再以 D、E、F 三点定义的剖切平面进行剖切，结果如图 8-34（c）所示。

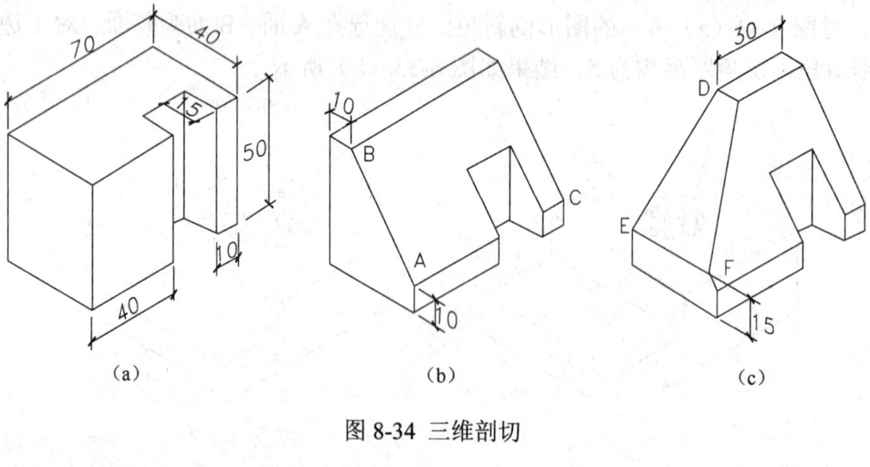

图 8-34 三维剖切

五、创建实体的截面

使用平面剖切实体，获得实体在剖切平面处的截面面域。常用该命令从立体图中取出剖面。启用【创建实体的截面】命令只有一种方法：

✧ 命令行：SECTION↙。

启动该命令后，命令行提示：

```
命令: section
选择对象:(选择多个实体,将为每个实体创建独立的面域)
选择对象:↙
指定剖切面上的第一个点,依照 [对象(O)/Z 轴(Z)/视图(V)/XY/YZ/ZX/三点(3)] <三点>:(指定一点或输入选项)
```

各选项说明：参考【剖切】(Slice）命令。

例如，对图 8-35（a）所示的图形进行剖切，选择原点处的 ZX 平面为剖切平面的位置，结果如图 8-35（b）所示，移出截面并在截面上画出剖面线，如图 8-35（c）所示。

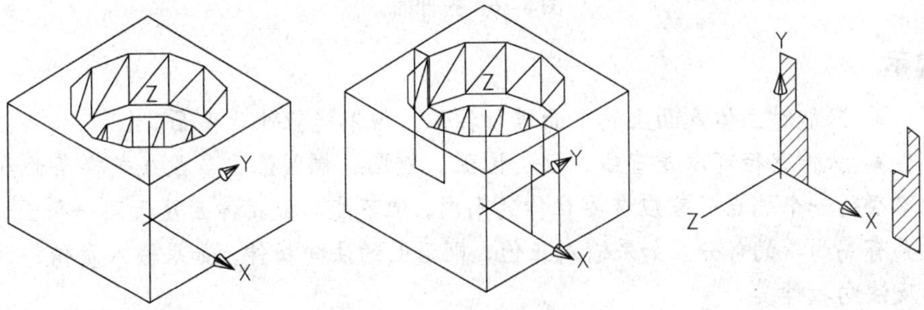

（a）原始图形　　（b）创建截面　　（c）移出截面并画剖面线

图 8-35　创建截面

六、编辑实体的面

实体由基本的面和边组成，因此用户可以对实体的面和边进行编辑。本节主要介绍实体面的编辑，包括拉伸面、移动面、偏移面、删除面、旋转面、倾斜面、着色面和复制面。启用【实体编辑】命令有以下三种方法：

- ✧ 下拉菜单：【修改】/【实体编辑】/【拉伸面】、【移动面】、【偏移面】、【删除面】、【旋转面】、【倾斜面】、【着色面】、【复制面】；
- ✧ 工具栏：【实体编辑】工具栏中  按钮；
- ✧ 命令行：SOLIDEDIT↙。

以【复制面】启动该命令后，命令行提示：

```
命令:_solidedit
实体编辑自动检查:SOLIDCHECK = 1
输入实体编辑选项[面(F)/边(E)/体(B)/放弃(U)/退出(X)] <退出>:-face
输入面编辑选项
[拉伸(E)/移动(M)/旋转(R)/偏移(O)/倾斜(T)/删除(D)/复制(C)/颜色(L)/材质(A)/放弃(U)/退出(X)] <退出>:(输入选项或↙)
```

其中各选项的操作如下：

(1)【拉伸面】：按指定的距离、锥角或某条路径进行拉伸实体面。

输入“E”，对面进行拉伸，系统继续提示：

```
选择面或 [放弃(U)/删除(R)]:(选择要拉伸的一个或多个面,或输入选项)
选择面或 [放弃(U)/删除(R)/全部(ALL)]:(选择一个或多个面,或输入选项)
指定拉伸高度或 [路径(P)]:(指定拉伸的高度,或输入 P 沿一条指定路径来拉伸实体)
指定拉伸的倾斜角度 <0>:(输入倾斜角度或↙)
```

例如，对图 8-36（a）所示图形的 A 面沿路径 B 进行拉伸，结果如图 8-36（b）所示。

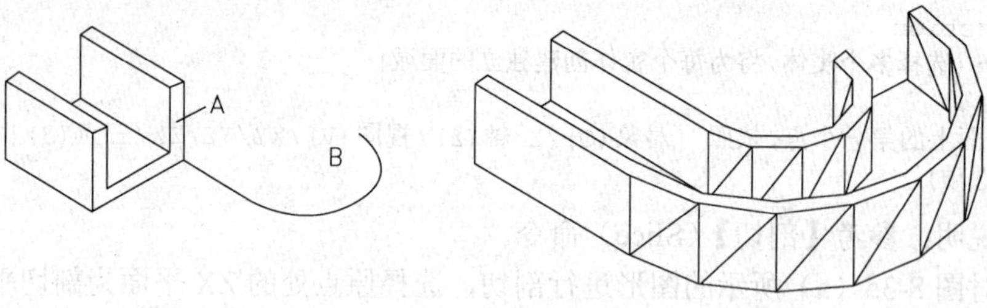

（a）　（b）

图 8-36　拉伸面

重点提示

▲ 只能对立体表面上的平面进行拉伸，但不能拉伸非平面。

▲ 拉伸路径可以是直线、圆、圆弧、椭圆、椭圆弧、多段线或样条曲线。拉伸路径的一个端点一般应在要拉伸的面内，但不能与被拉伸面处于同一平面，也不能具有高曲率的部分。如果输入正值，则沿面的法向拉伸。如果输入负值，则沿面的反法向拉伸。

▲ 拉伸角度的范围是−90°～+90°，默认角度为 0°，正角度将往里倾斜选定的面，负角度将往外倾斜面。可以垂直于平面拉伸面。集中选择的所有选定的面将倾斜相同的角度。如果指定了较大的倾斜角度或高度，则在达到拉伸高度前，面可能会汇聚到一点。

▲ 拉伸面命令与拉伸命令的按钮形状相同，在不同的工具栏上，两者的操作相同，但前者是拉伸已经画出的立体表面上的一个平面，后者则拉伸一个面域，从而使其形成一个立体。

（2）【移动面】：按指定的距离移动实体的指定面。

输入“M”，对面进行移动，系统继续提示：

选择面或 [放弃(U)/删除(R)]：(选择要移动的一个或多个面，或输入选项)
选择面或 [放弃(U)/删除(R)/全部(ALL)]：(选择一个或多个面，或输入选项)
指定基点或位移：(指定一点或输入位移坐标值)
指定位移的第二点：(指定另一点或↙)

例如，对图 8-37（a）所示图形的顶面 A 向上移动、槽 B 向前移动，结果如图 8-37（b）所示。

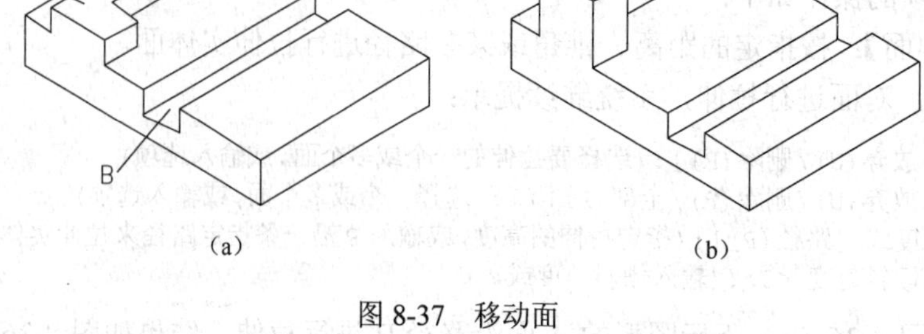

（a）　（b）

图 8-37　移动面

重点提示

▲ 移动面是在保持面的法线方向不变（即不改变面倾斜方向）的前提下，改变三维实体上所选面的位置，特别是三维实体上的孔或槽等结构的位置。

▲ 单击不同的位置将选中不同的面，变为虚线显示的面是选中的面。

(3)【偏移面】：按等距离偏移实体的指定面。

输入“O”，对面进行偏移，系统继续提示：

选择面或 [放弃(U)/删除(R)]:(选择要偏移的一个或多个面,或输入选项)
选择面或 [放弃(U)/删除(R)/全部(ALL)]:(选择一个或多个面,或输入选项)
指定偏移距离:(指定距离值)

例如，对图 8-38（a）所示圆孔面进行偏移，结果如图 8-38（b）所示。

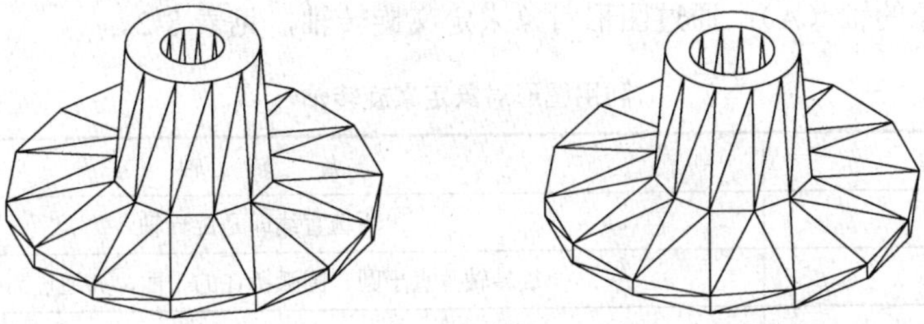

(a)　(b)

图 8-38　偏移面

重点提示

▲按指定的距离或通过指定的点均匀地移动所选立体表面，不复制面。正值增大实体尺寸或体积，负值减小实体尺寸或体积。

(4)【删除面】：删除实体上指定的面。

输入“D”，对面进行删除，系统继续提示：

选择面或 [放弃(U)/删除(R)]:(选择要删除的一个或多个面,或输入选项)
选择面或 [放弃(U)/删除(R)/全部(ALL)]:(选择一个或多个面,或输入选项)

例如，将图 8-39（a）所示圆孔面进行删除，结果如图 8-39（b）所示。

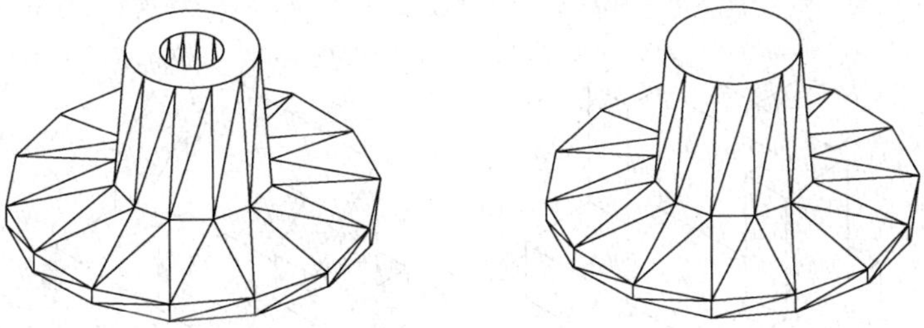

(a)　(b)

图 8-39　删除面

重点提示

▲【删除面】命令主要用来删除实体表面的圆角、倒角、圆孔或凹槽等表面。

（5）【旋转面】：绕指定轴旋转实体的指定面。

输入“R”，对面进行旋转，系统继续提示：

选择面或 [放弃(U)/删除(R)]:(选择要旋转的一个或多个面,或输入选项)

选择面或 [放弃(U)/删除(R)/全部(ALL)]:(选择一个或多个面,或输入选项)

指定轴点或 [经过对象的轴(A)/视图(V)/X轴(X)/Y轴(Y)/Z轴(Z)]<两点>:(指定旋转轴上一点,输入选项或↙)

在旋转轴上指定第二点:(指定旋转轴上的另一点)

指定旋转角度或 [参照(R)]:(指定角度值或输入 r)

各选项说明如下：

1）指定轴点<两点>：指定两点来确定旋转轴，轴的正方向是由第一个选择点指向第二个选择点。

2）经过对象的轴（A）：通过图形对象来定义旋转轴，见表 8-2。

表 8-2　　利用图形对象定义旋转轴

对　象	旋　转　轴
直线段	所选直线即是旋转轴
圆、圆弧	旋转轴垂直于圆、圆弧所在的平面，并通过圆心
椭圆	旋转轴垂直于椭圆所在的平面，并通过椭圆圆心
二维、三维多段线	多段线起点与终点的连线就是旋转轴
样条曲线	旋转轴通过样条曲线的起点和终点

3）视图（V）：旋转轴垂直于当前视区，并通过拾取点。

4）X 轴（X）/Y 轴（Y）/Z 轴（Z）：旋转轴平行于 X、Y、Z 轴，并通过拾取点。旋转轴的正方向与坐标轴的正方向一致。

5）指定旋转角度：输入正的或负的旋转角，角度的正方向由右手螺旋法则确定。

6）参照（R）：输入参考角度值或通过拾取两点指定参考角。常用该选项将三维对象从最初位置旋转到与某一方向对齐的另一位置。

例如，将图 8-40（a）所示图形的 A 面绕 1、2 两点确定的直线旋转 45°，结果如图 8-40（b）所示。

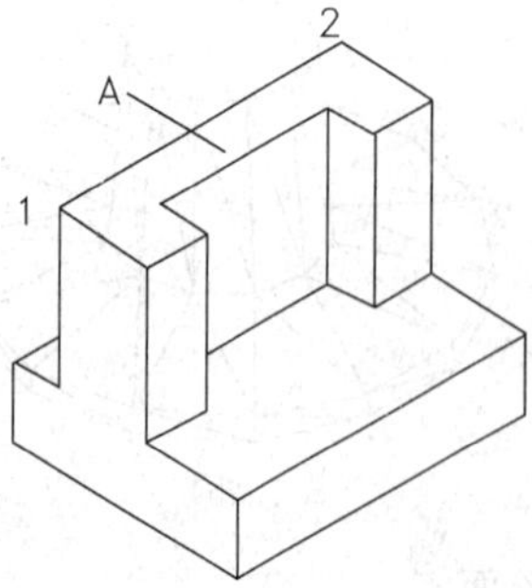

（a）

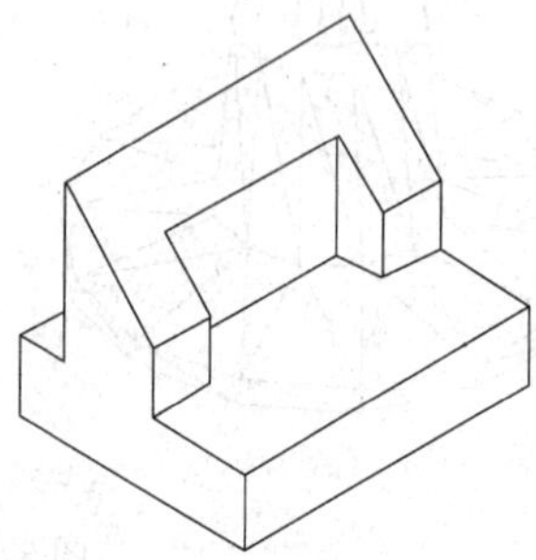

（b）

图 8-40　旋转面

(6)【倾斜面】：将实体面倾斜为指定角度。

输入“T”，对面进行倾斜，系统继续提示：

选择面或 [放弃(U)/删除(R)]：(选择要倾斜的一个或多个面，或输入选项)
选择面或 [放弃(U)/删除(R)/全部(ALL)]：(选择一个或多个面，或输入选项)
指定基点：(指定一点)
指定沿倾斜轴的另一个点：(指定倾斜轴的另一点)
指定倾斜角度：(指定一个-90°～+90°之间的角度)

例如，将图 8-41（a）所示图形的 A 面沿 CD 连线的中点 1（作为基点）、EF 边的中点 2 两点倾斜 15°，结果如图 8-41（b）所示。

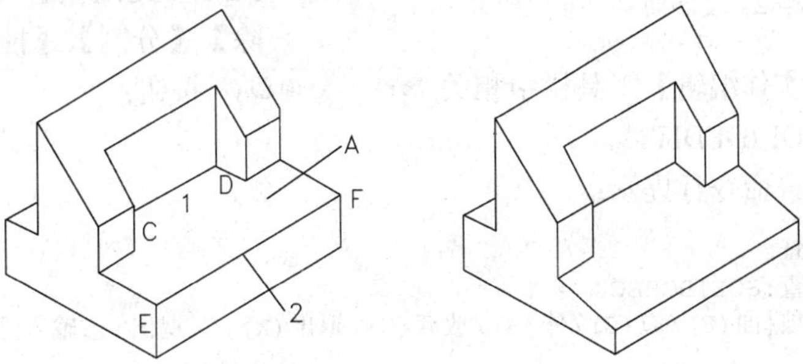

(a)　(b)

图 8-41　倾斜面

重点提示

▲ 倾斜面命令可将选择的所有面倾斜相同的角度，将实体进行锥化，正角度将往里倾斜选定的面，负角度将往外倾斜面。

(7)【复制面】：用于复制实体的指定面。

输入“C”，对面进行复制，系统继续提示：

选择面或 [放弃(U)/删除(R)]：(选择要复制的一个或多个面，或输入选项)
选择面或 [放弃(U)/删除(R)/全部(ALL)]：(选择一个或多个面，或输入选项)
指定基点或位移：(指定一点或输入位移坐标值)
指定位移的第二点：(指定另一点或↙)

例如，将图 8-42（a）所示图形的 A 面进行复制，结果如图 8-42（b）所示。

重点提示

▲ 复制面命令可以将实体的表面复制成新的图形对象，该对象是面域或体。将复制出的面域作为拉伸截面是一种有效的作图方法。

(8)【着色面】：用于对实体上指定面进行颜色修改。

输入“L”，对面进行着色，系统继续提示：

选择面或 [放弃(U)/删除(R)]：(选择要着色的一个或多个面，或输入选项)
选择面或 [放弃(U)/删除(R)/全部(ALL)]：(选择一个或多个面，或输入选项)

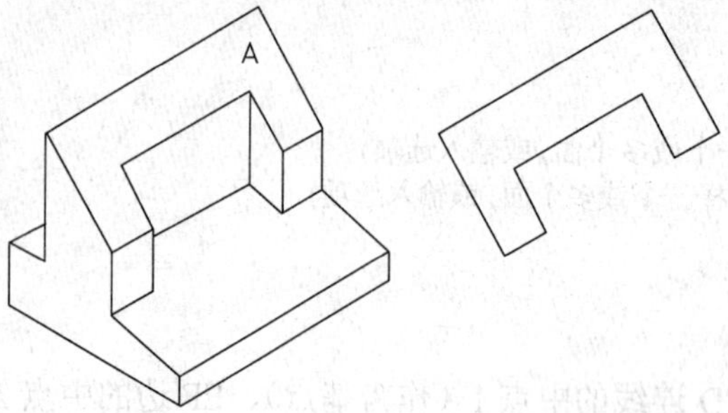

图 8-42　复制面

命令执行后,系统弹出【选择颜色】对话框，可在其中进行选择。

七、编辑实体的棱边和体

下面主要介绍实体边和体的编辑，包括着色边、复制边、压印、清除、分割、抽壳和检查等操作。启用【实体编辑】棱边和体命令有以下三种方法：

✧ 下拉菜单：【修改】/【实体编辑】/【压印边】、【着色边】、【复制边】、【清除】、【分割】、【抽壳】、【检查】;

✧ 工具栏：【实体编辑】工具栏中相关按钮；

✧ 命令行：SOLIDEDIT↙。

启动该命令后，命令行提示：

```
命令:_solidedit
实体编辑自动检查:SOLIDCHECK = 1
输入实体编辑选项[面(F)/边(E)/体(B)/放弃(U)/退出(X)] <退出>:(输入选项或↙)
```

1. 边编辑

输入边编辑选项 E，命令行提示：

```
输入边编辑选项 [复制(C)/着色(L)/放弃(U)/退出(X)] <退出>:(选择边,输入选项或↙)
```

在命令行中分别输入“C”或“L”即进入【复制边】和【着色边】选项。

(1)【复制边】: 将实体图形的边进行复制。

命令行提示如下：

```
选择边或 [放弃(U)/删除(R)]:(选取实体图形上的边)
选择边或 [放弃(U)/删除(R)]:(继续选取,↙结束选取)
指定基点或位移:(在屏幕上指定一点)
指定位移的第二点:(在屏幕上指定第二点)
```

例如，选择 8-43（a）所示的边 AB、边 CD 进行复制，结果如图 8-43（b）所示。

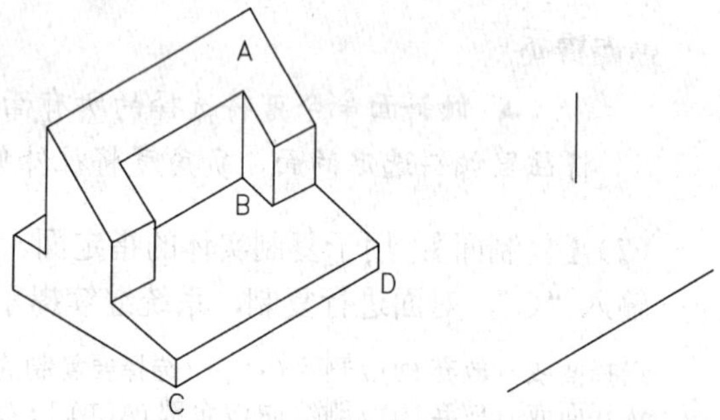

图 8-43　复制边

重点提示

▲ 复制边命令用来将实体对象上的三维边复制为直线、圆、圆弧、椭圆、样条曲线等，是绘制组合体拉伸截面或回转截面的有效方法。

(2) 着色边：将实体边上的颜色进行修饰。

命令行提示如下：

```
选择边或[放弃(U)/删除(R)]:(选择要着色的边)
选择边或[放弃(U)/删除(R)]:(继续选取,↙结束选取)
```

选择结束后按 Enter 键，则弹出【选择颜色】对话框，在对话框中选择需要的颜色即可。

2. 体编辑

输入实体编辑选项 B，命令行提示：

输入体编辑选项 [压印(I)/分割实体(P)/抽壳(S)/清除(L)/检查(C)/放弃(U)/退出(X)]<退出>:

（1）压印：就是在面或实体表面留下印记。

输入 I，选择“压印”选项，命令行提示：

选择三维实体:(选择三维实体)
选择要压印的对象:(选择要压印的对象)
是否删除源对象 [是(Y)/否(N)] <否>:(输入 Y 或↙)
选择要压印的对象:(继续选择要压印的对象后,重复上面的操作,↙结束选取)

例如，如图 8-44（a）所示，将在指定位置绘制的ϕ15 的圆和 8×10 矩形压印到三维实体上，再进行拉伸和差集运算，结果如图 8-44（b）所示。

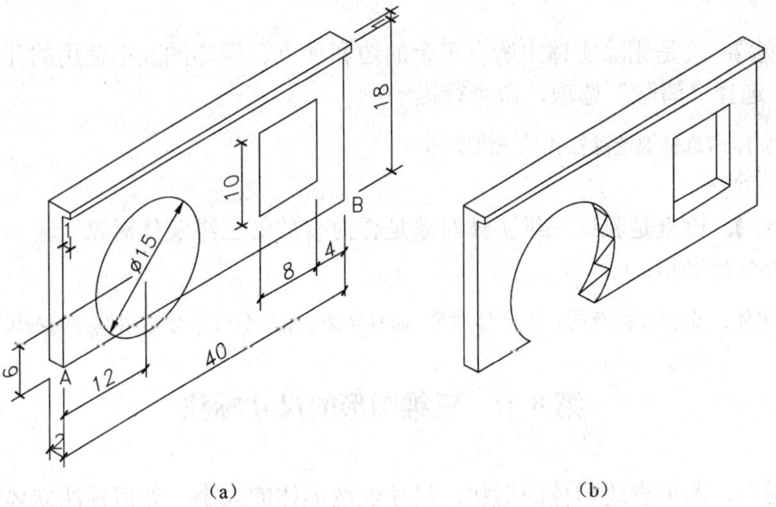

图 8-44　压印

（2）【分割】：就是将体积不连续的三维实体分割成为几个相互独立的三维实体。

输入 P，选择“分割”选项，命令行提示：

选择三维实体:(选择复合实体为分割对象)
选择三维实体:↙

（3）【抽壳】：将一个实体对象改变成一个具有指定厚度的空心的薄壳体。

输入 S，选择【抽壳】选项，命令行提示：

选择三维实体:(选择抽壳实体)
删除面或 [放弃(U)/添加(A)]:(选择排除在壳外的一个或多个面,或输入选项)
删除面或 [放弃(U)/添加(A)/全部(ALL)]:(选择一个或多个面,或输入选项)
输入抽壳偏移距离:(输入抽壳偏移距离,即壳的厚度)

例如，对如图 8-45（a）所示的图形进行抽壳，删除顶面 A，抽壳距离为 2，效果如图 8-45（b）所示。

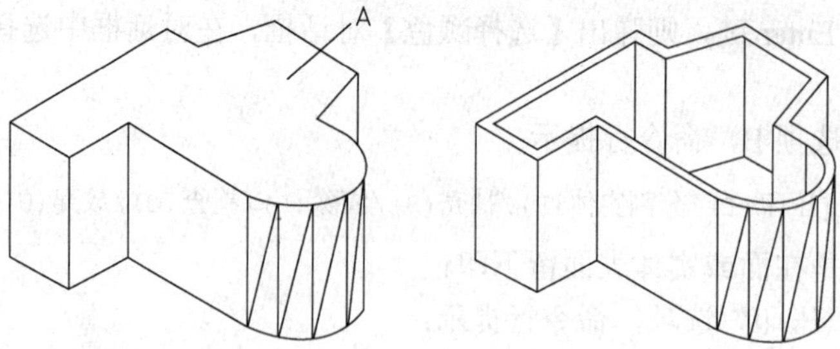

图 8-45　抽壳

重点提示

▲ 抽壳时可以删除不要的端面。抽壳偏移距离指定正值就在实体内部创建新面，指定负值就在实体外部创建新面。

(4)【清除】：就是删除实体中所有多余的边和顶点、压印的及不使用的几何图形。输入 L，选择“清除”选项，命令行提示：

选择三维实体：(选择要清除操作的三维实体)
选择三维实体：↙

(5)【检查】：检查是验证三维实体对象是否为有效的三维实体对象。输入 C，选择“检查”选项，命令行提示：

选择三维实体：(选择要检查的三维实体对象) 命令结束，在命令行中会显示检查的结果信息。

第 6 节　三维图形的尺寸标注

在工程图中，图形表达形体的形状，尺寸表达形体的大小。如何标注立体图的尺寸，目前国家还没有颁布正式的国家标准。但是，无论标注何种尺寸，都应做到正确、完整、清晰，整体布局要疏密得当，不能出现局部拥挤、相互交叉等现象。

1. 标注三维图形尺寸的一般原则

三维图形的尺寸标注类似于正等轴测图的尺寸标注，其标注有以下规定：

（1）轴测图线性尺寸，应标注在各自所在的坐标面内，尺寸线应与被注长度平行，尺寸界线应平行于相应的轴测轴，尺寸数字的方向应平行于尺寸线，如出现字头向下倾斜时，应将尺寸线断开，在尺寸线断开处水平方向注写数字。

（2）轴测图中的圆径尺寸，应标注在圆所在的坐标面内；尺寸线与尺寸界线应分别平行于相应的轴测轴。圆弧半径和小圆直径尺寸也可引出标注，但尺寸数字应注写在平行于轴测轴的引出线上。

（3）轴测图的角度尺寸，应标注在该角所在的坐标面内，尺寸线应画成相应的椭圆弧或圆弧。尺寸数字应水平方向注写。

在 AutoCAD 中，由于所有的标注都是在当前坐标平面进行的，因此，对三维图形进行尺寸标注的关键是首先将用户坐标系（UCS）的 XY 平面变换到要进行尺寸标注的立体端面上，然后用标注平面图形尺寸的命令标注该端面的尺寸。

重点提示

▲在标注三维图形时，当尺寸标注的对齐方式选择为【与尺寸线对齐】或【ISO 标准】的条件下，尺寸数字的字头方向追踪为 Y 轴正方向或 X 轴的负方向，如图 8-46 所示。

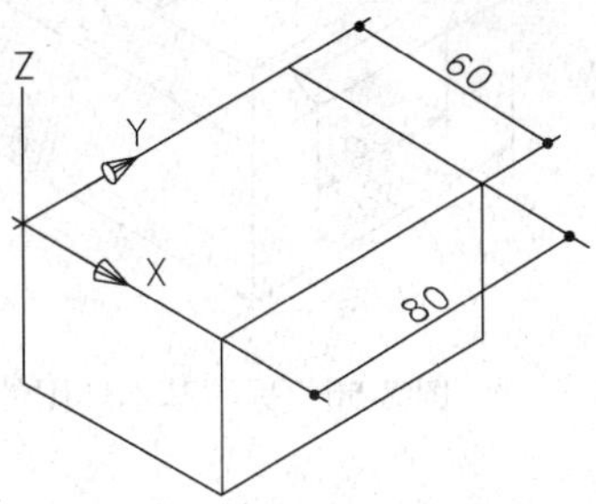

（a）UCS方向设置较好

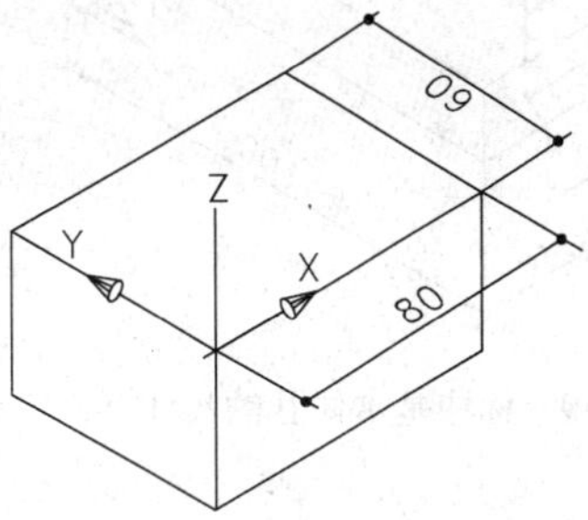

（b）UCS方向设置欠佳

图 8-46　三维图形中尺寸数字的方向

2. 标注三维图形的尺寸

下面以三维立体图（图 8-47）为例，介绍三维立体图尺寸的标注方法。

（1）绘制三维立体图，建立尺寸标注样式，详见本书第 5 章。本图采用机械图 1:1 线性尺寸标注样式。

（2）根据形体分析法，将其分解为如图 8-47 所示的三个基本体。在要标注尺寸的各端面上分别建立坐标系，注意 X、Y 轴的方向，标注出各端面的线性尺寸。建立如图 8-48 所示的坐标系，标注基本体 I 左端面的尺寸，然后将坐标系绕 Y 轴旋转 90°后，标注其长度尺寸。

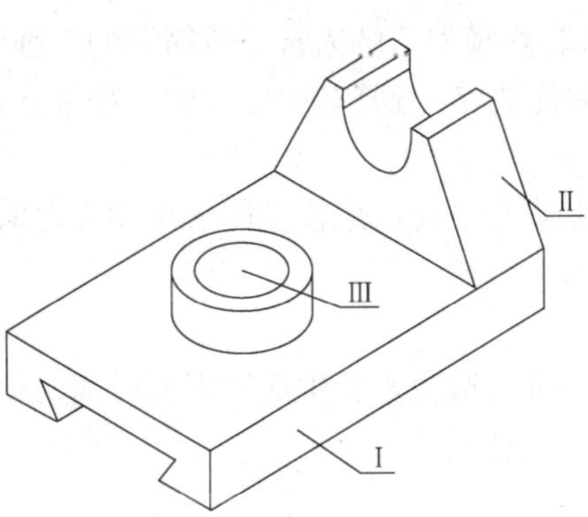

图 8-47　三维立体图

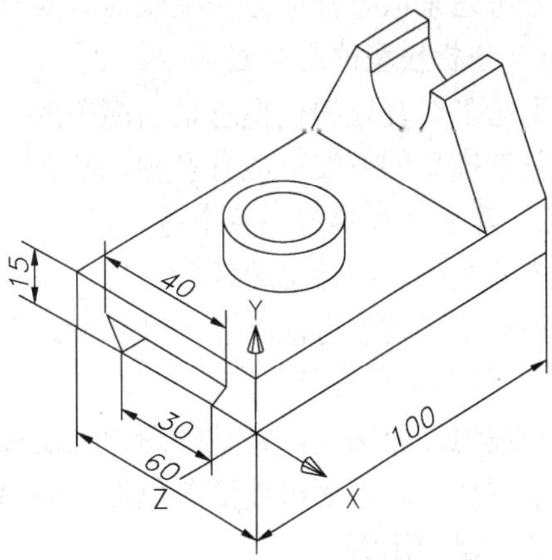

图 8-48　标注基本体 I 的尺寸

（3）建立相应的坐标系，标注基本体 II 的尺寸，如图 8-49 所示。

（4）建立相应的坐标系，标注基本体III的尺寸，完成该立体图的标注，如图 8-50 所示。

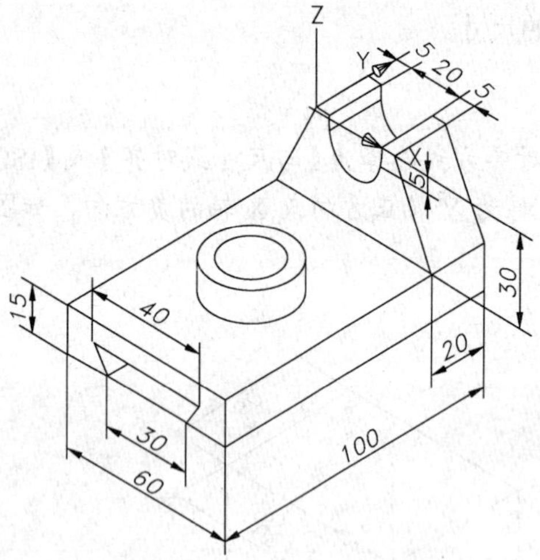

图 8-49 标注基本体Ⅱ的尺寸

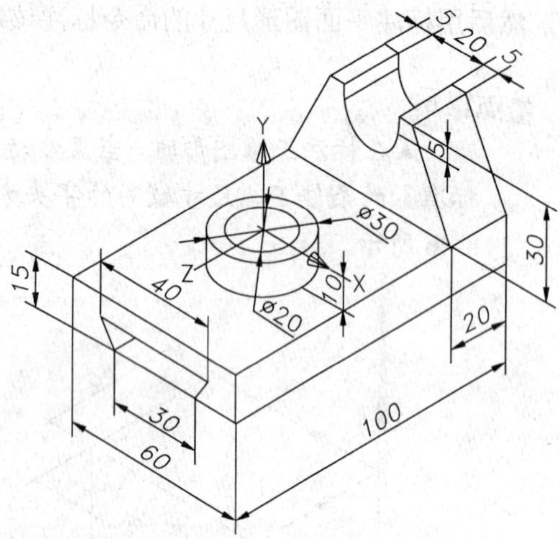

图 8-50 标注基本体Ⅲ的尺寸

第7节 混 合 建 模

在前面的章节中，已讨论了创建、编辑三维对象的基本命令及如何在三维空间中观察对象，本节将着重介绍三维建模的方法及实用技术。三维图形的绘制要比生成二维图复杂一些，因为用户需在三维空间的不同位置进行操作。要提高三维作图效率及减少建模过程中的错误，就必须在创建三维模型时遵循一定的步骤，使整个建模过程有序且合理地进行。作图前，一般应先规划整个建模过程，如分析模型的结构组成、考虑各组成部分的形成方法及如何有效地管理三维图形等，然后从模型某一部分入手，逐一绘制出所有的结构特征。

一、规划建模过程

绘制三维模型时，首先应对模型的结构组成进行分析，搞清楚它由哪些简单形体构成，其次要考虑采取怎样的方法生成这些实体。

1. 分析模型的结构组成

无论多么复杂的模型总是由简单的基本形体构成，将模型分解为若干较简单的三维对象，分解复杂模型的方案可能有多种，应分析这些方案的优缺点，选择其中较好的一种进行建模。

2. 建立构成模型的各个基本形体

弄清楚模型的结构组成后，接下来需要考虑的是如何创建组成模型的各个图元对象，生成这些简单形体的方法不止一种，应选取操作简单且有效的一种。

3. 仔细划分图层

合理地划分图层，将某些图层关闭或冻结，可以大大减少重新生成图形的时间，使模型的显示更加清晰，还可以给着色处理时材质的分配带来便利。

二、建模示例

本节将通过木桌模型的绘图实例，综合运用前面所讲的内容，介绍 AutoCAD 绘制三维图形的方法及技巧。

（1）新建一个 CAD 文件，单击【视图】工具栏中的东南等轴测视图 按钮，将视图转换为东南视点。

（2）单击【建模】工具栏中的长方体按钮，以原点作为第一个角点，创建一个长 2000、宽 1000、高 100 的长方体。

（3）在命令行输入“ucs”命令，旋转UCS坐标。

```
命令：_ucs（建立新的 UCS）
当前 UCS 名称：*世界*
指定 UCS 的原点或 [面(F)/命名(NA)/对象(OB)/上一个(P)/视图(V)/世界(W)/X/Y/Z/Z 轴(ZA)] <世界>:50,50,100（输入原点的绝对坐标值）
指定 X 轴上的点或 <接受>:↙
```

（4）单击【球体】按钮，以原点为中心，创建一个半径为 50 的球体，如图 8-51 所示。

（5）单击【移动】“”按钮，将球体以球心为基点，向上移动 50，如图 8-52 所示。

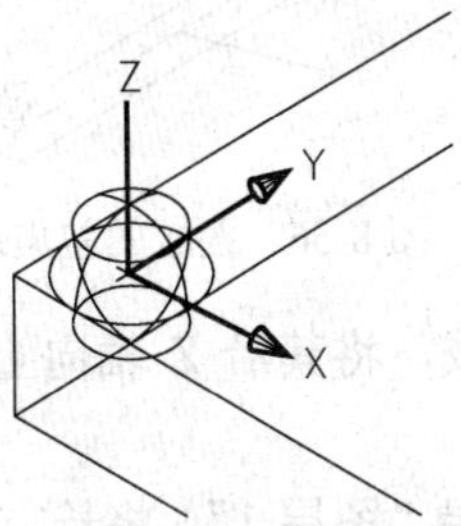

图 8-51　绘制球体

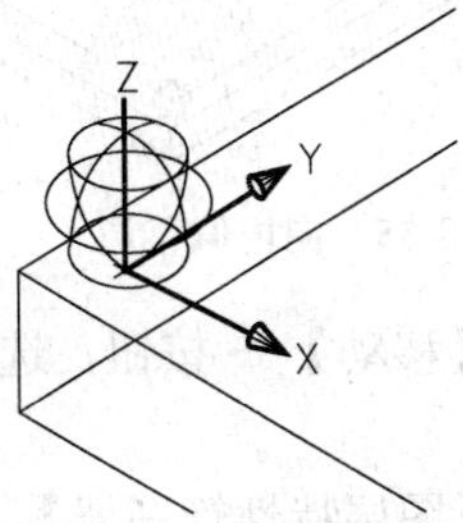

图 8-52　移动球体

（6）选择菜单栏中的【修改】/【三维操作】/【三维阵列】，将球体进行三维矩形阵列，结果如图 8-53 所示。

```
命令：_3darray（对球体进行三维阵列）
正在初始化...　已加载 3DARRAY。
选择对象：找到 1 个（选择球体）
选择对象：↙
输入阵列类型 [矩形(R)/环形(P)] <矩形>:↙
输入行数 (---) <1>:2↙
输入列数 (|||) <1>:2↙
输入层数 (...) <1>:↙
指定行间距 (---):900↙
指定列间距 (|||):1900↙
```

（7）单击【实体编辑】工具栏中的【复制边】按钮，选择长方体上端面的 4 个边进行原地复制，如图 8-54 所示。

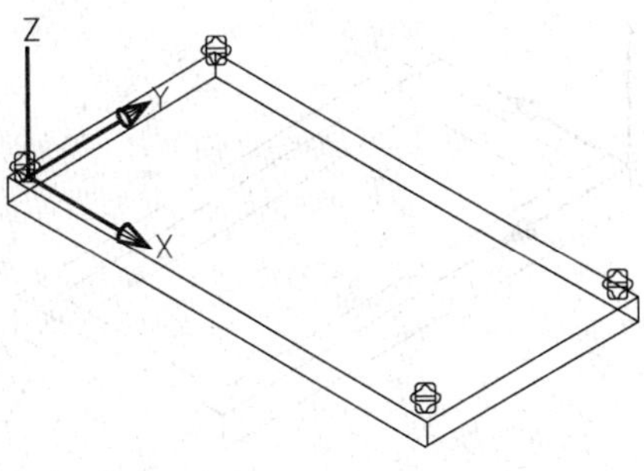

图 8-53　球体阵列结果

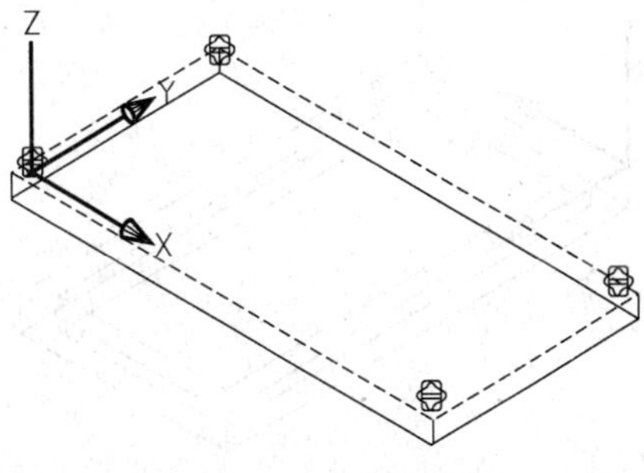

图 8-54　需要复制的边

（8）选择菜单栏中的【修改】/【对象】/【多段线】，将复制出的边转换为多段线。

（9）单击【偏移】按钮，将多段线向内偏移 100，如图 8-55 所示。

（10）单击面域按钮，将两个闭合多边形创建成面域。

（11）单击【实体编辑】工具栏中的【差集】按钮，用面域 A 减去面域 B，如图 8-56 所示。

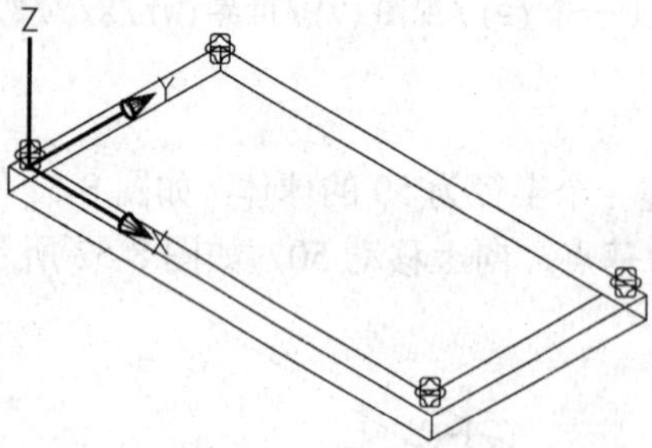

图 8-55 向内偏移边

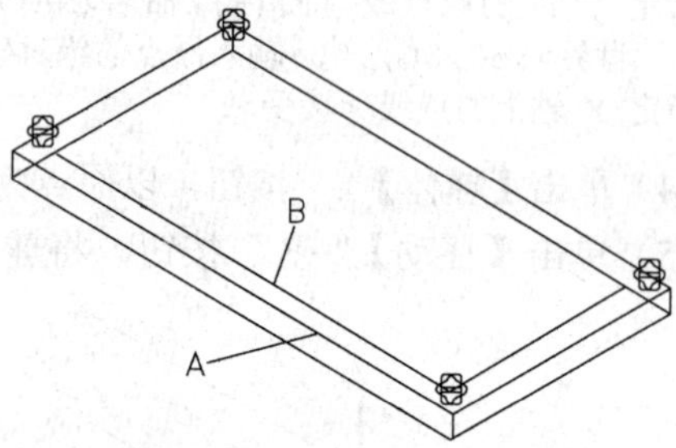

图 8-56 面域的差集运算图

（12）单击【移动】按钮，选择差集运算后的面域，将其沿 Z 轴向上移动 100，位置如图 8-57 所示。

（13）单击【图层特性管理器】按钮，建立新图层“图层 1”，将长方体及 4 个球体放入该层，并关闭此层。

（14）单击【建模】工具栏中的【拉伸】按钮，将面域向上拉伸 150，如图 8-58 所示。

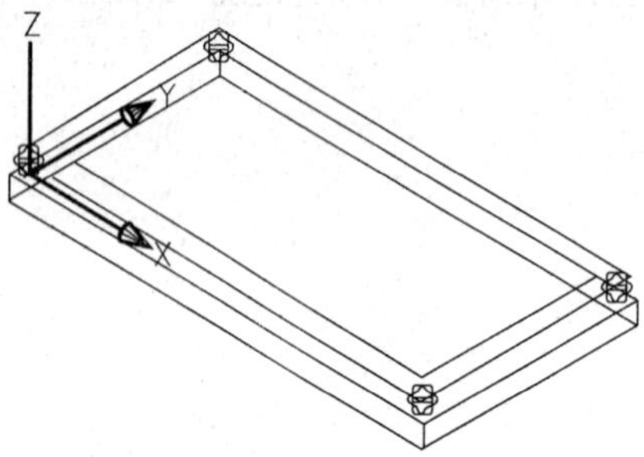

图 8-57 向上移动面域

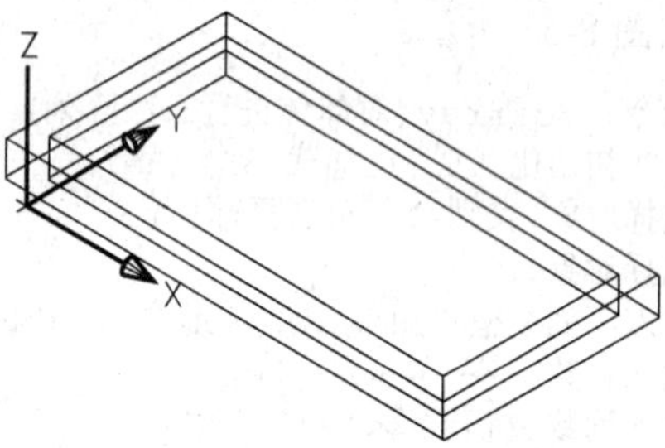

图 8-58 拉伸面域图

（15）在命令行输入“ucs”命令，改变原点的位置，建立新的 UCS，如图 8-59 所示。

（16）选择菜单栏中的【视图】/【消隐】，单击【矩形】按钮，分别捕捉拉伸实体上端面的角点，绘制如图 8-60 所示的 4 个矩形。

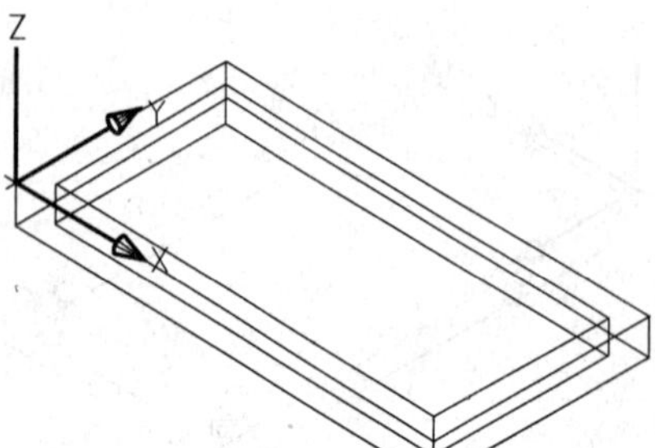

图 8-59 新原点的位置

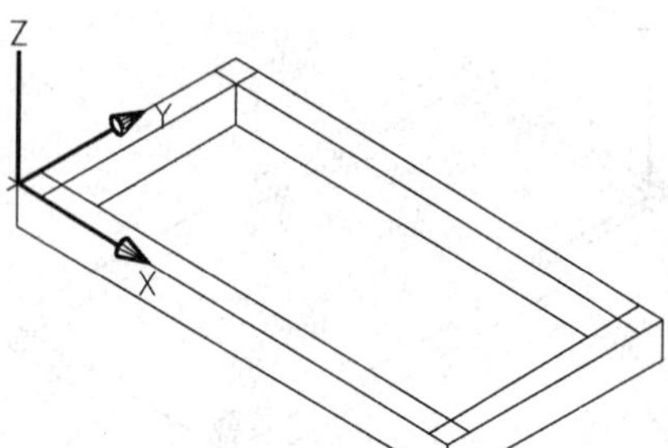

图 8-60 矩形位置

(17) 单击【实体编辑】工具栏中的【压印】按钮，将 4 个矩形轮廓压印到实体上。

命令:_imprint
选择三维实体:(选择实体)
选择要压印的对象:(选择其中一个矩形)
是否删除源对象 [是(Y)/否(N)] <N>:y↙ (依次选择 4 个矩形,完成压印操作)

(18) 单击【实体编辑】工具栏中的【拉伸面】按钮，选择 4 个压印的矩形区域，向上拉伸 600，结果如图 8-61 所示。

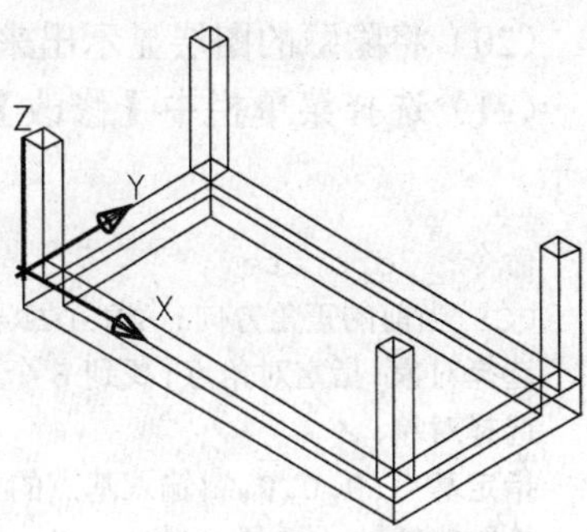

图 8-61　拉伸区域

(19) 单击【实体编辑】工具栏中的【倾斜面】按钮，倾斜桌子腿的面，结果如图 8-62 所示。

命令:_solidedit
实体编辑自动检查: SOLIDCHECK=1
输入实体编辑选项 [面(F)/边(E)/体(B)/放弃(U)/退出(X)] <退出>:_face
输入面编辑选项
[拉伸(E)/移动(M)/旋转(R)/偏移(O)/倾斜(T)/删除(D)/复制(C)/颜色(L)/材质(A)/放弃(U)/退出(X)] <退出>: _taper
选择面或 [放弃(U)/删除(R)]:f↙[使用栅选方式选择面,如图 8-62(a)所示]
指定第一个栏选点:(分别捕捉 4 个桌子腿的中点)
指定下一个栏选点或 [放弃(U)]:↙
找到 23 个面。
选择面或 [放弃(U)/删除(R)/全部(ALL)]:↙
指定基点:(选择“E”点)
指定沿倾斜轴的另一个点:(选择“D”点)
指定倾斜角度:2.5↙
已开始实体校验。
已完成实体校验。
输入面编辑选项
[拉伸(E)/移动(M)/旋转(R)/偏移(O)/倾斜(T)/删除(D)/复制(C)/颜色(L)/材质(A)/放弃(U)/退出(X)] <退出>:↙
实体编辑自动检查: SOLIDCHECK=1
输入实体编辑选项 [面(F)/边(E)/体(B)/放弃(U)/退出(X)] <退出>: ↙

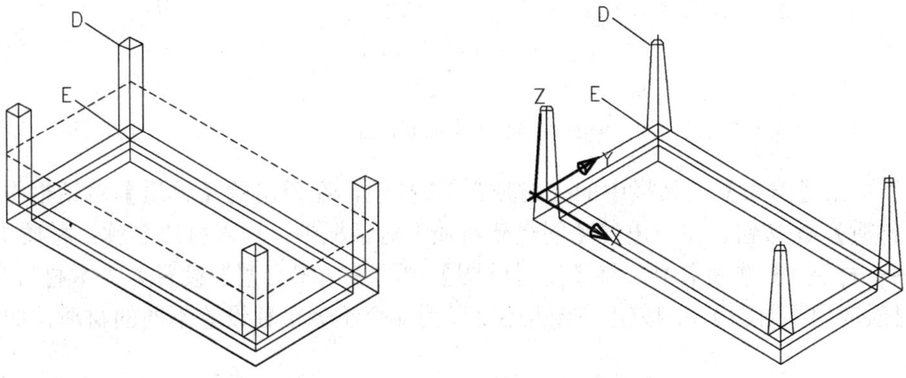

(a)　　(b)

图 8-62　倾斜面结果

（20）将隐藏的图层显示出来，并将其中的物体均放在 0 层上。

（21）选择菜单栏中【修改】/【三维操作】/【三维旋转】，旋转图形，结果如图 8-63 所示。

```
命令：_3drotate
UCS 当前的正角方向：ANGDIR=逆时针  ANGBASE=0
选择对象：指定对角点：找到 6 个（选择所有图形）
选择对象：↙
指定基点：0,0,0↙（输入基点的坐标）
拾取旋转轴：（选择 X 轴）
指定角的起点或键入角度：180↙
```

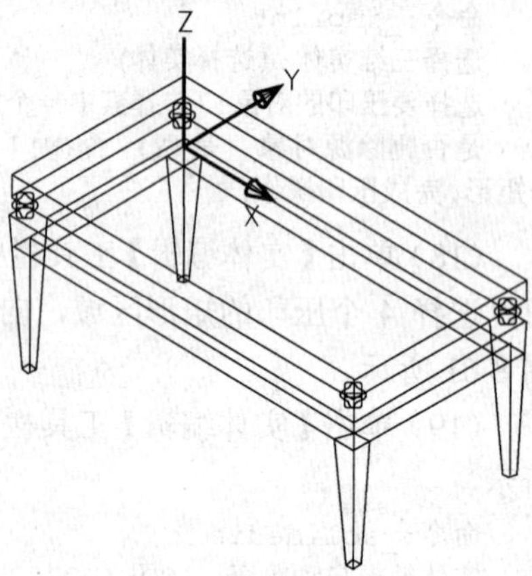

图 8-63　旋转结果

（22）单击【圆角】按钮，为桌面制作圆角，结果如图 8-64 所示。

```
命令：_fillet
当前设置：模式 = 修剪，半径 = 0.0000
选择第一个对象或 [放弃(U)/多段线(P)/半径(R)/修剪(T)/多个(M)]：（选择上端面的一条边）
输入圆角半径：30↙
选择边或 [链(C)/半径(R)]：c↙
选择边链或 [边(E)/半径(R)]：（单击桌子上端面的所有边，如图 8-64（a）所示）
选择边链或 [边(E)/半径(R)]：↙
已选定 4 个边用于圆角。
```

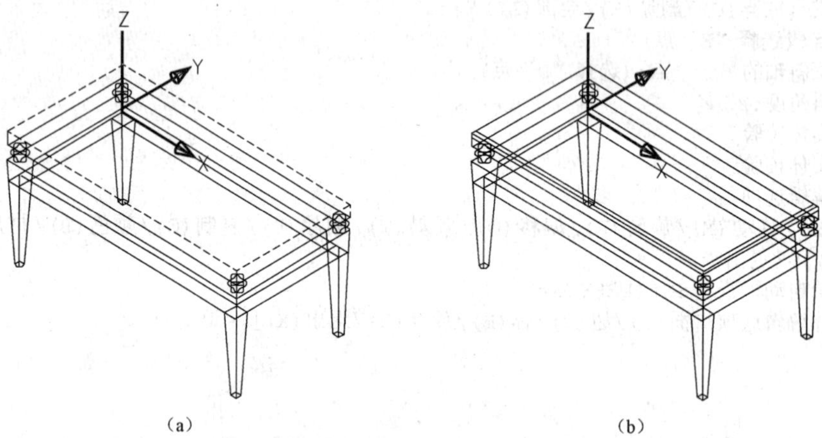

（a）　　（b）

图 8-64　为桌面制作圆角

（23）单击【渲染】工具栏中的【材质】按钮，在弹出的【材质】对话框中，选择【创建新材质】按钮，在弹出的【创建新材质】对话框中，输入材质名称：材质 1，然后在【贴图—材质 1】选项卡中，将【漫射贴图】中的【贴图类型】设置为“木材”，然后单击【将材质应用到对象】按钮，当然还可以为 4 个小球单独设置不同的材质，如图 8-65 所示。

（24）单击【渲染】按钮，渲染当前视图，结果如图 8-66 所示。

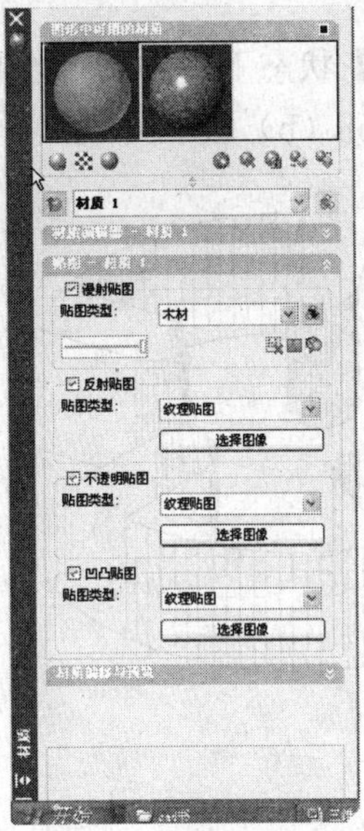

图 8-65 【材质】对话框

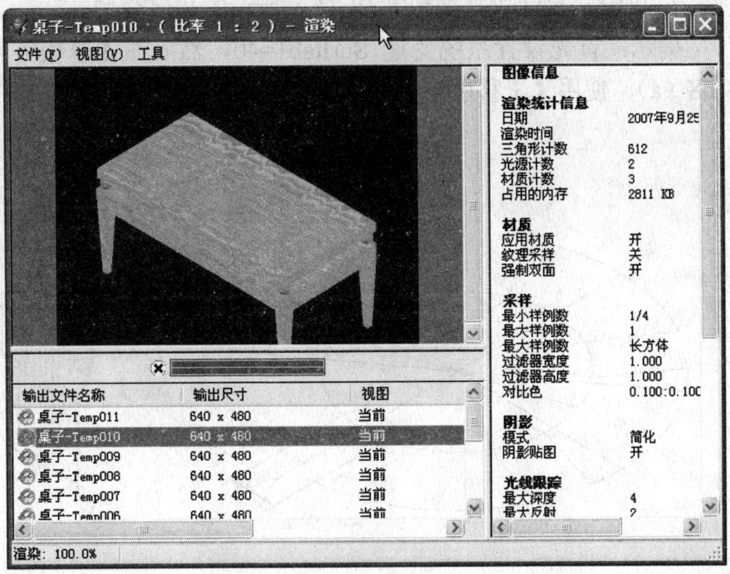

图 8-66　渲染结果

习题与操作

1. 以给定尺寸建立单叶双曲回转面的几何模型。

提示：首先设置系统变量 Surftab1=30，然后在【东南等轴测】状态下，按尺寸绘制图［图 8-67（a）]，使用【旋转网格】命令形成图 8-67（b），再利用【自由动态观察】命令调整观察方向，最后通过【消隐】结果如图 8-67（c）所示。

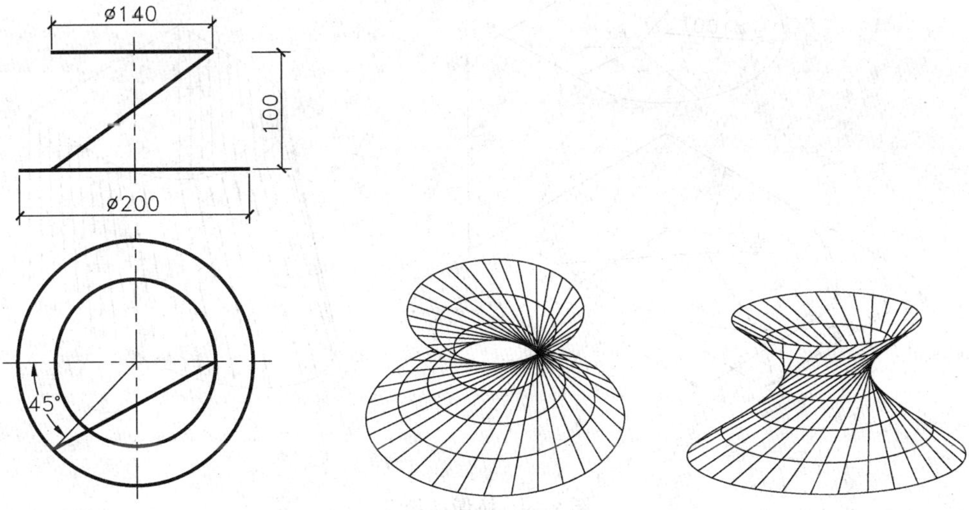

(a)　(b)　(c)

图 8-67　单叶双曲回转面

2. 以给定尺寸建立如图8-68（b）所示的几何模型。

提示：首先设置系统变量 Surftab1=40，然后在【东南等轴测】状态下，按尺寸绘制图8-68（a），使用【平移网格】命令再进行【消隐】后，结果如图8-68（b）所示。

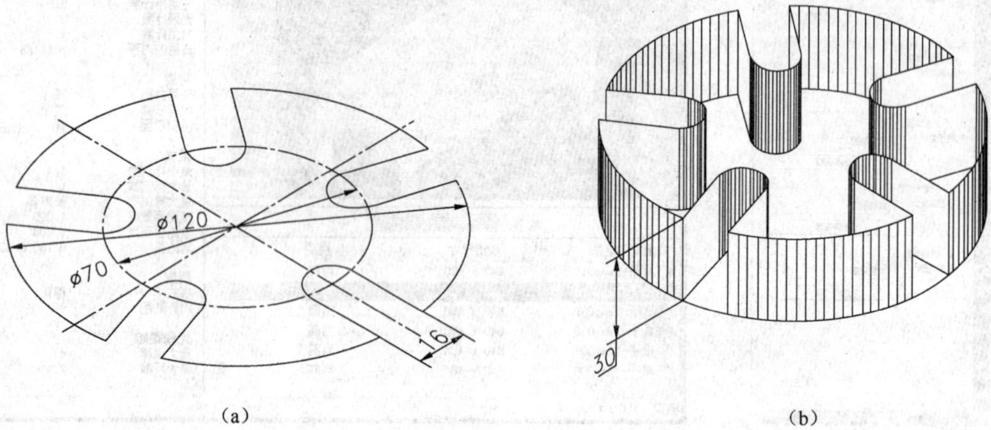

图8-68　平移网格面

3. 以给定尺寸建立桥墩柱状面的几何模型。

提示：首先设置系统变量 Surftab1=40，然后在【东南等轴测】状态下，按尺寸绘制图8-69（a），创建曲线2中的椭圆弧时，应设置系统变量 PEELPSE=2；曲线1、2绘制完成后，用【编辑多段线】命令连接成一条线，然后使用【直纹网格】命令，再进行【消隐】结果如图8-69（b）所示。

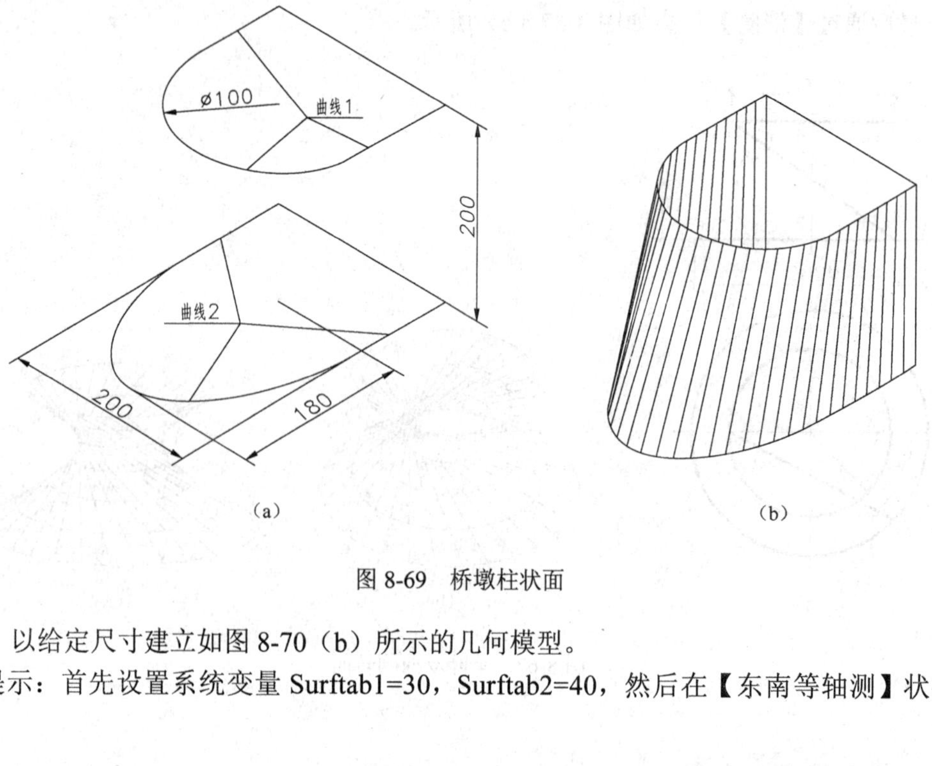

图8-69　桥墩柱状面

4. 以给定尺寸建立如图8-70（b）所示的几何模型。

提示：首先设置系统变量 Surftab1=30，Surftab2=40，然后在【东南等轴测】状态下，按尺寸绘制图 8-70（a），使用【边界网格】命令再进行【消隐】后，结果如图 8-70（b）所示。

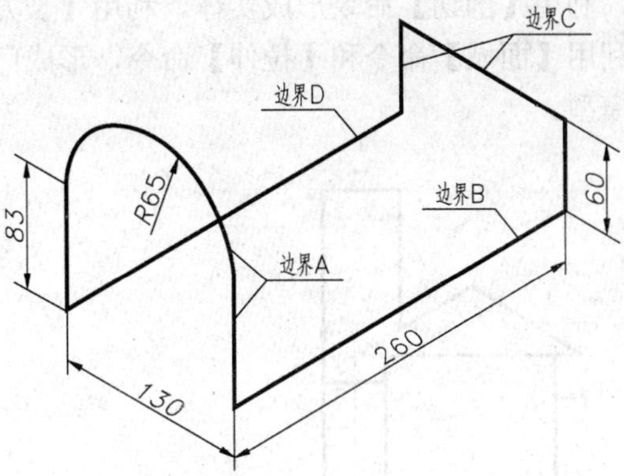

（a）

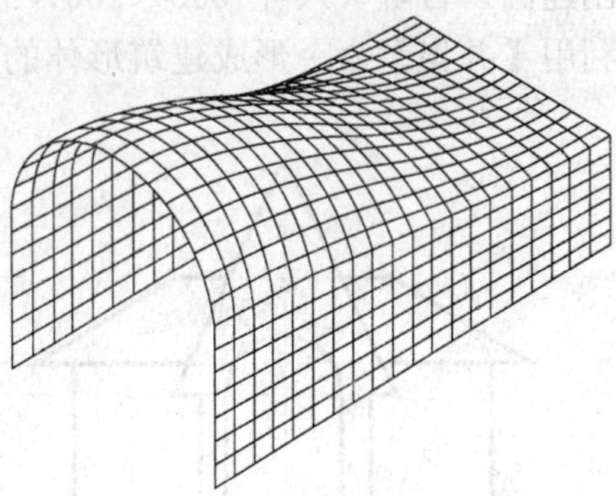

（b）

图 8-70　边界网格面

5. 根据三面视图绘制三维立体图。

提示：绘制三维模型的方法很多，这里只介绍其中一种。

绘制图 8-71（a）时，可以首先调整 UCS 的形状，如为 ，在该坐标系下绘制主视图“┘”外形，并形成面域，通过【建模】工具栏中的【拉伸】命令，创建“┘”形实体。然后再调整 UCS，在该实体相应位置绘制长方体（尺寸 210×90×180）和圆柱体ϕ120×40，最后利用【差集】命令，得到图 8-71（a）所示三维模型。

绘制图 8-71（b）时，可以首先调整 UCS 的形状，在该坐标系下绘制左视图三步台阶外形，并形成面域，通过【建模】工具栏中的【拉伸】命令创建台阶实体，然后再绘制左侧的栏板，用【三维镜像】或【复制】命令形成另一侧栏板，最后利用【并集】命令，得到图 8-71（b）所示三维模型。

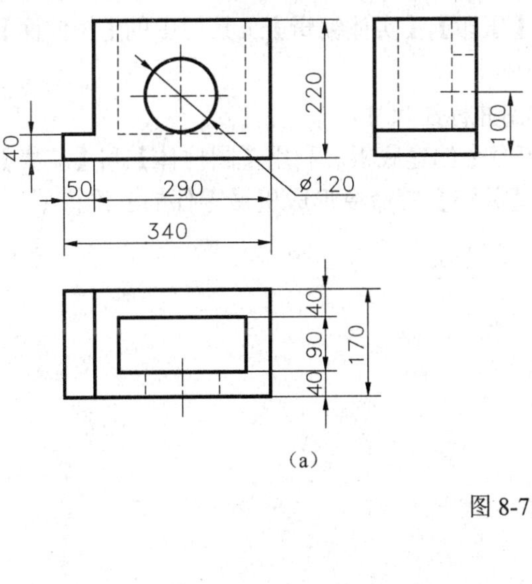

（a）

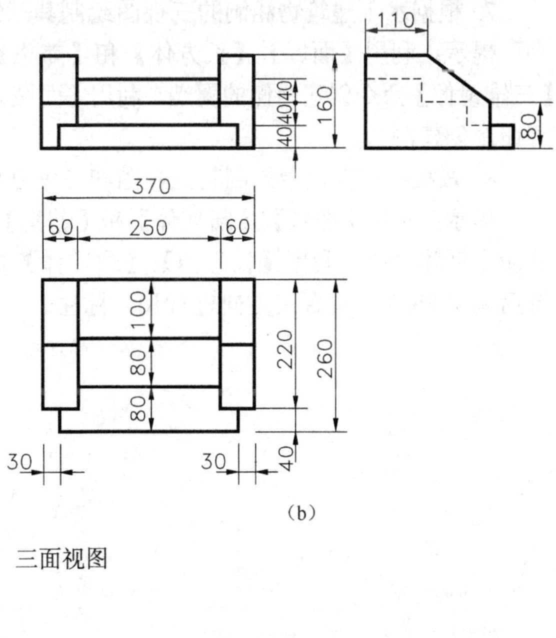

（b）

图 8-71　三面视图

6. 根据建筑形体的三面投影图和轴测图绘制其三维立体图。

提示：在相应的 UCS 下，绘制主体长方体（尺寸 1100×550×440）。绘制四坡屋顶时，可以先绘制长方体（尺寸 1300×750×220），利用【剖切】命令形成实体。利用【长方体】命令创建门口台阶（尺寸 600×280×30），利用【面域】命令和【拉伸】命令，形成门斗，最后利用【并集】命令形成建筑形体的三维模型。

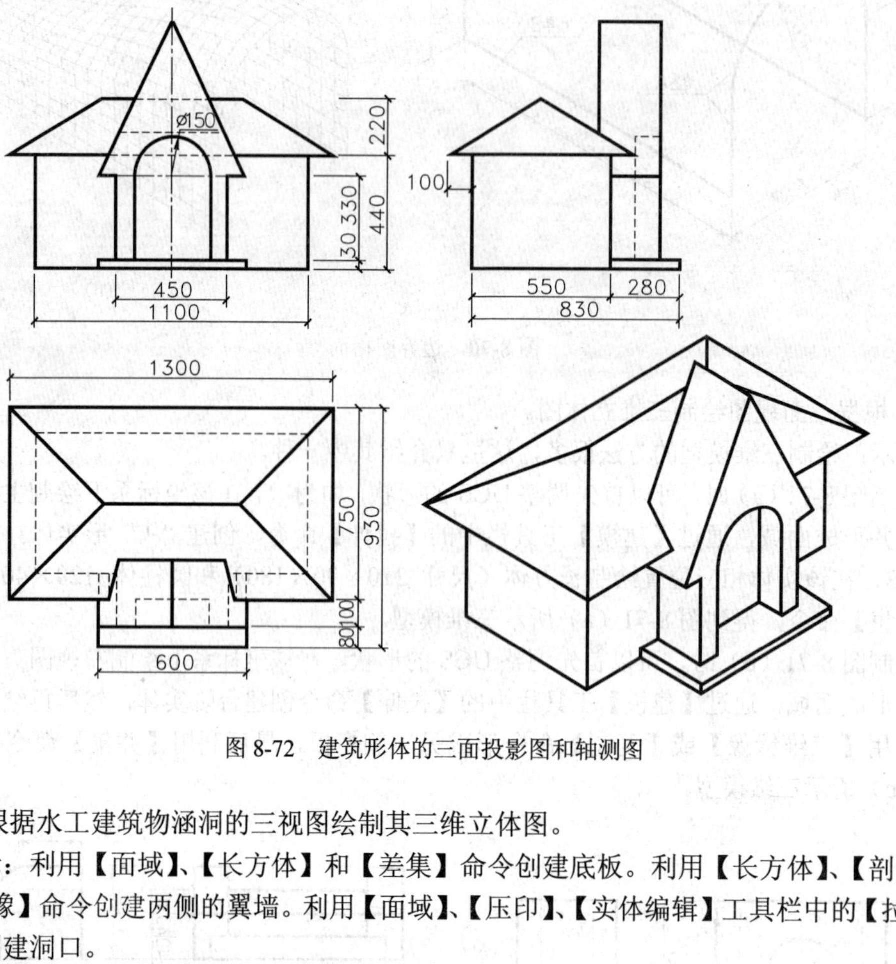

图 8-72 建筑形体的三面投影图和轴测图

7. 根据水工建筑物涵洞的三视图绘制其三维立体图。

提示：利用【面域】、【长方体】和【差集】命令创建底板。利用【长方体】、【剖切】和【三维镜像】命令创建两侧的翼墙。利用【面域】、【压印】、【实体编辑】工具栏中的【拉伸面】等命令创建洞口。

8. 按机械零件模型绘制其三视图和三维立体图并标注尺寸。

提示：利用【面域】、【圆柱体】和【差集】等命令创建底板。利用【圆柱体】和【差集】等命令创建圆筒。利用【长方体】、【圆柱体】和【并集】等命令形成机械零件的三维模型。最后调整 UCS 的位置和方向进行尺寸标注。

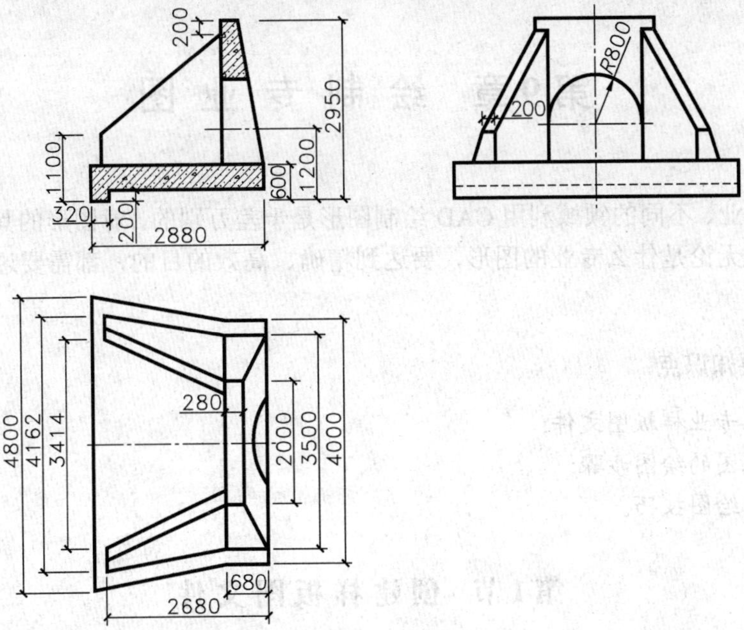

图 8-73　水工建筑物涵洞的三视图

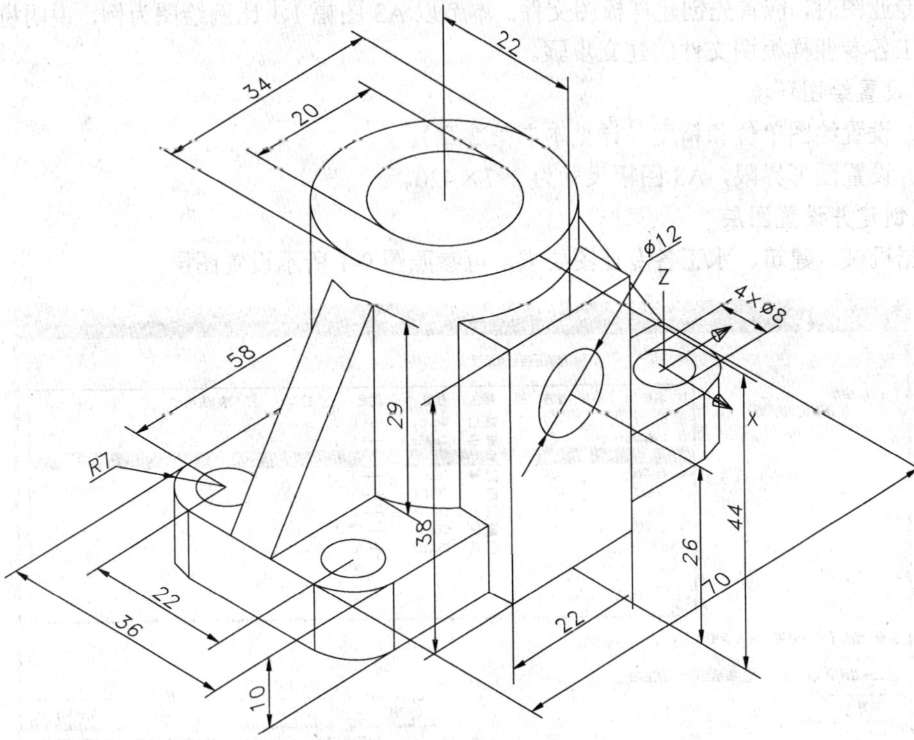

图 8-74　机械零件模型

第9章 绘制专业图

不同的行业、不同的领域利用CAD绘制图形是千差万别的，对图形的具体要求也各不相同。但是，无论是什么专业的图形，要达到精确、高效的目的，都需要遵循一定的绘图流程。

本章主要知识点：

* 创建各专业样板图文件；
* 各专业图的绘图步骤；
* 专业图绘图技巧。

第1节 创建样板图文件

为了提高绘图效率和绘图质量，减少对作图环境的重复设置，保持图形设置的一致性，绘制各专业图时，应首先创建样板图文件。本节以A3图幅1:1比例绘图为例，说明机械、建筑、水工各专业样板图文件的建立步骤。

1. 设置绘图环境

（1）设置绘图单位和精度（详见本书第2章）。

（2）设置图形界限，A3图幅尺寸为297×420。

2. 创建并设置图层

根据机械、建筑、水工各专业图要求，可参照图9-1所示设置图层。

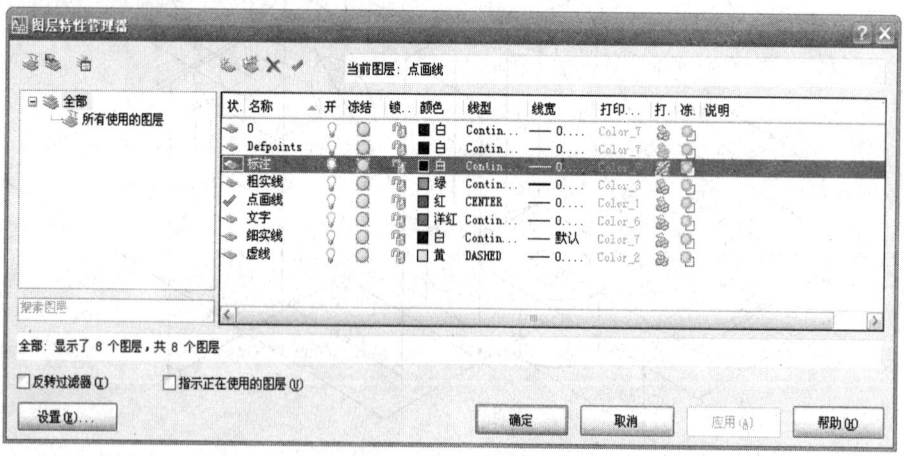

图9-1 图层设置

3. 设置文字样式

根据相关国家标准规定，机械、建筑、水工各专业图应至少设置两种文字样式，见表9-1。

表 9-1 文字样式设置

样式名	字体名	字 高	宽度系数	倾斜角度	备 注
数字及字母	Romans.shx	0	0.7	0	标注数字及字母
汉字	仿宋_GB2312	0	0.8	0	注写汉字

4. 设置尺寸标注样式

不同专业对尺寸标注有不同要求，应严格按照相关国家标准，建立符合机械、建筑、水工各专业图要求的尺寸标注样式。

（1）机械图尺寸标注样式可参照表 9-2，各样式用法如图 9-2 所示。

表 9-2 机械图尺寸标注样式设置

<table>
<tr><th>样式</th><th>线</th><th>符号和箭头</th><th>文 字</th><th>调整</th><th>主单位</th><th>公差</th><th>说明</th></tr>
<tr><td>线性</td><td>【基线间距】：7；
【超出尺寸线】：2；
【起点偏移量】：0</td><td>【箭头】：实心闭合；
【箭头大小】：4</td><td>【文字样式】：数字及字母；
【文字高度】：3.5
【文字对齐】：与尺寸线对齐</td><td>【调整选项】：文字或箭头（最佳效果）</td><td>【小数分隔符】：“.”（句点）</td><td>【方式】：无</td><td>如图 9-2（a）所示</td></tr>
<tr><td>角度与圆外水平</td><td colspan="6">【文字】选项中【文字对齐】方式：水平；其余同线性</td><td>如图 9-2（b）所示</td></tr>
<tr><td>尺寸公差</td><td colspan="6">【主单位】选项中【前缀】：%%C；【公差】选项中【方式】：极限偏差；【高度比例】：0.5；其余同线性</td><td>如图 9-2（c）所示</td></tr>
<tr><td>圆线性</td><td colspan="6">【主单位】选项中【前缀】：%%C；其余同线性</td><td>如图 9-2（d）所示</td></tr>
<tr><td>圆内</td><td colspan="6">【调整选项】：【文字和箭头】；其余同线性</td><td>如图 9-2（e）所示</td></tr>
</table>

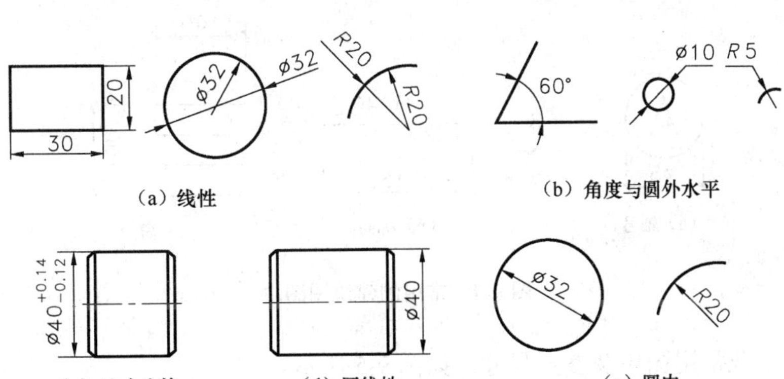

（a）线性 （b）角度与圆外水平 （c）尺寸公差 （d）圆线性 （e）圆内

图 9-2 机械图标注形式

（2）建筑、水工图尺寸标注样式可参照表 9-3。

表 9-3 建筑、水工图尺寸标注样式设置

样　式	线	符号和箭头	文　字	主单位
线性	【基线间距】：7； 【超出尺寸线】：2； 【起点偏移量】：2	（1）建筑： 【箭头】：建筑标记； 【箭头大小】：2； （2）水工： 【箭头】：倾斜； 【箭头大小】：3	【文字样式】：数字及字母； 【文字高度】：2.5； 【文字对齐】：与尺寸线对齐	【小数分隔符】：“.”（句点）
圆弧	同上	【箭头】：实心闭合	同上	同上
角度	同上	【箭头】：实心闭合	【文字对齐】：水平	同上

5. 创建常用图块

机械、建筑、水工各专业图样中有很多常用的符号，在绘图过程中经常使用，为了提高绘图效率，节省空间，方便图形修改，可以将它们定义成块。创建块的具体作图方法详见本书第 7 章。

（1）机械专业常用图块及参考尺寸，如图 9-3 所示。

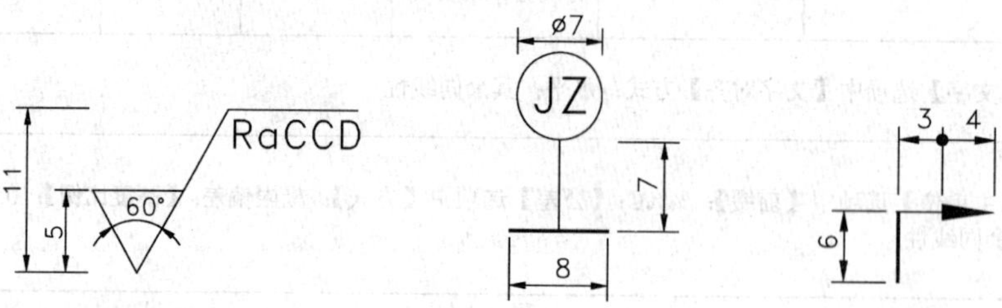

（a）表面粗糙度符号　（b）基准符号　（c）剖切符号

图 9-3 常用的机械图图块

（2）建筑专业常用图块及参考尺寸，如图 9-4 所示。

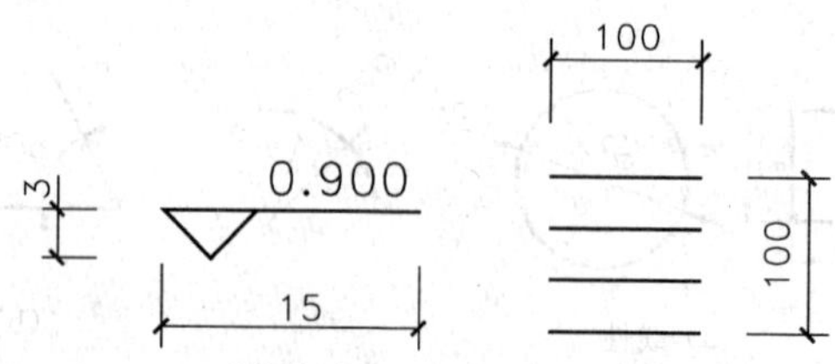

（a）轴号　（b）标高　（c）窗

图 9-4 常用的建筑图图块

（3）水工专业常用图块及参考尺寸，如图 9-5 所示。

6. 绘制 A3 图框及标题栏

以装配图标题栏为例，如图 9-6 所示，绘制标题栏的方法和步骤详见本书第 6 章。

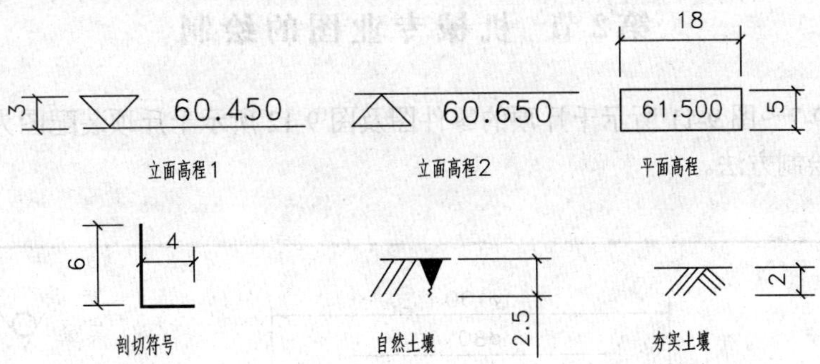

图 9-5 常用的水工图图块

图 9-6 A3 图框和标题栏

7. 保存为样板图文件

选择下拉菜单【文件】/【保存】，弹出【图形另存为】对话框，在【文件类型】下拉列表中选择“AutoCAD 图形样板（*.dwt）”格式，将该文件存入个人工作目录。

用同样方法创建 A0、A1、A2、A4 样板图文件，并存入个人工作目录。

第 2 节 机械专业图的绘制

本节以图 9-7～图 9-11 所示千斤顶的零件图及图 9-12 所示千斤顶装配图为例，介绍零件图和装配图的绘制方法。

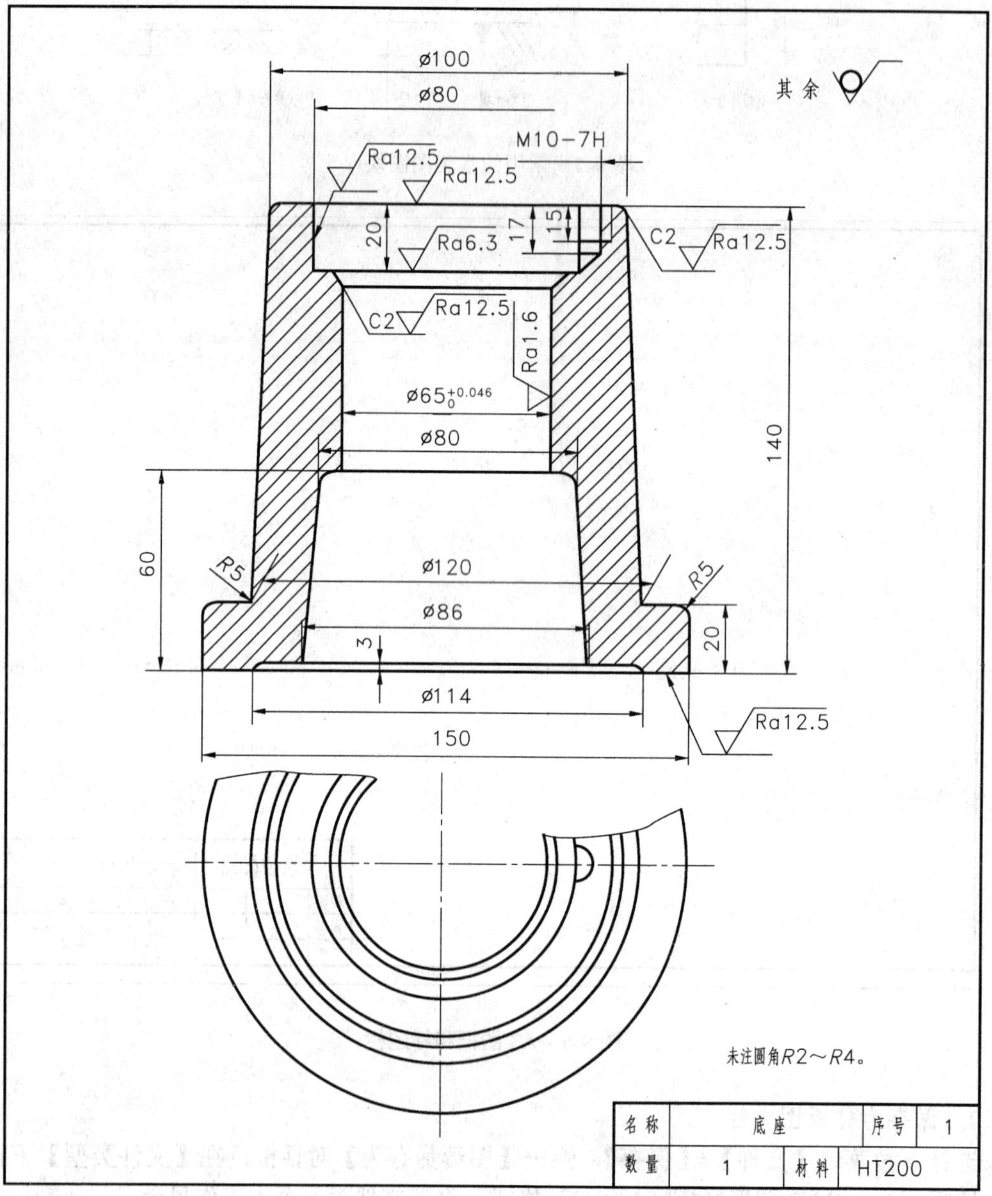

图 9-7 底座零件图

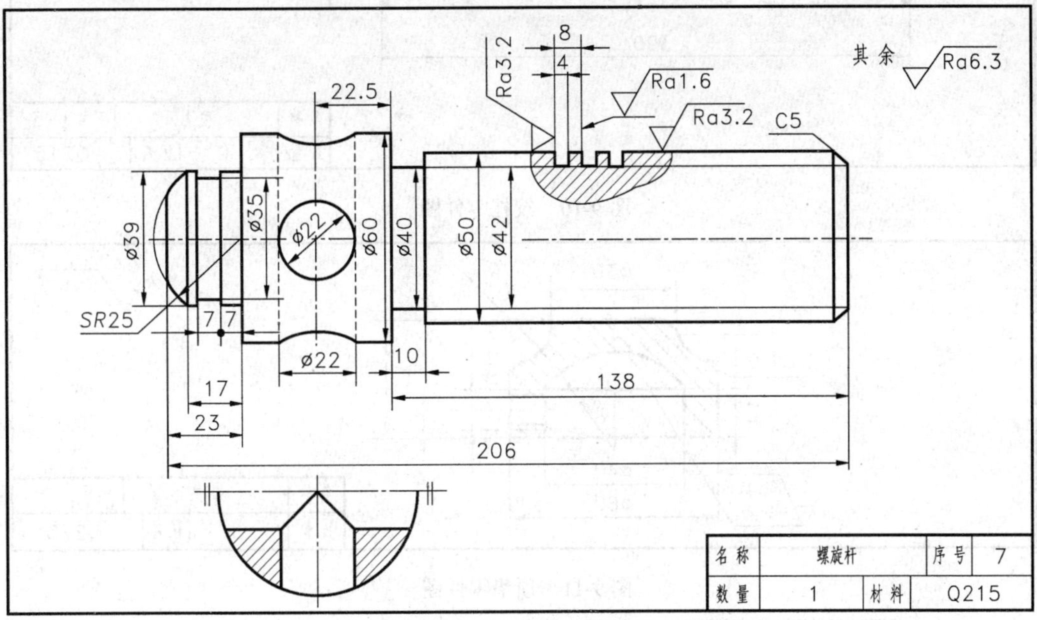

图 9-8　螺杆零件图

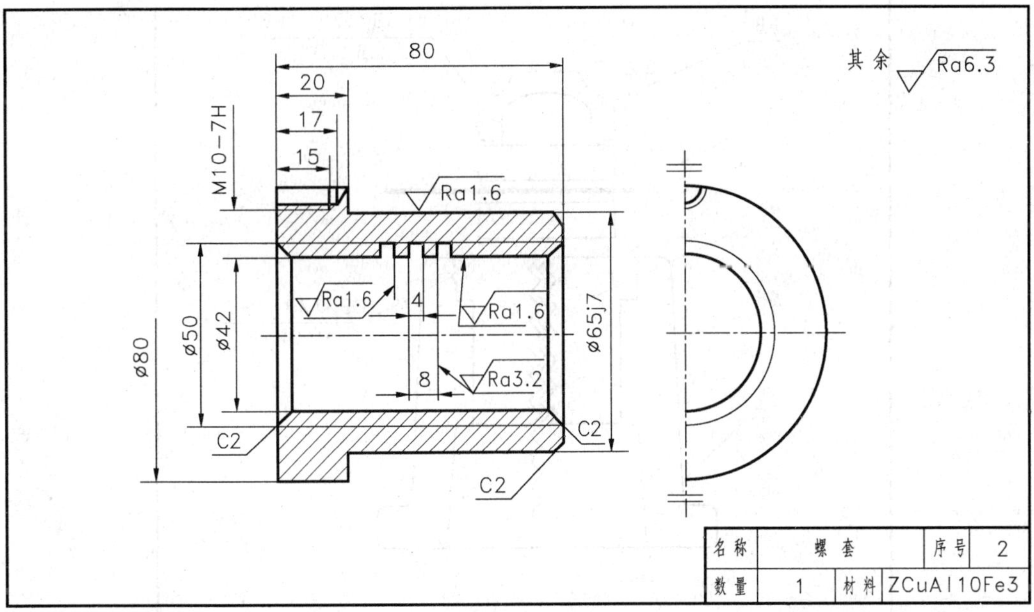

图 9-9　螺套零件图

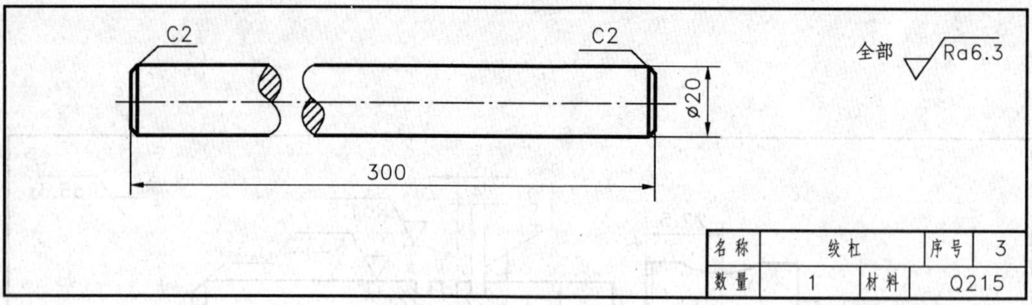

图 9-10　绞杠零件图

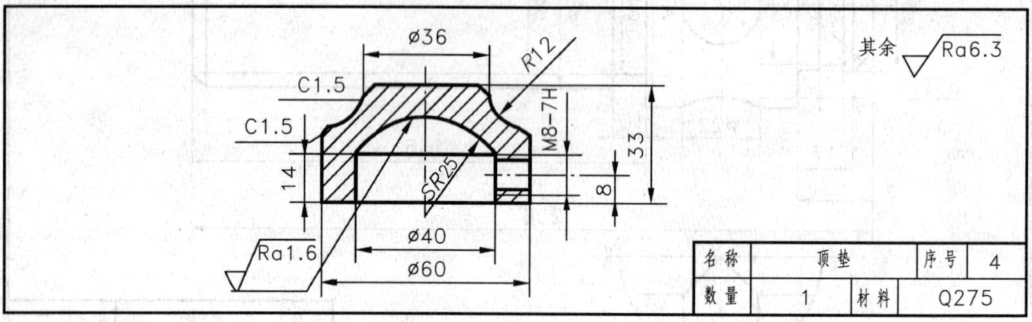

图 9-11　顶垫零件图

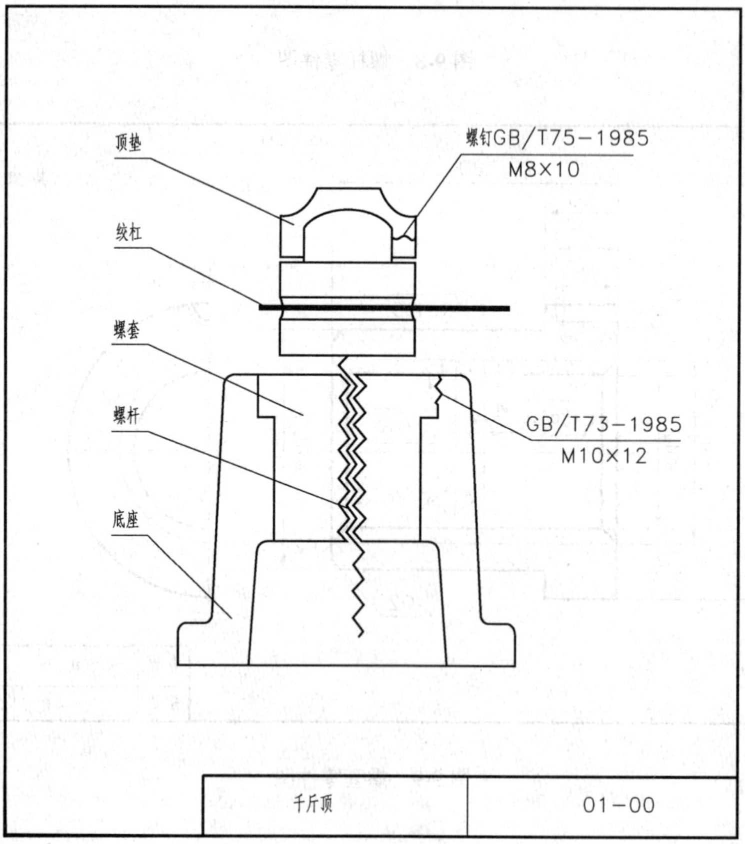

图 9-12　千斤顶装配示意图

一、用 AutoCAD 绘制零件图

零件图的绘制步骤如下：

（1）选择绘图样板；

（2）绘制图形；

（3）标注尺寸及技术要求；

（4）填写标题栏。

（一）绘制图形

为了方便观察图形，下面各图仅显示相关内容，边框等省略。

1. 绘制底座

（1）单击【标准】工具栏中的按钮，在【选择样板】对话框【名称】列表中选择 A3 图幅样板文件，建立一个文件名为“底座零件图”的图形文件。

（2）分别在“点画线”和“粗实线”图层绘制作图基准线，如图 9-13（a）所示。

（3）在“粗实线”图层绘制图形左侧轮廓线，如图 9-13（b）所示。

（4）画铸造圆角。绘图时，为了便于标注尺寸，画圆角时应采用不修剪模式，然后利用【打断】命令打断对象，并将两条细实线切换到“标注”层，如图 9-13（c）所示的局部放大图。

（5）使用【镜像】命令生成右侧轮廓线。

（6）画剖面线，剖面线类型选择“用户定义”，并设角度为 45°，间距为 3，结果如图 9-13（d）所示。

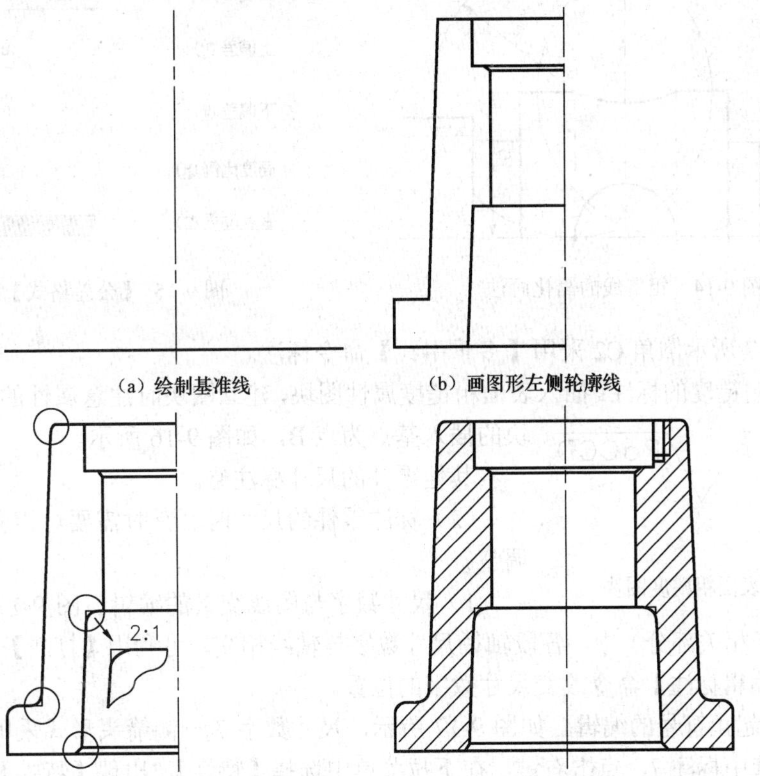

（a）绘制基准线　（b）画图形左侧轮廓线

（c）画圆角　（d）镜像生成右侧轮廓线并画剖面线

图 9-13　画底座零件图步骤

2. 绘制螺杆

螺杆零件图的绘图方法和步骤同底座，不再赘述。这里重点介绍螺杆上 AB 两点间相贯线的绘制方法：分别以 A、B 为圆心，$R=30$（螺杆相贯处圆柱体半径）为半径画圆，得交点 O，再以 O 为圆心，$R30$ 为半径在 A、B 间画弧，如图 9-14 所示。

3. 绘制螺套、绞杠、顶垫

方法同上，略。

（二）标注尺寸及技术要求

（1）以底座零件图（图 9-7）为例，说明尺寸与技术要求的标注方法。

标注样式决定尺寸的标注形式，标注样式的设置见表 9-2。

1）底座尺寸 60、20、15、140 等采用线性标注样式。

2）$\phi150$、$\phi114$、$\phi86$、$\phi120$、$\phi80$、$\phi100$ 等采用圆线性标注样式，且标注在理论交线处。

3）$\phi60_{0}^{+0.046}$ 采用尺寸公差标注样式，操作步骤如下：下拉菜单【格式】/【标注样式】，打开【标注样式管理器】对话框，在该对话框左侧【样式】列表窗口点“尺寸公差”样式，并点击【修改】按钮，在弹出的【修改标注样式】对话框的【公差】选项卡中设置公差数值，如图 9-15 所示。对于不同的尺寸公差值可以采用特性编辑方式修改。

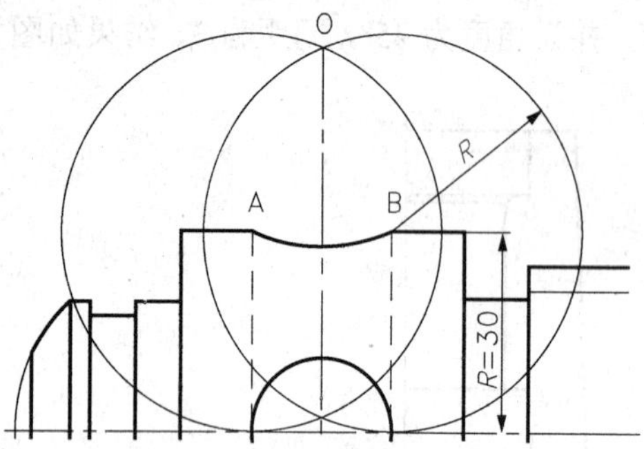

图 9-14　相贯线的简化画法

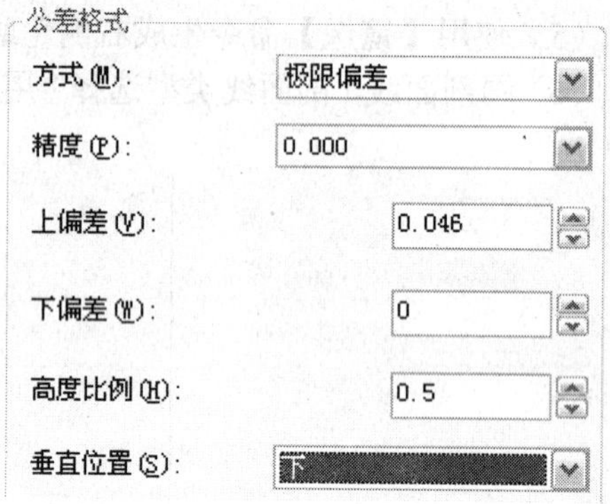

图 9-15 【公差格式】选项区

4）图 9-7 所示倒角 C2 采用【多重引线】命令标注。

5）表面粗糙度的标注：插入表面粗糙度属性图块，建立图块时注意属性的插入点为点 A，块的插入基点为点 B，如图 9-16 所示。

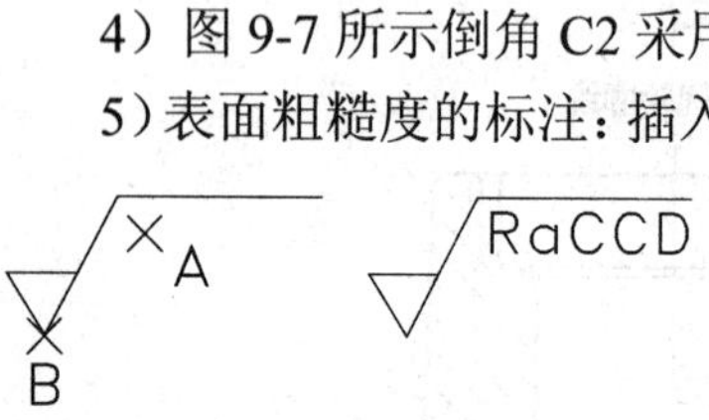

图 9-16　表面粗糙度图块

其他零件的尺寸标注略。

（2）标注零件的尺寸时，有时需要对相应尺寸要素进行调整。

1）尺寸数字与图线交叉的编辑。图 9-17 所示螺杆零件图（只画出了相关部分）中，各段轴径尺寸数字与轴线相交，可利用【打断】命令打断轴线，也可利用【编辑标注】命令改变尺寸数字的位置。

2）尺寸起止符号的编辑。如图 9-17 所示，尺寸数字 7 一侧箭头形式采用点方式，修改方法如下：选中标注 7，点击右键，在下拉菜单中选择【特性】，出现【特性】对话框，修改【直线和箭头】项，如左侧尺寸 7 的【箭头 2】在下拉列表中选“点”，如图 9-18 所示。同理修改右侧尺寸7【箭头1】为“点”形式。如果此类尺寸较多，可为该类尺寸单独建立尺寸标注样式。

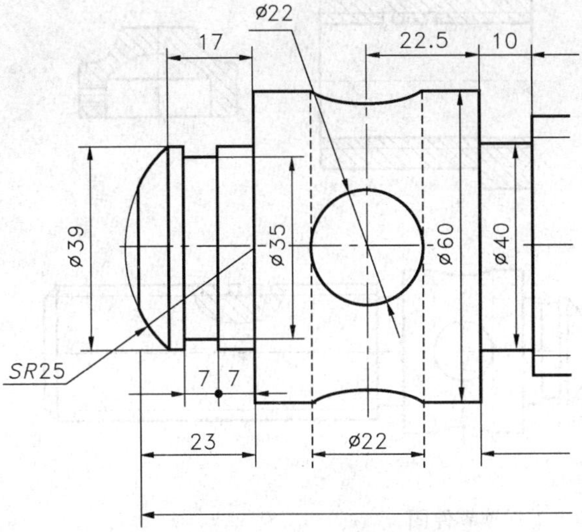

图 9-17　螺杆零件图尺寸标注的编辑

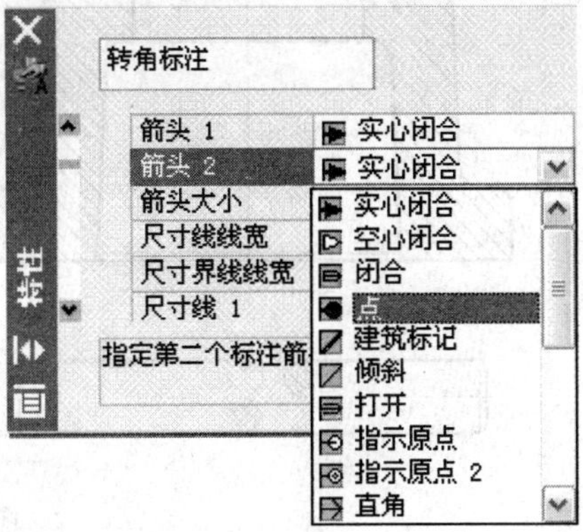

图 9-18　修改箭头

二、用 AutoCAD 绘制装配图

利用 AutoCAD 绘制装配图有很多种方法，本节主要介绍用零件图块插入法绘制装配图。

1. 绘图要求

（1）图幅：A3；

（2）比例：1:1；

（3）拼画全剖的主视图；

（4）主视图中用局部剖视图表明螺纹连接结构；

（5）标注必要的尺寸：性能尺寸（矩形螺纹的外径、内径）、总体尺寸（千斤顶的总长、总宽、总高）、配合尺寸；

（6）注写技术要求和零件序号，填写标题栏和明细表。

2. 绘图步骤

由零件图拼画装配图之前，首先根据图 9-12 所示装配图了解千斤顶的工作原理和装配关系，然后拼画装配图。

（1）单击【标准】工具栏中的  按钮，在【选择样板】对话框【名称】列表中选择 A3 图幅样板文件，建立一个文件名为“千斤顶装配图”的图形文件。

（2）将“底座”、“螺杆”、“螺套”、“绞杠”、“顶垫”零件图作为外部图块插入到当前图形文件中。

（3）通过【图层特性管理器】关闭零件图中的文字和标注图层，删除多余的图线，结果如图 9-19 所示。

（4）以底座为基础像搭积木一样逐个插入各零件。

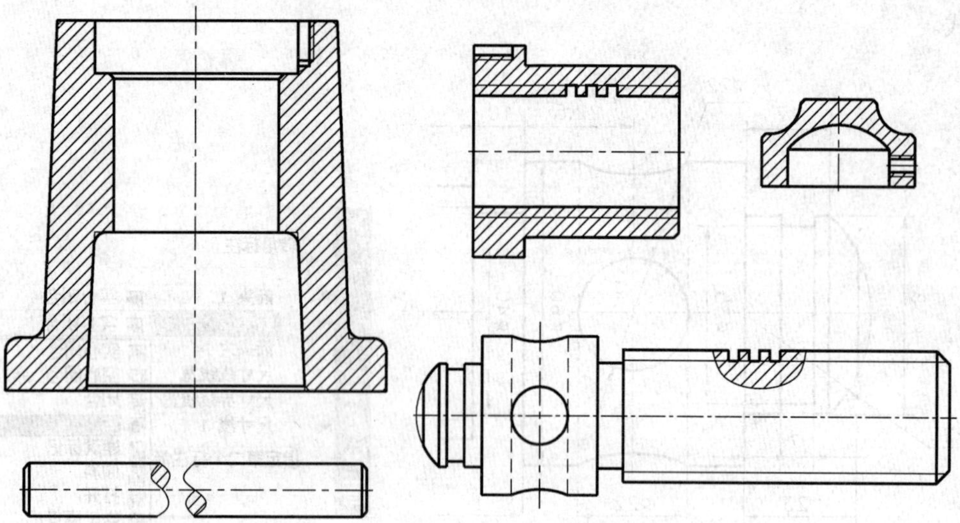

图 9-19 千斤顶零件图

1）将螺套主视图旋转－90°，螺杆主视图旋转－90°，如图 9-20 所示。

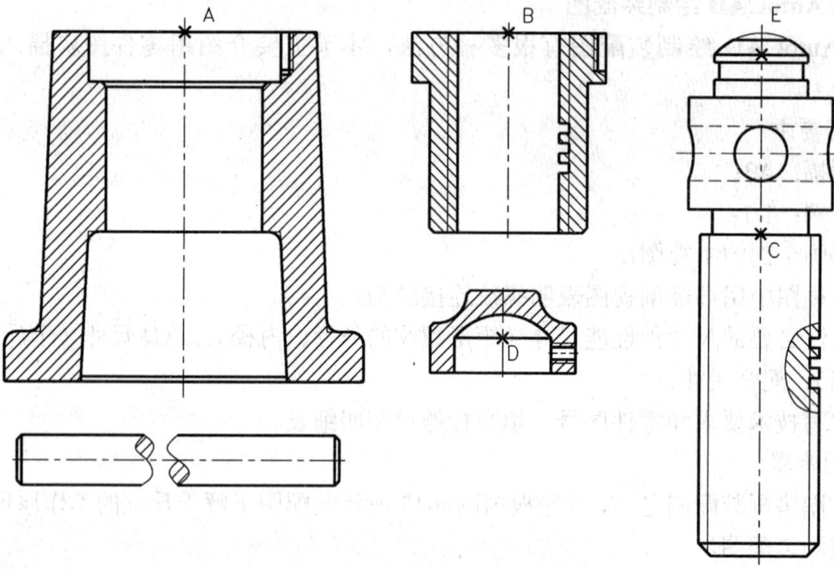

图 9-20 零件图的旋转与对齐点

2）使用【移动】命令将零件图拼画在一起。移动时应注意，使各零件上所设置的基准点对齐，即图 9-20 所示；点 B 与点 A 对齐；点 C 与点 A 对齐；点 D 与点 E 对齐；“绞杠”圆柱最下轮廓素线与“螺杆”上$\phi 22$ 孔最下轮廓素线对齐。整理视图中被遮挡的图线，完成图形如图 9-21 所示。

（5）在装配图中绘制标准件。

1）创建螺钉图块。根据图9-12所示螺钉规定标记：螺钉GB/T 75—1985 M8×10和螺钉GB/T 73—1985 M10×12查阅国家标准《开槽平端紧定螺钉》和《开槽长圆柱紧定螺钉》，螺钉各部分尺寸如图9-22所示。

根据所查尺寸，画出螺钉图形并创建成图块。

2）在装配图中插入两个螺钉，如图9-23所示。

（6）标注尺寸、编写零件序号、填写标题栏和明细表。

1）标注尺寸。按照装配图中尺寸标注的要求，在装配图中标注必要的尺寸。尺寸标注的方法详见本书第5章。

2）编写零件序号。零件编号采用【多重引线】命令标注。

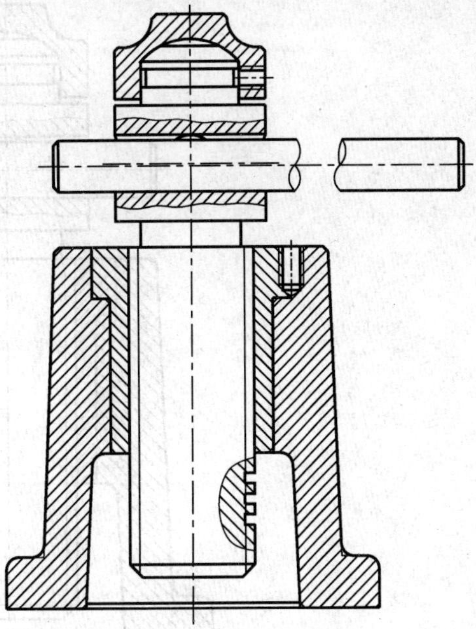

图9-21 拼画装配图并整理装配图轮廓线

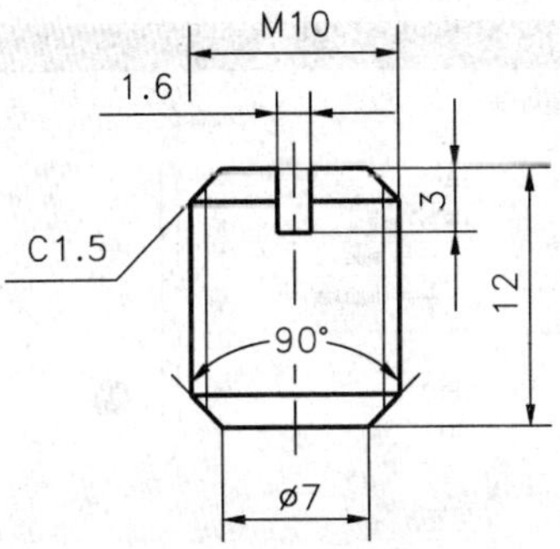

（a）开槽平端紧定螺钉

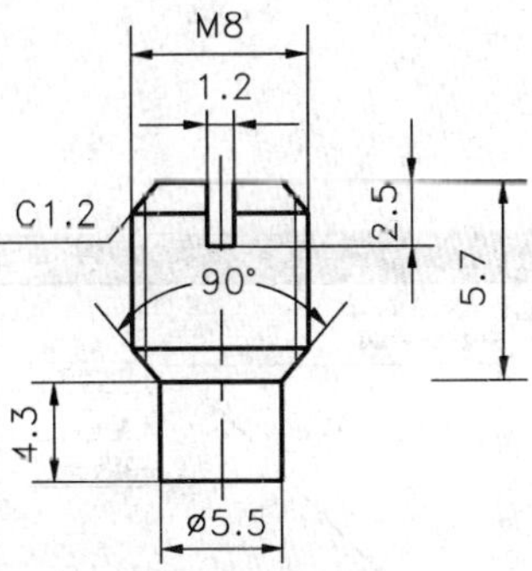

（b）开槽长圆柱紧定螺钉

图9-22 螺钉尺寸

命令执行后，系统弹出如图9-24所示【多重引线样式管理器】对话框，在该对话框中选择【修改】按钮，在弹出的图9-25所示【修改多重引线样式】对话框中，修改多重引线样式的设置。

①【引线格式】选项卡的设置。【箭头】选项区：【符号】选“点”，【大小】设置为“1”，其他采用默认值，如图9-25所示。

②【引线结构】选项卡的设置。【基线设置】选项区中，勾选【自动包含基线】项，【设置基线距离】为1；其他采用默认值，如图9-26所示。

③【内容】选项卡的设置。【多重引线类型】为“多行文字”；【文字选项】选项区中，【文字高度】设为5；【引线连接】选项区中，【连接位置】选“最后一行加下划线”，其他采用默认值，如图9-27所示。

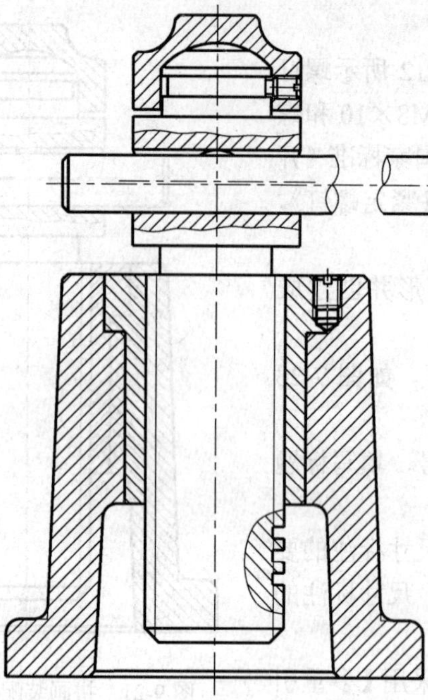

图 9-23 插入标准件

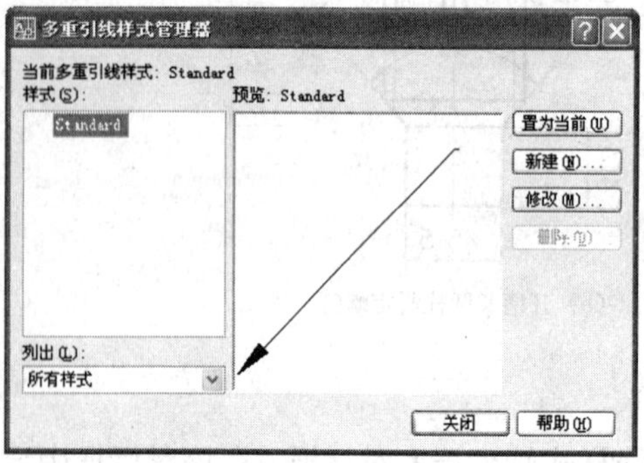

图 9-24 【多重引线样式管理器】对话框

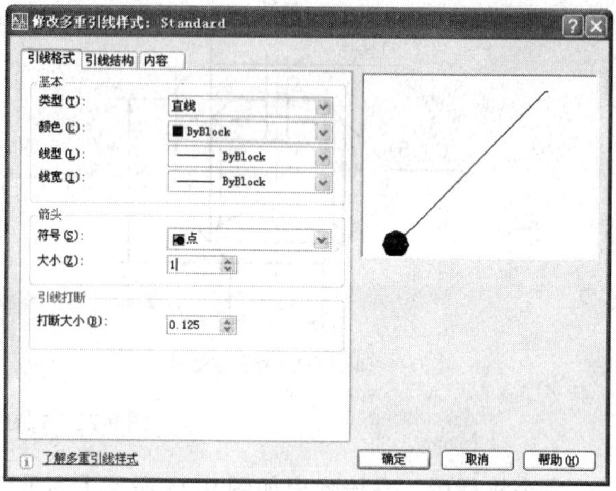

图 9-25 【引线格式】选项卡

3）填写标题栏、明细表。绘制标题栏、明细表的方法详见本书第 6 章，结果如图 9-28 所示。

（7）检查存盘。

重点提示

▲为了避免拼画装配图时的图层、线型、线框及颜色等出错，各个零件图的绘图环境必须一致，这样更有利于各图形文件的数据共享，提高绘图效率。

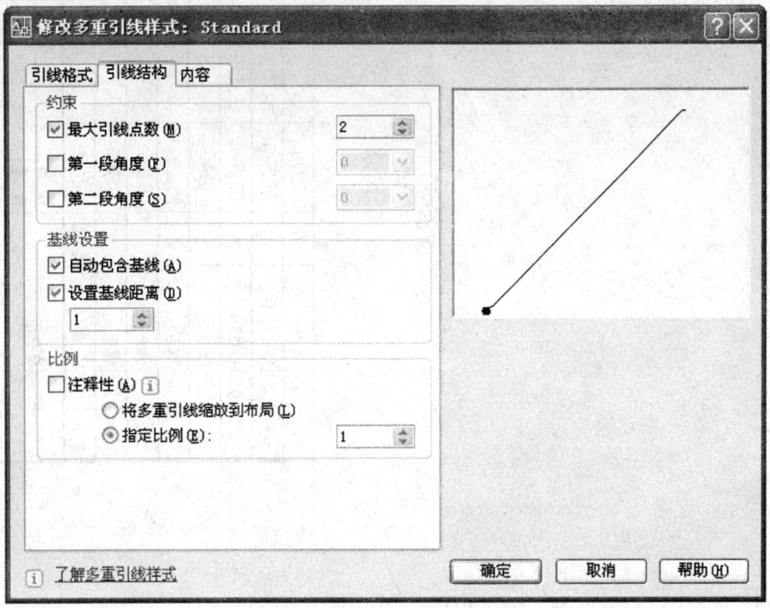

图 9-26 【引线结构】选项卡

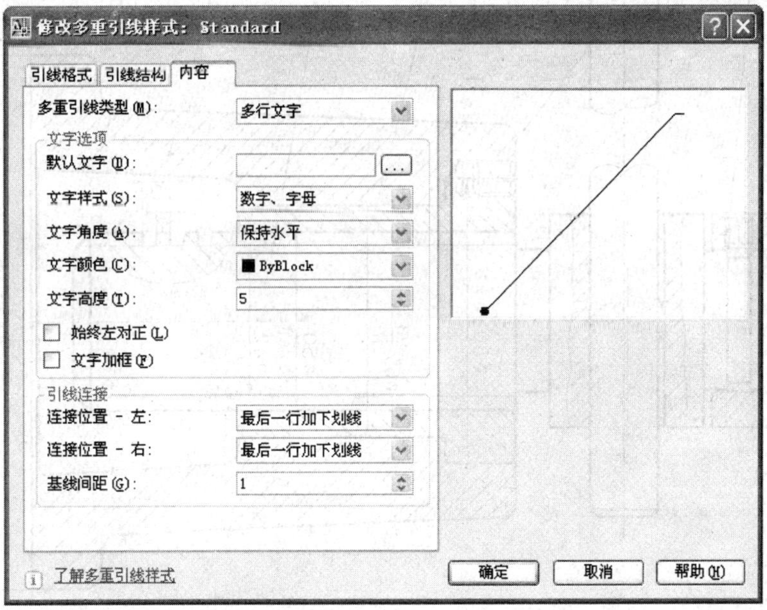

图 9-27 【内容】选项卡

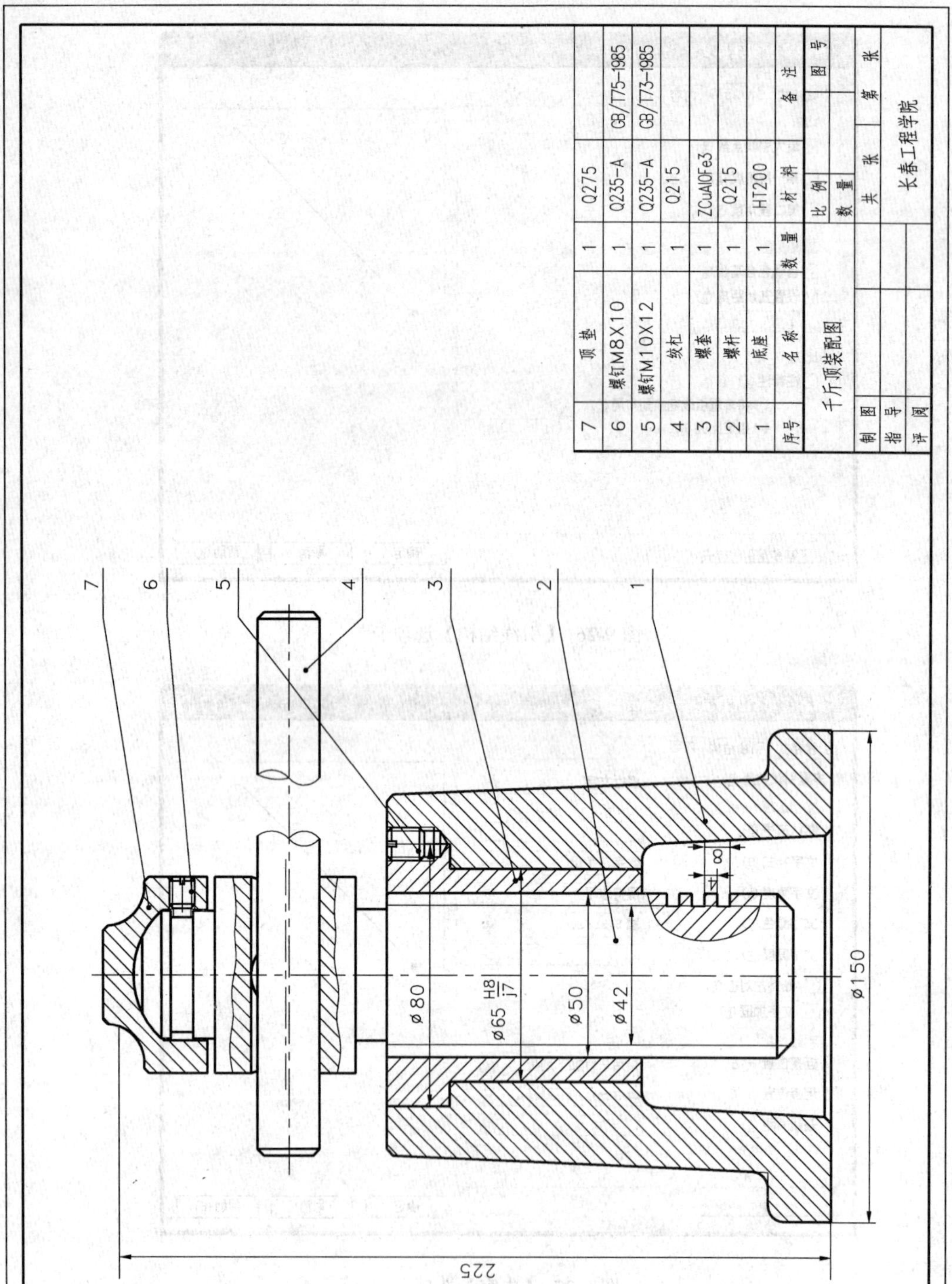
7
6
5
4
3
2
1
225
ø150
ø80
ø65 H8/j7
ø50
ø42
8
4
7 顶垫 1 Q275
6 螺钉M8X10 1 Q235-A GB/T75-1985
5 螺钉M10X12 1 Q235-A GB/T73-1985
4 绞杠 1 Q215
3 螺套 1 ZCuAl10Fe3
2 螺杆 1 Q215
1 底座 1 HT200
序号 名称 数量 材料 备注
千斤顶装配图
比例
数量
图号
共 张 第 张
制图
指导
评阅
长春工程学院

图 9-28 千斤顶装配图

第3节 建筑专业图的绘制

建筑专业图的绘图比例常用 1:20、1:50、1:100、1:200 等，在计算机上如果像手工绘图一样按比例计算尺寸绘图，相当麻烦，计算起来也容易出错。因此，通常将设定图幅按比例放大，按形体的实际尺寸输入数据，当整个图形绘制完毕后再按比例输出打印。下面以图 9-29 所示收发室平面图为例，介绍建筑专业图的绘制。

一、新建文件

1. 调用样板图

根据图样的要求，选定绘图比例 1:50，采用 A3 图幅。单击下拉菜单【文件】/【新建】或【标准】工具栏中按钮，弹出【选择样板】对话框，在【名称】列表中选择建筑专业 A3.dwt 作为样板文件，保存该文件，文件名为“收发室平面图”。

2. 缩放图幅

用【缩放】命令将整张图幅包括标题栏放大 50 倍。

二、绘制轴网

（1）将“点画线”层置为当前层，用 LTSCALE 命令设定合适的线型比例，如设置为 20，使点画线的显示适合 1:50 的绘图比例。

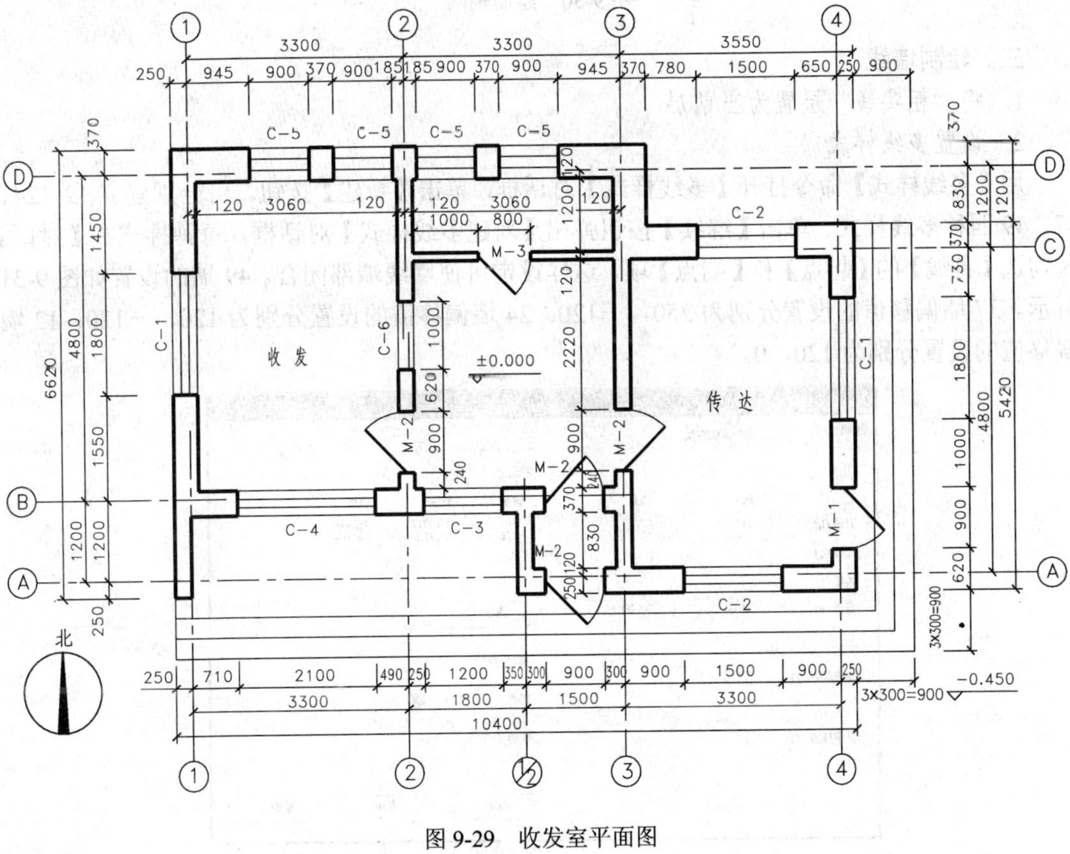

图 9-29 收发室平面图

（2）打开【正交】模式，用【直线】命令画出最左边的竖直轴线和最下边的水平轴线，再用【复制】或【偏移】命令按轴线间的距离在竖直和水平方向复制形成其他所有轴线，最后用夹点编辑或【打断】命令将轴线编辑到所需长度，如图 9-30 所示。

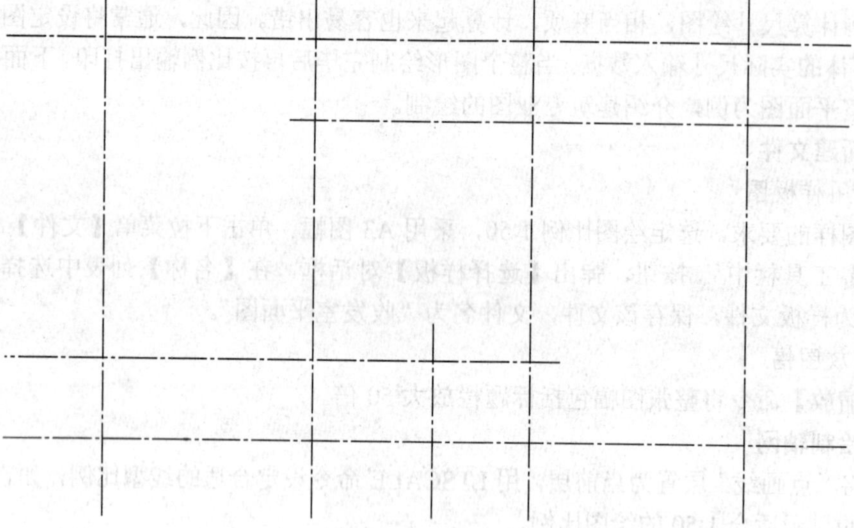

图 9-30 绘制轴网

三、绘制墙线

1. 将“粗实线”层置为当前层

2. 设置多线样式

用【多线样式】命令打开【多线样式】对话框，单击【新建】按钮，可分别建立 12、24、37、49 四种多线样式。单击【继续】按钮弹出【新建多线样式】对话框，每种样式在【封口】区勾选【直线】的【起点】和【端点】项，这样设定可使墙线端部闭合。49 墙的设置如图 9-31 所示。37 墙偏移值的设置分别为 250，－120；24 墙偏移值的设置分别为 120，－120；12 墙偏移值的设置分别为 120，0。

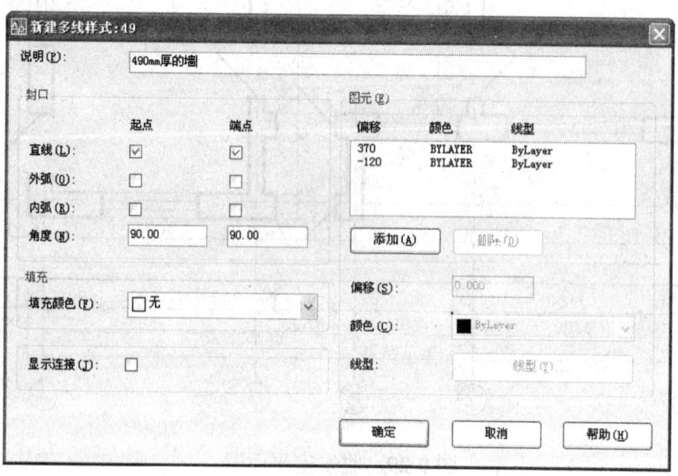

图 9-31 多线设置

3. 绘制墙线

利用下拉菜单【绘图】/【多线】命令，分别采用相应的多线样式绘制墙线，结果如图9-32所示。注意：应顺时针绘制多线，49、37、24多线样式的当前设置为：对正=无，比例=1.00；12多线样式的当前设置为：对正=上，比例=1.00。

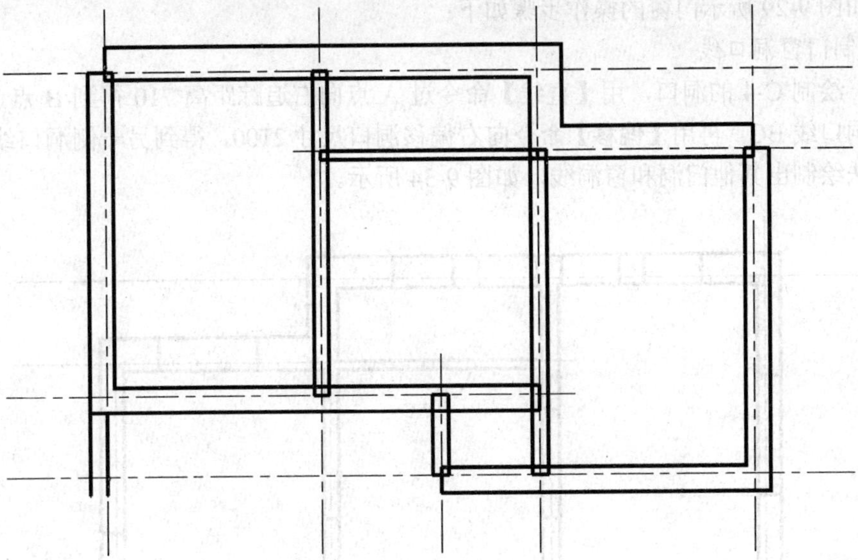

图9-32 绘制墙线

4. 编辑墙线

使用下拉菜单【修改】/【对象】/【多线】命令打开【多线编辑工具】对话框，编辑墙线的交接处，其中Ⅰ处用【角点结合】方式，Ⅱ处用【T形打开】方式编辑，Ⅲ处用【单个剪切】方式，Ⅳ处用【直线】命令直接绘制，结果如图9-33所示。

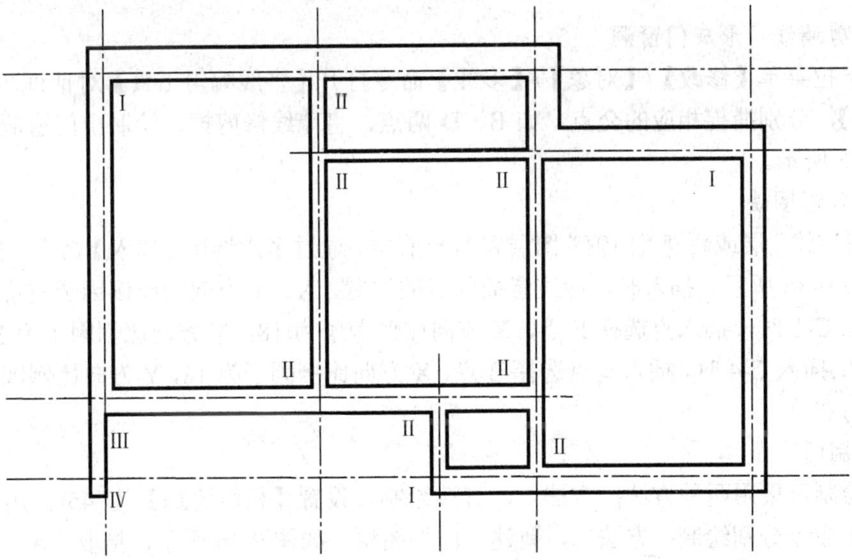

图9-33 编辑完成后的墙线

重点提示

▲也可用【分解】命令将多线分解，用【圆角】、【修剪】等命令进行编辑。

四、插入门、窗

绘制如图 9-29 所示门窗的操作步骤如下：

1. 绘制门窗洞口线

例如，绘制 C-4 的洞口，用【直线】命令过 A 点向右追踪距离 710 得到 B 点，过 B 点绘制一侧洞口线 BC，再用【偏移】命令向右偏移洞口尺寸 2100，得到另一侧洞口线 DE。用同样的方法绘制出其他门洞和窗洞线，如图 9-34 所示。

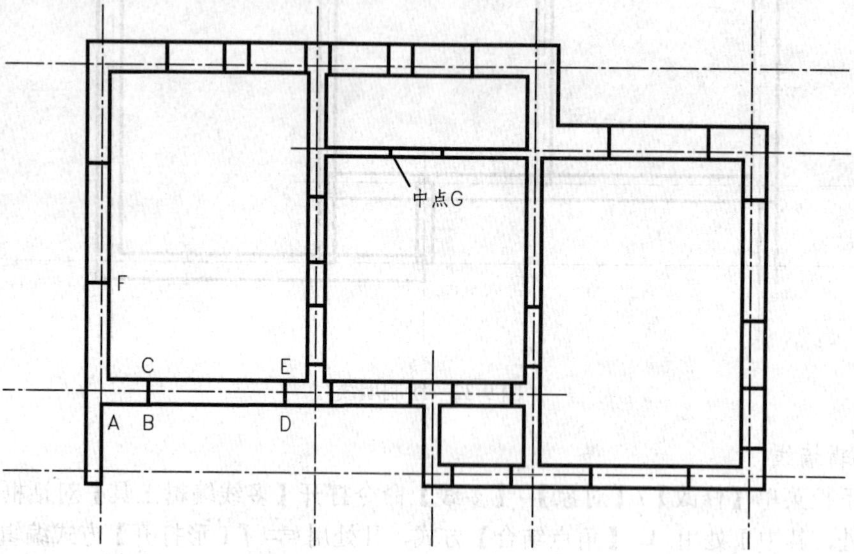

图 9-34　绘制门窗洞口线

2. 修剪墙线，形成门窗洞

使用下拉菜单【修改】/【对象】/【多线】命令打开【多线编辑工具】对话框，单击【全部剪切】，分别捕捉相应的交点，如 B、D 两点，将墙线修剪掉，绘制出门窗洞，最终结果如图 9-35 所示。

3. 插入窗图块

将“细实线”层或新建“门窗”图层置为当前层。通过多次调用【插入】命令，插入“窗”图块，如图 9-36 所示。插入时，应注意插入点的位置，X、Y 方向的比例因子及旋转角度。例如，插入 C-1 时，插入点选择 F 点，X 方向比例因子为 18，Y 方向比例因子为 3.7，旋转角度为 90°；插入 C-4 时，插入基点选择 B 点，X 方向比例因子为 18，Y 方向比例因子为 3.7，旋转角度为 0°。

4. 绘制门

门的绘制可采用两种方法：方法一，直接绘制。设置【极轴追踪】为 45°，用【直线】和【圆弧】命令分别绘制；方法二，新建“门”图块，如图 9-36 所示，拾取“A”点作为基点，选择直线和弧作为建块对象。再使用 INSERT 命令插入“门”图块。插入时，根据门开启方向的不同，在给定 X、Y 方向的缩放比例前加负号，得到相应方向的门。例如，插入 M-3 时，插入点选择中点 G（图 9-34），X 方向比例因子为 8，Y 方向比例因子为−8，旋转角度为 0°。

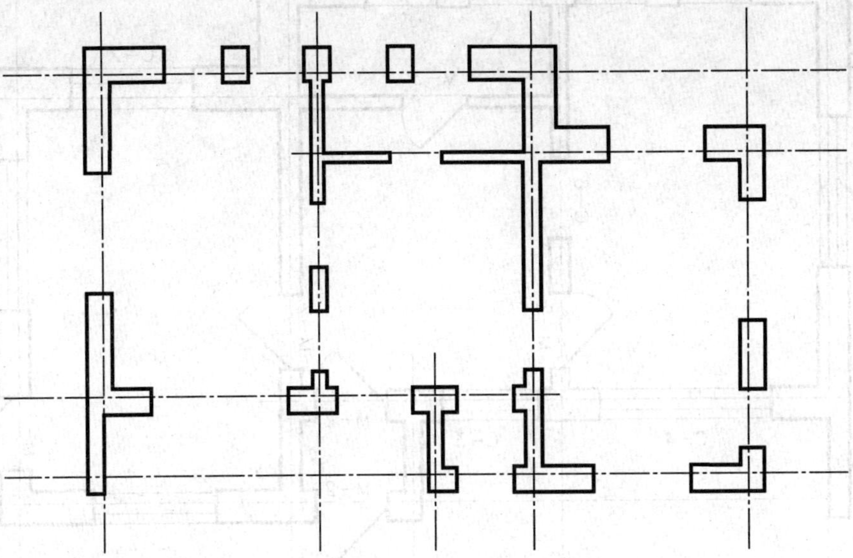

图 9-35　修剪墙线

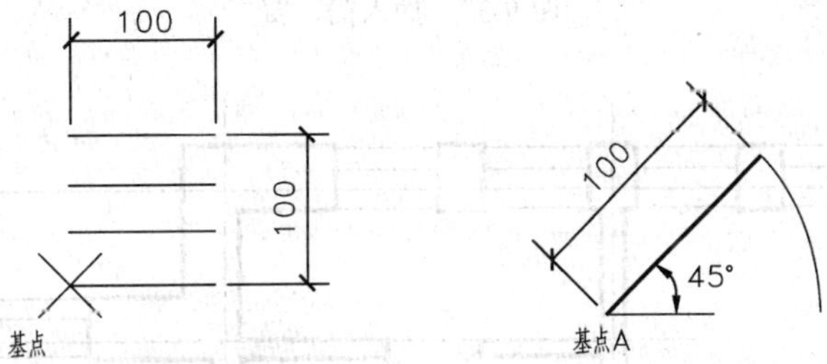

（a）窗图块　（b）门图块

图 9-36　窗和门图块

门、窗插入完成后，最终结果如图 9-37 所示。

五、绘制细部构造

用【直线】、【偏移】和【圆角】等命令，绘制台阶等细部，结果如图 9-38 所示。

六、注写文字、轴线编号及标注尺寸

1. 注写文字

将“文字”层置为当前层，用【单行文字】命令注写文字。以设置好的中文文字样式注写“收发”、“传达”等汉字，以西文文字样式注写 C-1、M-1 等字母。

重点提示

▲因出图比例为 1:50，图形输出时，汉字应为 5 号字，数字字母应为 3.5 号字。因此，在绘图时字高应分别设置为 250 和 175。

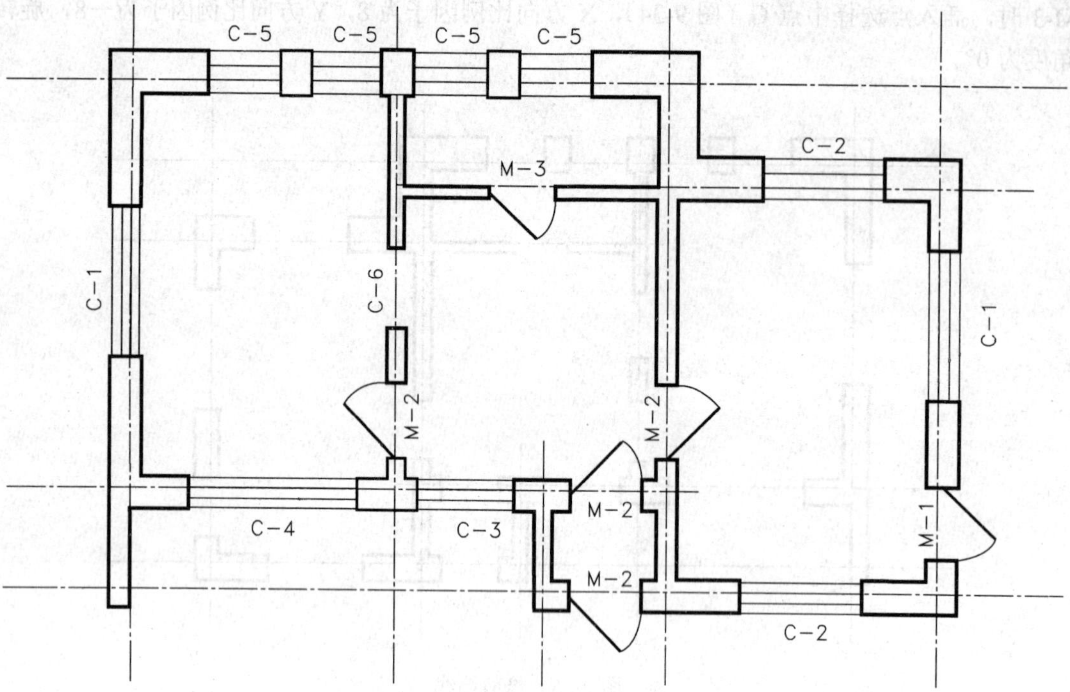

图 9-37 插入门、窗

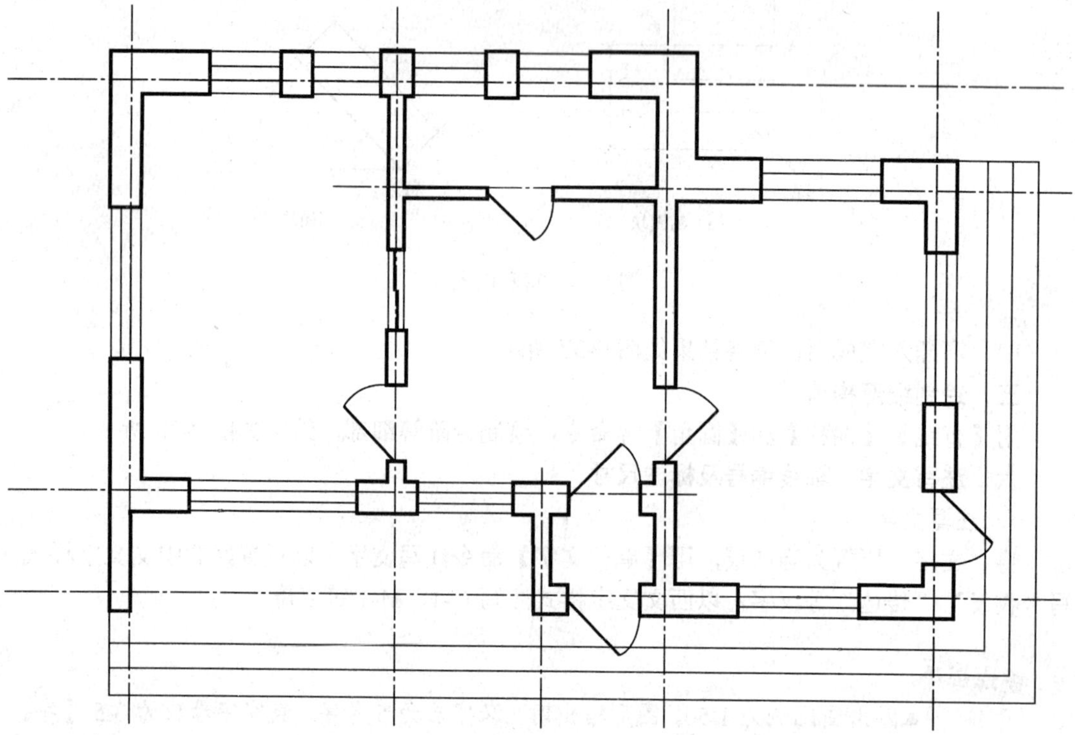

图 9-38 绘制细部构造

2. 注写轴线编号

作图时，可根据需要使用【拉伸】、【打断】等命令调整轴线的长度。

建立轴线编号图块时，点A为属性插入点，点B为块插入点，如图9-39所示。

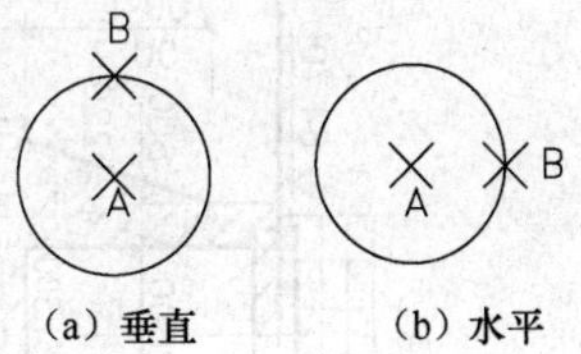

图9-39 轴线编号图块

水平方向轴线编号：多次调用【插入】命令，插入如图9-39（a）所示“垂直轴线编号”图块，插入时统一比例50，插入点选择轴线的下端点，再利用【复制】命令复制出图形上侧的轴线编号。

竖直方向轴线编号：同样，插入如图9-39（b）所示“水平轴线编号”，插入点选择轴线的左端点，再利用【复制】命令复制出图形右侧的轴线编号。

3. 注写标高及标注尺寸

将“标注”层置为当前层。采用表9-3中建立的“建筑线性”尺寸标注样式。注意，此时须将该标注样式中【调整】/【标注特征比例】中的【使用全局比例】设置为50，然后利用【线性】、【基线】、【连续】、【编辑标注】等命令分别标注外部尺寸、内部尺寸及标高尺寸，标注完成后结果如图9-29所示。

七、保存图形

检查整理，完成图形如图9-29所示。注意打印时按1:50比例打印。

第4节 水工专业图的绘制

水工专业图的绘图比例常用1:50、1:100，绘图时可按形体的实际尺寸绘出图样的全部内容，打印图形时，采用缩小比例输出。另外还有一种方法：首先按照形体的实际尺寸绘制出整个图形（不包括注写文字、图案填充和尺寸标注），然后将图形缩放成要求的比例，再注写文字、填充图案和标注尺寸，最后1:1打印图形。本节以图9-40所示水闸结构图为例介绍水工专业图的绘制。

一、新建文件

1. 调用样板图

根据图样的要求，选定绘图比例1:50，采用A1图幅。单击【标准】工具栏中的 按钮，在【选择样板】对话框【名称】列表中选择A1图幅样板文件，建立一个文件名为“水闸结构图”的图形文件。

2. 缩放图幅

用【缩放】命令将整张图幅包括标题栏放大50倍（虚拟幅面）。

二、绘制图形

按照实际尺寸，采用1:1比例先绘制水闸结构图，要确保视图间的投影规律，整体或局部对称的均可只画一半，另一半用镜像获得。

（1）先画主体结构定位线，一般不考虑线型，都以细实线表示，如图9-41所示。

（2）画主体结构线。由形体分析法可知该水闸分为闸室、消力池、上游连接段、下游连接段四部分。应先绘制水闸设计图中闸室段的纵剖视图和平面图，绘图过程中可利用【对象追踪】功能，保证主、俯视图长对正的投影关系，如图9-42所示。

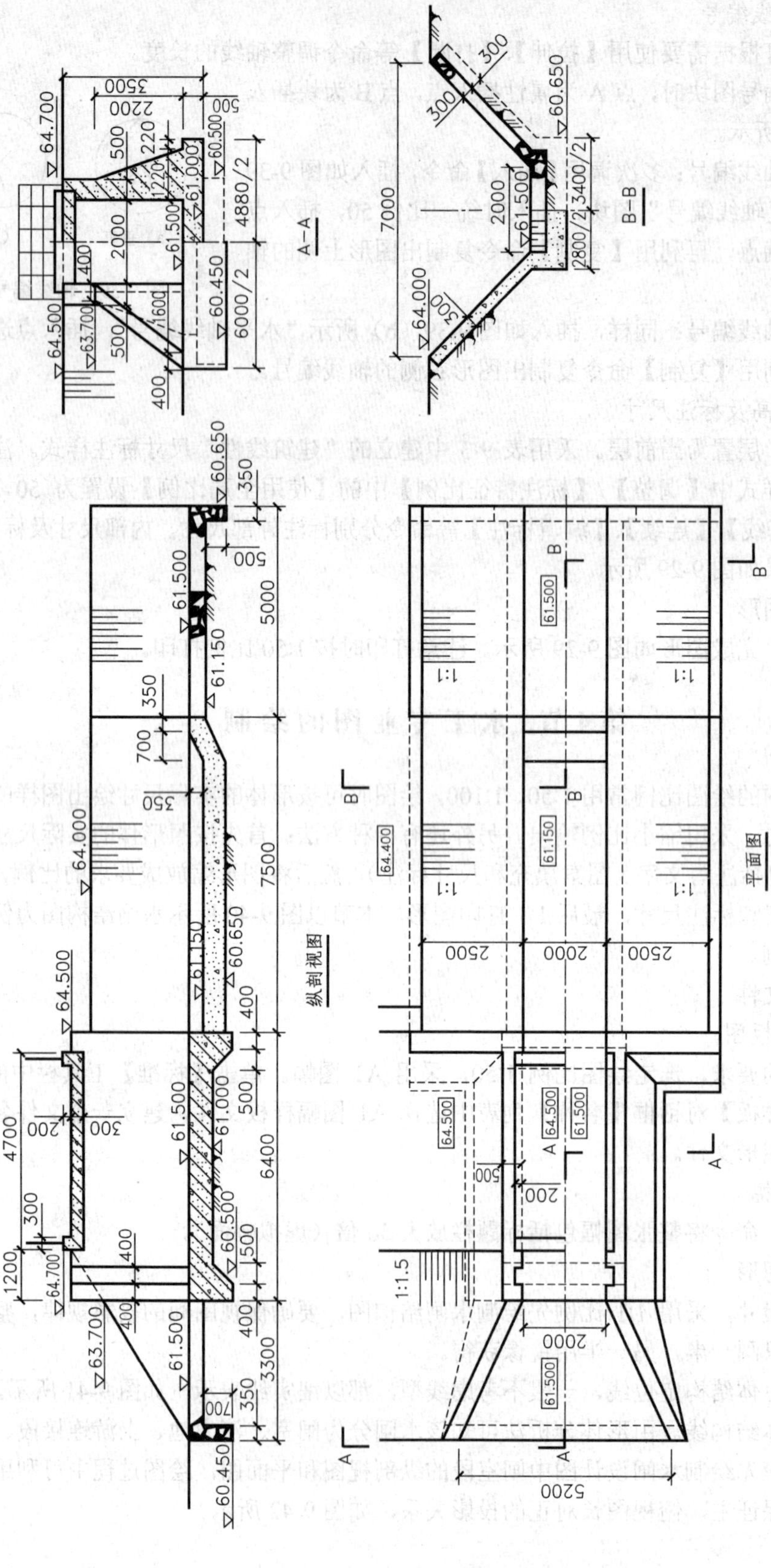

图 9-40 水闸结构图

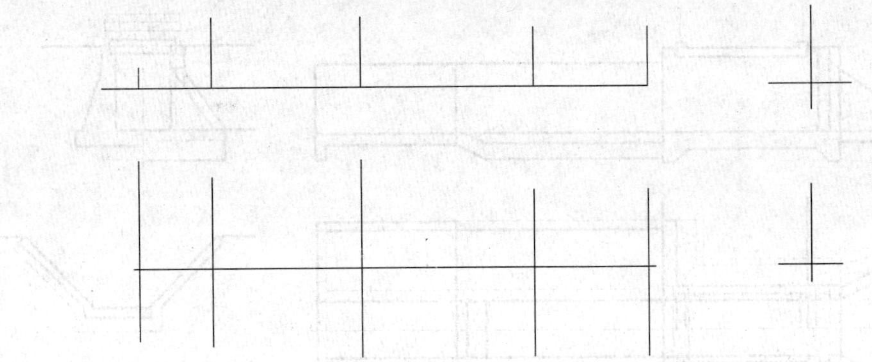

图 9-41　布置水闸结构图图面

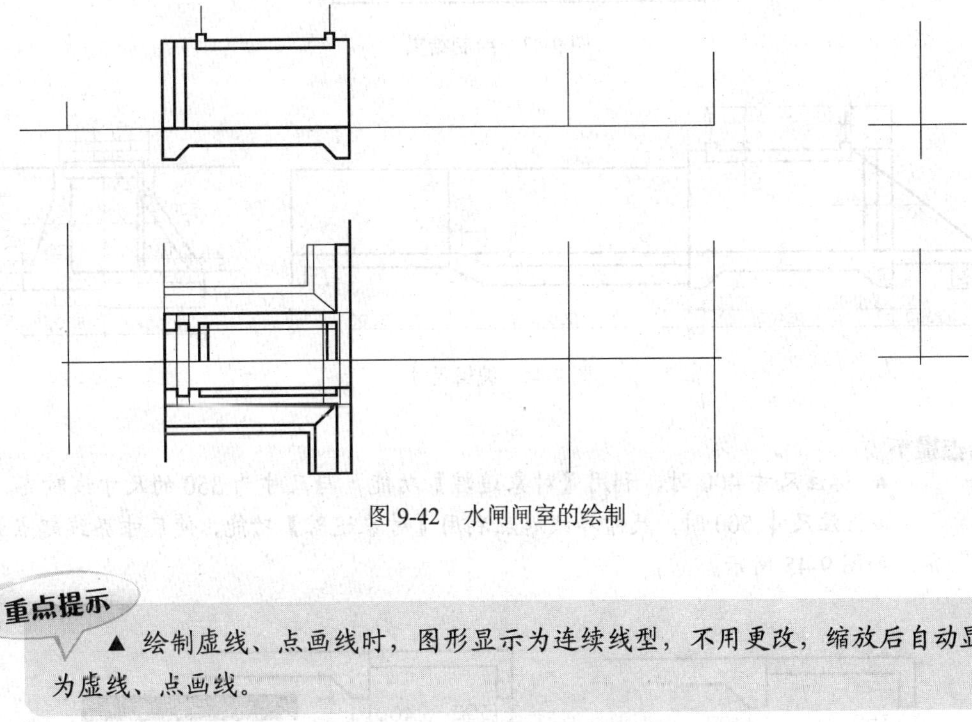

图 9-42　水闸闸室的绘制

重点提示

▲ 绘制虚线、点画线时，图形显示为连续线型，不用更改，缩放后自动显示为虚线、点画线。

（3）绘制水闸设计图中上游连接段的纵剖视图和平面图。

（4）绘制消力池和下游连接段的纵剖视图和平面图。

（5）绘制 A-A、B-B 断面图，绘图时注意留出标注尺寸的位置。

（6）用【缩放】命令，基点定在（0，0）处，输入比例系数 0.02，将整张图包括标题栏缩小 50 倍，部分结果如图 9-43 所示。此时，点画线和虚线显示为非连续线型，个别比例不合适的，用 LTSCALE 命令调整。

三、标注尺寸、标高及注字文字说明

（1）将“标注”层置为当前层。采用表 9-3 中建立的“水工线性”尺寸标注样式。注意，此时须将该标注样式中【主单位】/【测量单位比例】中的【比例因子】设置为 50，然后利用【线性】、【基线】、【连续】、【编辑标注】等命令分别标注线性尺寸及标高尺寸，部分结果如图 9-44 所示。

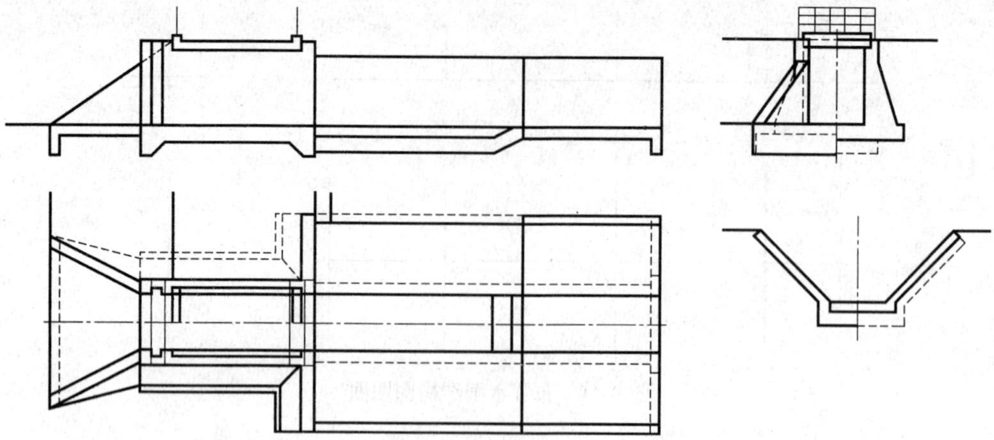

图 9-43　绘制结果

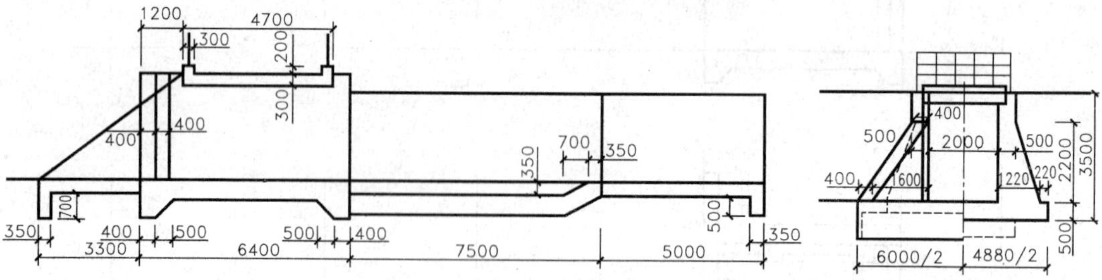

图 9-44　编辑尺寸

重点提示

▲ 标注尺寸 400 时，利用【对象追踪】功能，与尺寸为 350 的尺寸线对齐。

▲标注尺寸 500 时，尺寸界线起点利用【对象追踪】功能，使尺寸界线起点对齐，如图 9-45 所示。

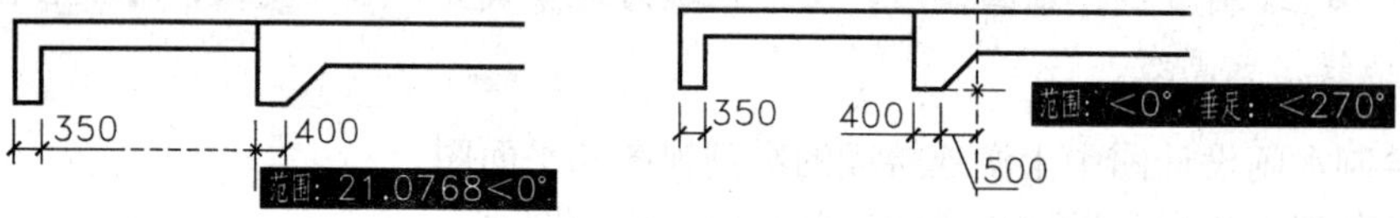

图 9-45　尺寸标注追踪

（2）插入平、立高程及剖切符号。以立面高程为例说明块的建立及应用：

1）利用绘图、编辑命令绘制立面高程符号及标注辅助线，如图 9-46（a）所示。

2）在屏幕上指定属性插入点 B，块插入点 A，如图 9-46（b）所示。

3）利用【插入】命令插入图块。

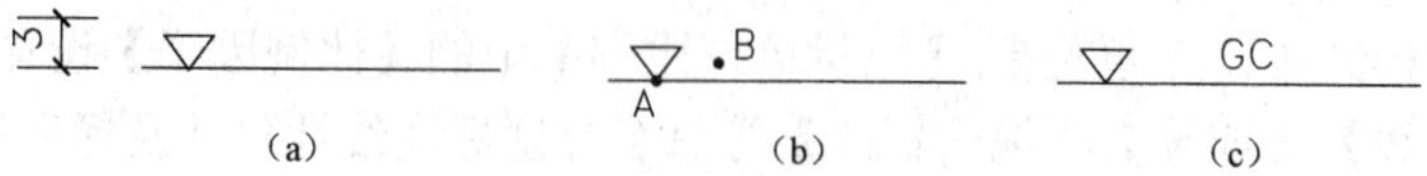

图 9-46　立面高程符号块的建立

其他图块的创建和插入类似。

（3）注写文字。将“文字”层置为当前层，按实际字高用【单行文字】或【多行文字】命令注写文字。

四、填充剖面线

可添加“剖面线”图层，并设置为当前层。为保证剖面线与标注不交叉，应先标注后填充剖面线。钢筋混凝土分两次填充，采用【ANSI】中“ANSI31”图案与【其他预定义】中“AR-CONC”图案（比例3左右）复合填充；浆砌石可使用【直线】、【样条曲线】等命令绘制不规则多边形，然后采用【其他预定义】中“SOLID”图案填充多边形空隙，或从网络下载浆砌石图案。

重点提示

▲ 闸底板及交通桥剖面线缩放比例和金属材料间距不同，应分别填充。这样，各处剖面线是独立的，也便于绘图中的修改。

五、保存图形

检查整理，完成图形如图9-40所示。注意打印时按1:1比例，A1幅面出图。

第 10 章　图形的布局与输出

在完成图形的绘制之后，接下来的工作就是打印出图，但是在打印出图之前，要对图形的布局进行适当的调整，对打印样式和打印设备进行相应的设置，从而使输出的图形更加清晰、美观。

本章主要知识点：

* 布局（模型空间、图纸空间、浮动模型空间）；
* 图形的输出。

第 1 节　图形的布局

一、模型空间和图纸空间

在工程制图中，图纸上通常包括图形和一些其他的附加信息（如图纸边框、标题栏等）。打印的图形经常包含一个以上的图形，且各个图形可能是按相同的比例绘制的，也可能是按不同的比例绘制的。为了按照用户所希望的方式打印输出图纸，可以采用两种方法：一是利用 AutoCAD 的绘图、编辑、尺寸标注和图层等功能直接获得要打印的图形；二是利用 AutoCAD 提供的图纸空间，根据打印输出的需要布置图纸。

AutoCAD 有两种绘图空间：模型空间（Model Space）和图纸空间（Paper Space）。

1. 模型空间

模型空间提供了设计模型的环境，是用户创建和编辑图形的工作空间，大部分的设计和绘图工作都是在模型空间完成的。在模型空间建立的模型可以是二维或三维的，并且根据需求用多个二维视图或三维模型来表达物体，同时配有必要的尺寸标注和注释，以完成所需要的全部绘图工作。模型空间为用户提供了一个广阔的绘图区域，在该空间中，只需考虑所绘制的图形是否正确，而不必担心绘图空间是否不足。

模型空间中视口的特征：

（1）在模型空间中，可以绘制全比例的二维图形和三维模型，并带有尺寸标注。

（2）在模型空间中，最多可以同时显示 4 个视口，但在某一时刻只有一个视口处于激活状态，每个视口都包含对象的一个视图。

（3）视口是矩形平铺的，它们不能重叠，总是彼此相邻。

（4）十字光标只能出现在一个视口中，并且也只能编辑该活动的视口（平移、缩放等）。

（5）只能打印活动的视口，即被激活的视口。如果 UCS 图标设置为 ON，该图标会同时出现在每个视口中。

（6）可用 Vports 命令创建视口（视口的形状只能是矩形）和视口设置（只能按 AutoCAD 给定的格式），并可以保存起来，以备后用。

启用【模型空间】有以下两种方法：

✧ 状态条：模型 布局1 布局2；

✧ 命令行：TILEMODE↙。

启动该系统变量后，命令行提示：

```
命令:TILEMODE↙
输入 TILEMODE 的新值<1>:(当 TILEMODE 设置为 1,系统处于模型空间)
```

2. 图纸空间

图纸空间完全模拟图纸页面，又称布局图，主要用于安排图形的输出布局。在图纸空间中，窗口最外侧轮廓线表示当前配置的图纸边界，虚线表示图纸可打印区域的边界，中间矩形表示浮动视口边界，如图 10-1 所示。在图纸空间里，用户所要考虑的是图形在整张图纸中如何布局，即图形排列，绘制立体图的三视图，局部放大图等。当同一图形有不同比例，或同一幅图纸中有不同比例的图形，或一幅图纸中同时打印立体图和三视图时，都需要借助于图纸空间。

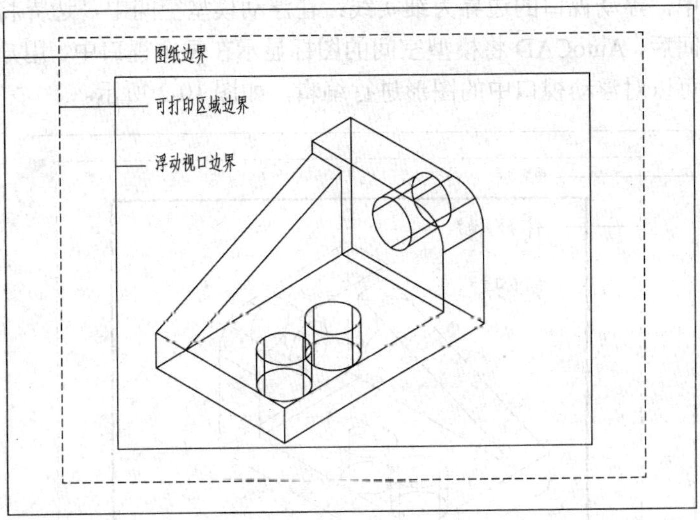

图 10-1 图纸空间

尽管模型空间只有一个，但用户可以根据需要创建多个布局，如布局 1、布局 2、布局 3 等，以便在不同的图纸中分别打印图形的不同部分。

图纸空间中视口（即浮动视口）的特征：

（1）在图纸空间中，可以完成类似模型空间的工作，如绘制全比例或缩小比例的二维图形和三维模型，并进行尺寸标注。

（2）在图纸空间中，通过系统变量 MAXACTVP，可以设置布局中可同时激活的浮动视口的数目，最大数目为 64 个。

（3）浮动视口不是平铺的，可以用各种方法将它们重叠、分离。

（4）十字光标可以不断延伸，穿过整个图形屏幕，与每个浮动视口无关。

（5）可以同时打印多个浮动视口。每个浮动视口都在创建它的图层上，视口边界的线型总为实线，且与层的颜色相同。出图时如不想打印视口，可将其单独置于一个图层上，冻结即可。不同的浮动视口可以显示不同的 UCS 图标。

（6）可以通过 Mview 命令创建并控制布局视口（任何闭合的造型都可以当作视口的边界范围），Solview 命令可以使用正交投影法创建布局视口，未生成三维实体及体对象的多面视图与剖视图创建视口，或用 Vports 命令恢复在模型空间中保存的视口。

（7）浮动视口的边界是实体，可删除、移动、缩放和拉伸等，视口的形状也没有限制，可以是矩形、圆形或多边形。

启用【图纸空间】有以下两种方法：

✧ 状态条：|◀ ◀ ▶ ▶| 模型 / 布局1 / 布局2 /；

✧ 命令行：TILEMODE↙。

启动该系统变量后，命令行提示：

命令:TILEMODE↙
输入 TILEMODE 的新值 <1>:0↙ (当 TILEMODE 设置为 0,系统处于图纸空间)

3. 浮动模型空间

在图纸空间中，浮动视口的边界为细实线；在浮动模型空间中，边界将以粗实线显示。进入浮动模型空间后，AutoCAD 将模型空间的图标显示在每个视口中，用户既可以观察图纸的整体布局，又可以对浮动视口中的图形进行编辑，如图 10-2 所示。

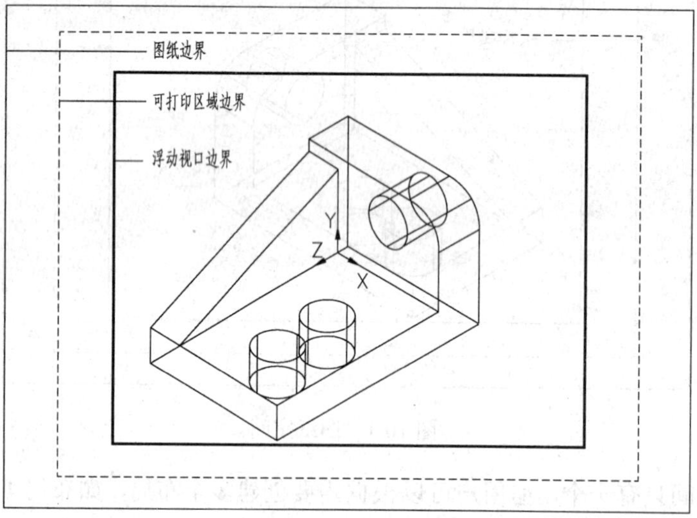

图 10-2　浮动模型空间

由【图纸空间】切换到【浮动模型空间】有以下三种方法：

✧ 状态条：捕捉 栅格 正交 极轴 对象捕捉 对象追踪 DUCS DYN 线宽 模型；

✧ 命令行：MSPACE↙；

✧ 其他方式：在浮动视口内侧双击。

由【浮动模型空间】切换到【图纸空间】也有以下三种方法：

✧ 状态条：捕捉 栅格 正交 极轴 对象捕捉 对象追踪 DUCS DYN 线宽 图纸；

✧ 命令行：PSPACE↙；

✧ 其他方式：在浮动视口外侧双击。

重点提示

▲ 在图纸空间中绘制的图形对象在模型空间是不可见的。

二、创建打印布局

用户可以创建多个布局来显示不同的视图，每个视图可包含不同的绘图样式（绘图比例和图纸大小）。创建布局有多种方式，下面介绍常用的三种方式。

1. 使用【页面设置】对话框

打开【页面设置】对话框有以下三种方法：

✧ 下拉菜单：【文件】/【页面设置管理器】；

✧ 工具栏：【布局】工具栏中按钮；

✧ 命令行：PAGESETUP↙。

启动该命令后，打开【页面设置管理器】对话框，如图 10-3 所示，然后单击【修改】按钮，打开【页面设置—布局 n】对话框，如图 10-4 所示，在该对话框中可以选择相应的【打印机/绘图仪】、【图纸尺寸】、【打印区域】、【打印比例】等。

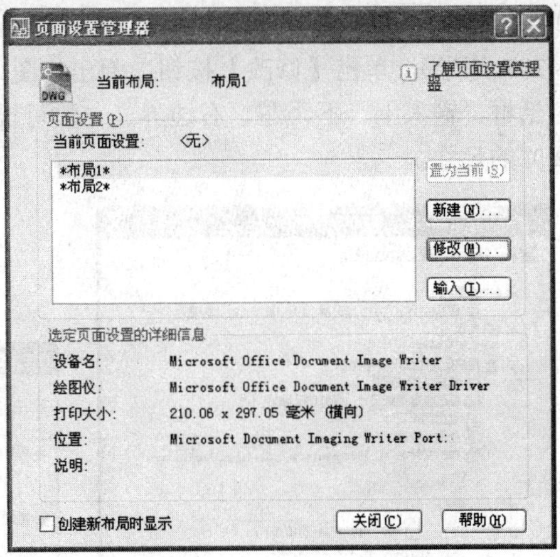

图 10-3 【页面设置管理器】对话框

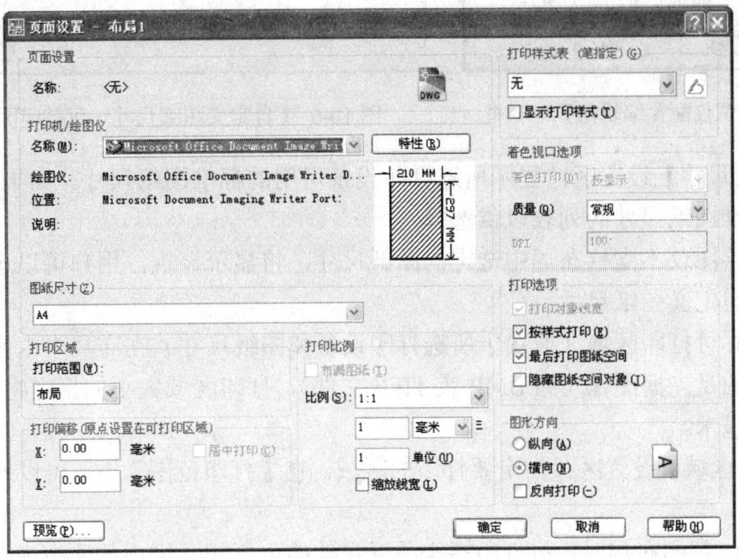

图 10-4 【页面设置—布局 n】对话框

各项说明如下：

（1）【打印机/绘图仪】设置区：指定打印或发布布局或图纸时使用的已配置的打印设备。

1）【名称】：列出可用的“*.pc3”文件或系统打印机，可以从中进行选择，以打印或发布布局或图纸。设备名称前面的图标显示其为“*.pc3”文件（图标）还是系统打印机（图标）。

2）【特性】：单击【特性】按钮将显示如图 10-5 所示的【绘图仪配置编辑器】对话框，从中可以查看或修改当前绘图仪的配置、端口、设备和介质设置，尤其是修改标准图纸可打印区域的尺寸大小。在【修改标准图纸尺寸】下拉列表框中选择标准图纸，如 ISO A4（210×297 毫米），单击【修改】按钮，弹出如图 10-6 所示的【自定义图纸尺寸—可打印区域】对话框，输入上、下、左、右边界（一般可设置为国标规定的图纸边框到图幅边界之间的距离）的尺寸。

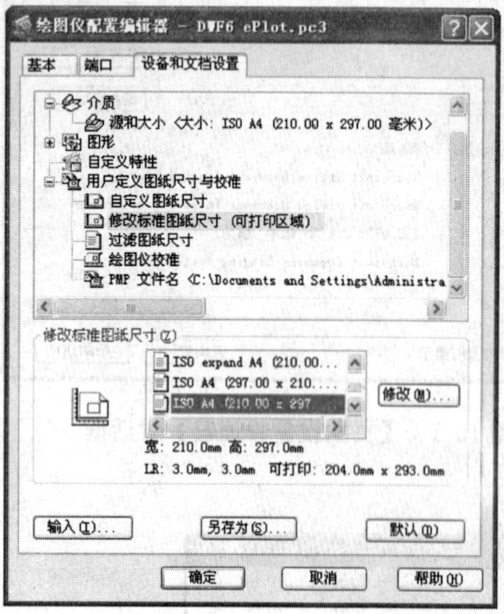

图 10-5 【绘图仪配置编辑器】对话框

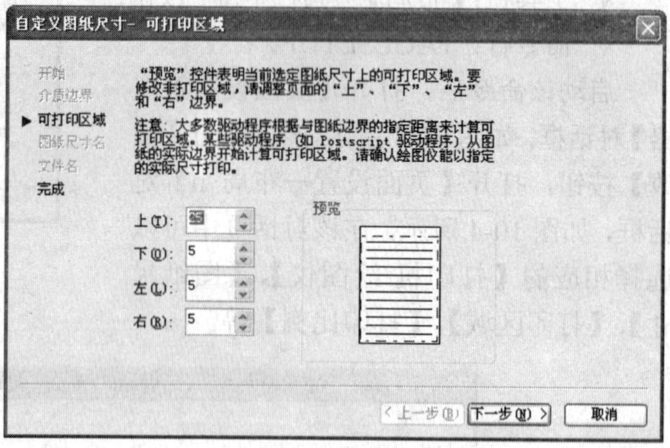

图 10-6 【自定义图纸尺寸—可打印区域】对话框

（2）【图纸尺寸】设置区：显示所选打印设备可用的标准图纸尺寸。如果未选择绘图仪，将显示全部标准图纸尺寸的列表以供选择。

如果所选绘图仪不支持布局中选定的图纸尺寸，将显示警告，用户可以选择绘图仪的默认图纸尺寸或自定义图纸尺寸。

页面的实际可打印区域（取决于所选打印设备和图纸尺寸）在布局中由虚线表示。

如果打印的是光栅图像（如 BMP 或 TIFF 文件），打印区域大小的指定将以像素为单位，而不是英寸或毫米。

（3）【打印区域】设置区：指定要打印的区域。在【打印范围】下，可以选择要打印的图形区域。

1）【布局】：打印布局时，将打印指定图纸尺寸的可打印区域内的所有内容，其原点从布局中的（0,0）点计算得出。

从【模型】选项卡打印时，将打印栅格界限定义的整个图形区域。如果当前视口不显示平面视图，该选项与【范围】选项效果相同。

2）【窗口】：打印指定的图形部分。选择此项时，将返回绘图区域指定要打印区域的两个角点，这时将显示【窗口】按钮。单击【窗口】按钮以使用定点设备指定要打印区域的两个角点，或输入坐标值。

3)【范围】：打印当前空间中包含对象的图形部分。当前空间内的所有几何图形都将被打印。打印之前，可能会重新生成图形以重新计算范围。

4)【显示】：打印【模型】选项卡当前视口的视图或【布局】选项卡上当前图纸空间中的视图。

5)【视图】：打印以前使用 View 命令保存的视图。可以从列表中选择命名视图，如果图形中没有已保存的视图，此选项不可用。

(4)【打印偏移】设置区：根据【指定打印偏移时相对于】选项（对应下拉菜单【工具】/【选项】对话框之【打印和发布】选项卡）中的设置，指定打印区域相对于可打印区域左下角或图纸边界的偏移。此时，【打印偏移】设置区的括号中显示指定的打印偏移选项。

图纸的可打印区域由所选输出设备决定，在布局中以虚线表示。修改为其他输出设备时，可能会修改可打印区域。

通过在【X:】偏移和【Y:】偏移文本框中输入正值或负值，可以偏移图纸上的几何图形。图纸中的绘图仪单位为英寸或毫米。

【居中打印】：自动计算 X 偏移值和 Y 偏移值，在图纸上居中打印。当【打印区域】设置为【布局】时，此选项不可用。

(5)【打印比例】设置区：控制图形单位与打印单位之间的相对尺寸。打印布局时，默认缩放比例设置为 1:1。从【模型】选项卡打印时，默认设置为【布满图纸】。

1)【布满图纸】：缩放打印图形以布满所选图纸。

2)【比例】：定义打印的精确比例。【自定义】是指用户可以自己定义比例，也可以通过输入与图形单位数等价的英寸（或毫米）数来创建自定义的比例。

3)【单位】：指定与指定的英寸数、毫米数或像素数等价的单位数。

4)【缩放线宽】：与打印比例成正比缩放线宽。线宽通常指定打印对象的线宽并按线宽尺寸打印，而不考虑打印比例。

(6)【打印样式表（笔指定）】设置区：设置、编辑打印样式表，或者创建新的打印样式表。

1) 名称（“无”标签处）：显示指定给当前【模型】选项卡或【布局】选项卡的打印样式表，并提供当前可用的打印样式表的列表。

如果选择【新建】，将显示【添加颜色相关打印样式表】向导，可用来创建新的打印样式表。显示的向导取决于当前图形是处于颜色相关模式还是处于命名模式。

2)【编辑】：显示打印样式表编辑器，从中可以查看或修改当前指定的打印样式表中的打印样式。

3)【显示打印样式】：控制是否在屏幕上显示指定给对象的打印样式的特性。

(7)【着色视口选项】设置区：指定着色和渲染视口的打印方式，并确定它们的分辨率级别和每英寸点数（DPI）。

1)【着色打印】：指定视图的打印方式。要为【布局】选项卡上的视口指定此设置，可选择该视口，然后单击鼠标右键并在快捷菜单中选择【特性】。而在【模型】选项卡上，可以在【着色打印】下拉框中选择：

①【按显示】：按对象在屏幕上的显示方式打印。

②【线框】：在线框中打印对象，不考虑其在屏幕上的显示方式。

③【消隐】：打印对象时消除隐藏线，不考虑其在屏幕上的显示方式。

④【三维隐藏】：打印对象时应用【三维隐藏】视觉样式，不考虑其在屏幕上的显示方式。

⑤【三维线框】：打印对象时应用【三维线框】视觉样式，不考虑其在屏幕上的显示方式。

⑥【概念】：打印对象时应用【概念】视觉样式，不考虑其在屏幕上的显示方式。

⑦【真实】：打印对象时应用【真实】视觉样式，不考虑其在屏幕上的显示方式。

⑧【渲染】：按渲染的方式打印对象，不考虑其在屏幕上的显示方式。

2）【质量】：指定着色和渲染视口的打印分辨率。可从下列选项中选择：

①【草稿】：将渲染和着色模型空间视图设置为线框打印。

②【预览】：将渲染模型和着色模型空间视图的打印分辨率设置为当前设备分辨率的四分之一，最大值为150DPI。

③【常规】：将渲染模型和着色模型空间视图的打印分辨率设置为当前设备分辨率的二分之一，最大值为300DPI。

④【演示】：将渲染模型和着色模型空间视图的打印分辨率设置为当前设备的分辨率，最大值为600DPI。

⑤【最大】：将渲染模型和着色模型空间视图的打印分辨率设置为当前设备的分辨率，无最大值。

⑥【自定义】：将渲染模型和着色模型空间视图的打印分辨率设置为【DPI】框中指定的分辨率，最大可为当前设备的分辨率。

3）【DPI】：指定渲染和着色视图的每英寸点数，最大可为当前打印设备的最大分辨率。只有在【质量】框中选择了【自定义】后，此选项才可用。

（8）【打印选项】设置区：指定线宽、打印样式、着色打印和对象的打印次序等选项。

1）【打印对象线宽】：控制是否打印指定给对象和图层的线宽。如果选定【按样式打印】，则该选项不可用。

2）【按样式打印】：控制是否打印应用于对象和图层的打印样式。如果选择该选项，也将自动选择【打印对象线宽】。

3）【最后打印图纸空间】：表示首先打印模型空间几何图形。取消选择，则先打印图纸空间几何图形，然后再打印模型空间几何图形。

4）【隐藏图纸空间对象】：指定HIDE操作是否应用于图纸空间视口中的对象。此选项仅在【布局】选项卡中可用。此设置的效果反映在打印预览中，而不反映在【布局】中。

（9）【图形方向】设置区：为支持纵向或横向的绘图仪指定图形在图纸上的打印方向。

1）【纵向】：放置并打印图形，使图纸的短边位于图形页面的顶部。

2）【横向】：放置并打印图形，使图纸的长边位于图形页面的顶部。

3）【反向打印】：上下颠倒地放置并打印图形。

4）【图标 A】：指示选定图纸的介质方向并用图纸上的字母表示图纸页面上的图形方向。

重点提示

▲ 图形方向还受 PLOTROTMODE 系统变量的影响。

（10）【预览】：按执行【打印预览】（Preview）命令时在图纸上打印的方式显示图形。要退出打印预览并返回到【页面设置】对话框，按Esc键，或单击鼠标右键，在弹出的快捷菜单上单击【退出】。

2. 使用布局向导

布局向导可以引导用户一步一步地创建布局并进行页面设置，可以通过以下三种方法调用布局向导：

✧ 下拉菜单：【插入】/【布局】/【创建布局向导】；

✧ 下拉菜单：【工具】/【向导】/【创建布局】；

✧ 命令行：LAYOUTWIZARD↙。

调用布局向导创建布局时，AutoCAD 首先显示【创建布局—开始】对话框，如图 10-7 所示。在该对话框中，用户可以为创建的布局命名，输入新布局名称后，依次单击【下一步】按钮，分别显示以下对话框：

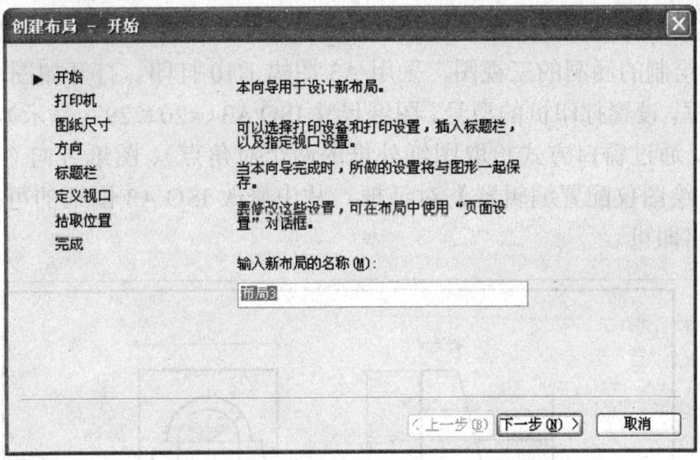

图 10-7 【创建布局—开始】对话框

（1）【创建布局—打印机】对话框：用于指定打印机。

（2）【创建布局—图纸尺寸】对话框：用于设置要打印的图纸尺寸和图形单位。

（3）【创建布局—方向】对话框：用于指定图形在图纸上的方向。

（4）【创建布局—标题栏】对话框：用于设置用于此布局的标题栏，可以选择插入标题栏或外部参照标题栏，标题栏将放在图纸的右下角。

（5）【创建布局—定义视口】对话框：用于设置视口的形式。

（6）【创建布局—拾取位置】对话框：用于定义视口的位置，可以单击其中的【选择位置】按钮返回到布局选项卡上指定视口位置和大小。

（7）【创建布局—完成】对话框：单击【完成】按钮完成布局创建。

用户可以右键单击【布局】选项卡，在弹出的快捷菜单中选择适当的选项，进行布局的创建、删除、重命名、移动或复制等操作。

3. 使用新布局

可以使用一个新布局的方式来创建布局。用户除了可以使用两个默认的布局“布局 1”和“布局 2”外，还可以使用新布局。可以通过下列三种方式定义新布局：

✧ 下拉菜单：【插入】/【布局】/【新建布局】；

✧ 工具栏：【布局】工具栏中按钮；

✧ 在【模型】选项卡或者【布局】选项卡上单击右键，在弹出的快捷菜单中选择【新建布局】项。

前两项操作都需要用户输入新布局的名称，第三项操作按默认方式自动生成新的布局名称。

第2节 图形的输出

一、二维图形的输出

（一）一幅图中只有一种比例

1. 直接在模型空间输出

二维图形一般是在模型空间绘制图形，直接进行标注完成之后打印输出。图 10-8 所示，要求按实际尺寸绘制的涵洞的三视图，采用 A3 图幅 1:10 打印。打开如图 10-9 所示的【打印—模型】对话框，设置打印机的型号、图纸尺寸 ISO A3（420×297 毫米）、打印比例 1:10、打印范围（窗口，通过窗口方式拾取图纸外框的两个对角点）、图纸方向（横向），单击【特性】按钮弹出【绘图仪配置编辑器】对话框，从中修改 ISO A3 图纸的可打印区域，点击【预览】直接输出即可。

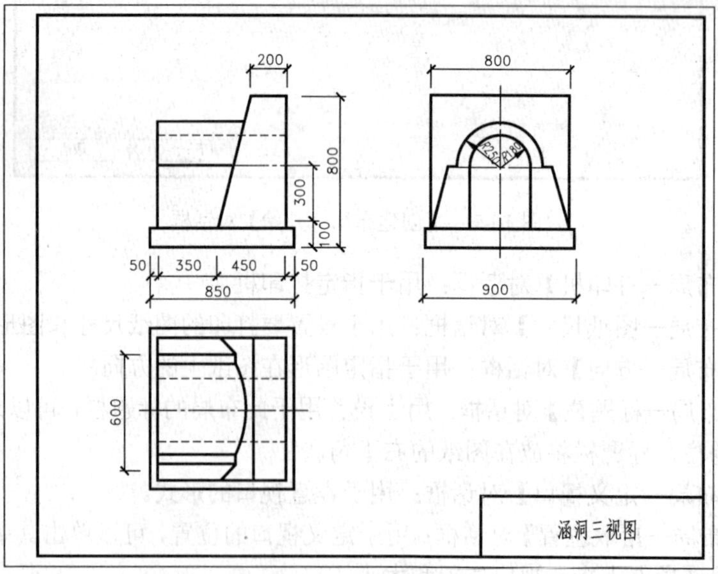

图 10-8 涵洞三视图

2. 在图纸空间输出

打开【工具】/【选项】/【显示】下拉菜单项中的【布局元素】选项区，设置如图 10-10

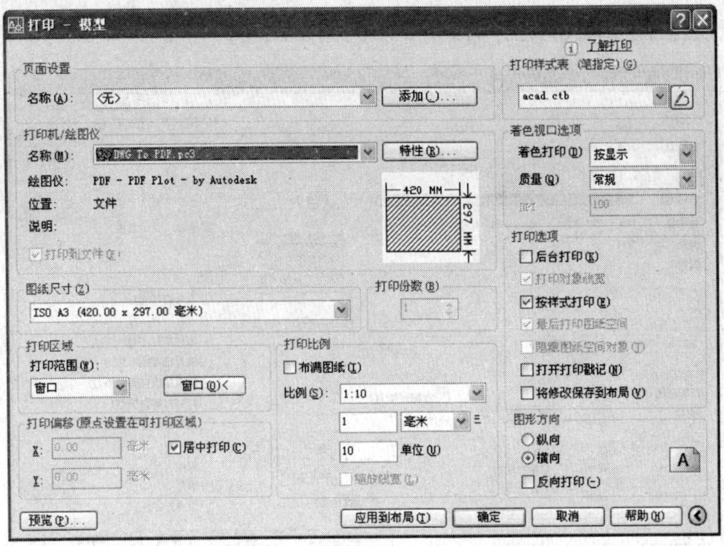

图 10-9 【打印—模型】对话框的设置

所示。单击状态条中的【布局 1】，输入【创建并控制视口】（MVIEW）命令，选择“布满”直接↙，屏幕如图 10-11 所示，在浮动视口内侧双击，并在【视口】工具栏的文本下拉框中设置视口比例 1:10，然后通过夹点调整浮动视口的大小，使其与图纸的外框 致。注意应调整线型比例，使具与窗口显示一致，直接打印即可，打印设置如图 10-12 所示。

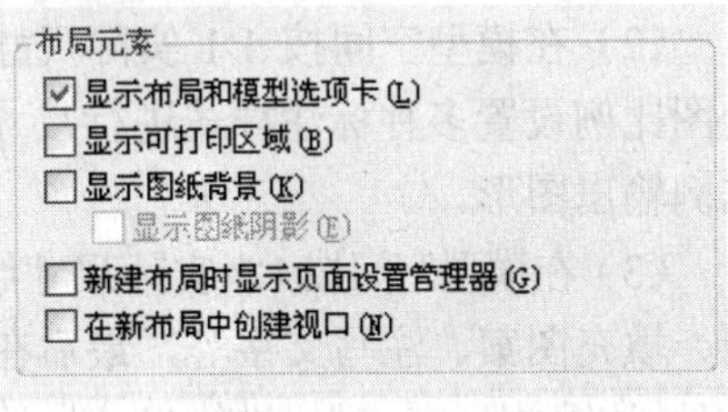

图 10-10 【布局元素】设置

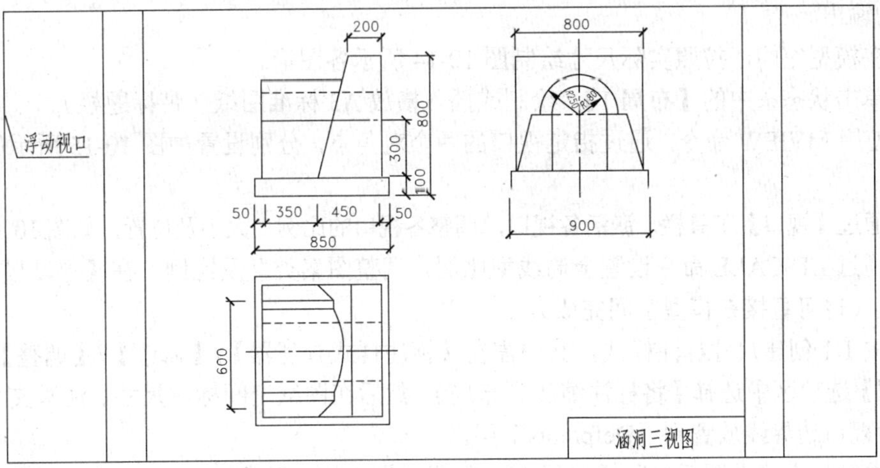

图 10-11 【布局 1】屏幕显示

（二）一幅图中多种比例

当一幅图中存在有多种输出比例时，有以下三种处理方法：

（1）在模型空间按 1:1 实际尺寸绘制图形部分，然后用【缩放】（SCALE）命令对图形进行缩放相应的比例，布置在标准图纸幅面上，再进行线型设置、图案填充、尺寸标注及注写文字等，最后在模型空间或图纸空间按 1:1 比例输出图形。

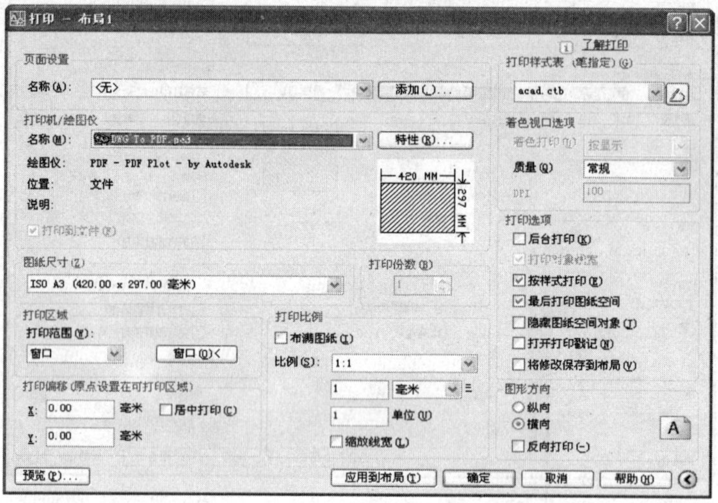

图 10-12 【打印—布局 1】对话框的设置

（2）在模型空间按 1:1 实际尺寸绘制图形（包括线型设置、图案填充）部分，然后根据绘图比例设置多种标注样式进行尺寸标注，注写文字等，最后在图纸空间进行布置，按 1:1 比例输出图形。

（3）在模型空间按 1:1 实际尺寸绘制图形部分，然后在图纸空间进行布置，再设置线型比例、填充图案、注写文字等，最后在选定的标注样式中，在【标注特征比例】选择区中选择【将标注缩放到布局】，进行尺寸标注。完成后，在图纸空间按 1:1 比例输出图形。

下面以图 10-13 所示楼梯剖面图及节点详图，按照上述第（3）种方法，来介绍图形在图纸空间的输出。

1）在模型空间，按照实际尺寸绘制图 10-14 所示各图形。

2）单击状态条中的【布局 1】，绘制或插入横放 A3 标准图纸（带标题栏）。

3）使用 MVIEW 命令，通过指定视口的两个对角点，分别设置如图 10-15 所示的 5 个矩形视口。

4）通过【视口】工具栏，激活各视口，调整各视口的比例、大小及位置，如图 10-16 所示。

5）通过 LTSCALE 命令设置全局线型比例，调整图案类型及比例，在【浮动模型空间】填充图案（也可直接在模型空间完成）。

6）按 1:1 创建尺寸标注样式，其中需在【标注样式管理器】/【修改】/【调整】/【标注特征比例】选项区中选择【将标注缩放到布局】，然后在图纸空间标注尺寸、注写文字等，最后将浮动视口边界线放置到“Defpoints”层。

7）进行相应的设置后打印【布局 1】，结果如图 10-13 所示。

二、根据三维模型生成二维图

下面通过具体的例题，来讲述由三维模型生成二维图，以及在图纸空间对这些视图重新布局和编辑，并进行图案填充，加中心线、虚线，标注尺寸和文字等。

1. 在模型空间绘制立体的三维模型

根据图 10-17 所示的三视图，绘制出立体的三维模型，消隐后结果如图 10-18 所示。

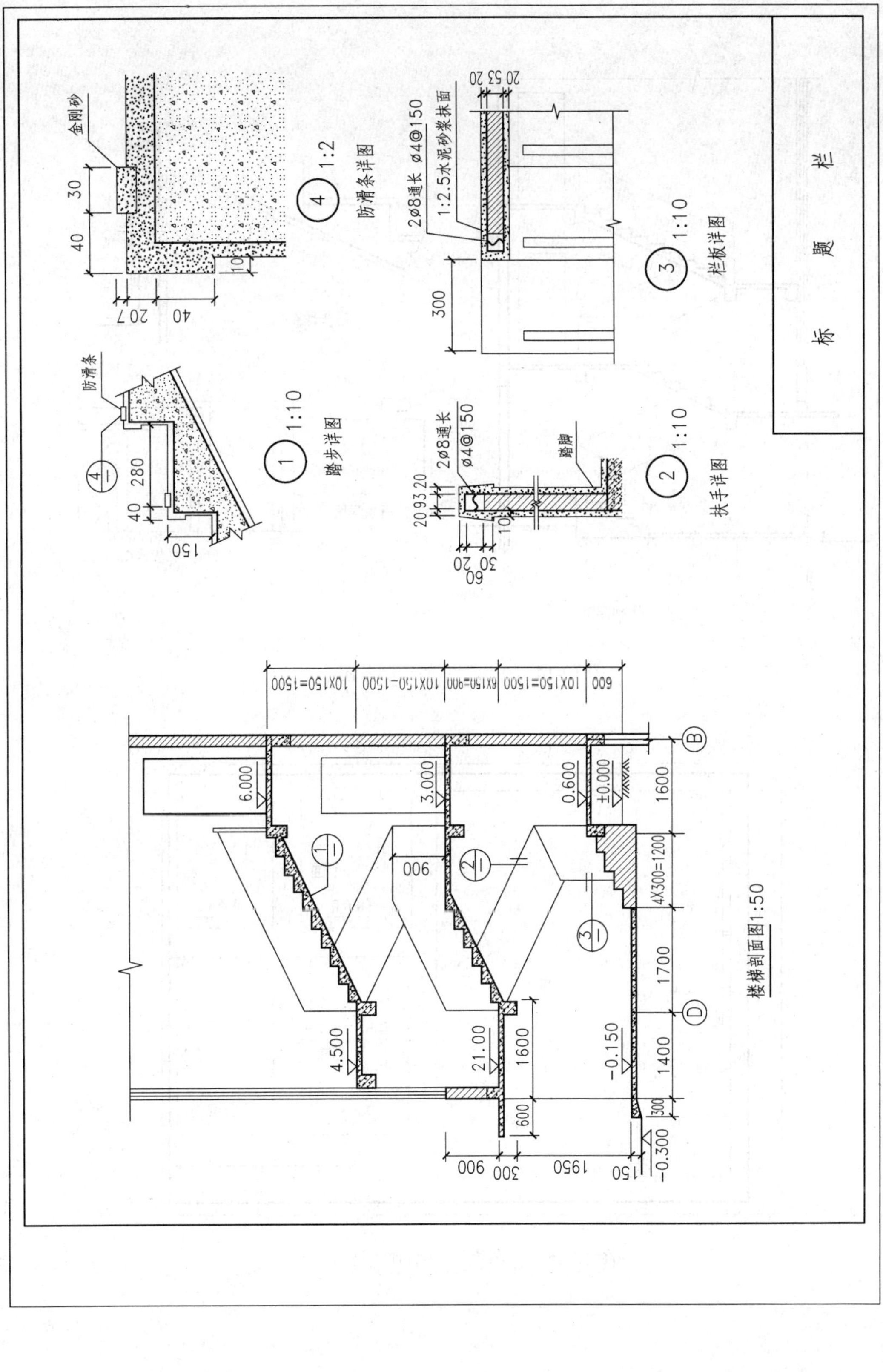

图 10-13 楼梯剖面图及节点详图

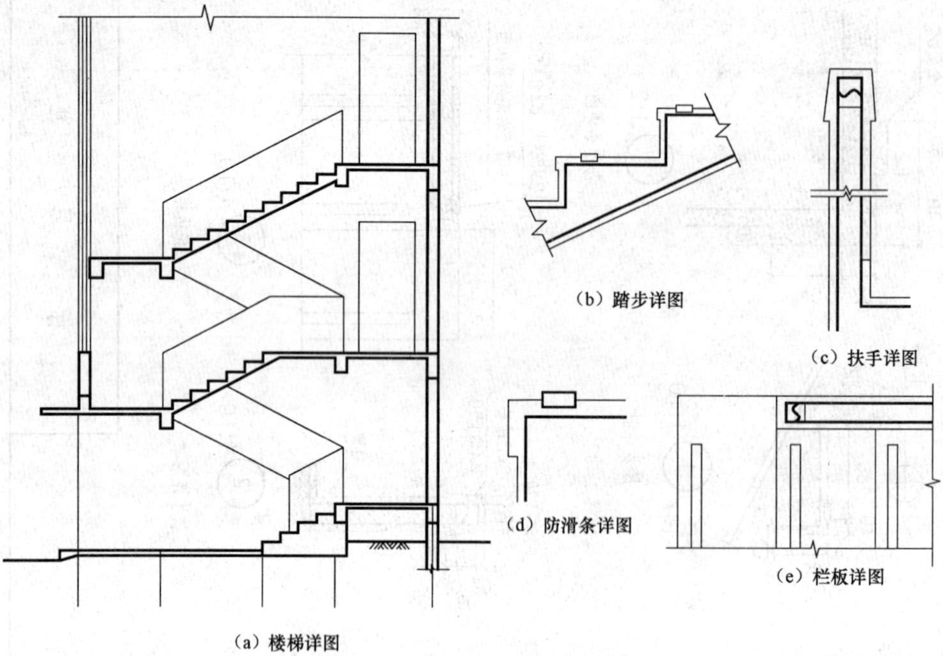

图 10-14 在模型空间绘制各图

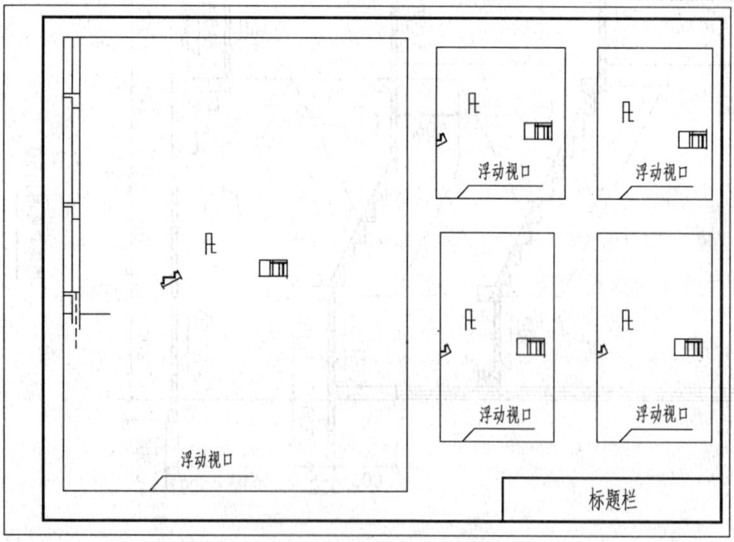

图 10-15 在图纸空间绘制各视口

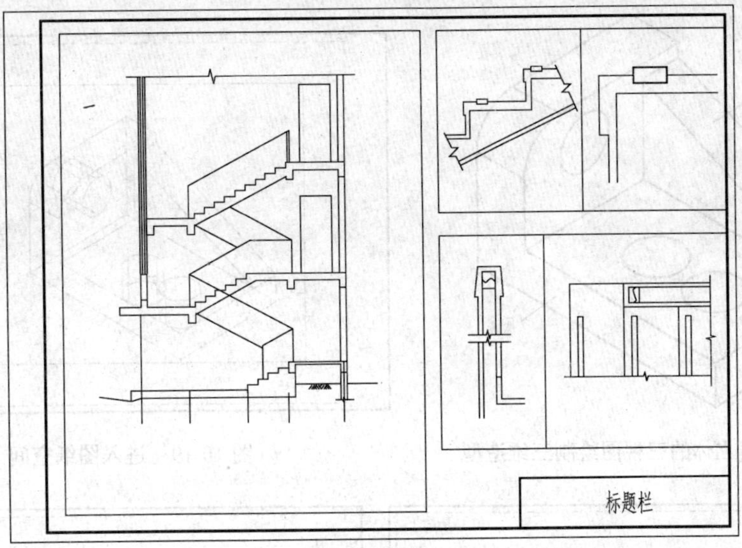

图 10-16　视口比例设置及调整

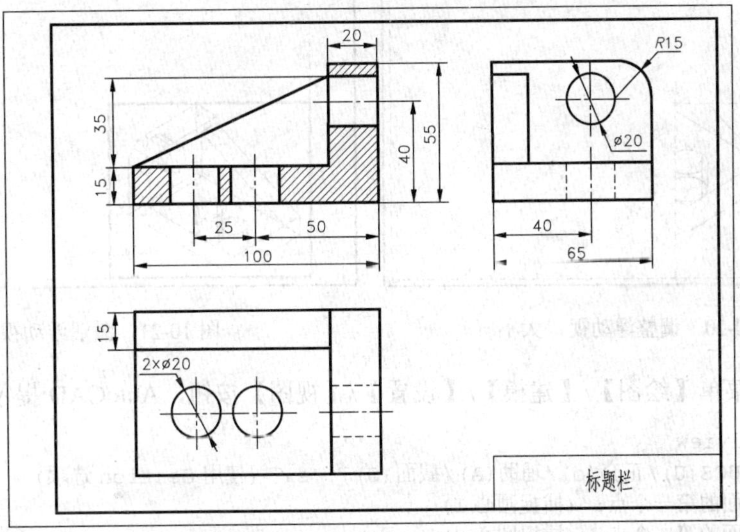

图 10-17　立体的三视图

2. 形成俯视图

（1）从模型空间切换到图纸空间。单击图形窗口底部的选项卡 布局2，并在弹出的快捷菜单中通过【页面设置管理器】修改图纸幅面为 ISO A4（210.00×297.00 毫米）、横向，单击【特性】按钮，在弹出的对话框中调整 ISO A4 图纸的可打印区域（上 25、下 5、左 5、右 5），进入图纸空间，屏幕显示如图 10-19 所示。

（2）选择浮动视口，通过夹点编辑调整视口大小，结果如图 10-20 所示。

（3）激活浮动视口，再单击【全部缩放】按钮，使模型全部显示在视口中，如图 10-21 所示。

（4）单击【视图】工具栏中【俯视图】按钮，获得俯视图，如图 10-22 所示。

3. 将主视图设置为剖视图，形成左视图

以图 10-23 为例，说明其操作步骤。

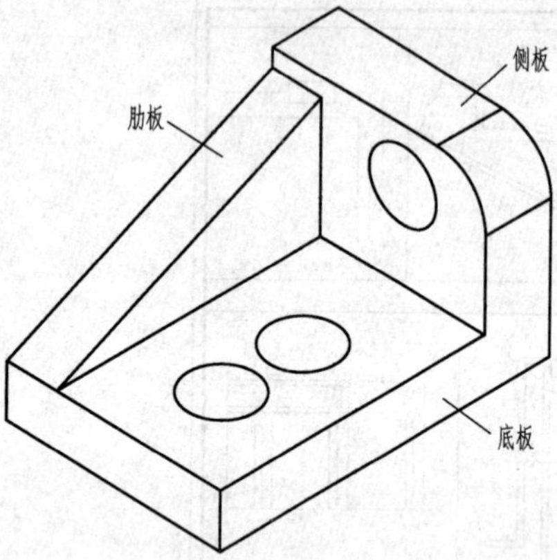

图 10-18 根据立体的三视图绘制三维造型

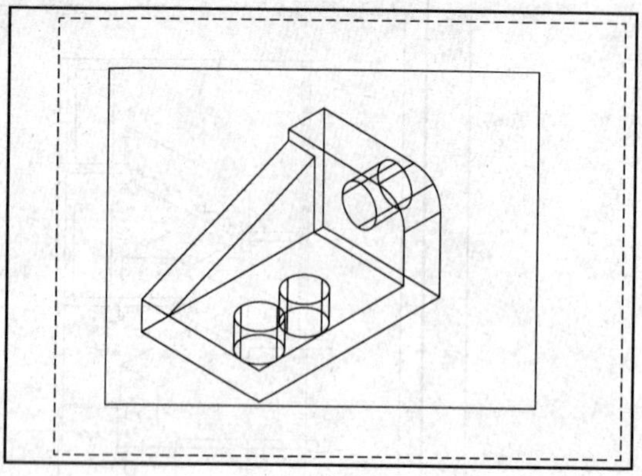

图 10-19 进入图纸空间

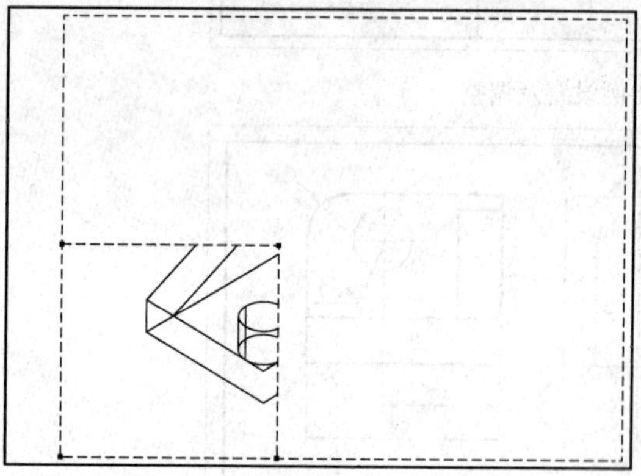

图 10-20 调整浮动视口大小

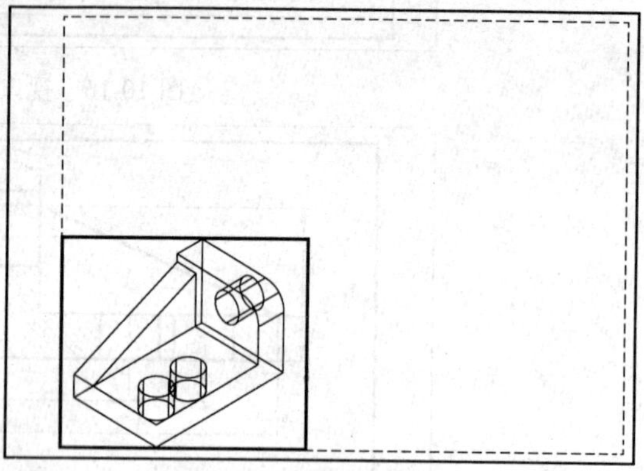

图 10-21 激活浮动视口

单击下拉菜单【绘图】/【建模】/【设置】/【视图】按钮，AutoCAD提示：

命令：_solview
输入选项 [UCS(U)/正交(o)/辅助(A)/截面(S)]：s↙ (使用Section选项)
指定剪切平面的第一个点：(捕捉圆心1)
指定剪切平面的第二个点：(捕捉圆心2)
指定要从哪侧查看：(在AB线上捕捉一点，如中点3)
输入视图比例 <1.1911>：↙
指定视图中心：<正交 关> (在屏幕的适当位置单击一点以放置剖视图，如点4)
指定视图中心 <指定视口>：↙
指定视口的第一个角点：(指定浮动视口的一个角点，如交点5)
指定视口的对角点：(指定浮动视口的另一个角点，在点6处单击)
输入视图名：剖视图↙
输入选项 [UCS(U)/正交(O)/辅助(A)/截面(S)]：O↙ (使用Ortho选项)
指定视口要投影的那一侧：(捕捉剖视图浮动视口边线中点7)
指定视图中心：(在屏幕的适当位置单击一点以放置剖视图，如点8)
指定视图中心 <指定视口>：↙
指定视口的第一个角点：(指定浮动视口的一个角点，如交点9)
指定视口的对角点：(指定浮动视口的另一个角点，在点10处单击)
输入视图名：左视图 ↙
输入选项 [UCS(U)/正交(O)/辅助(A)/截面(S)]：↙

结果如图10-23所示。

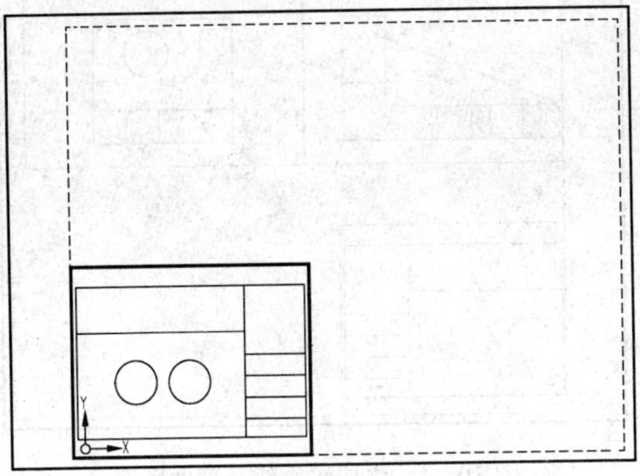

图10-22 俯视图

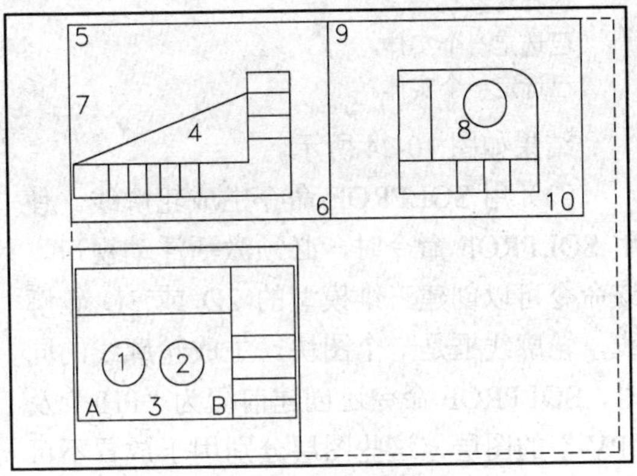

图10-23 将主视图设置为剖视图

重点提示

▲当将某视图设置为剖视图后，AutoCAD自动生成“剖视图-DIM”(尺寸标注)、“剖视图-HAT”（剖面线）、“剖视图-HID”（不可见轮廓线）、“剖视图-VIS”（可见轮廓线）四种图层；当生成左视图后，系统自动生成“左视图-DIM”、“左视图-HID”、“左视图-VIS”三种图层。同时，还自动生成VPORTS图层，以放置浮动视口边界对象。

4. 生成三维模型的二维轮廓线

用SOLVIEW命令创建了一系列视口，各视口的观察点不同，因而显示出三维模型的不同视图，但要注意的是，这些图形并不是二维的，而仍然是三维图。下面使用SOLDRAW及SOLPROF命令生成三维实体的二维轮廓线。

（1）用SOLDRAW命令生成二维轮廓线。SOLDRAW命令仅适用于用SOLVIEW命令创建的视口，该命令将三维模型投影到垂直于观察方向的平面上，还自动将可见轮廓线及不可见轮廓线分别放置在图层“视口名称—VIS”、“视口名称—HID”上。当用SOLDRAW命令处理剖视图（由SOLVIEW命令的【Section】选项建立的视图）时，AutoCAD会添加剖面图案，并将剖面图案放在图层“视口名称—HAT”上。

1）设置缺省的剖面图案及图案比例。

```
命令: HPNAME↙
输入 HPNAME 的新值 <"ANGLE">: ANSI31↙
命令: HPSCALE↙
输入 HPSCALE 的新值 <1.0000>: 15↙
```

2）用SOLDRAW命令添加剖面线。

单击下拉菜单【绘图】/【建模】/【设置】/【图形】按钮，AutoCAD提示：

```
命令: _soldraw
选择要绘图的视口...
选择对象: (选择剖视图浮动视口边界)
```

```
选择对象：（选择左视图浮动视口边界）
选择对象：↙
已选定一个实体。
已选定一个实体。
```

结果如图 10-24 所示。

（2）用 SOLPROF 命令生成轮廓线。使用 SOLPROF 命令时，必须激活浮动视口。该命令可以创建三维模型的 2D 或 3D 轮廓线，轮廓线框是一个图块。生成轮廓线的同时，SOLPROF 命令还创建前缀为“PH-”及“PV-”的图层，这些图层分别用于放置不可见轮廓线及可见轮廓线。

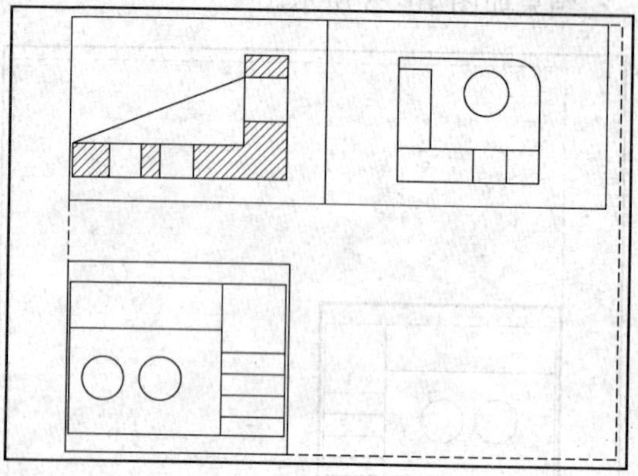

图 10-24 生成轮廓线及剖面图案

激活俯视图所在的窗口。单击下拉菜单【绘图】/【建模】/【设置】/【轮廓】按钮，AutoCAD 提示：

```
命令：_solprof
选择对象：                    （在激活的俯视图视口中选择三维模型）
选择对象：↙
是否在单独的图层中显示隐藏的轮廓线？[是(Y)/否(N)] <是>:↙
是否将轮廓线投影到平面？[是(Y)/否(N)] <是>:↙
是否删除相切的边？[是(Y)/否(N)] <是>:↙
……
已选定一个实体。
```

再将俯视图视口所在的图层修改到“VPORTS”层上，然后将三维模型所在的 0 层冻结，并修改“剖视图-HID”、“左视图-HID”、“PH-1AT”图层的线型为“DASHED”，调整线型比例如为 5，结果如图 10-25 所示。

（3）设置视口的缩放比例。手工作图时，工程人员将考虑按怎样的比例来绘制二维图形，当在图纸空间的虚拟图纸上建立视图时，也要考虑类似的问题。用户必须设定每个视口的缩放比例，这个比例值就相当于手工作图时的绘制比例。

1）激活俯视图所在的视口，再在【视口】工具栏的下拉列表中或视口比例中设置为“1:1”。

2）用同样的方法设定其他视口的缩放比例均为 1:1，然后通过夹点编辑方式调整视口大小，再用【移动】命令移动视口及视口内实体的位置，结果如图 10-26 所示。

5. 用 MVSETUP 命令对齐视图

对于工程图，基本视图间的投影关系要满足“长对正、宽相等、高平齐”的原则，在图 10-26 中，主视图、俯视图及左视图并没有完全对齐，可用 MVSETUP 命令进行调整，使其满足投影关系要求。

（1）使主视图与俯视图沿竖直方向对齐（以图 10-27 为例）。

```
命令：mvsetup
输入选项 [对齐(A)/创建(C)/缩放视口(S)/选项(O)/标题栏(T)/放弃(U)]：a↙
输入选项 [角度(A)/水平(H)/垂直对齐(V)/旋转视图(R)/放弃(U)]：v↙
指定基点：(捕捉端点 A)
```

指定视口中平移的目标点：(捕捉端点 B)

输入选项 [角度(A)/水平(H)/垂直对齐(V)/旋转视图(R)/放弃(U)]：↙

输入选项[对齐(A)/创建(C)/缩放视口(S)/选项(O)/标题栏(T)/放弃(U)]：↙

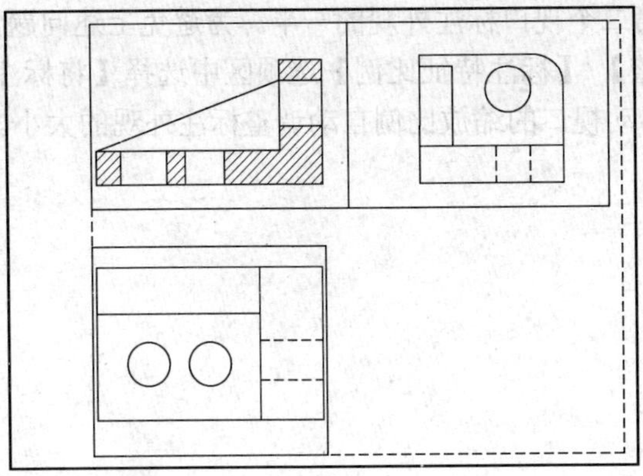

图 10-25　用 SOLPROF 命令创建轮廓线

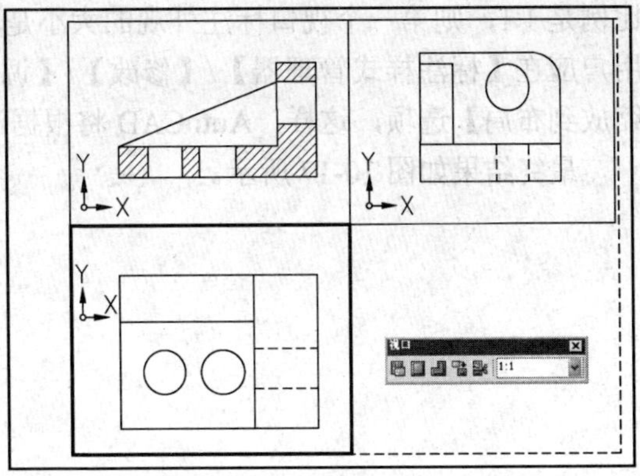

图 10-26　调整视口比例及位置

（2）使左视图与主视图沿水平方向对齐（以图 10-27 为例）。

命令：mvsetup

输入选项 [对齐(A)/创建(C)/缩放视口(S)/选项(O)/标题栏(T)/放弃(U)]：a↙

输入选项 [角度(A)/水平(H)/垂直对齐(V)/旋转视图(R)/放弃(U)]：h↙

指定基点：(捕捉端点 B)

指定视口中平移的目标点：(捕捉端点 C)

输入选项 [角度(A)/水平(H)/垂直对齐(V)/旋转视图(R)/放弃(U)]：↙

输入选项[对齐(A)/创建(C)/缩放视口(S)/选项(O)/标题栏(T)/放弃(U)]：↙

结果如图 10-27 所示。

（3）绘制图框、标题栏和加粗图线。

绘制图框和标题栏时，应首先设定相应的图层，线宽为 *b*=0.6～1.0，还需注意的是，可打印区域（即虚线范围）的左下角点为原点（0,0）。分别设定“剖视图-VIS”、“左视图-VIS”、“PV-1AT”图层的线宽为 *b*，则图形显示如图 10-28 所示。

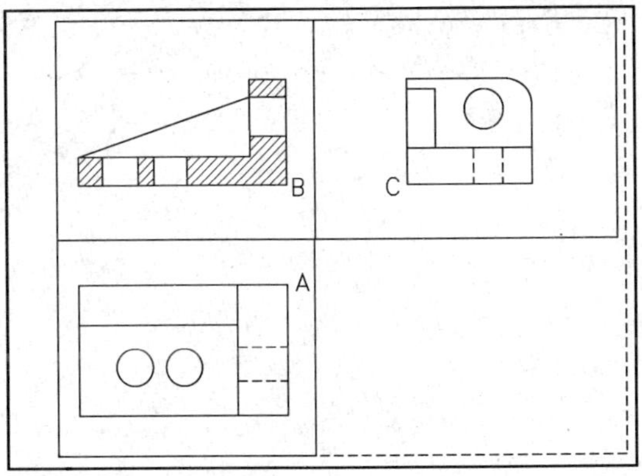

图 10-27　对齐视图

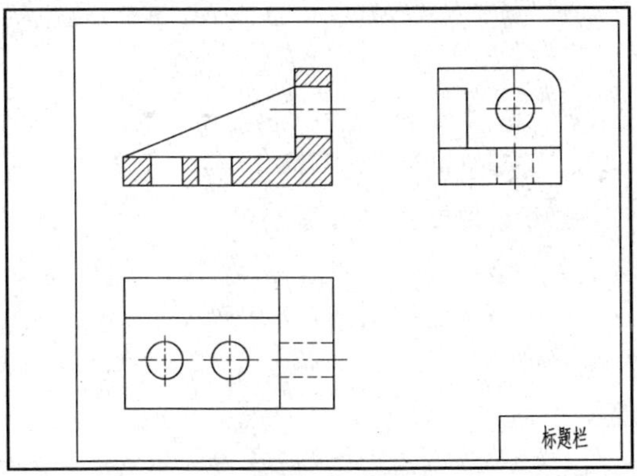

图 10-28　绘制图框、标题栏及加深图线

6. 标注尺寸

在图纸空间标注尺寸。在图纸空间标注尺寸时，若各个视口的缩放比例不一样，将造成各视口中标注外观的大小不一致。例如，若一个视口的缩放比例是 1:2，另一个视口的缩放比例是 1:1，则第一个视口标注外观的大小是第二个视口标注外观的一半。为避免上述问题，用户应在【标注样式管理器】/【修改】/【调整】/【标注特征比例】选项区中选择【将标注缩放到布局】选项，这样，AutoCAD 将根据浮动视口的缩放比例自动调整标注外观的大小。

最终结果如图 10-17 所示。

第 11 章　AutoCAD 设计中心

AutoCAD 设计中心是 AutoCAD 提供的一个直观、高效并与 Windows 资源管理器相类似的文件管理工具。利用 AutoCAD 设计中心，用户不仅可以浏览、查找、预览和管理 AutoCAD 图形、光栅图像等不同的资源，还可以通过简单的拖放操作，将位于本地计算机、局域网或互联网上的块、图层、文字样式、标注样式等插入到当前图形。如果打开多个图形文件，在各文件之间也可以通过简单的拖放操作实现图形的插入，从而使已有资源得到再利用和共享，提高了图形管理和图形设计的效率。

本章主要知识点：

* AutoCAD 设计中心的功能简介；
* AutoCAD 设计中心的浏览资源功能；
* AutoCAD 设计中心打开图形、插入对象功能；
* AutoCAD 设计中心的搜索内容功能。

第 1 节　AutoCAD 设计中心的功能

重复利用和共享图形内容是有效管理绘图项目的基础。通常使用 AutoCAD 设计中心可以完成如下工作：

（1）浏览和查看各种图形图像文件，并可显示预览图像及其说明文字。

（2）查看图形文件中块、图层、文字和尺寸样式等命名对象的定义，并可将其插入、附着、复制和粘贴到当前图形中。

（3）将图形文件（DWG）从控制板拖放到绘图区域中，即可打开图形；而将光栅文件从控制板拖放到绘图区域中，则可查看和附着光栅图像。

（4）在本地和网络驱动器上查找图形文件，并可创建指向常用图形、文件夹和 Internet 地址的快捷方式。

第 2 节　浏 览 资 源 功 能

调用 AutoCAD 设计中心的命令有以下三种方法：

✧ 下拉菜单：【工具】/【选项板】/【设计中心】；

✧ 工具栏：【标准】工具栏中的 按钮；

✧ 命令行：ADCENTER↙。

命令执行后，系统弹出【设计中心】对话框，如图 11-1 所示。

通常将图 11-1 所示的【设计中心】对话框称为 AutoCAD 设计中心。AutoCAD 设计中心有【文件夹】、【打开的图形】、【历史记录】和【联机设计中心】四个选项卡。

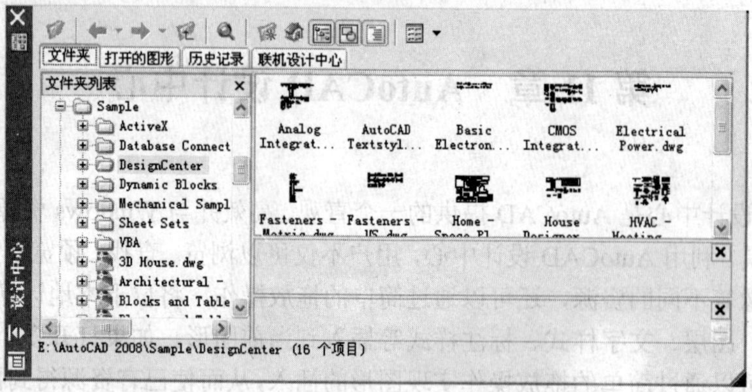

图 11-1 【文件夹】选项卡

（1）【文件夹】选项卡：可以浏览、选择本地或网络资源。如图 11-1 所示，该窗口分为两部分，左边窗口为文件夹列表的树状图，显示系统的树形结构，右边为内容区，显示在树状区所浏览资源的内容。可在右侧内容窗口进行操作，将位于本地计算机、局域网或互联网上的块、图层、文字样式、标注样式等插入到当前图形。

（2）【打开的图形】选项卡：显示在当前 AutoCAD 环境中打开的所有图形，其中包括最小化的图形。图 11-2 中，通过【打开的图形】按钮可以看出当前打开了三个图形。在右侧窗口中可以查看绘图参数的设定及相关内容的说明，并且可将打开图形上的块、图层、文字样式、标注样式等插入到当前图形。

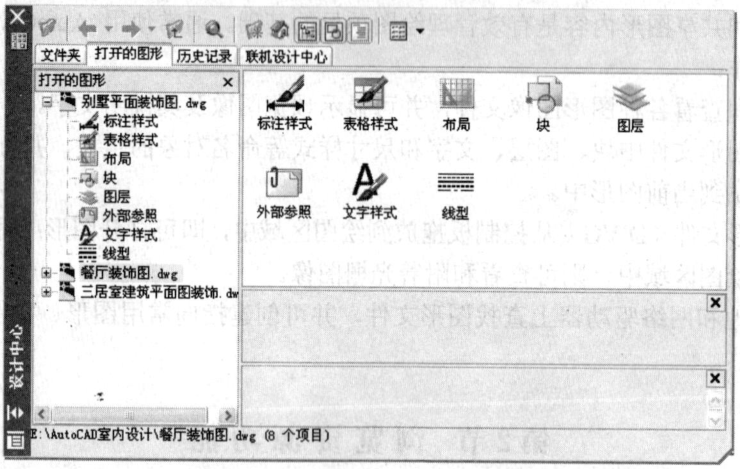

图 11-2 【打开的图形】选项卡

（3）【历史记录】选项卡：用于显示用户最近浏览的 AutoCAD 图形，包括这些文件的完整路径，如图 11-3 所示。

（4）【联机设计中心】选项卡：用于访问联机设计中心网页，如图 11-4 所示。左边窗口显示包括符号库、制造商站点和其他内容的文件夹，当选定某个符号时，它会显示在右边窗口中，可以下载到用户图形中。

在菜单项上方为【设计中心】的工具栏，其中包括加载、收藏夹、树状图切换等多个按钮，如图 11-5 所示。各按钮功能如下：

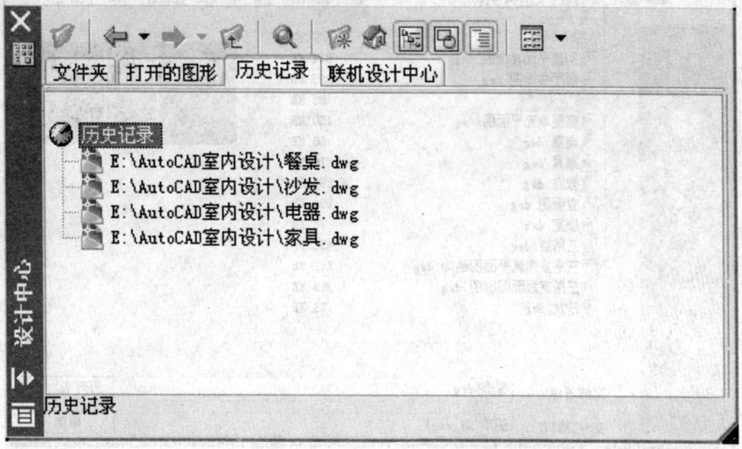

图 11-3 【历史记录】选项卡

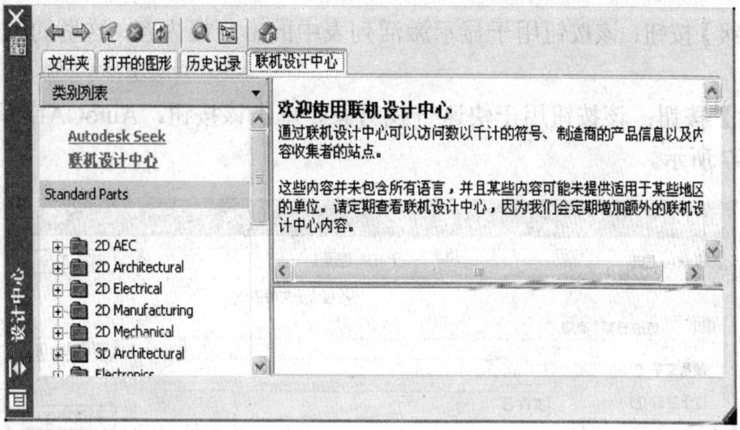

图 11-4 【联机设计中心】选项卡

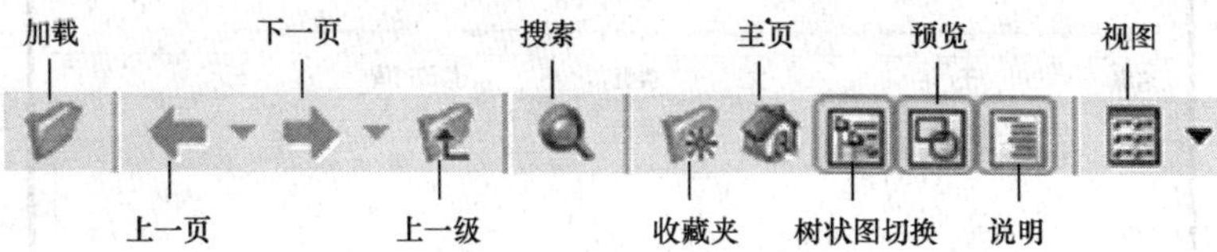

图 11-5 【设计中心】工具栏按钮

（1）【加载】按钮：该按钮用于从 Windows 桌面、本地计算机、收藏夹或通过 Internet 加载图形文件。单击【加载】按钮，AutoCAD 弹出【加载】对话框，如图 11-6 所示，在对话框中选择要加载的文件，单击 打开(O) 按钮即可。

（2）【上一页】按钮：单击该按钮，可以返回到历史记录列表中的最近一次的位置。如果没有上一步的操作，则该按钮无效。

（3）【下一页】按钮：单击该按钮，可以返回到历史记录列表中下一次的位置。如果没有下一步的操作，则该按钮无效。

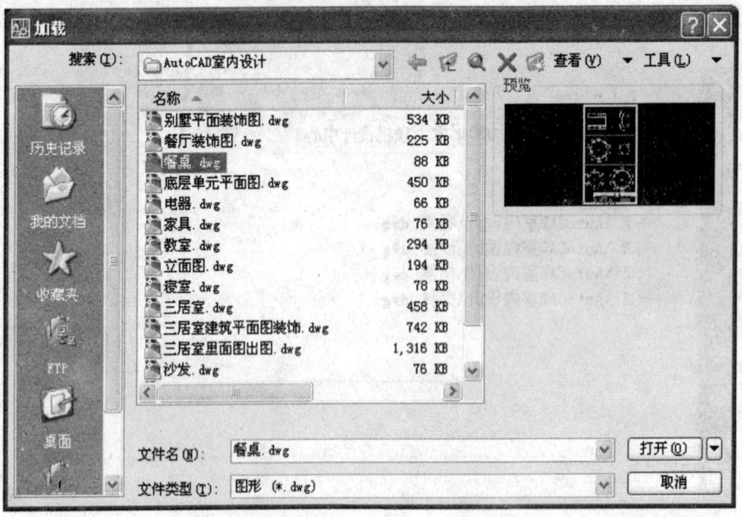

图 11-6 【加载】对话框

（4）【上一级】按钮：该按钮用于显示激活列表中的上一级内容，这里的列表可以是目录，也可以是图形。

（5）【搜索】按钮：该按钮用于快速查找对象。单击该按钮，AutoCAD 弹出【搜索】对话框，如图 11-7 所示。

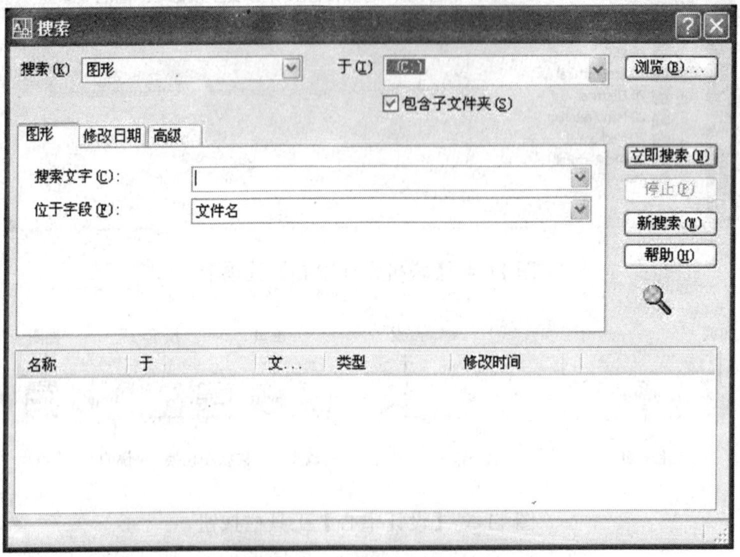

图 11-7 【搜索】对话框

（6）【收藏夹】按钮：单击该按钮，可以在控制板中显示【文件夹列表】目录。如图 11-8 所示，用户可以通过收藏夹来标记存放在本地硬盘、网络驱动器或 Internet 网页上常用的文件。

（7）【主页】按钮：单击该按钮，可以使设计中心返回到默认文件夹。安装时，默认文件夹被设置为...\AutoACD2008\Sample\DesignCenter。用户可以在树状图中选择一个对象，然后右键单击该对象，在弹出的快捷菜单中选择【设置为主页】即可更改其默认文件夹，如图 11-9 所示。

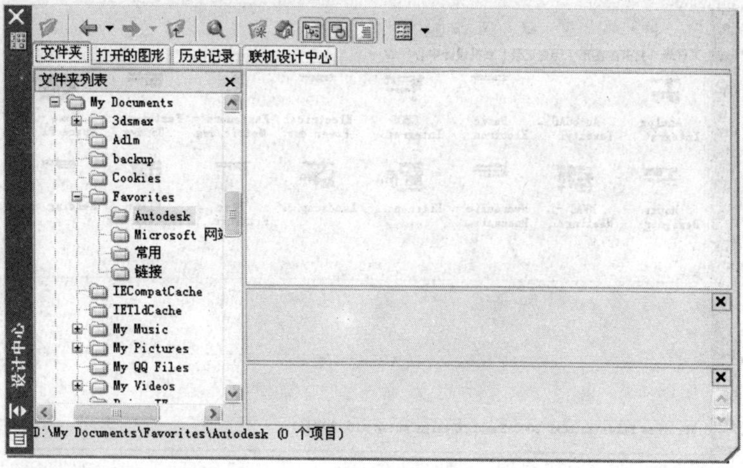

图 11-8 【收藏夹】文件夹

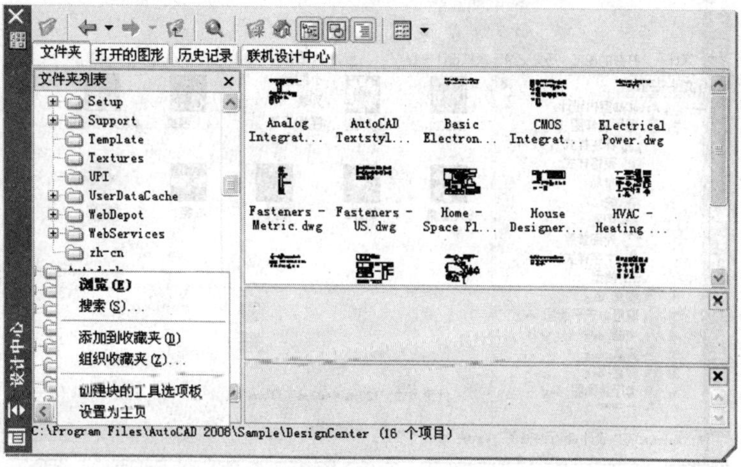

图 11-9 【设置为主页】选项

(8)【树状图切换】按钮：该按钮用于显示或隐藏树状视图窗口，单击此按钮即可实现切换。当需要更大的绘图区域时，可隐藏树状视图窗口。隐藏树状视图窗口后如图 11-10 所示。

(9)【预览】按钮：该按钮用于实现预览窗格打开或关闭的切换，以确定是否显示预览图像，如图 11-11 所示。打开预览窗格后，单击控制板中的图形文件，如果该图形文件包含预览图像，则在预览窗格中显示该图像。否则预览窗格为空。可以通过拖动鼠标的方式改变预览格的大小。

(10)【说明】按钮：实现打开或关闭说明窗格的切换，以确定是否显示说明内容，如图 11-11 所示。打开说明窗格后，单击控制板中的图形文件，如果该图形文件包含有文字描述信息，则在说明窗格中出现图形文件的文字描述信息。否则说明窗格为空。可以通过拖动鼠标的方式来改变说明窗格的大小。

(11)【视图】按钮：确定控制板所显示内容的显示格式。如图 11-11 所示，单击【视图】按钮右侧的箭头弹出下拉列表，该列表中有【大图标】、【小图标】、【列表】和【详细信息】四项，分别用来确定控制板上显示内容的格式。

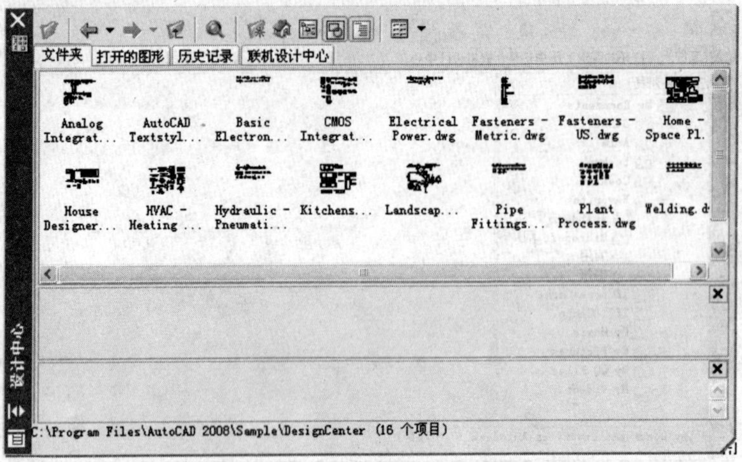

图 11-10　树状视图窗口的隐藏

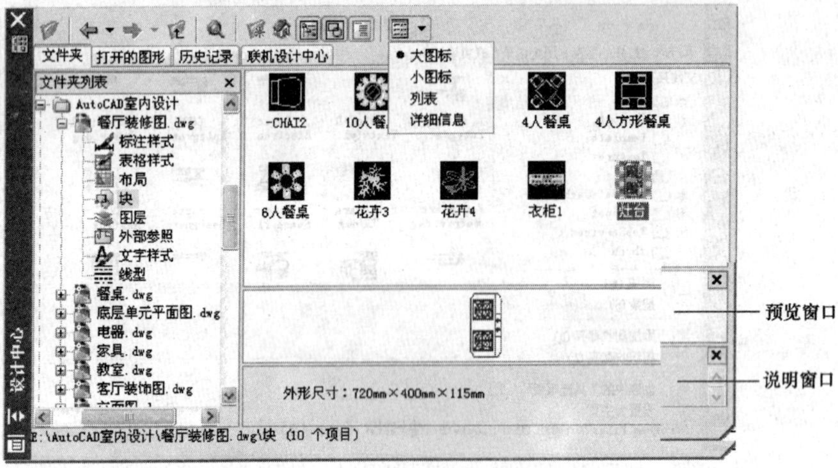

图 11-11　预览窗口、说明窗口和视图下拉列表

第 3 节　打 开 图 形 功 能

在【设计中心】中打开图形的方法有以下三种：

（1）启动【设计中心】命令后，在左侧树状区选择要打开文件所在的目录，在右侧内容区显示该目录下所有的 AutoCAD 图形文件，如图 11-12 所示。将图形从 AutoCAD 设计中心中拖放到绘图区域的空白处，所选图形文件以块的形式插入到当前图形文件中。

【例 11-1】 在当前图形中打开图形文件“沙发”，如图 11-12 所示。

具体步骤操作如下：

在右侧内容区用鼠标左键将“沙发”拖到绘图窗口后释放，此时 AutoCAD 命令行提示：

```
命令：_-INSERT 输入块名或 [?]: "E:\AutoCAD 室内设计\沙发.dwg"
单位：毫米    转换：1
指定插入点或 [基点(B)/比例(S)/X/Y/Z/旋转(R)]:(在屏幕上指定一点)
输入 X 比例因子,指定对角点, 或 [角点(C)/XYZ(XYZ)] <1>:1↙(输入 X 比例因子为 1)
```

输入 Y 比例因子或 <使用 X 比例因子>:1↙(输入 Y 比例因子为 1)
指定旋转角度 <0>:0↙(指定旋转角度为 0)

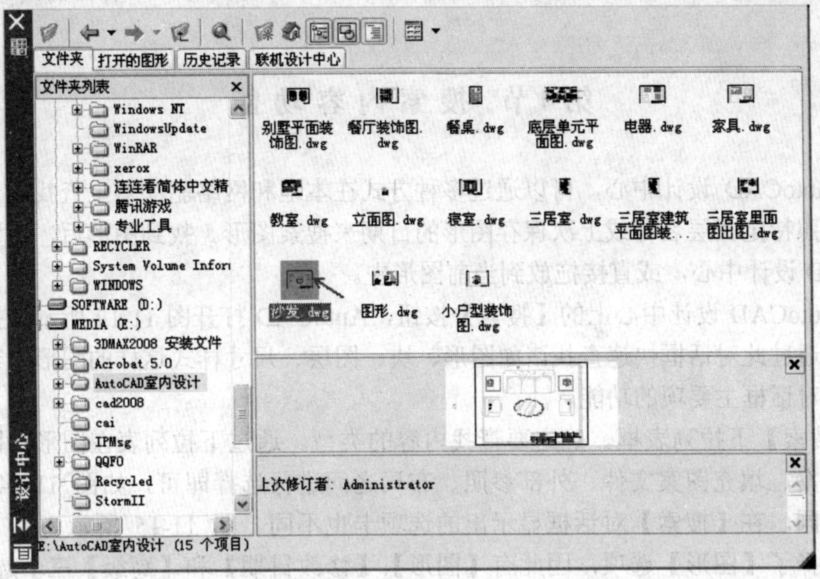

图 11-12　选择“沙发”文件

（2）按住 Ctrl 键，同时将图形图标从设计中心内容区拖至绘图区域，此操作将在新窗口中打开图形文件。

（3）在右侧内容区的图形文件图标上单击右键，然后选择【在应用程序窗口中打开】，打开图形文件，如图 11-13 所示。此操作将在新窗口中打开图形文件。

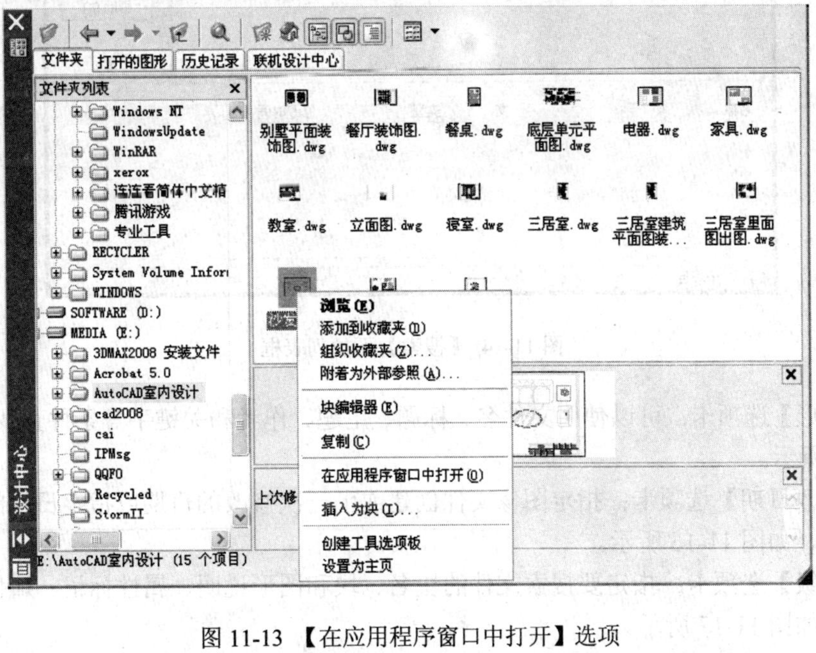

图 11-13 【在应用程序窗口中打开】选项

重点提示

▲ 用户不能将一个图形从 AutoCAD 设计中心拖到另一个打开的图形上。

第 4 节 搜索内容功能

利用 AutoCAD 设计中心，可以通过多种方式在本地和网络驱动器上查找图形内容。例如，可以按照特定图层名称或上次保存图形的日期来搜索图形。找到图形后，可以将其加载到 AutoCAD 设计中心，或直接拖放到当前图形中。

单击 AutoCAD 设计中心上的【搜索】按钮，AutoCAD 打开图 11-14 所示【搜索】对话框。用户可通过此对话框快速查找诸如图形、块、图层、尺寸样式这样的图形内容或设置。下面介绍该对话框主要项的功能。

(1)【搜索】下拉列表框。确定要查找内容的类型。通过下拉列表在图形、图形和块、块、填充图案、填充图案文件、外部参照、布局之间进行选择即可，如图 11-14 所示。确定的类型不同，在【搜索】对话框显示出的选项卡也不同。图 11-15 所示为在【搜索】下拉列表中选择了【图形】选项，因此有【图形】、【修改日期】和【高级】三个选项卡。

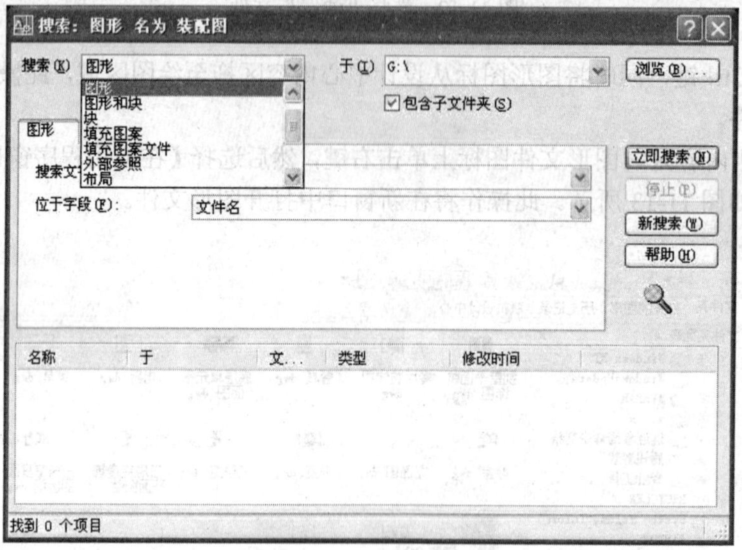

图 11-14 【搜索】下拉列表框

1)【图形】选项卡：可以使用文件名、标题、主题、作者和关键字等条件查找图形文件，如图 11-15 所示。

2)【修改日期】选项卡：指定图像文件创建或上一次修改的日期或指定日期的范围来查找图形文件，如图 11-16 所示。

3)【高级】选项卡：指定要搜索文件的块名、块和图形说明、属性标记、属性值等附加搜索参数，如图 11-17 所示。

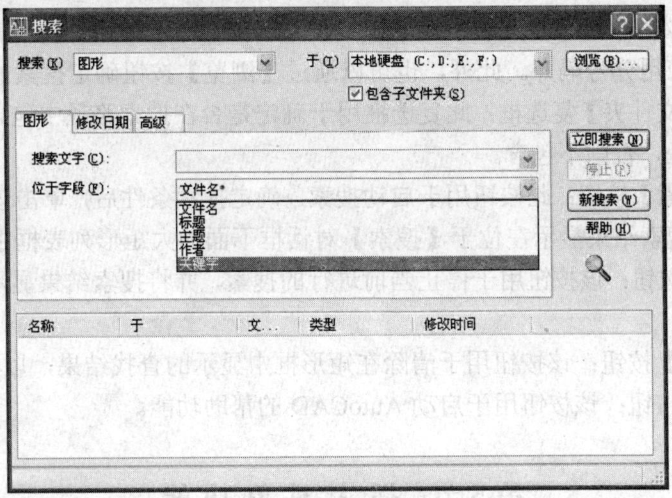

图 11-15 【图形】选项卡

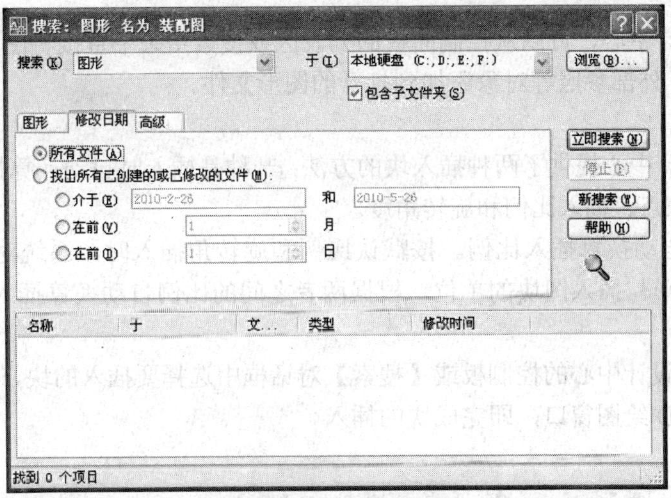

图 11-16 【修改日期】选项卡

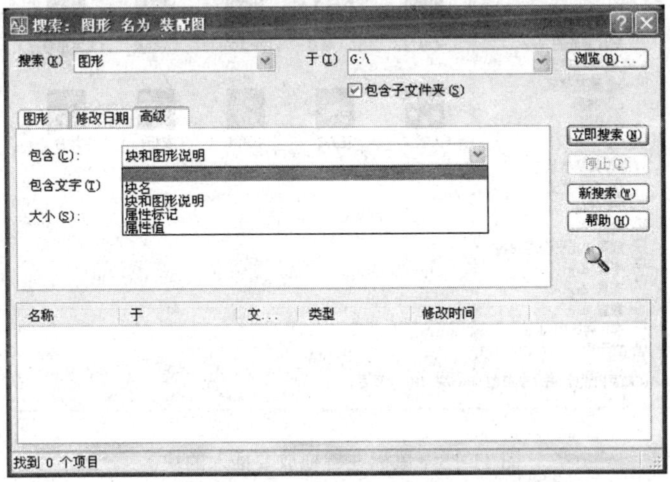

图 11-17 【高级】选项卡

（2）【浏览】按钮：该下拉列表框用于确定搜索范围，即搜索路径。当需要输入多个路径时，各路径之间应用分号隔开。此外，也可以通过【浏览】按钮确定搜索的范围。

（3）【包含子文件夹】复选框：此复选框用于确定是否在搜索路径中包含子路径。选中该复选框包含子路径，否则不包含。

（4）【立即搜索】按钮：此按钮用于启动搜索。确定搜索条件后，单击该按钮，AutoCAD 开始搜索，并将搜索结果显示在位于【搜索】对话框下面的大矩形列表框中。

（5）【停止】按钮：该按钮用于停止当前进行的搜索，并将搜索结果显示在【搜索】对话框中的矩形框中。

（6）【新搜索】按钮：该按钮用于清除在矩形框中显示的查找结果，以便开始新的查找。

（7）【帮助】按钮：该按钮用于启动 AutoCAD 的帮助功能。

第 5 节　插入对象功能

AutoCAD 设计中心，可以从控制面板的列表区或搜索结果中直接将图形文件中的图块、图层、光栅图像、外部参照等对象添加到打开的图形文件。

1. 插入块

AutoCAD 设计中心提供了两种插入块的方法：一种是插入时自动换算插入比例；另一种是插入时确定插入点、插入比例和旋转角度。

（1）插入时自动换算插入比例。按默认比例和旋转角插入时，系统对图块自动缩放，AutoCAD 比较图形与插入图块的单位，根据两者之间的比例自动换算插入比例。操作过程如下：

从 AutoCAD 设计中心的控制板或【搜索】对话框中选择要插入的块，如图 11-18 所示，将其拖至 AutoCAD 绘图窗口，即完成块的插入。

图 11-18　鼠标左键拖放要插入的块

（2）按指定的插入点、插入比例和旋转角度插入块。由于利用自动换算比例方式插入块容易造成块内尺寸错误。AutoCAD 允许用户采用指定插入点、插入比例和旋转角度的方式插入块。具体方法如下：

从 AutoCAD 设计中心的控制板或【搜索】对话框中选择要插入的块，按住鼠标右键将该块拖到 AutoCAD 绘图窗口，此时 AutoCAD 会弹出快捷菜单，如图 11-19 从快捷菜单中选择【插入块】命令，AutoCAD 打开【插入】对话框，如图 11-20 所示。

在【插入】对话框中输入插入点、插入比例、旋转角度后，单击【确定】按钮，即可完成插入。

说明：

1）当其他命令处于激活状态时，不能向当前图形插入块。

2）用户一次只能插入一个块。

3）插入块后，块定义的说明部分也插入到图形中。

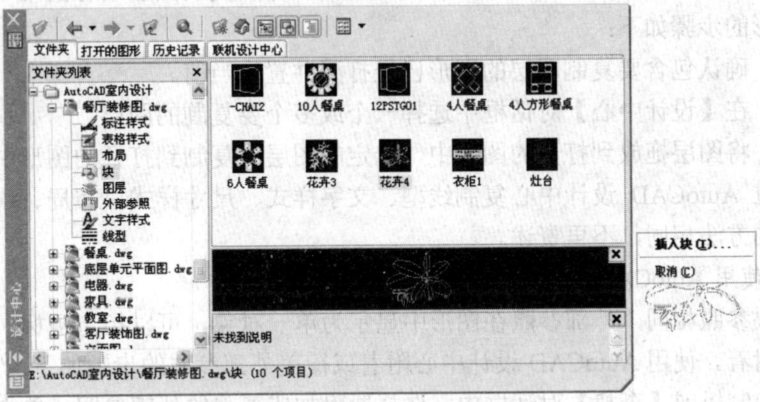

图 11-19 鼠标右键拖放要插入的块

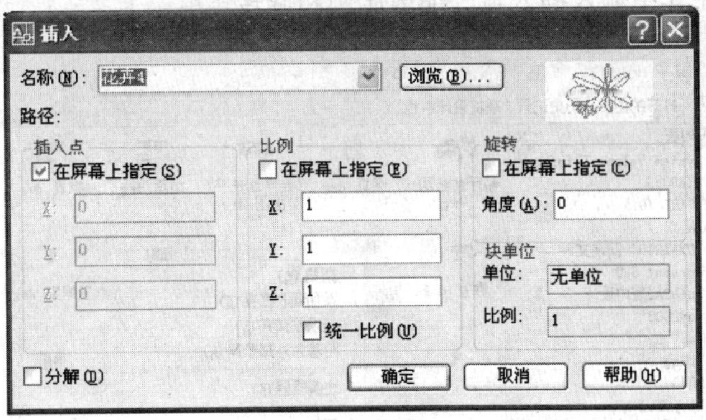

图 11-20 【插入】对话框

2. 引用光栅图像

所谓光栅图像，就是位图图像，它的格式有："*.bmp"、"*.jpg"、"*.gif" 等，引入光栅图像的目的是将现有的图纸扫描后插入 AutoCAD 中进行跟踪描绘，使用该方法，可以大大提高绘图速度。

用户可以利用 AutoCAD 设计中心给当前图形引用（附着）光栅图像。在当前图形中引用光栅图像有以下两种方法：

（1）在控制板中选择光栅图像文件并将其拖到 AutoCAD 绘图区后，根据提示输入插入点的坐标、缩放比例和旋转角度后，完成对光栅图像的插入。

（2）选中图像文件后单击鼠标右键，在弹出的快捷菜单中选择【附着图像】命令，AutoCAD 弹出与块插入相类似的对话框，在该对话框中确定插入点的坐标、缩放比例和旋转角度后，即可实现引用。

3. 在图形中复制图层、线型、文字样式、尺寸样式、布局、块等

利用 AutoCAD 设计中心，可以通过拖放操作在图形之间复制图层。例如，如果一个图形中包含了项目所需的所有标准图层，则可以创建一个新图形，通过 AutoCAD 设计中心将预定义图层拖动到新图形。这样不仅节省了时间，还保证了图形之间的一致性。

在拖放图层到 AutoCAD 设计中心之前，要保证复制图层名称的唯一性。将图层拖动到打开图形的步骤如下：

（1）确认包含要复制图层的图形已经打开并置为当前。

（2）在【设计中心】对话框中选择一个或多个要复制的图层。

（3）将图层拖放到打开的图形中，选定的图层将复制到打开的图形中。

通过 AutoCAD 设计中心复制线型、文字样式、尺寸样式、布局、块等内容的方法与复制图层的方法相同，不再赘述。

4. 使用 AutoCAD 设计中心附着外部参照

与块参照相同，外部参照在图形中显示为单一对象，可以指定坐标、缩放比例和旋转参数进行附着。使用 AutoCAD 设计中心附着或覆盖外部参照的步骤如下：

在控制板或【查找】对话框中，选择要附加或覆盖的外部参照，单击鼠标右键，在弹出的快捷菜单中选择【附着外部参照（A）...】选项，如图 11-21 所示，弹出如图 11-22 所示【外部参照】对话框，在其中输入插入点、缩放比例和旋转角度。

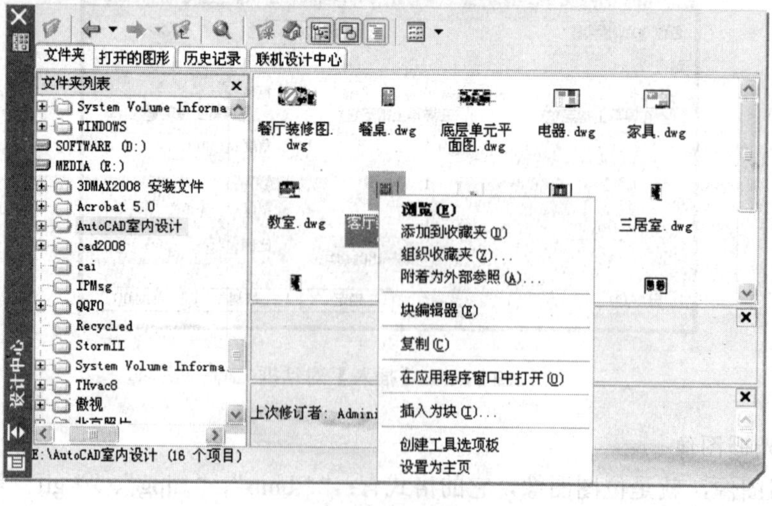

图 11-21 选择外部参照文件

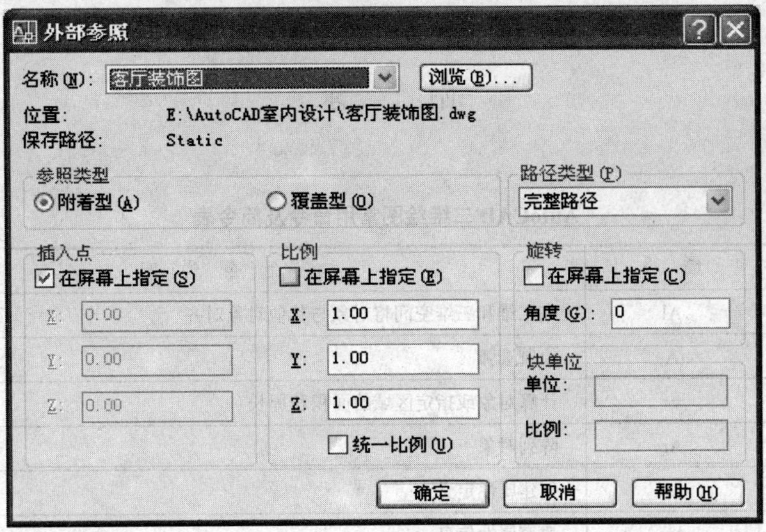

图 11-22 【外部参照】对话框

附　录

AutoCAD二维绘图常用命令及简令表

命　令	简　令	命 令 说 明
Align	Al	在二维和三维空间将对象与其他对象对齐
Arc	A	绘制圆弧
Area	—	计算对象或指定区域的面积和周长
Array	Ar	阵列对象
Attdef	Att	创建属性定义
Attedit	Ate	改变属性信息
Audif		检查图形的完整性
Base		设置当前图形的插入基点
Bhatch	Bh	图案填充
Block	B	块定义
Bmpout		按与设备无关的位图格式将选定对象保存为新文件
Boundary	Bo	从封闭区域创建面域或多段线
Break	Br	打断对象
Cal		计算算术表达式和几何表达式的值
Chamfer	Cha	倒斜角
Change	—	修改选定对象的特性
Chprop		修改选定对象的颜色、图层、线型、线型比例因子、线宽、厚度和打印样式
Circle	C	绘制圆
Close		关闭当前图形
Color	Col	设置新对象的颜色
Copy	Co	复制对象
Copybase		使用指定基点复制对象
Copyclip		将对象复制到剪贴板
Copyhist		将命令行历史记录文字复制到剪贴板
Customize		自定义工具栏、按钮和快捷键
Cutclip		将选定对象复制到剪贴板并从图形中删除
Ddedit	Ed	编辑单行文字、标注文字、属性定义和特征控制框
Ddptype		指定点对象的显示样式及大小
Dim		进入标注模式
Dimaligned	Dal	创建对齐线性标注

续表

命　令	简　令	命 令 说 明
Dimangular	Dan	创建角度标注
Dimbaseline	dba	选定标注的基线处创建线性、角度或坐标标注
Dimcenter	dce	创建圆和圆弧的圆心标记或中心线
Dimcontinue	Dco	选定标注的第二条尺寸界线处创建线性、角度或坐标标注
Dimdiamter	Ddi	创建圆和圆弧的直径标注
Dimedit	Ded	编辑标注
Dimlinear	Dli	创建线性标注
Dimordinate	Dor	创建坐标点标注
Dimoverride	Dov	替代尺寸标注系统变量
Dimradius	Dra	创建圆和圆弧的半径标注
Dimstyle	Dst	创建和修改标注样式
Dimtedit	Dimted	移动和旋转标注文字
Dist	Di	测量两点之间的距离和角度
Divide	Div	将点对象或块沿对象的长度或周长等间隔排列
Dount	Do	绘制填充的圆或环片
Draworder	Dr	修改图像和其他对象的绘图顺序
Dsettings	Ds、Se	指定捕捉模式、栅格、极轴和对象捕捉追踪的设置
Dsviewer	Av	打开鸟瞰视图窗口
Dwgprops		设置和显示当前图形的特性
Ellipse	El	绘制椭圆
Erase	E	删除对象
Explode	X	将选定的组合对象分解为若干基本对象
Export	Exp	以其他文件格式保存对象
Extend	Ex	延伸对象
Fill		控制图案、二维实体和宽多段线等对象的填充显示
Fillet	F	倒圆角
Find		查找、替换、选择或缩放指定的文字
Grid		在当前视口中显示点栅格
Group	G	创建和处理已保存的对象选择集
Hatch	H	用无关联填充图案填充区域
Hatchedit	He	修改现有的图案填充对象
Help		显示帮助
Import	Imp	将各种格式的文件输入到 AutoCAD 当前文件
Insert	I	插入块

续表

命　令	简　令	命　令　说　明
Intersect	In	从两个或多个面域的交集中创建新面域并删除交集以外部分
Justifytext		修改选定文字对象的对正点
Layer	La	管理图层和图层特性
Layout	Lo	创建并修改图形文件的布局
Layoutwizard		创建新的布局并指定页面和打印设置
Leader	Lead	创建引出标注或注释的引线
Lengthen	Len	修改对象的长度或圆弧的圆心角
Limits		设置并控制当前图形边界和栅格显示范围
Line	L	绘制直线
Linetype	Lt	加载、设置和修改线型
List	Li	显示选定对象的数据库信息
Ltscale	Lts	设置全局线型比例因子
Lweight	Lw	设置当前线宽、线宽显示选型和线宽单位
Matchprop	Ma	特性匹配
Measure	Me	将点对象或块按指定的间距放置在某一对象上
Minsert		以矩形阵列形式多重插入指定块
Mirror	Mi	镜像对象
Mledit		编辑多重平行线
Mline	Ml	创建多重平行线
Mlstyle		定义多重平行线的样式
Model		从布局模式切换到模型模式
Move	M	移动对象
Mspace	Ms	从图纸空间切换到模型空间视口
Mtext	T	创建多行文字
New		创建新图形文件
Offset	O	偏移对象
Oops		恢复上次删除的对象
Open		打开现有的 AutoCAD 图形文件
Options	Op	自定义 AutoCAD 设置
Ortho		光标移动的正交模式控制
Osnap		设置对象捕捉模式
Pagesetup		为新布局指定打印设备、图纸尺寸和设置
Pan	P	实时平移
Pasteblock		将复制对象粘贴为块

续表

命 令	简 令	命 令 说 明
Pasteclip		插入剪贴板数据
Pasteorig		使用原图形的坐标将复制的对象粘贴到当前图形中
Pastespec	Pa	插入剪贴板数据并控制数据格式
Pedit	Pe	编辑多段线
Pline	Pl	绘制二维多段线
Plot	Print	将图形打印到绘图仪、打印机或文件
Point	Po	指定点
Polygon	Pol	绘制正多边形
Preview	Pre	预览打印图形效果
Properties	Ch、Mo	控制修改对象的特性
Propertiesclose	Prclose	关闭“特性”窗口
Pspace	Ps	从模型空间窗口切换到图形空间
Purge	Pu	删除图形中未使用的命名项目，如块、图层等
Qdim		快速创建标注
Qleader	Le	创建引线和引线注释
Qsave		直接保存文件
Qtext		控制文字和属性对象的显示和打印
Quit	Exit	退出 AutoCAD
Ray		创建射线
Recover		修复损坏的图形
Rectang	Rec	绘制矩形
Redo		恢复原来的操作
Redraw	R	刷新当前窗口中的显示
Regen	Re	从当前窗口重生成整个图形
Region	Reg	将封闭区域创建为面域
Rename	Ren	修改对象名
Rotate	Ro	旋转对象
Save		用当前或指定文件名保存图形
Saveas		图形另存
Scale	Sc	缩放对象
Sketch		徒手画线
Snap	Sn	控制光标的栅格捕捉方式
Solid	So	创建实体填充的三角形和四边形
Spell	Sp	检查图形中的拼写

续表

命　令	简　令	命 令 说 明
Spline	Spl	绘制样条曲线
Splinedit	Spe	编辑样条曲线或样条曲线拟合多段线
Stretch	S	拉伸对象
Style	St	创建、修改或设置命令文字样式
Stylesmanager		显示“打印样式管理器”
Subtract	Su	通过减操作创建选定的面域
Text	Dt	创建单行文字
Textscp		打开 AutoCAD 文本窗口
Tolerance	Tol	形位公差标注
Toolbar	To	显示、隐藏和自定义工具栏
Trace		创建实线
Trim	Tr	修剪对象
Undo		放弃原来的操作
Union	Uni	通过和操作创建选定的面域
Units	Un	控制坐标和角度的显示格式和精度
Vports		创建多个窗口
Wblock	W	将对象或块写入当前图形文件
Xline	Xl	绘制构造线
Xplode		将组合对象分解成若干基本对象
Zoom	Z	放大或缩小显示当前视口中对象的外观尺寸